꿈을 이룬

EVOLVE YOUR **BRAIN**

사람들의 뇌

꿈을 이룬 사람들의 뇌

2009년 4월 1일 1판 1쇄 펴냄
2024년 8월 28일 1판 18쇄 펴냄

지은이 조 디스펜자
옮긴이 김재일 · 윤혜영
펴낸이 김철종

펴낸곳 한언
출판등록 1983년 9월 30일 제1 - 128호
주소 서울시 종로구 삼일대로 453(경운동) 2층
전화번호 02)701 - 6911 **팩스번호** 02)701 - 4449
전자우편 haneon@haneon.com

ISBN 978-89-5596-525-4 03400

꿈을 이룬

EVOLVE YOUR **BRAIN**

사람들의 뇌

조 디스펜자 지음 | 김재일·윤혜영 옮김

한ㄴ

뇌를 바꾸면 삶이 바뀝니다.
뇌의 무한한 가능성을 믿으세요.

:

이 책을 집어 들었다면 당신은 과학의 패러다임에 변화가 일어나고 있다는 사실을 어느 정도 감지한 사람일지 모르겠다. 과거에 사람들은 '의식(consciousness, 당신이라는 존재)'을 뇌 활동의 부수적인 현상으로 여겼다. 하지만 새로운 패러다임 안에서는 의식이 존재의 기반이며, 뇌가 그것의 부수적인 현상이 된다. 후자의 정의가 더 마음에 드는가? 그렇다면 이미 당신은 이 책에서 무언가를 얻어갈 준비가 되어 있다.

의식이 주된 기반이고 뇌가 부수적이라는 사실을 받아들인다면, 자연스럽게 의식과 그것의 진화를 위해 뇌를 가장 효율적으로 사용하는 방법이 무엇인지 궁금해질 것이다. 그동안 이 새로운 패러다임을 바탕으로 많은 연구가 진행되었지만, 이 책만큼 이 같은 의문을 제기하는 동시에 그 해답을 훌륭히 제시한 것은 없었다. 조 디스펜자 박사는 의식의 중요성을 새롭게 조명하여, 탁월한 '뇌 사용 설명서'를 써냈다.

이 책에서 디스펜자 박사는 양자물리학을 바탕으로 의식의 중요성에 대해 설명하고 있다. 만약 의식의 중요성을 좀 더 자세히 알고 싶다면 양자물리학을 이해하면 도움이 될 것이다. 그런 의미에서 잠시 양자물리학에 관해 살펴보자.

그동안 양자물리학은 근본적인 해석의 문제를 안고 있었다. 양자물리학에서는 객체(object)를 확정된 '사물(thing)'이 아니라 확률(possibility)의 파동으로 묘사한다. 어떻게 이러한 확률이 관찰하고 측정할 수 있는, 우리의 경험에 실재하는 '사물'이 될 수 있을까?

혹시 당신은 우리 뇌(우리가 존재하는 곳 또는 우리의 의식)가 확률을 실재로 바꿀 수 있는 능력을 가지고 있다고 생각하는가? 그렇다면 다시 생각해보기 바란다. 양자물리학에 따르면 뇌 자체는 실재가 아닌 양자 확률로 이루어져 있다. 여기에 우리(의식)가 뇌의 산물이라는 사실을 더하면 우리 또한 확률이라는 결론이 나온다. 그렇다면 객체와 우리를 '결합'한다고 해서 우리(뇌)와 객체가 확률에서 실재로 바뀌지는 않을 것이다. 이 사실을 받아들이기 바란다. 확률과 확률이 만나면 더 큰 확률이 만들어질 뿐이다.

당신이 스스로를 양자법칙에 구애받지 않는, 뇌와는 별개인 어떤 비물질적인 이원적 존재로 받아들인다면 모순은 더욱 커진다. 만약 당신이 비물질적이라면, 당신과 공유하고 있는 것이 하나도 없는 뇌와 상호작용하는 것이 불가능하기 때문이다. 이것이 바로 과학으로는 해결할 수 없는 이원론의 철학이다.

여기 패러다임의 변화를 이끄는 또 다른 사고방식이 있다. 당신의 의식은 현실의 가장 주요한 바탕이 된다. 그리고 그 바탕 안에 물질(뇌와 당신이 관찰하는 대상)은 양자 확률로 존재한다. 당신의 관찰은 수많은 경우의 확률에서 하나의 경우를 선택하고 있는 것이며, 그것이 경험하는 현실이 된다. 물리학자들은 이 과정을 '양자확률파동의 붕괴(the collapse of the quantum possibility)' 라고 부른다.

디스펜자 박사의 제안을 실행에 옮기기 전, 당신은 2가지 사실을 먼저 인식해야 한다. 하나는 당신의 의식이 뇌 그 자체가 아니라 그것을 초월하는 것이라는 사실이고, 또 하나는 당신에게 여러 확률들 가운데서 하나를 선택할 힘이 있다는 것이다. 이 책은 또한 스스로 선택한 '자신'이야말로 무한의 힘을 갖고 있는 존재로 비일상적인 상황에서 유효한 의식의 상태라는 것을 알게 도와줄 것이다. 창조적인 통찰을 통해 당신은 그러한 상태에 도달할 수 있으며, 뇌의 회로를 바꿀 수 있는 준비상태가 된다. 어떻게 그럴 수 있는지는 디스펜자 박사가 이 책을 통해 보여줄 것이다.

디스펜자 박사의 책이 과학의 새로운 패러다임을 제시한다는 점 외에도 내가 이 책을 반기는 이유가 또 있다. 그는 감정에 관심을 기울일 것을 강조한다. 당신은 이미 감성지능이라는 말을 들어봤을 것이다. 과연 감성지능이란 무슨 뜻일까? 감성지능의 개념을 이해할 수 있다면 당신은 더 이상 감정의 희생양이 될 필요가 없다. 그러나 우리는 감정에 집착하기 때문에 희생양을 자처한다. 혹은 디스펜자 박사의 말을 빌면 '우리는 감정에 연결된 뇌 회로에 집착한다.'

여기 짧은 일화가 있다. 아인슈타인이 나치를 피해 독일을 떠나 미국으로 갈 때의 이야기다. 그의 부인은 가구나 살림살이를 두고 가는 것에 대해 걱정을 했다. 그녀는 '나는 이 살림살이에 애착을 갖고 있다'며 친구들에게 불평을 했다. 이것을 듣고 아인슈타인이 이렇게 농담했다. "하지만 여보, 그 살림살이들은 당신에게 애착이 없다오."

여기에 핵심이 있다. 당신이 감정에 집착하는 것과 달리 감정은 당신에게 애착이 없다. 당신은 당신의 뇌가 아니다. 그러니 스스로를 뇌 회로로 정의할 필요는 없다.

어떤 이들은 감성지능이라는 개념을 오해한다. 그들은 감성지능에 대해 그리고 그것을 발달시키는 방법에 대해 이야기한다. 또한 동시에 인간은 곧 뇌라고 주장한다. 이 같은 사고방식의 문제점은 뇌가 여러 감정들과 위계적인 관계를 이루도록 이미 설정되어 있다고 믿는 데 있다. 하지만 감성지능이란 당신이 그러한 기존의 위계를 변화시키는 동시에 그 체계에서 발을 뺄 때만 가능하다. 디스펜자 박사는 당신과 당신의 의식을 뇌에 앞선 존재로 인식하고, 감성지능에 관한 여러 유용한 정보를 제공한다. 이미 존재하는 뇌의 회로와 위계를 바꾸는 방법 말이다.

어떤 기자가 간디의 부인에게, 남편이 어떻게 그렇게 많은 것을 성취할 수 있었냐고 물었다고 한다. 부인은 이렇게 대답했다. "간단해요. 그이는 말과 생각과 행동이 일치하는 사람이니까요."

나는 정말로 우리 모두가 훌륭한 성취자가 되길 바라고 있다. 우리는 삶의 의미를 실현하고 목적을 달성하고 싶어 한다. 이 과정에서 가장 힘든 도전은 말과 생각 그리고 행동을 일치시키는 일이다. 바꿔 말하면 생각과 감정을 하나로 통합하는 것이다. 나는 이를 통해 의식의 진화가 이뤄질 것이라 믿는다. 디스펜자 박사 역시 이러한 생각을 바탕으로 생각과 감정을 통합하는 방법에 관한 중요한 정보를 제공한다.

나는 디스펜자 박사를 영화 〈What the Bleep Do We Know!?(도대체 우리가 아는 건 뭐란 말인가!?)〉 관련자 모임에서 처음 만났다. 여러분도 알다시피 이 영화는 자신의 감정적 행동을 바꾸기 위해 분투하는 젊은 여성에 관한 이야기다. 클라이맥스 장면에서 여자 주인공은 거울을 보며 이렇게 말한다. "나는 네가 싫어." 그 순간 그녀는 변화의 양자 확률 가운데서 스스로를 선택함으로써 자유로워진다. 그 후 그녀는 뇌 회로를 바꾸고, 새로운 상태의 인물로 새로운 삶을 만들어간다.

당신 또한 당신의 뇌 회로를 바꿀 수 있다. 당신에게는 양자 선택의 힘이 있다. 인간에게는 늘 이러한 힘이 있었지만 이제야 그것을 사용하는 방법을 알게 되었다. 이 책은 변화하고 선택하는 그 힘을 당신이 사용할 수 있도록 도와줄 것이다. 부디 이 책을 읽고 그것을 삶에 적용해 당신의 잠재력을 실감할 수 있기 바란다.

– 아밋 고스와미*Amit Goswami, Ph. D.*
오레곤 대학 물리학 교수, 《The Self-Aware Universe》 저자

●●contents

생각만으로 현실을
바꿀 수 있을까?

- 01 -

Evolve your Brain

누구도 내게 뇌의 아주 작은 세포 하나에 천국과 지옥이
모두 존재한다는 것을 말해주지 않았다.

- 오스카 와일드 *Oscar Wilde*

생각만으로 현실을

Evolve your Brain

바꿀 수 있을까?

지금 당장 아무 생각이나 떠올려 보기 바란다. 분노, 슬픔, 영감, 기쁨, 심지어는 성적흥분이라도 상관없다. 분명한 것은 이러한 생각이 당신의 몸, 즉 당신 스스로를 바꾼다는 사실이다.

생각은 모두 똑같은 영향력을 갖는다. 자신감과 자괴감처럼 서로 반대되는 생각도 마찬가지다. 당신이 손가락 하나 까딱하지 않고 이 책을 읽고 있는 동안에도 당신의 몸은 역동적인 변화를 겪고 있다. 당신이 어떤 생각을 떠올리면 그 순간 몸에서는 새로운 호르몬이 순식간에 분비된다. 갑자기 내리치는 번개처럼 뇌에 전류가 밀려들고 엄청난 양의 신경화학물질이 방출되는 것이다.

우리 몸의 내분비선은 면역계의 조절을 위해 수많은 신호를 내보낸다. 위는 위액을 분비하고, 간은 방금 전만 해도 없던 효소를 생산하기 시작한다. 심장박동이 불안정해지고 폐의 움직임 역시 달라진다. 심지어 손발의 모세혈관에 공급되는 혈액의 양까지 달라진다. 이 모든 것이 무심코 떠올린 생각 때문에 일어난다. 생각의 힘은 그만큼 강력하다.

어떻게 이런 일이 가능한 것일까? 우리는 뇌가 몸 전체의 활동을 통제한다는 것을 잘 안다. 하지만 생각이 뇌에 끼치는 영향에 대해서는 알지 못한다. 좋든 싫든 간에 머릿속에 어떤 생각이 떠오르면 위에서 설명한 반응이 일어난다. 의식적이든 무의식적이든 생각이 우리 몸에 반응을 일으키는 것이다. 이 사실을 받아들이기만 하면 생각의 영향력이 얼마나 광범위한지 이해할 수 있다.

예를 들어, 우리가 무의식적으로 어떤 생각을 매일 반복한다고 가정해 보자. 이 생각이 몸속에서 일련의 화학작용을 일으켜 실제로 '느끼는 것' 뿐 아니라 '느끼는 방법' 까지 결정한다면 어떻게 될까? 혹시 반복적인 생각 때문에 건강을 잃게 될 수도 있을까? 만약 생각을 통해 몸속의 화학작용이 정상범위를 벗어난다면, 그리고 몸이 비정상적인 상태를 정상으로 인식하게 된다면 결국 그렇게 되지 않을까? 물론 이러한 과정을 확실히 알아차리기란 힘들다. 하지만 더 큰 문제는 지금까지 우리가 이러한 것을 알려는 시도조차 하지 않았다는 점이다.

나는 이 책에서 지금까지 불가능하다고 믿었던 자신의 내면세계(internal universe)를 스스로 통제할 수 있는 방법에 대해 이야기하고자 한다.

주제는 바로 여러분 자신이다. 이제 주의를 집중해 주변의 소리에 귀를 기울여보기 바란다. 냉장고 소리나 자동차 소음이 들리는가? 아니면 쿵쿵거리는 심장박동은 어떤가? 이러한 소리에 주의를 기울이는 것만으로도 수백만 개의 뇌세포에는 엄청난 양의 전류가 흐르게 된다. 소리에 집중하는 것만으로 뇌는 조금 전 하던 일을 바꾸었을 뿐 아니라, 다음 순간 할 일까지 바꾸어 놓는다. 그렇다면 혹시 우리가 남은 생애 동안의 뇌 활동을 바꾸는 것도 가능하지 않을까?

다시 이 책에 주의를 기울여보자. 당신은 주변 소리에 귀를 기울이는 것만으로 뇌로 가는 혈액의 흐름을 바꿨다. 또한 뇌에 다양한 전기 자극을 발생시키고 전류의 흐름과 방향도 바꾸어 놓았다.

수많은 종류의 신경세포들은 화학적으로 교류하면서 서로 강한 유대관계를 형성하기 때문에 주의를 살짝만 돌려도 복잡하게 얽힌 뇌 신경망에 새로운 연쇄작용이 일어난다. 당신의 '의지'로 이 모든 일을 가능하게 만든 것이다.

인간으로서 우리는 어떤 것이든 자유롭게 인식(awareness)할 수 있는 능력을 타고났다. 앞으로 알아보겠지만 신경학적인 차원에서는 어디에, 어떻게, 얼마나 오랫동안 주의를 기울이는지가 우리의 존재를 규정한다. 인식을 바꿀 수만 있다면 우리가 자신에게 도움이 되는 생각에 집중하는 것은 어렵지 않다. 지금 당신이 이 책에 매우 집중하고 있다면 등의 통증이나 상사와의 다툼, 심지어 당신의 성별조차도 잊을지 모른다. 이처럼 우리가 어디에 주의를 기울이는가는 우리의 현 상태를 알려주는 지도가 된다.

예를 들어, 우리는 어떠한 상황에서든 회백질(grey matter, 뇌나 척수를 이루는 회백색의 물질로, 신경세포가 밀집되어 있다 - 옮긴이)의 깊은 주름 사이에 각인되어 있는 아픈 기억을 떠올릴 수 있다. 떠올리는 순간 그것은 마법처럼 현실이 된다. 또한 우리는 생각하기 전까지는 존재조차 하지 않았던 미래에 대한 불안과 걱정을 느끼기도 한다. 주의를 기울이면 모든 것이 현실이 되고, 방금 전까지만 해도 존재하지 않았던 것이 실재하게 된다.

신경과학에서는 우리가 통증에 주의를 집중할 때 통증을 느낀다고 말한다. 왜냐하면 통증이란 통증을 인지하는 뇌 회로에 전류가 흐를 때 발생하기 때문이다. 만약 우리가 통증이 아닌 다른 것에 주의를 집중한다면 통증을 처리하는 뇌 회로와 몸의 감각들이 꺼질 것이다. 그리고 순식간에 통증은 사라진다. 하지만 '통증이 정말 사라졌을까?'라고 생각하는 순간 뇌 회로가 다시 작동하면서 통증이 돌아온다. 뇌 회로를 이렇게 반복적으로 자극하면 통증과 뇌 회로 사이의 연결은 더욱 강해진다. 통증에 집중하면 할수록 통증에 더 민감해지는 것이다.

어디에 주의를 기울이는가는 그만큼 자신에게 많은 영향을 미친다. 이것은 과거의 고통이나 기억이 '나'를 어떻게 만드는지 설명하는 한 가지 방법이 될 수 있다. 즉, 반복적으로 생각하고 집중하는 것이 자신의 존재를 결정하는 것이다. 마침내 신경과학은 '반복적인 생각이 인간의 신경학적 구조를 결정짓는다'는 사실을 이해하는 단계에 이르렀다.

인간을 구성하는 모든 것, 예를 들어 생각, 꿈, 기억, 희망, 감정, 두려움, 습관, 고통, 즐거움 등은 모두 천억 개나 되는 뇌세포의 활동에 담겨 있다. 여기까지 이 책을 읽은 것만으로도 당신의 뇌는 영구적으로 달라졌다. 아주 작은 정보로도 뇌세포 사이에 새로운 연결이 만들어져 당신이라는 존재, 즉 당신의 정체성을 결정한다. 예를 들어 배움, 기억, 경험, 행동, 스스로에 대한 인식 등은 신경세포들 간의 연결을 결정짓고, 개별적인 존재로서 당신이 누구인지를 알려준다.

이 모든 과정은 현재진행형이다. 당신의 존재를 설명하는 뇌세포의 구성은 끊임없이 변화한다. 뇌는 고정되어 있으며 변하지 않는다는 생각은 버리기 바란다. 실제로 뇌세포는 끊임없이 변화하며, 우리의 생각과 경험에 의해 재구성된다.

신경세포는 뇌의 회백질을 구성하는 단순한 작은 막대기 모양의 조직이 아니다. 그보다는 복잡하게 얽힌 조직 속에서 미세한 전기를 띠고 서로 밀고 당기며 춤추는 조직이라 할 수 있다.

이 책에 적힌 단어를 읽고 이해할 수 있다는 것은 당신이 살면서 많은 상호작용을 경험했다는 증거다. 그동안 만난 수많은 사람들이 당신을 가르치면서 뇌의 아주 작은 부분까지 본질적으로 바꿔놓았다. 부모와 선생, 이웃, 친구, 문화가 현재의 당신을 있게 한 것이다. 심지어 당신은 이 책을 읽고 있는 이 순간에도 계속 변하고 있다.

다양한 경험을 통해 얻은 감각은 마음이라는 종이 위에 자신에 관한 이야기를 적는다. 우리의 목표는 뇌와 마음이 연주하는 이 놀라운 음악을 능수능란하게 지휘하는 것이다. 그렇게 된다면 우리는 자신의 정신활동을 조정할 수 있다.

그러면 이제 뇌를 조금 더 바꿔보자. 먼저 오른손 엄지와 새끼손가락을 맞댄다. 그 다음에는 엄지와 집게손가락을 맞댄다. 다시 엄지와 약지를 맞댄 후, 엄지와 중지를 맞댄다. 이제 무의식적으로 할 수 있을 때까지 이 과정을 연습한다. 실수 없이 빠르게 반복한다. 몇 분만 집중하면 손가락 맞대기를 능숙하게 할 수 있을 것이다.

처음에는 이 손동작을 완벽하게 익히기 위해 의식적으로 집중해야 한다. 이러한 행위는 의도적으로 뇌에 활기를 부여하고, 의식을 좀 더 활짝 열어놓는다. 손동작을 기억하기 위한 노력은 뇌에 에너지를 집중시킨다. 뇌 속의 전구가 더 밝고 지속적으로 켜지는 것이다. 이처럼 당신의 선택은 뇌를 계속 깨어 있게 만든다.

사람이 어떤 동작을 배우고 실행하기 위해서는 본래의 인식 수준을 좀 더 확장해야 한다. 현재 하고 있는 일에 집중할 수 있도록 우리 몸은 뇌 속의 혈류량을 증가시키고 전기 자극을 활발하게 한다. 뇌가 새로운 동작을 배우기 위해서는 다른 생각을 막아야 하는데, 여기에는 에너지가 필요하기 때문이다.

수백만 개의 뇌세포는 다양한 형태의 자극을 받으면 배열을 바꾼다. 어떤 동작을 하려는 의도, 집중 그리고 주의가 신경의 변화를 일으키는 것이다. 이러한 변화는 생각뿐만 아니라 작은 손동작만으로도 가능하다.

그럼 이번에는 눈을 감은 상태에서 손동작을 해보자. 단, 실제로 손가락을 맞대지 말고, 마음속으로 손동작을 그린다. 아까 배운 대로 차례차례 손가락을 맞대는 것을 상상해보자. 이렇게 동작을 몇 번 반복한 후 눈을 뜬다.

아마 당신은 마음속으로 동작 하나하나를 떠올렸을 것이다. 만약 당신이 여기에 완전히 집중했다면 실제로 손동작을 할 때와 똑같이 신경세포들이 자극받았을 것이다. 이처럼 뇌는 실제로 손동작을 하는 것과 손동작을 기억해내는 것의 차이를 모른다. 그런 의미에서 '심적 시연(mental rehearsal, 마음속으로 어떤 행위를 연습하는 것—옮긴이)'은 뇌에 새로운 회로를 만들어 발달시키는 강력한 방법이 될 수 있다.

신경과학 분야의 최근 연구 결과는 생각만으로도 뇌를 바꿀 수 있다는 것을 증명하고 있다. 그럼 이제 스스로에게 질문해보자. '나는 평소에 마음속으로 어떤 생각을 반복하며 연습할까?' 어떤 생각이나 행동이 무의식적인 것이라도 신경학적으로는 자기 자신을 만들어가는 과정이라 볼 수 있다. 당신이 마음속에 어떤 것을 품고 있든 그것이 곧 자기 자신이고, 자신을 만들어간다는 사실을 잊지 않기 바란다. 그리고 이 책을 통해 현재의 자신이 어떻게 만들어졌으며, 변화하기 위해서는 어떤 생각과 행동을 해야 하는지 배울 수 있기 바란다.

그렇다면 의도적으로 뇌의 활동을 바꿀 수 있는 방법은 무엇일까? 내가 존재하는 곳은 어디며, 인식의 활동을 조정하는 뇌 회로를 끄고 켤 수 있는 방법은 무엇일까? 우리가 흔히 말하는 '나' 라는 이미지는 뇌 중 가장 최근에 진화한 부분인 전두엽(frontal lobe)에 존재한다. 전두엽이 없다면 '나'는 더 이상 '내' 가 아닌 것이다.

전두엽은 뇌의 다른 부분, 즉 좀 더 원시적인 부분을 통제한다. 미래에 대한 고민이나 가능성에 대한 희망처럼 미래지향적인 생각도 전두엽이 있기에 가능하다. 또한 전두엽은 양심의 자리이기도 하다. 한마디로 전두엽은 진화의 선물이다. 중요한 것은 전두엽이 뇌에서도 가장 적응력이 뛰어나고 쉽게 변하는 부위로 우리의 행동과 생각을 진화시킬 수 있다는 점이다. 나는 전두엽을 통해 당신의 뇌와 삶이 거듭나기를 진심으로 바란다.

나를 변화시키려면

인간은 다른 동물들과 달리 자신을 변화시킬 수 있는 능력을 지니고 있다. 전두엽을 통해 본능을 뛰어넘는 삶을 살 수 있는 것이다. 인간은 지구상의 다른 어떤 종보다도 진화되고 발달된 전두엽을 가지고 있다. 그래서 선택과 의지, 완전 자각(full awareness, 불교에서 말하는 깨달음의 경지 ─ 옮긴이)이라는 엄청난 잠재력을 가지게 되었다. 한마디로 인간은 전두엽이 있기 때문에 실수를 통해 배우며 더 나은 인생을 살 수 있다.

물론 인간 행동의 상당부분이 유전적으로 결정되어 있는 것 또한 사실이다. 그렇다고 우리가 후세대에게 진화의 선물을 줄 수 없다는 뜻은 아니다. 왜냐하면 인간은 동물과 달리 한 세대 안에서도 진화를 가능하게 만드는 전두엽이라는 장치를 갖고 있기 때문이다. 예를 들어, 우리가 새로운 행동을 하면 그 경험은 유전자에 기록된다. 그리고 이 기록은 현재의 우리뿐만 아니라 다음 세대를 위해서도 사용된다. 여기서 한 가지 되짚어 보자. 최근에 우리는 새로운 경험을 얼마나 많이 했는가?

최근 분자생물학 분야에서는 유전자 역시 인간의 뇌세포가 변화하는 수준만큼 바뀔 수 있다는 개념이 발전하고 있다. 중요한 것은 우리가 신경학적으로 혹은 화학적으로 세포에 어떤 자극을 준다고 해서 잠재되어 있는 막대한 유전적 정보를 바꿀 수 있느냐는 점이다. 우리가 생각과 반응을 관리하고 조절함으로써 스트레스로 가득 찬 몸과 마음을 의도적으로 변화와 개혁이 가능한 상태로 바꿀 수 있을까? 그리고 생물학적 한계를 뛰어넘어 더 진화된 인류가 될 수 있을까? 물론 가능하다. 나는 이 책을 통해 생각의 변화가 실제로 생물학적 변화로 연결될 수 있음을 보여줄 것이다.

지금까지 우리는 질병을 유발하는 유전자가 외부 환경에 의해 작동한다고 생각해왔다. 하지만 인간은 외부 환경과는 상관없이 자신의 내적 환경을 잘 다스림으로써 유전자를 변화시킬 수 있다. 예를 들어, 한 공장에서 20년 동안 함께 일하면서 같은 발암물질에 노출되었던 노동자들이라도 어떤 사람은 암에 걸리고, 어떤 사람은 그렇지 않다. 왜일까? 외부 환경에 대처하는 두 사람의 내적 환경이 달랐기 때문이다.

인간의 몸에 대한 연구 중 스트레스가 인체에 미치는 영향에 관한 내용은 큰 비중을 차지한다. 생존이 일반적인 목표인 대부분의 생물에게 스트레스는 필수적이다. 그러나 보통 생존에 급급해하면 진화는 일어나지 않는다. 스트레스로 인해 분비되는 화학물질에 반응하면서 동일한 행동을 반복하는 데만 뇌를 사용하기 때문이다. 말하자면 지속적인 스트레스는 인간을 짐승에 더 가까운 존재로 만든다고 할 수 있다. 스트레스는 우리의 체내 환경을 교란하고 세포의 파괴를 유발한다. 이 책에서는 스트레스의 단기적인 영향뿐 아니라 장기적인 부작용에 대해서도 다룰 것이다. 이를 통해 당신은 자신이 받는 스트레스가 과연 가치 있는 것인지 스스로 묻고, 결국에는 그것에서 벗어나기로 결심하게 될 것이다.

때로 우리는 정서적 혼란으로 인해 내적 상태(internal state)를 바꾸는 것을 힘들어한다. 이러한 상태가 지속되면 혼란, 불행, 공격성을 경험하게 되고, 심하면 우울증에까지 이르게 된다. 왜 우리는 무의미한 인간관계나 일에 매달리는 걸까? 왜 자신이나 주위 상황을 바꾸는 데 어려움을 느낄까? 우리 내부에 그렇게 만드는 뭔가가 존재하는 것은 아닐까? 만약 직장 때문에 고통스럽다면 다른 일을 찾으면 될 텐데 말이다. 어째서 우리는 마음에 고통을 주는 무언가를 바꾸려 노력하지 않는 것일까?

아이러니하게도 사람은 같은 상황에 계속 머물고 싶어 한다. 이미 어떤 상황에 대한 감정이나 몸속의 화학작용에 중독돼버렸기 때문이다. 변화는 어렵다. 그래서 많은 사람들이 달리 어찌할 방법이 없다는 이유로 불행한 상황에 안주한다. 또한 평생 괴로울 것이 빤히 보이는 곳에서 벗어나려 하지 않는 사람도 셀 수 없이 많다.

우리가 이런 식으로 살기로 선택한 것은 일상에서 옷을 선택하는 것과는 성격이 다르다. 일부는 유전자가, 나머지는 뇌의 일부(우리의 반복된 행동과 생각으로 고정된 부위)가 선택에 대한 가능성을 제한하기 때문이다. 우리는 마치 공중 납치당한 비행기 안의 인질들처럼 원치 않은 곳을 향해 가는 경우가 많다. 다른 수많은 가능성은 전혀 고려하지 않은 채 말이다.

어린 시절 어머니는 내게 당신의 친구에 관해 말씀해주셨다. 당신의 친구는 '불행해야 살 수 있는' 사람이라는 것이었다. 당시에 나는 그것을 정확히 이해할 수 없었다. 하지만 뇌와 인간의 행동에 관해 오랫동안 연구한 끝에 이제는 어머니의 친구 분이 근본적으로 또는 신경학적으로 어떠한 상태인지 이해할 수 있다. 이것이 내가 책을 쓰게 된 이유 중 하나이기도 하다.

여러분은 아마 이 책의 제목(원제 : Evolve your brain)에서 인간의 잠재력에 대한 믿음을 엿보고, 잠재력을 통해 자신을 발전시키고자 이 책을 선택했을 것이다. 어쩌면 삶이 행복하지 않아 변화를 원했을지도 모르겠다. 만일 변화를 결심한 것이라면 변화는 엄청난 힘을 지닌, 실현 가능한 단어로 다가오게 될 것이다.

진화의 관점에서 변화(change)는 모든 종에게 공통된 것이다. 본질적으로 진화(evolution)는 변화를 의미한다. 변화는 환경에 대한 적응을 의미하기 때문이다. 인간에게 환경이란 삶의 모든 것을 의미한다. 우리가 사랑하는 것, 사회적 지위, 사는 곳, 생업, 부모자식 관계, 살아온 경험, 이 모두가 바로 환경이다. 하지만 이 책에서 제안하는 변화는 단순한 환경의 변화, 그 이상을 의미한다.

삶에서 어떤 것을 변화시킨다는 것은 있는 그대로가 아니라 달라지게 하는 것을 의미한다. 그렇다. 변화란 달라지는 것이다. 이것은 우리가 더 이상 예전과 같은 사람이 아니라는 뜻이다. 우리는 살면서 사고방식, 행동, 언행, 습관 그리고 정체성을 바꾼다. 변화는 의지에 의한 행위이며, 보통 어떤 것이 너무 불편하여 바꾸고자 할 때 나타난다. 그리고 마침내 어떤 것을 바꿔 삶의 난관을 극복할 때 진화가 이루어진다.

우리는 자신의 뇌를 변화시킬 수 있다. 이를 통해 우리는 경험으로 형성된 것이든 유전적으로 결정된 것이든 간에 반복적이고, 습관적이며, 건강하지 못한 모든 행동을 그만둘 수 있다. 당신은 어쩌면 일상을 깨뜨릴 수 있을지도 모르는 가능성에 끌려 이 책을 집었을 것이다. 혹은 뇌의 타고난 능력인 신경가소성(neuroplasticity, 나이를 불문하고 뇌 신경세포의 회로를 재배열하고 생성하는 능력 – 옮긴이)을 배우고 싶었을지도 모른다. 어쨌든 뇌를 진화시켜 삶의 질을 높이는 것이 바로 이 책의 주제다.

우리는 마음을 바꾸거나 세상을 바라보는 관점을 바꿈으로써 신경을 변화시킬 수 있다. 그러기 위해서는 무의식적이고, 습관적으로 작동하는 데 익숙한 뇌에 변화를 주어야 한다. 그림1.1을 보자. 무엇이 보이는가?

그림1.1 무엇으로 보이는가?

대부분의 사람들이 오리나 거위가 보인다고 대답한다. 어렵지 않다. 우리 뇌는 그림에서 새의 형태가 갖는 어떤 패턴을 인식한다. 이러한 기억은 귀 위쪽의 측두엽(temporal lobes, 어떤 대상을 식별하고 알아보는 중추 – 옮긴이)에 존재한다. 그림을 보는 순간 뇌의 특정 부위에서 수백만 개의 신경회로들이 특정한 배열과 패턴으로 활성화하면서 오리나 거위를 기억해낸다. 말하자면 그림과 뇌세포 속에 각인되어 있는 오리나 거위의 모습이 서로 일치한 것이다. 그래서 당신은 그림을 보고 오리와 거위라는 단어를 떠올릴 수 있다. 이것이 우리가 현실을 해석하는 방법이며, 이를 감각패턴재인(sensory pattern recognition)이라고 한다.

이제 다시 신경가소성으로 돌아가보자. 만약 내가 위의 그림에서 새를 보지 말고 토끼를 보라고 한다면 어떨까? 신기하게도 정말 토끼가 보일 것이다. 형태를 인식하는 동안 전두엽은 새와 연관된 회로를 끄고 토끼를 인식하기 위해 회로를 재구성한다. 이처럼 뇌가 습관적인 연결에서 벗어나 새로운 형태로 신경세포들을 자극하고 연결하는 것, 이것이 바로 신경가소성의 힘이다.

그림1.1의 예와 같이 습관적인 사고와 행동, 느낌, 인식 등을 깨부수면 세상과 자신을 다르게 볼 수 있다. 이는 우리의 뇌가 언제나 변화 가능하다는 것을 가르쳐준다. 나아가 뇌의 전형적인 활성화 패턴을 바꾸고 뇌세포 간의 새로운 연결을 강화함으로써 마음이나 태도를 바꾸는 것이 가능하다. 즉, 스스로 변화하는 것이다. 그런 점에서 이 책에서 말하는 '변화'와 '신경가소성' 그리고 '진화'는 모두 같은 의미다. 현재 당신을 존재하게 하는 모든 습관을 깨는 것이 변화와 진화라고 할 수 있다.

나는 지난 20년 동안 뇌와 뇌의 활동에 관해 연구하면서 인류의 발전과 변화에 무궁무진한 희망을 가지게 되었다. 그동안 인간은 유전적 요인에 의해 결정되고 환경의 영향을 받는다는 생각이 보편적이었다. 그러나 이제는 새로운 과학을 받아들일 때다.

진화의 과정에서 거의 모든 생명체는 포식자, 열악한 기후, 식량 부족, 출산과 번식 등 어려운 환경에 직면했었다. 그리고 환경에 적응하기 위해 수백만 년에 걸쳐 변화했다. 도마뱀의 보호색이나 초식동물의 재빠른 다리 모두가 진화의 결과다. 이러한 변화는 눈으로 확인할 수 있을 뿐 아니라 유전자를 통해서도 나타난다. 말하자면 유전자에 기록된 정보가 진화의 역사인 것이다.

생명체는 변화하는 다양한 환경에 노출됨으로써 적응력이 강한 존재로 발전해나간다. 내부에서부터 스스로를 바꿈으로써 종을 보존하는 것이다. 여러 세대에 걸친 시행착오와 환경에 대한 적응은 궁극적으로 유전자의 변형으로 이어진다. 이것이 바로 모든 생명체에 적용되는, 느리지만 지속적인 진화의 과정이다.

환경의 변화에 도전을 받으면 생명체는 적응을 위해 행동을 수정한다. 그리고 그 변화가 유전자에 암호화되면서 진화가 이루어진다. 그렇게 함으로써 한 생명체의 후세가 환경의 변화를 견디기에 더 적합해지는 것이다. 수천 년, 수만 년에 걸친 진화의 결과는 환경 조건에 딱 들어맞을 수도 그렇지 않을 수도 있다. 왜냐하면 진화는 헤아릴 수 없는 수많은 적응의 기억이 축적되어 일어나는 것이기 때문이다. 유전자는 이러한 변화의 기억을 추적하여 그것을 암호화한다.

그러한 노력은 본능, 타고난 기술, 습성, 충동, 성향, 고도의 감각능력 같은 선천적인 행동 패턴으로 나타난다. 그래서 사람들은 이렇게 오랜 세월에 걸쳐 형성된 유전자는 바꿀 수 없다고 생각하는 경향이 있다. 환경에 의해서든 아니면 유전자 프로그램에 의해서든 일단 유전자가 발현되면 인간은 특정한 방식으로 행동하게 된다는 것이다.

분명 유전자가 우리의 정체성에 큰 영향을 미치는 것은 사실이다. 유전자는 보이지 않는 손처럼 우리를 타고난 성향으로 이끈다. 그렇기 때문에 환경의 변화를 극복한다는 것은 우리의 의지가 환경보다 더 위대하다는 것을 입증하는 것이자, 현재의 조건에 더 이상 유효하지 않은 과거의 습관을 깨는 것이다. 결국 진화란 유전적 습관을 깨고, 우리가 경험한 것을 미래의 진보를 위한 발판으로 삼는 것이다.

물론 변화하고 진화한다는 것은 결코 편안하고 쉬운 일이 아니다. 타고난 습성을 극복하고, 유전적 프로그램을 수정하며, 새로운 환경에 적응하려면 강한 의지와 결단이 필요하다. 늘 그렇듯 옛것을 단념하고 새로운 것을 받아들이는 데는 고난이 따른다.

인간의 뇌는 새로운 정보를 흡수하면 그것을 일상적인 것(routine)으로 저장하도록 구조화되어 있다. 만약 우리가 새로운 정보를 더 이상 배우지 않고 오래된 습관을 바꾸지 않는다면 결국 일상에 갇히고 말 것이다. 우리 뇌는 끊임없이 배우도록 만들어졌다. 그러므로 우리가 뇌를 발전시키지 않는다면 뇌는 습관적인 반응만 할 뿐 진화에는 기여하지 못할 것이다.

적응력은 변화하는 능력을 뜻한다. 그리고 인간은 매우 영리하고 능력 있는 존재이다. 우리는 새로운 것을 배울 수 있고, 오랜 습관을 깰 수 있으며, 오래된 믿음과 인식을 바꿀 수도 있다. 또한 어려운 환경을 극복하고, 기술을 배우며, 심지어 전혀 다른 존재가 되는 것도 가능하다. 인간의 뇌는 이런 엄청난 일들을 가능하게 하는 위대한 도구다. 우리에게 이 모든 것은 선택의 문제일 뿐이다. 하고자 하는 의지만 있다면 우리는 이 모든 것을 이룰수 있고, 결국 진화하여 우리와 후세에 공헌할 수 있다.

진화는 그리 거창한 것이 아니다. 때로는 한 개인이 자신을 바꾸는 데서 시작하기도 한다. 예를 들어, 당신이 어느 날 현재의 행동을 완전히 바꾸겠다고 결심했다고 가정해보자. 그렇다면 당신은 인간의 생존과 미래를 위한 첫걸음을 내디뎠다고 볼 수 있다. 누가 알겠는가? 앞으로 나타날 새로운 종은 이런 식으로 만들어질지.

어떤 집단이든 사회통념을 깨고 새로운 것을 창조해내는 것은 개인이다. 한 개인의 노력이 다음 세대의 살아 있는 뇌에 기록될 것이다. 새로운 도전을 위해 유전자 속에 잠재되어 있는 지난 세대의 지혜를 사용하는 것, 이것이 진정한 진화다.

이 책에서 말하고자 하는 것은 뇌가 고정되어 있고 불변한다는 생각에 대한 과학적인 대안이다. 사람들은 인간이 융통성 없고 습관적인 행동을 한다고 생각한다. 하지만 인간은 실제로 매우 뛰어난 융통성과 대단한 적응력을 가지고 있다. 또한 신경가소성을 통해 신경의 연결을 재배열하여 자신이 원하는 행동이나 태도를 만든다.

다시 말하지만 우리 모두는 자신의 뇌, 행동, 성격, 현실을 바꿀 수 있는 큰 힘을 지니고 있다. 나는 개인적인 경험과 환경을 극복한 다른 사람들의 이야기를 통해 이 힘을 확인했다.

예를 들어, 마틴 루터 킹*Martin Luther King* 목사가 없었다면 시민의 권리가 이만큼 향상될 수 없었을지도 모른다. 킹 목사는 주변 상황이 명백히 흑인의 권리를 무시(당시에는 짐 크로우*Jim Crow* 법에 의해 인종차별이 합법적이었다)하고 있음에도 불구하고 모든 사람이 평등한 세상을 만들어야 한다는 신념을 가졌다.

그는 어떻게 이런 믿음을 가질 수 있었을까? 그것은 자신과 국가의 자유에 관한 생각이 주변 상황을 극복할 만큼 그에게 중요했기 때문이다. 설사 그로 인해 고통을 받을지라도 말이다. 결국 그의 믿음은 세상을 변화시켰다. 수많은 사람들이 킹 목사와 같은 믿음을 가지게 된 것이다.

킹 목사처럼 세상을 바꾼 사람은 셀 수 없이 많다. 그리고 많은 사람이 같은 방식으로 자신의 삶을 바꾸었다. 우리는 모두 스스로 새로운 삶을 개척하고, 그것을 다른 사람과 공유할 수 있다.

뇌야말로 우리가 가진 특권이다. 우리는 외부의 상황에 상관없이 오랫동안 꿈과 이상을 가슴속에 품을 수 있다. 또한 생각을 현실로 만들 수 있는 강력한 힘 역시 가지고 있다. 이것이 바로 이 책의 주제다.

기적 같은 변화

나는 20년 전 어떤 사건을 겪으면서 우리의 삶을 바꿀 수 있는 뇌의 놀라운 힘에 대한 연구를 시작하게 되었다. 1986년 나는 23살의 나이에 남부캘리포니아*California*에서 카이로프랙틱(chiropractic, 약물 없이 치료하는 척추지압요법. 모든 질병은 척추의 이탈에 따른 척추신경에 대한 압박으로부터 온다는 인식을 기반으로 신경, 근육, 골격을 복합적으로 다룬다-옮긴이) 클리닉을 개업했다. 개업한 지 6개월이 채 되지 않았지만 환자들이 줄을 이었다.

당시 클리닉이 있던 라호야 *La Jolla* 는 유명한 휴양지로 주말마다 모험을 찾아다니는 사람들과 고된 훈련을 마친 세계적인 운동선수가 많은 곳이었다. 말하자면 이들이 내 고객이자 환자였다. 나는 카이로프랙틱을 가르치는 대학을 다니면서 스포츠 의학을 공부했었고, 그 결과 졸업할 무렵에는 새로운 분야를 개척할 수 있었다.

열정적이었던 내 환자들만큼이나 나 역시 성공 지향적인 사람이었다. 학교를 다닐 때 나는 스스로를 끊임없이 채찍질하며 공부에 몰입했고, 세 학기나 빨리 졸업하는 성과를 올리기도 했다. 결과적으로 나는 멋진 삶을 살고 있었다. 해변에 위치한 사무실과 BMW를 가진 나의 삶은 사람들이 상상하는 캘리포니아의 이미지 그 자체였다.

나의 삶은 일, 달리기, 수영, 사이클링, 먹기, 잠자기로 채워져 있었다. 철인 3종 경기에 참가하기 위해 운동을 했고, 너무 열심인 나머지 때로는 잠자는 것과 먹는 것조차 잊을 정도였다. 내 앞에 펼쳐진 인생은 그야말로 맛있는 것은 무엇이든 고를 수 있는 잘 차려진 식탁과 같았다.

당시 나는 4월 12일에 열리는 팜 스프링스 *Palm Springs* 철인 3종 경기에 집중하고 있었다. 경기 시작은 그다지 좋지 않았다. 참가자가 예상보다 2배나 많았기 때문에 주최 측은 참가자를 두 그룹으로 나누어야 했다. 내가 대회장에 도착했을 때는 이미 첫 번째 그룹이 물속에서 물안경을 만지며 출발준비를 하고 있었다.

나는 진행요원에게 내가 속한 그룹이 언제 출발하는지 물었다. 그는 "아마 20분 내에는 출발하지 않을 겁니다"라고 대답했다. 하지만 고맙다는 말을 하기도 전에 출발 총성이 울렸고, 그는 어깨를 으쓱하며 "지금 출발해야 할 것 같은데요"라고 말했다.

어이가 없었지만 곧 정신을 차리고, 호수의 출발지점까지 800m를 맨발로 전력 질주했다. 비록 몇 분 뒤처졌지만 나는 곧 선두그룹에 들어갈 수 있었다. 시간 내에 들어가야 한다는 것을 상기하며, 모든 근육과 호흡에 정신을 집중한 결과 성공적으로 수영을 끝마칠 수 있었다. 나는 정신적으로 최고 상태였고, 수영 다음 종목인 사이클은 내가 가장 잘하는 것이었다.

사이클을 시작한 후 몇 백 미터 지나지 않아 나는 빠르게 사람들을 제쳐나갔다. 공기저항을 받지 않도록 자세를 유지하며, 빠르게 다리를 놀렸다. 처음 16km는 상쾌하게 달렸다.

자전거 페달을 힘차게 밟으면서 내리막길 커브를 돌 무렵이었다. 무언가 내 눈앞에서 번쩍하는 것을 느꼈다. 그런 다음 나는 시속 90km로 달리는 SUV에 받혀 자전거에서 튕겨나갔다. 내 자전거를 집어삼킨 그 차는 다시 나를 향해 달려들었고 나는 정신없이 나뒹굴었다. 운전자는 무언가 문제가 발생했음을 깨닫고 급하게 브레이크를 밟았지만 나는 도로 위를 거의 6m나 더 구른 뒤에야 멈출 수 있었다. 이 모든 일은 단지 2초 만에 일어났다.

사람들의 비명소리와 경적소리, 자전거들이 지나가는 소리가 들렸다. 그리고 가슴 안쪽에 뜨거운 피가 고이는 게 느껴졌다. 이내 격한 통증이 엄습했다. 단순히 발목을 삐거나 접질렸을 때의 통증과는 전혀 다른 것이었고, 무언가 크게 잘못된 것 같았다. 나는 땅에 누워 정신을 차리고 호흡을 가다듬으려 애썼다. 그리고 팔과 다리는 붙어 있는지, 움직일 수는 있는지 확인하려고 애썼다. 다행히도 팔다리에는 이상이 없는 것 같았다.

4시간처럼 여겨졌던 20분이 흐른 후, 앰뷸런스가 도착해 나를 존 에프 케네디John F. Kennedy 병원으로 급송했다. 병원에 도착하자마자 나는 열두 시간 동안 혈액 검사, 소변 검사, X-ray, CT 촬영 등을 포함한 여러 가지 검사를 받았다. 의사들은 사고 당시 내 몸에 박힌 돌멩이를 세 차례 정도 빼내려고 애썼지만 결국 포기해야 했다. 나는 고통 속에서 혼란과 공포를 느꼈다. 그것은 분명 악몽이었다.

마침내 그 병원의 원장이자 정형외과 전문의가 골격과 신경 검사를 실시했다. 신경에는 손상이 없었다. 그 다음에는 X-ray 사진들을 보여주었다.

그중 하나가 내 눈에 들어왔다. 척추사진이었다. T-8, T-9, T-10, T-11, T-12 그리고 L-1 뼈 등이 골절되거나 찌그러진 것이 보였다. 그 의사는 다음과 같은 진단을 내렸다.

"다발성척추압박골절입니다. T-8번 흉추는 60% 이상 손상되었고요."

나는 최악의 상황은 면한 거라고 스스로에게 말했다. 어쩌면 척추가 망가져서 죽었거나 반신불수가 될 수도 있었기 때문이었다.

그 다음 의사는 CT 촬영 결과를 보여주었다. 부서진 T-8번 등뼈 조각들이 척수에 박혀 있는 것이 보였다. 의사가 무슨 말을 할지는 뻔했다.

"이런 경우 일반적으로 추궁절제술(thoracic laminectomy)을 합니다."

나는 전에 추궁절제술에 관한 비디오를 몇 번 본 적이 있었다. 척추를 이루고 있는 대부분의 조직을 제거하는 엄청난 수술이다. 뼈의 일부를 자르고 해링턴 막대(Herrington rod)라고 불리는 금속 장치를 삽입한다. 척추 조각이나 비정상적인 척추변형을 고정하기 위해 척추 기둥에 나사못과 꺽쇠를 박아 해링턴 막대를 고정한다. 그 다음으로 엉덩이뼈로부터 추출한 새 뼛조각으로 막대 주위를 덮는다.

나는 수술 얘기를 듣자마자 해링턴 막대의 길이가 어느 정도인지 물었다. "20~50cm 정도입니다. 목 바로 밑에서 척추 아래까지 해당하는 길이죠." 라고 의사는 대답했다. 그리고 수술이 꽤 안전하다고 덧붙이면서 3일 안에 수술을 해야 한다는 것도 알려주었다.

그러나 여전히 안심되지 않아 나는 그 일대에서 가장 뛰어나다는 신경과의사를 수소문했다. 그는 이것저것 검사한 후 내가 그 수술을 받지 않으면 다시는 걷지 못할 확률이 50%가 넘는다고 무덤덤하게 설명해주었다. 그는 척추뼈들이 부서지고 뒤틀렸기 때문에 이 상태에서 일어나게 되면 척추가 몸통의 무게를 감당하지 못해 부서져버릴 거라고 경고했다. 만약 잘못하면 반신불수가 된다는 것이었다. 그는 이런 경우에 수술을 거부한 환자는 미국에서는 한 명도 본 적이 없으며, 유럽의 의사들은 환자에게 다른 선택을 제시한다고도 하지만 그에 대해 아는 바가 별로 없고, 추천하지도 않는다고 이야기했다.

다량의 진통제 때문에 정신이 혼미한 가운데서도 다음날 아침 여전히 내가 병원에 있음을 알 수 있었다. 눈을 뜨자 대학 시절 룸메이트이자 현재 호놀룰루에서 일하고 있는 폴 번스*Paul Burns* 박사가 옆에 앉아 있는 것이 보였다. 그는 내 소식을 듣자마자 비행기를 타고 샌디에이고*San Diego*까지 날아온 후 팜 스프링스까지 운전을 해 내 옆에 도착한 참이었다.

폴과 나는 집에서 더 가까운 라호야의 스크립스 메모리얼*Scripps Memorial* 병원으로 옮기는 것이 낫겠다고 판단해 앰뷸런스를 불렀다. 거기까지 가는 길은 멀고도 고통스러웠다. 나는 환자용 들것에 단단히 묶여 누워 있었고, 앞날을 생각하면 눈앞이 캄캄하기만 했다.

병실에 도착한 후 남부 캘리포니아에서 가장 뛰어나다는 의사 중 한 명이 나를 진찰했다. 매우 믿음이 가는 인상의 중년 의사였다. 그는 단호한 어조로 시간이 별로 없다고 말했다.

"당신의 척추는 24도 이상 구부러져 있습니다. 척주후만증(kyphosis, 비정상적인 척추의 뒤틀림-옮긴이)이지요. CT 스캔 결과 척수가 손상된 듯하며 부서진 뼛조각들이 척수를 건드릴 가능성이 높습니다. 어느 순간이고 마비될 수 있다는 거죠. 당장 해링턴 막대 삽입수술을 받아야 합니다. 수술이 4일 이상 지체되면 그때는 흉부에서 시작해 등까지 절개해서 막대를 양옆, 앞뒤로 삽입하는, 훨씬 더 복잡하고 위험한 수술을 해야 할 겁니다. 그 경우 수술의 성공률은 50% 정도일 뿐이죠."

결국 4일 안에 결정을 내려야 했다. 그 의사는 4일 안에 수술을 받는다면 한두 달 안에 걸을 수 있고 일도 다시 시작할 수 있을 것이라는 점을 다시 한 번 확인시켜 주었다.

그렇다고 허둥지둥 수술 동의서에 서명할 수는 없었다. 낭패감에 의사에게 재차 물었다.

"수술을 받지 않으면 어떻게 되는 겁니까?"

그는 나지막한 목소리로 대답했다.

"글쎄요. 별로 권하고 싶은 방법은 아니군요. 아마도 운이 좋다면 자연 치유가 되어 걸을 수 있을 때까지 3개월에서 6개월 정도 걸릴 겁니다. 일반적으로 회복 기간 동안 침대에서 절대 안정을 취해야 하죠. 그다음에는 다시 6개월 동안 몸을 고정시켜 자세를 유지해 주는 특수한 옷을 입고 있어야 합니다. 만약 수술을 하지 않는다면 일어서려는 순간 마비가 올 거라는 게 제 소견입니다. 그러면 모든 게 끝이지요. 당신이 내 아들이었다면 지금 당장 수술대로 옮겼을 겁니다."

내 주위에는 가까운 동료인 카이로프랙틱 의사 여덟 명과 동부에서 급히 날아오신 아버지가 계셨다. 모두들 내가 입을 떼기를 기다리며 한동안 아무 말도 하지 않았다. 하지만 난 한마디도 하지 않았다. 친구들은 미소를 지으며, 내 어깨를 두드려 주었다. 결국 아버지만 남고 모두 병실에서 조용히 나갔다. 그들은 자신이 내 처지가 아니라는 사실에 안도하는 것 같았다. 친구들의 침묵은 엄청난 소음보다도 견디기 힘든 것이었다.

이후 3일 동안은 참으로 고통스러운 날들이었다. 결정을 해야 했다. 나는 계속해서 진단용 필름을 살펴보고 여러 명의 의사에게 의견을 물었다. 그리고 마지막으로 한 명에게 의견을 더 물어보기로 결정했다.

다음날 나는 기대를 안고 마지막 의사를 기다렸다. 그는 내 친구들이 던진 25개나 되는 질문에 시달려야 했다. 친구들은 45분 동안 그 의사와 의견을 나눈 뒤 X-ray 사진을 들고 되돌아왔다. 그 의사는 다른 의사들과 거의 같은 진단을 내렸지만 조금 다른 방식의 수술을 제안했다. 그것은 15cm 길이의 막대를 척추에 삽입해 1년 동안 유지하고, 1년 뒤 그것을 제거한 다음 10cm 길이의 막대로 영구 교체하는 것이었다.

이제 나는 하나가 아닌 두 가지의 선택권을 갖게 되었다. 의사는 계속 수술에 대해 설명하고 있었지만 나는 집중할 수가 없었다. 그의 목소리는 점점 희미해졌고 내 마음은 점점 더 병실에서 멀어져갔다. 나는 평생 고통과 장애를 안고 살아가는 나의 모습을 떨쳐낼 수가 없었다. 해링턴 막대 삽입 수술을 받았던 내 환자들의 모습이 떠올랐다. 통증과 약에 찌들어 살던 모습 말이다.

나는 이런 생각을 했다. '만약 진료실에서 현재의 나와 같은 상황의 환자를 만났다면 나는 어떻게 했을까?', '나는 그에게 무슨 말을 해주었을까?' 아마 나 역시 환자에게 다시 걷기를 원한다면 수술을 받는 것이 안전한 선택이라고 말했을 것이다.

하지만 현실에서 나는 의사가 아니라 환자였다. 나는 살면서 내가 이런 장애를 안고 남에게 의존하면서 살아갈 거라고는 한 번도 생각해본 적이 없었다. 이런 생각을 하니 정말 미칠 것 같았다. 젊음과 건강이라는 축복이 허무하게 사라져버린 것이다. 나는 공허함과 상실감을 느꼈다.

다시 내가 직면한 상황에 집중했다. 거구인 의사가 위협적으로 보이기까지 했다. 나는 그에게 다시 물었다. "해링턴 막대를 척추 여기저기에 삽입하면 정상적으로 움직이기 힘들지 않을까요?"

그는 조금도 주저하지 않고 대답했다. "걱정하지 마세요. 평상시 등을 움직일 일은 거의 없기 때문에 정상적인 활동에는 지장이 없습니다."

그 순간 모든 것이 달라졌다. 나는 오랫동안 무술 수련을 해왔다. 내 등뼈는 매우 유연했고, 엄청나게 잘 움직였다. 대학 시절 그리고 카이로프랙틱을 공부하는 동안 나는 매일 세 시간 동안 요가를 했다.

매일 아침 해가 뜨기 전에 일어나 수업이 시작되기 전까지 열심히 요가 프로그램에 참가했다. 분명히 말하지만 나는 요가를 통해 등뼈에 관해서만큼은 그 어떤 해부학이나 생리학 시간에 배운 것보다 훨씬 더 많은 것을 배울 수 있었다. 나 스스로 요가 교실을 운영할 정도였다. 요가는 내 환자들의 재활 프로그램에 없어서는 안 될 중요한 요소였다.

등뼈는 우리가 생각하는 것보다 훨씬 더 유연하다. 의사들은 그걸 간과

하고 있었다. 내가 아는 한 등은 엄청난 움직임을 가진 신체 부위였다. 나는 내 친구 번스 박사를 응시했다. 그는 나와 함께 오랫동안 요가와 무술을 배웠으며, 당장 그 자리에서 척추를 여섯 개의 다른 모양으로 움직일 수 있는 사람이었다. 나는 이미 모든 답이 나에게 있음을 깨달았다. 나야말로 어느 모로 보나 척추 전문가가 아닌가?

내 안의 강력한 치유력

나는 인간에게 스스로 치유할 수 있는 능력이 있다고 믿어왔다. 실제로 어느 정도 그런 능력이 있는 것이 사실이다. 이것은 카이로프랙틱의 철학이기도 하다. 우리가 할 일은 몸의 자연회복력(innate intelligence, 카이로프랙틱에서 사용하는 개념으로 신체지능, 내적지능, 자연회복력 등으로 해석됨. 이 책에서는 자연회복력으로 통일함 - 옮긴이)이 작용할 수 있도록 최선의 환경을 만들어주는 것뿐이다.

전인의학자들(holistic practitioners, 환자를 전체성을 가진 인간으로 보고 신체적 병변부위에만 치중하는 치료가 아니라 정신적, 사회적, 환경적인 부분까지 관찰하여 조화를 이루게 하는 대체의학자들-옮긴이)은 인간의 자연회복력이 중뇌와 피질하부 하위 영역으로부터 나와 중추신경계 전반에 걸쳐 활동한다고 생각한다. 이러한 활동이 매일같이 일어나 우리를 치료하는 것이다. 자연회복력은 몸이 하는 모든 일에 관여하지만 아주 자연스러워 우리가 알아챌 수 없다.

나의 경우에도 마찬가지였다. 수술에 관한 결정을 내리는 것은 사고의 중추인 전두엽의 몫이었지만 치료는 이미 기초 활동의 중추에서 시작되었던 것이다. 내가 할 수 있는 일은 자연회복력이 본래 역할을 할 수 있도록 내버려두는 것이었다. 하지만 내 몸은 아직 기초적인 수준에서 자가치유를 하고 있었다. 그리고 나에게는 그 이상의 치유력이 필요했다.

여기서 나와 의사들 간의 관점 차이가 분명해졌다. 나는 그들이 잘 알지 못하는 세계에 대해 알고 있었다. 다음 날 나는 미련 없이 퇴원했다. 흥분한 의사들은 아버지에게 내가 사고의 충격으로 정신이 불안정하기 때문에 심리 검사를 받아야 한다고 말하기까지 했다. 하지만 나는 내가 옳은 결정을 한 것이라고 확신했다. 내가 '할 수 있다' 라는 것을 되새기고 그 방향으로 계속 나아간다면 내 안에 있는 힘이 나를 치료해줄 거라고 믿었다. 모든 카이로프랙틱 의사들이 한 목소리로 하는 말이 있다.

"몸을 창조한 힘이 몸을 치료한다."

퇴원 후 나는 친한 친구의 집으로 거처를 옮겼다. 어두침침하고 우울한 병실과 달리 화사한 방에서 안정을 취하며 내가 한 선택을 후회하지 않으려 애썼다. 이제부터는 나의 자연회복력에만 집중을 해야 했다. 내 회복을 방해하는 두려움이나 의심도 버려야 하는 것이다. 주사위는 이미 던져졌다.

완벽한 회복을 위해서는 계획을 짜야 했다. 음식은 생식을, 그것도 조금만 먹었다. 소화는 성관계 다음으로 에너지를 가장 많이 소모한다. 생식을 먹음으로써 몸은 조리된 음식을 소화하는 대신 상처를 치유하는 데 에너지를 더 사용할 수 있다. 또한 익히지 않은 음식에는 효소가 풍부하기 때문에 소화가 촉진되고 더 많은 에너지를 비축할 수 있다.

그리고 아침, 점심, 저녁 하루 세 번 한 시간씩 자기최면과 명상을 했다. 완전히 치료된 모습과 완벽해진 척추를 상상하면서 말이다. 마음속으로 척추 뼈 하나하나를 떠올리며 완벽한 척추를 만들어나갔다. 나는 마음속으로 더 완벽하게 상상할 수 있도록 수백 개의 척추사진을 보기도 했다. 이러한 노력은 치유활동을 하고 있는 내 몸에 보다 큰 힘을 불어넣어 주기 위한 것이었다.

대학에 다닐 때 나는 최면 공부에 매료된 적이 있었다. 몽유병을 갖고 있던 두 명의 룸메이트 때문이었다. 그들이 수면 중에 걷고 말하는 것을 자주 목격하면서 나는 '무의식 자아'와 '최면'에 빠져들었다. 물론 필기를 하지 않고도 모든 것을 외울 수 있게 되길 바라는 마음도 약간 있었다.

나는 2년 동안 주말과 야간에 조지아 *Georgia* 주 노크로스 *Norcross* 시에 위치한 최면동기연구소에서 명상을 공부했다. 대학을 졸업할 즈음에는 '현대 최면의 아버지'라 불리는 존 카파스 *John Kappas* 박사가 개발한 임상 최면을 500시간 넘게 공부한 상태였고, 임상 최면 전문가 자격증도 취득했다. 또 애틀랜타 교외에 있는 전인치료센터에서 최면치료를 하기도 했다.

당시에는 마음의 힘에 대해 지금만큼 이해하지 못했지만 몇 개의 의료시설에서 일하면서 무의식의 힘을 직접 목격하기도 했다. 불감증이 있던 어떤 여성은 신체적 접촉 없이도 성적 쾌감을 느낄 수 있었고, 20여 년 동안 담배를 피우던 남자는 단 한 번의 최면으로 담배를 끊기도 했다. 심지어 만성피부염 환자가 한 시간 만에 말끔히 치료되는 경우도 있었다.

이러한 과거의 경험을 바탕으로 나는 무의식의 힘을 극대화할 수 있는 치료계획을 세웠다. 정말 내 생각이 맞는지 나 자신을 가지고 시험해볼 때가 온 것이다. 나는 주변 사람들에게 오전과 오후 하루 두 차례씩 나를 방문하도록 부탁했다. 그리고 그들의 손을 내 상처에 손을 올려놓아 그들의 무의식적 에너지가 나에게 전달되도록 만들었다. 친구들, 환자들, 가족들, 심지어 전혀 모르는 사람조차도 기꺼이 도움을 주었다.

마지막으로 부서진 뼈에 적정한 양의 칼슘을 보충해줄 필요가 있었다. 그러기 위해서는 손상된 부위에 중력의 힘을 가해야 했다. 왜냐하면 뼈가 자라거나 회복되는 과정에서 중력이 뼈를 자극해 외부 전하(電荷)를 바꾸기 때문이다. 그러면 양극(+)을 띠는 칼슘분자가 음극(−)을 띠는 뼈의 표면에 달라붙게 된다. 나는 이 개념을 아주 자연스럽게 이해할 수 있었다. 비록 그 어떤 문헌이나 연구에서도 이러한 개념이 압박성 골절의 치료에 적용된 사례를 찾아보지는 못했지만 말이다.

그러나 문헌의 존재 여부는 내게 중요치 않았다. 나는 친구에게 다리를 편안하게 놓는 동시에 몸을 지탱할 수 있는, 약간 경사진 탁자를 만들어 달라고 했다. 매일 나는 천천히 아주 조심스럽게 침대에서 탁자로 몸을 굴렸다. 처음에는 2도 정도 기울기였지만 조금씩 각도를 올리면서 지속적으로 척추를 자극했다. 6주째 되자 각도는 60도가 되었고 통증도 전혀 없었다. 이 방법은 실로 대단했다. 왜냐하면 의사들은 내가 최소한 세 달에서 여섯 달은 침대에서 꼼짝도 못할 거라고 했기 때문이다.

6주가 지날 무렵 나는 사고 당시보다 훨씬 더 건강해졌고 자신감에 차 있었으며 행복했다. 전화로 클리닉을 운영할 수 있을 정도였다.

얼마 후 나는 또 다른 결심을 했다. 수영이었다. 물은 척추에 가해지는 중력을 줄여주므로 더 쉽게 움직일 수 있을 거라고 생각한 것이다. 나는 몸을 고정하는 옷을 입은 채 수영장 옆으로 옮겨졌다. 심장이 마구 고동쳤다.

실로 오랜만에 나는 서 있는 자세를 취할 수 있었다. 처음에는 긴 의자에 누운 채 물 위에 떠 있었다. 그리고 점차 서 있는 자세를 취했다. 그리고는 가만히 떠서 물결에 몸을 맡겼다. 땅 위에 서는 위험한 방법 대신 물속에 둥둥 떠서 서는 자연스러운 방법을 통해 척추에 가해지는 압력을 최소화한 것이다.

그 후 나는 매일 수영을 했다. 처음에는 발을 약간씩 움직이는 것에 그쳤지만 며칠 내로 모든 근육을 사용해 물고기처럼 수영하는 것이 가능해졌다. 수영을 할 수 있다는 것, 서 있는 자세로 떠다니는 것, 그리고 약간의 장난까지, 이 모든 것을 할 수 있다는 사실에 행복했다.

8주가 지나자 나는 맨땅을 기어다니기 시작했다. 그리고 어린아이가 기어다니다가 설 수 있게 되고 마침내 걸음마를 시작하는 것처럼, 결국에는 나도 설 수 있게 되었다. 그 후 움직임을 회복하고 유지하기 위해 매일 요가를 통해 지속적으로 몸의 연결조직을 스트레칭 했다. 물론 대부분은 누워서 하는 자세였다. 9주째가 되자 나는 정상적으로 앉을 수도 있었고, 간단한 목욕도 할 수 있었다. 그리고 결국에는 화장실도 혼자 갈 수 있게 되었다.

지금까지의 이야기가 내 몸에 관한 것이었다면 지금부터는 내 마음에 영향을 미친 중요한 경험에 대해 이야기하려고 한다. 이것은 사실 내 선택이 낳은 가장 긍정적인 결과물이기도 하다.

계획을 실천한 지 6주쯤 지났을 때 나는 조금씩 지겨움을 느끼기 시작했다. 언제라도 침대에서 일어날 수 있는 건강한 사람이 아무 일도 하지 않고, 침대에 누워 있을 수 있다면 좋을 것이다. 하지만 나의 경우는 달랐다. 나는 할 수 있는 온갖 정신적 자극에 집중하며 침대에 누워 있어야 했다. 하지만 온종일 척추에 대해 생각하는 것은 불가능했고, 또 바람직하지도 않았다. 뇌에도 휴식이 필요했다.

6주째 되던 어느 날, 나는 책장 위에 놓여 있는 책을 한 권 발견했다. 표지에는 아무것도 쓰여 있지 않았다. 마침 옆에 있던 친구에게 그 책을 건네 달라고 했다. 책장을 넘기며 제목을 찾으려 했지만 하얀 표지의 책에는 제목이 없었다. 저자의 이름은 람타*Ramtha*였는데, 실제로는 람타깨달음학교(RSE)에 속해 있는 몇몇 사람이 쓴 책이었다. 나는 《Ramtha : The White Book》[1]을 읽기 시작했다. 그 책이 나에게 얼마나 큰 영향을 미칠지 전혀 알지 못한 채 말이다.

나는 가톨릭 집안에서 자랐지만 신앙심이 돈독한 편은 아니었다. 다만 나는 몸 안의 생명력을 믿었다. 인간의 내적인 힘과 생명력은 그 어떤 것보다 강하다고 말이다. 모든 사람에게는 영적인 측면이 있다. 하지만 그것이 경직되고 위계적인 교회나 교리에서 출발하는 것은 아니라고 생각한다. 우리는 우리가 생각하는 이상의 능력을 지니고 있는 존재다. 그렇기 때문에 나는 오랫동안 내 인생에서 분명히 작용하고 있는, 느낄 수 있고 실재하는 그 무언가를 믿어왔다.

덕분에 나는 열린 마음을 가지고 그 책을 받아들일 수 있었다. 처음에는 별다른 기대 없이 읽었지만 얼마 읽지 않아 내 잠재의식이 지금 읽고 있는 것에 더 집중하라고 말하는 듯했다. 책에 담긴 내용은 모두 공감할 수 있는 것들이었다. 생각과 감정이 어떻게 우리의 현실이 되는지, 초의식(super-consciousness, 일종의 깨달음 또는 정신적 경지-옮긴이)이란 무엇인지에 관한 부분에 이르러서는 책에 완전히 빠져들었다. 책을 읽기 전 나는 변화의 한가운데 있었다. 그리고 책을 읽고 나자 내 변화에 가속이 붙었다.

책이 완벽한 촉매제로 작용한 것이다. 내가 평생 고민하고 경험했던 모든 것이 명백해졌다. 그동안 내가 가지고 있던 의문들, 인간의 잠재력, 삶과 죽음, 인류의 신성함 같은 문제의 해답이 그 책에 있었다. 특히 그 책은 수술을 받지 않기로 한 내 선택이 옳았음을 증명해주었다. 또한 내가 진실이라고 믿었던 것들에 대해 다시 생각하도록 만드는 동시에 존재의 본질에 관한 이해와 인식의 폭을 넓혀주었다.

나는 생각이 우리의 몸뿐만 아니라 삶 전체에 영향을 미친다는 것을 그어느 때보다도 잘 이해하게 되었다. 초의식은 단순히 마음의 문제가 아니라 실존의 본질에 관한 것이다. 먼지를 뒤집어 쓴 채 책장 위에 놓여 있었던 책이 나에게는 행운이었던 셈이다.

오랫동안 나는 무의식에 대해 관심을 가져왔다. 최면요법에 대한 공부도 그중 하나였다. 하지만 람타의 가르침으로 내 인생에서 일어난 모든 일들, 심지어는 사고에 대한 책임도 나에게 있다는 것을 이해하게 됐다. 나는 시속 160km로 달리다가 죽음 직전까지 경험했다. 하지만 책을 읽고서 나는 그 사고가 얼마나 귀중한 경험이었는지 비로소 이해할 수 있었다. 상상조차 할 수 없었던 사고가 나의 모든 것을 바꾸었다. 내가 믿어왔던 모든 것을 다시 생각하게 만들었고, 그 결과 스스로를 발전시키도록 도왔다.

그 순간 나는 다짐했다. 만약 내가 치유되고 마비나 통증 없이 걸을 수 있게 된다면 인간의 정신과 의식의 힘을 연구하는 데 정진할 것이라고 말이다. 후에 나는 람타깨달음학교에 등록해 더 많은 것을 배웠다.

9주 반이 되었을 때 결국 나는 일어설 수 있었고, 10수가 지났을 때는 클리닉으로 돌아와 환자들을 진료하며, 자유를 만끽했다. 어떠한 마비나 후유증 없이 말이다. 12주가 지났을 때는 아령도 들 수 있었고 모든 것이 옛날과 같았다. 나는 사고 후 6주가 되던 시점에 몸을 고정하는 옷을 구입했지만 고작 한 번 입었을 뿐이었다. 그리고 마침내 혼자서 한 시간 동안 걸을 수 있게 되었을 때, 더 이상의 치료는 필요 없게 되었다.

이제 사고는 20년도 더 된 일이 되어버렸다. 재미있는 것은 80%가 넘는 미국인이 등에 통증을 느낀다고 하는데, 나는 지금까지 등에 아무런 문제도 없다는 점이다. 지금도 가끔씩 내가 그때 자연치유를 선택하지 않았다면 어떤 모습을 하고 있을까 상상해보곤 한다. 여러분 중 어떤 사람은 그렇게 위험을 감수하면서까지 자연치유를 선택했어야 했냐고 물을 수도 있다. 하지만 현재 내가 삶에서 누리는 자유를 생각하면 그만한 가치가 있는 일이었다. 게다가 수술을 선택했더라면 몸과 마음의 회복력을 직접 경험하지 못했을 것이다.

솔직히 나의 회복을 기적이라고 부를 수도 있다. 하지만 분명한 것은 자연회복력이란 분명 존재한다는 것이다. 몸은 수술이나 약과 같은 일반적인 의료 행위 없이도 스스로 병을 치유할 수 있다.

람타깨달음학교에서 17년간 학생으로, 그 후 다시 선생으로 보낸 7년의 시간이 없었더라면 이 책의 집필은 불가능했을 것이다. 이 책은 내 경험과 람타의 가르침, 그리고 나의 연구를 아우른 결과물이다. 이 책을 통해 뇌에 대한 이해가 한 사람의 인생을 어떻게 바꿀 수 있는지 세상 사람들에게 알릴 수 있게 되어 더 없이 행복하다.

육체적인 질병의 치유 외에도 이 책에는 다른 목적이 있다. 바로 또 다른 형태의 고통인 감정적 중독이다. 최근 몇 년 동안 나는 신경생리학의 최신 이론을 연구하면서 많은 곳을 다니며 강연을 해왔다. 그 과정에서 깨달은 점이 있다. 과거에는 이론에 불과했던 감정적 상처의 치료가 이제는 실제로 가능하다는 사실이다. 내가 이 책에서 제안하는 방법들은 결코 허무맹랑한 약속이 아니다. 첨단이론과 그 적용가능성에 관한 것이다.

우리는 살아가면서 감정적 중독을 경험한다. 무기력, 집중력의 상실, 구태에 안주하려는 어이없는 병적 욕구, 작심삼일, 새로운 경험에 대한 무감각 등 감정적 중독의 증상은 다양하다.

그렇다면 어떻게 하면 이런 악순환을 끝낼 수 있을까?

해답은 우리 안에 있다. 특히 우리의 아주 특별한 부분인 뇌가 중요한 역할을 한다. 이 책에서 우리는 여러 이론들을 살펴보게 될 것이다. 핵심은 바로 뇌신경망에 변화를 줌으로써 감정의 치유가 가능하다는 것이다.

아주 오랜 세월 동안 과학자들은 뇌가 하나의 완성품이라 여겼다. 따라서 바꿀 수 없으며, 부모나 조상으로부터 물려받은 습성은 미리 내장되어 있는 프로그램처럼 우리가 나아갈 바를 정한다고 믿어왔다.

하지만 실제로 뇌의 융통성은 대단해서 낡은 생각을 이루는 회로를 차단하고 언제든지 새로운 회로를 만들어낼 수 있다. 게다가 그 과정 역시 생각보다 훨씬 빨리 진행된다. 일반적으로 진화론에서는 이러한 변화가 몇 세대 혹은 그보다 훨씬 긴 시간이 필요하다고 가정한다. 하지만 실제로 이러한 변화는 몇 주 만에도 가능하다.

우리가 배우기 시작할 때, 그리고 신경과학 분야에서 연구가 시작될 때 **생각은 중요하다. 말 그대로 생각은 중요해진다.**

내 안에 잠든
거인 깨우기

- 02 -

Evolve your Brain

우리는 마음으로 스스로를 구원해야 한다.
마음은 그것을 잘 다스린 사람에게 가장 소중한 친구지만
잘 다스리지 못한 사람에게는 가장 큰 적이 될 것이다.
- 《바가바드 기타Bhgavad Gita》

내 안에 잠든

Evolve your Brain

거인 깨우기

우리는 주변에 누군가가 어려운 상황에 처했을 때 "모든 것은 마음먹기에 달렸다"고 말하며 용기를 준다. 20년 전 내가 사고를 당했을 때도 누군가 그렇게 말했을 것이다. 실제로 우리는 별다른 생각 없이 이 말을 자주 사용한다. 일반적으로 '마음먹기에 달렸다'는 말은 부정적인 생각이나 장애를 극복하고 목표를 향해 나아간다는 뜻이다. 한마디로 의지가 중요하다는 것이다.

예를 들어, 어렸을 때 당신이 고소공포증이 있었다고 생각해보자. 당신은 친구들과 호숫가로 캠핑을 간다. 마침 호수 옆에는 다이빙하기 적합한 높은 바위가 있다. 친구들은 모두 바위에서 물속으로 뛰어내리며 즐거운 시간을 보내는데, 당신만 혼자 남아 호수에 발만 첨벙거리고 있다. 친구들은 당신을 발견하고 다이빙을 해보라며 졸라댄다. 두려운 기색을 보이며 싫다고 하자 친구들이 당신을 짓궂게 놀린다. 자존심이 상한 당신은 후들거리는 다리로 바위에 기어오른다.

바위 위에 서자 공포는 최고에 달한다. 내리쬐는 햇볕이 어깨를 태우는 듯하다. 온몸에 소름이 돋고 머리카락에서 떨어지는 물방울 소리까지 크게 들릴 정도다. 마음속에서는 '나는 절대 못해'라는 생각이 요동친다. 당신은 이가 서로 부딪칠 정도로 덜덜 떨면서 조금씩 움직여본다. 친구들의 야유 소리가 점점 더 커진다. 빨리 뛰어내리리라며 소리를 지르던 친구들도 이제는 제발 뛰어내리리라며 애원한다. 당신은 눈을 질끈 감고 뛰어내린다.

당신이 물 위로 떠오르자 친구들은 환호성을 지른다. 그 순간 당신은 내부의 무언가가 근본적으로 바뀌었다는 것을 알게 된다. 마음속의 의심, 두려움, 불확실함이 모두 사라진 것이다. 공포가 떠난 자리에는 대신 새롭고 긍정적인 현실이 자리한다.

이것은 지극히 평범한 예다. 실제로 사람들은 어떤 장애물에 걸려 정신적으로 높은 경지, 즉 아무런 의심과 두려움 없는 자유를 누리지 못하고 산다.

물론 당신도 정신력으로 무엇인가 극복해본 경험이 있을 것이다. 나 역시 여러 번 그런 경험을 했고, 그중 스스로 척추를 치료했던 것은 제일 강렬한 경험이었다. 나는 늘 스스로를 극한으로 몰아붙이고, 이를 통해 나를 발전시키는 것에 관심이 많았다. 인간의 몸과 마음이 가지는 잠재력에 매료되었기 때문이다.

특히 몸과 마음이 완전히 하나가 된다면 어떤 일이 일어날지 늘 궁금했다. 물론 몸과 마음은 완벽히 분리되는 존재가 아니라는 사실은 잘 알고 있었다. 다만 예를 들어, 자동차를 운전하는 것이 몸인지 아니면 마음인지가 종종 궁금했던 것이다. 몸과 마음 중 실제로 어느 쪽이 나를 지배할까? 우리는 정신적인 고통이나 육체적인 질병에 걸리도록 유전적으로 정해져 있는 존재일까? 혹은 변덕스러운 환경에 영향을 받는 존재일까?

변화의 시작

몸과 마음이 하나가 될 때 나타나는 힘을 경험한 이후 나는 이와 비슷한 경험을 한 사람이 또 있는지 궁금해졌다. 나 말고도 병원에서 제시하는 치료법을 거부한 사람이 더 있을 것이 분명했다. 나는 이번 기회에 치유란 무엇인지 더 깊이 연구하기로 마음먹었다. 다행히도 적합한 연구대상을 찾는 데는 그리 오랜 시간이 걸리지 않았다.

백혈병을 이긴 딘

딘Dean을 처음 본 것은 내가 운영하는 클리닉의 환자 대기실에서였다. 딘은 웃으며 내게 윙크를 했다. 그의 얼굴에는 커다란 레몬만한 종양이 두 개나 달려 있었는데 하나는 오른쪽 턱 아래에, 다른 하나는 왼쪽 이마에 있었다. 딘을 진찰하는 동안 그는 내게 자신이 백혈병이라고 말해주었다. 나는 딘이 그동안 어떤 치료를 받았는지 물어보았다. 놀랍게도 그는 아무런 치료도 받지 않았다고 했다. 나는 진찰을 계속 진행했지만 머릿속은 온통 그에게 묻고 싶은 것들로 가득했다.

나 역시 스스로 큰 부상을 치료한 경험이 있지만 백혈병은 또 다른 문제였다. 특히 치료받지 않으면 수개월 내에 사망하는 것으로 알려진 급성골수백혈병이라면 딘이 저렇게 웃고 있을 수는 없었다. 백혈병은 부러진 뼈처럼 시간이 지나면 자연히 치유되는 상처가 아니기 때문이다.

딘을 진단했던 의사는 그에게 길어야 6개월 정도 살 수 있을 거라고 말했다. 그러나 딘은 그 얘기를 듣는 순간 아들이 고등학교를 졸업할 때까지는 살아 있기로 마음먹었다. 벌써 25년 전의 일이다. 이제 몇 달 후면 손자의 고등학교 졸업식이 있다며 딘은 눈을 반짝이며 내게 말했다. 나는 놀랄 수밖에 없었다.

그 후에도 딘은 계속 진료를 받으러 왔다. 어느 날 나는 딘의 진료를 마치고 마침내 참았던 궁금증을 털어놓았다. "도대체 어떻게 하신 거지요? 의사의 말대로라면 24년 전에 돌아가셨어야 하는 분이 아무런 약이나 수술 없이 지금까지 살아 계시다니, 정말 놀랍네요. 비결이 뭐죠?"

딘은 활짝 웃으면서 내게 가까이 다가와 자신의 이마를 가리켰다. "결심만 하면 된다네." 그러고 나서 딘은 윙크와 함께 진료실을 떠났다.

과거의 나쁜 기억과 질병에서 벗어난 쉴라

쉴라 Sheila는 만성게실염(대장 내막의 작은 주머니, 게실에 발생하는 염증-옮긴이) 때문에 늘 매스꺼움과 열, 변비, 복통 등으로 고통을 겪었다. 병원에서 치료를 받았지만 증상은 전혀 나아지지 않았다.

어느 날 쉴라는 좋지 않은 감정과 질병의 상관관계에 대해 우연히 알게 되었다. 그리고 자신의 삶을 새로운 시각으로 되돌아보았다.

이미 30대 중반의 나이였지만 그녀는 여전히 자신이 어린 시절 받았던 상처의 피해자라고 여기고 있었다. 쉴라는 어린 시절 부모의 이혼으로 어머니와 단둘이 살았다. 어머니는 일을 하느라 바빴고, 그녀는 늘 혼자였다. 물질적으로 풍족하지 못했을 뿐 아니라 친구들과 어울릴 기회가 없었던 쉴라는 자신이 뭔가를 도둑맞았다고 느꼈다.

감정에 집중하면서 쉴라는 그동안 자신이 바람직하지 못한 마음 상태로 살아왔음을 깨달았다. 지난 20년 동안 그녀는 자신의 어린 시절이 불우했기 때문에 가치 있는 일도 할 수 없고, 만족감도 느낄 수 없다고 생각해왔다. 쉴라는 늘 자신이 쓸모있는 존재로 결코 변할 수 없으며, 이 모든 것이 부모님 탓이라고 여겼다.

병원 치료로도 병이 호전되지 않자 쉴라는 부모에 대한 원망이 자신의 병과 직접 관련되어 있을지도 모른다고 생각하기 시작했다. 그리고 변화하려는 의지가 없는 자신을 합리화하기 위해 주변 사람들과 환경을 변명거리로 사용해왔다는 것을 깨달았다.

쉴라는 꾸준히 자신의 의지와 깨달음을 상기하면서 자신을 피해자라고 생각했던 예전의 사고방식과 감정을 점차 버리게 되었다. 그녀는 정체성의 일부가 된 어린 시절과 관련된 부정적인 생각을 던져버리고, 부모님을 용서했다. 이제 쉴라는 더 이상 고통 받을 이유가 없었다.

그러자 병이 점점 호전되기 시작했다. 얼마 지나지 않아 모든 고통스러운 증상이 말끔히 사라졌다. 스스로 병을 치유한 것이다. 더욱 중요한 것은 자신이 만든 마음의 속박에서 완전히 자유로워졌다는 사실이다.

그들의 공통점

지난 7년간 나는 심각한 질병을 자연치유한 경험이 있는 사람들을 조사해왔다. 이들의 이야기는 정말 놀라웠다. 내가 이들을 만났을 때는 이미 병이 상당히 호전된 상태였다. 악성종양, 심장병, 당뇨, 호흡기질환, 고혈압, 정맥류, 갑상선질환, 시력, 근육통부터 현대 의학으로 고칠 수 없는 희귀한 유전병까지 질병의 종류도 정말 다양했다.

이들은 병을 치료하기 위한 더 이상의 대안이 없던 상태에서 기적적으로 회복되었다. 스스로를 치료한 것이다. 나는 이들이 시도했던 여러 가지 치료과정을 모두 조사했지만 회복을 설명할 만한 공통된 방법이나 행동양식은 찾지 못했다.

물론 병을 어느 정도 호전시켜 준 치료법이 몇 개 있기는 했다. 하지만 병을 완전히 낫게 한 것은 없었다. 방사선치료나 화학치료로는 암을 치료할 수 없었고, 수술은 병의 진행 속도를 늦춰주었을 뿐이었다. 오랫동안 혈압약을 복용했지만 혈압을 완전히 낮추지 못했으며, 비타민이나 건강식도 건강을 되찾아주지는 못했다. 대체의학 역시 병을 치료하지 못했고, 심리상담은 스트레스를 다소 줄이는 데만 효과를 보였다.

이들 대부분은 여러 가지 치료법을 시도하다 효과를 보지 못하고, 치료를 중단했다. 또 이 중 몇몇은 애초부터 치료를 받지 않기도 했다. 도대체 이들은 어떻게 치료가 불가능해 보이던 병을 이겨내고 건강을 되찾은 것일까?

나는 이들의 사례를 과학적인 관점에서 조사하기 시작했다. 이들이 경험한 자연치유는 결코 운이 아니었다. 기적 같은 일이 한 번 일어난다면 그저 어쩌다 생긴 일이라고 말할 수 있다. 그리고 기적 같은 일이 두 번 일어나면 우리는 그것을 '우연의 일치'라고 부른다.

하지만 이 두 번의 기적이 세 번째 기적을 부르고 네 번째, 다섯 번째 기적을 부른다면 그것도 우연일까? 어떤 일이든 같은 일이 반복될 때는 원인이 있기 마련이다. 그렇다면 자연치유의 원인은 무엇일까? 무엇이 이들의 몸을 치유했을까?

이 사람들이 약이나 치료법 때문에 병이 나은 것이 아니라면 어쩌면 마음과 뇌의 알 수 없는 작용이 병에 영향을 준 것일지 모른다. 하지만 과연 마음의 힘이 그 정도로 강력할까?

대부분의 의사들은 환자의 태도가 치료과정에 영향을 미친다는 것을 인정한다. 그렇다면 아무런 치료도 받지 않은 이들의 병이 나았다는 것은 순전히 마음의 힘 때문이라고 말할 수 있지 않을까?

나는 이들의 치유과정과 마음 사이에 어떤 과학적 연관성이 있는지 살펴보기로 했다. 사례를 과학적으로 분석하면 마음속에서 일어나는 일들을 규명할 수 있을지도 모르기 때문이다. 치유를 위해 뇌에서 일어나는 일들을 말이다. 그것이 무엇인지 알아낸다면 의사 없이도 몸을 치유하는 것이 가능할 것이다. 또한 자연치유를 연구함으로써 몸과 마음의 관계를 설명하는 과학적인 법칙을 발견해낼지도 모른다.

람타깨달음학교(RSE, 1장 참고)에 다니면서 '모든 것은 마음먹기에 달렸다'라는 말은 나의 신념이 되었다. 나는 이 말을 자연치유와 마음에 대한 연구 신조로 삼았다.

나는 람타학교에서 마음이 몸을 치유할 수 있음을 직접 경험할 수 있었다. 실제로 자연치유를 경험한 많은 사람들이 람타학교에서 자연치유를 배운 학생들이었다.

기적이란 무엇인가?

나도 가끔은 자연치유라는 것을 믿기 힘들 때가 있다. 하지만 기적이든 아니든 간에 자연치유는 역사가 기록되기 이전부터 있었던 일이다. 고대 사람들은 보통 자신들의 종교로 이러한 현상을 설명하려고 했다. 그래서 기독교, 불교, 이슬람교 등의 거의 모든 종교 경전을 살펴보면 자연치유에 관한 기록을 찾을 수 있다.

시간이 흘러 모든 것을 과학으로 설명하려고 하는 시대에 들어와서 자연치유는 '기적(miracle)'이 되었다. 기적이라는 단어를 사전에서 찾아보면 '상식적으로 생각할 수 없는 기이한 일'이라고 나와 있다.

역사적으로 기적이라고 불리는 사건들은 당시의 통념으로는 이해할 수 없는 일 혹은 과학적·정치적으로도 설명될 수 없는 일이었다. 하지만 이렇게 생각해보면 어떨까? 이백 년 전 어떤 사람이 낙하산을 메고 비행기에서 뛰어내려 살았다고 하자. 당시에는 그것이 기적으로 보였을 것이다. 어쩌면 다른 불가사의한 사건들과 마찬가지로 신이 한 일이라고 생각했을지도 모른다.

다시 현대로 돌아와보자. 한 여자가 암에 걸려 6개월밖에 살 수 없다는 판정을 받았다. 6개월 후 그녀는 의사에게 재검진을 받으러 갔고, 온갖 검사에도 불구하고 암은 흔적조차 찾을 수 없었다. 완치된 것이다.

만약 우리가 이 일을 기적이라고 부른다면 진실을 놓치고 있는 것이다. 어떤 사건의 원인과 결과를 이해할 수 있다면 그것은 더 이상 기적이 아니다. 신화는 한 사회가 이해할 수 없는 일을 설명하려고 할 때 생겨난다. 예를 들어, 모든 문화에는 창세신화와 홍수(예를 들어 기독교 문화에서는 '노아의 홍수' 이야기가 전해진다 – 옮긴이)에 대한 이야기가 전해진다.

하지만 오늘날 우리 사회는 설명할 수 없는 어떤 일이 일어났을 때 더 이상 신화에 의지하지 않는다. 다만 그 일을 설명할 수 있는 지식이 부족할 뿐이라고 생각한다. 실제로 예전에는 기적으로 여겨졌던 일들이 사실은 단순한 자연현상으로 판명된 경우도 많다. 그렇다면 자연치유에 대해서도 그렇게 설명할 수 있지 않을까?

여기 기적이라 불리는 일들을 믿는 한 남자가 있다. 이 남자는 사회의 통념이나 관습, 종교적 신념 등에 개의치 않으려 한다. 이 남자가 고혈압 진단을 받았다고 생각해보자. 증상을 치료하는 게 목적인 통념적인 의사라면 약물, 식사조절, 운동 등을 처방할 것이다. 그런데 이 남자가 의사에게 "고맙지만 내가 알아서 할 수 있습니다"라고 말한다면 어떨까? 의사는 '이 사람 건강을 망칠 셈이군' 하고 생각할 것이다. 이 남자뿐만이 아니다. 누구든 기적적인 결과를 바라는 사람은 사회의 통념과 싸워야 하며, 비이성적이다 또는 미쳤다는 소리를 듣게 된다.

하지만 기적을 과학적으로 설명할 수 있다면 기적을 바라는 사람 역시 더 이상 무모하거나 이상한 사람으로 여겨지지 않을 것이다. 마찬가지로 우리가 자연치유를 설명할 수 있는 정보를 모으고, 그것을 과학적으로 분석한다면 기적과 같은 일을 만들려는 우리의 노력은 사회의 지지를 받을 수 있지 않을까?

자연치유된 사람들의 4가지 공통점

여러 해 동안 자연치유를 경험한 사람들을 조사하면서 나는 이들이 공통적으로 4가지 특징을 가지고 있음을 발견했다.

그 이야기를 시작하기 전에 먼저 이들이 자연치유를 경험했다는 사실을 제외하면 겉으로 보이는 공통점은 하나도 없었다는 사실을 밝히고 싶다. 이들은 모두 다른 종교를 갖고 있거나, 종교가 아예 없었다. 이 사람들은 뉴에이지 신봉자도 아니었다. 나이, 성별, 인종, 교육수준, 직업 역시 모두 달랐다. 운동을 하는 사람도 몇 안 되고 식단도 각기 달랐다. 주량이나 흡연 습관도 다르며, 성 관계를 하는 사람도 있고 안 하는 사람도 있었다. 겉으로 보면 이들이 자연치유를 경험하게 된 공통된 이유는 하나도 없었다.

생명과 치유력을 주는 자연회복력

내가 조사했던 사람들의 첫 번째 특징은 하나같이 자신 안에 존재하는 고차원적인 생명력을 믿었다는 것이다. 제각기 그것에 영성이나 잠재의식과 같은 이름을 붙이면서 그들은 자신의 내부에 생명을 부여하는 어떤 힘이 있다고 생각했다. 또한 자신들이 이 힘에 접근할 수 있다면 그것을 마음대로 조종할 수도 있다고 믿었다.

나 역시 이 힘의 존재를 확실히 존재하는 것으로 여겨왔다. 우리 몸에는 모든 기능을 구성하고, 작동시키는 힘이 있다. 예를 들어, 심장이 단 한 번의 멈춤 없이 하루에 십만 번 이상 뛰는 것은 이 힘 덕분이다. 그렇지 않다면 어떻게 심장이 평생 거의 30억 번 이상을 뛸 수 있을까? 이 모든 일이 자연스럽게, 한 번의 청소나 수리 또는 교체 없이 일어난다. 이와 같은 사실을 좀 더 열린 마음으로 받아들인다면 우리의 의지보다 더 큰 힘이 몸 안에 존재함을 알 수 있다.

이외에도 이 힘의 존재에 대한 증거는 무수히 많다. 혹시 심장이 얼마나 많은 혈액을 이동시키는지 아는가? 심장은 1분에 약 7.5L, 1시간에 약 400L 이상의 혈액을 이동시키며, 혈액이 온몸을 이동하는 데는 20초밖에 안 걸린다. 또한 혈관의 길이는 지구를 두 바퀴 반 정도 도는 길이와 비슷한데도 그것이 우리 몸에서 차지하는 비중은 3%밖에 되지 않는다.[1] 그리고 적혈구를 모두 일렬로 세우면 그 길이가 약 50,000km 정도 되는데, 그 정도면 천국에도 도달할 수 있을 것이다. 1초 동안 300만 개의 적혈구가 죽고, 바로 다음 1초 만에 같은 수의 새로운 적혈구가 그 자리를 채운다.

만약 우리가 이 모든 일을 직접 하려고 애쓴다면 과연 오래 살 수 있을까? 우리 안의 어떤 큰 힘이 조종하고 있는 것이 아니라면 이 모든 것을 어떻게 설명할 수 있을까?

잠시 1초 동안 책읽기를 멈춰봐라. 그 순간에도 세포 하나에서는 10만 번의 화학 반응이 일어난다. 그렇다면 모든 세포에서 일어나는 화학 반응의 수는? 계산조차 불가능하다. 매초마다 셀 수 없이 많은 화학 반응이 우리 몸속에서 일어난다. 다시 한 번 이러한 몸속의 반응을 일일이 직접 조종해야 한다고 생각해보기 바란다. 간단한 계산조차도 틀리는 우리에게 이런 반응들을 조종할 수 있는 더 큰 힘이 존재한다는 것은 감사할 일이다.

바로 이 순간에도 우리 몸속에서는 천만 개의 세포가 죽고 새로운 세포가 그 자리를 다시 채우고 있다.[2] 췌장의 세포는 하루 동안 90% 이상이 재생된다. 이때 각 세포의 기능은 유사분열(mitosis, 모세포가 유전적으로 똑같은 두 딸세포로 분열하는 것-옮긴이)을 통해 새로운 세포로 전해진다. 또한 연구에 의하면 세포 간의 신호교환 속도는 빛의 속도보다 빠르다고 한다.

지금쯤 당신은 심장을 멈춰보려는 시도를 하고 싶을지도 모르겠다. 하지만 심장을 움직이는 것뿐만 아니라 소화효소를 분비하는 것까지 몸 안에서 일어나는 모든 일은 당신의 의지로 할 수 있는 것이 아니다. 당신의 의지보다 더 큰 어떤 힘이 매일 신장을 통해 혈액을 걸러내고, 간의 66가지 기능을 통제한다. 대부분의 사람들은 간의 역할이 그렇게 많은지 모르고 있겠지만 말이다.

바로 그 힘 덕분에 우리 몸의 작은 단백질 하나가 그 어떤 최신 장비보다도 DNA 나선구조를 더 잘 파악할 수 있는 것이다. 만약 우리 몸의 모든 DNA 사슬을 일렬로 늘어놓는다면 그것은 태양까지 150번 왕복한 거리와 같다.[3] 유전자라고 불리는 아주 작은 단백질 효소 하나가 32억 쌍의 염기 배열로 이루어져 있는 것 역시 바로 그 힘 덕분이다. 우리가 알아차리지 못하는 바이러스나 세균의 침입에도 몸은 어떻게 싸워야 하는지 안다. 심지어 우리의 면역체계는 한 번 침입했던 녀석들은 결코 잊지 않는다.

가장 놀라운 것은 정자와 난자라는 달랑 두 개의 세포가 결합해 100조 개의 세포들로 성장한다는 것이다. 우리 몸에 존재하는 힘은 생명을 만들고, 믿을 수 없을 만큼 많은 과정을 운영한다. 우리는 살아 있는 동안은 이 힘에 대해 인식하지 못한다. 하지만 죽는 순간 몸의 모든 기능은 정지하기 시작한다. 왜냐하면 이 힘이 사라지기 때문이다.

이 때문에 나는 자연치유를 경험한 사람들과 마찬가지로 우리의 이해를 뛰어넘는 어떤 큰 힘의 존재를 인정하지 않을 수가 없다. 우리는 의식을 가진 존재지만 사실은 중요하다고 생각하는 일에만 관심을 가질 뿐이다. 우리는 이 힘이 몸속에서 행하는 기적에는 관심을 기울이지 않는다. 우리가 이 기적에 관심을 가지는 것은 우리 몸에 뭔가 이상이 있을 때뿐이다.

이 힘은 보편적이고 절대적인 것이다. 살아 있음은 이 힘이 존재한다는 뜻이다. 인간은 성별, 나이, 유전자에 상관없이 모두 이 힘을 가지고 있다. 이 힘은 인종, 문화, 사회적 관습, 경제적 지위, 종교를 초월한다. 우리가 알든 모르든, 깨어 있을 때나 잠들어 있을 때나 혹은 기쁠 때나 슬플 때나 이 힘은 모두에게 생명을 부여한다. 그리고 우리가 원하는 대로 삶을 끌어나갈 수 있는 자유를 준다.[4]

이 힘은 우리 몸의 모든 세포를 조화롭게 움직이는 법을 안다. 단 두 개의 세포(정자와 난자)로 인간을 만든 힘이기 때문이다. 결론을 말하자면 우리에게 생명을 부여한 이 힘은 우리의 몸을 움직이고 치유한다.

어떻게 보면 자연치유를 경험한 사람들이 처음 병에 걸렸던 이유는 애초에 이 힘에서 멀어졌기 때문일지 모른다. 좋지 않은 감정과 생각이 병을 키우는 방향으로 이 힘을 움직인 것이다. 그러나 그들은 이 힘을 가까이하면 마음먹은 대로 몸을 치유할 수 있다는 사실을 깨달았다. 이 힘은 자신의 역할을 잘 알고 있다. 우리는 이 힘을 그저 가까이만 하면 되는 것이다.

이 힘을 자연회복력이라 부르든 아니면 잠재의식이나 영성이라 부르든 그것은 중요하지 않다. 중요한 것은 이 힘이 어떠한 약이나 수술보다 강력하다는 점이다. 자신의 역할을 다할 준비가 되어 있는 이 힘은 우리가 그것을 발휘하기를 허락하기만 기다리고 있다. 우리는 어디든 데려다 줄 거인의 등에 올라타 있는 것이다.

생각이 곧 현실이다

우리가 생각하는 방식은 삶뿐만 아니라 몸에도 영향을 미친다. 말하자면 "모든 것은 마음먹기에 달렸다." 이 말은 자연치유를 경험한 사람의 몸, 마음, 삶의 변화를 위한 밑바탕이기도 하다.

나는 이들이 그것을 어떻게 성취했는지 이해하기 위해 생각과 몸의 관계에 대한 연구를 시작했다. 먼저 몸과 마음의 상관관계를 연구하기 위해 정신신경면역학(psychoneuroimmunology, 사고, 정서, 경험 및 태도가 생물학적 변화를 초래함을 보여주는 학문분야-옮긴이)을 공부했다. 정신신경면역학에 따르면 생각은 뇌에 특정한 화학 반응을 일으킨다. 그러면 뇌는 화학물질을 분비하고 이를 몸에 전달한다. 뇌에서 분비된 화학물질은 우리가 '생각한' 것과 똑같이 몸이 '느끼도록' 만든다. 다시 말해 어떤 생각을 하면 몸이 그에 상응하는 반응을 하도록 뇌가 화학물질을 분비하는 것이다.

특히 행복한 생각이나 긍정적인 생각은 뇌에 기쁨과 흥분을 유발하는 화학물질을 분비하게 만든다. 예를 들어, 우리가 어떤 기대감에 차 즐거울 때 뇌는 흥분을 유발하는 신경전달물질인 도파민dopamine을 분비한다. 반대로 화나거나 우울할 때는 그에 상응하여 펩티드peptide를 분비한다. 우리의 생각이 그 즉시 현실이 되는 것이다.

우리의 뇌는 '생각'과 '몸의 느낌'을 연결하는 중재자다. 뇌의 역할은 여기서 끝나지 않는다. 뇌는 몸이 어떤 것을 느끼는지 주의 깊게 관찰하면서 또 다시 화학 반응을 일으킨다. 그러면 이번에는 몸이 느끼는 대로 생각하게 된다. 한마디로 생각이 느낌을 만들고, 느낌이 생각을 만드는 끝없는 순환고리가 형성되는 것이다.

결국 이러한 순환고리는 현재 우리가 느끼고 행동하는 방식을 결정한다. 예를 들어, 여기 늘 자신감 없이 사는 여성이 있다고 하자. 이 여성이 '나는 못났다', '똑똑하지 않다'라고 생각하는 순간, 뇌는 자신감을 떨어뜨리는 화학물질을 몸에 전달한다. 그러면 몸은 자신감이 없다는 '느낌'을 받게 되고, '느낌'은 다시 자신감이 없다는 '생각'을 만든다. 이러한 악순환이 몇 년간 계속되면 이 여성은 결국 '자신감 없는 상태'가 될 것이다.

어떤 생각을 반복하면 그에 반응하는 화학물질도 더 많이 분비된다. 결국 몸도 생각대로 바뀌게 되는 것이다. 이것이 생각과 느낌이 우리의 '현 상태(state of being)'를 만드는 과정이다. 한마디로 생각은 직접적으로 건강, 습관, 삶의 질에 영향을 미친다.

자연치유를 경험한 사람들이 애초에 병에 걸렸던 이유도 이를 통해 설명할 수 있다. 이들 대부분은 10년 이상 걱정, 불안, 슬픔, 분노 같은 감정의 고통에 시달리며 살았다. 이들은 "오랫동안 반복했던 고통스러운 생각과 느낌이 그런 상태를 만들었다"고 말했다.

결국 이들은 육체적 건강상태를 바꾸려면 먼저 자신의 습관적인 생각, 즉 태도를 바꾸어야 함을 깨달았다.[5] 어떤 이의 현재 상태를 만든 태도는 몸과 직접적으로 연결되어 있다. 따라서 건강을 지키고 싶다면 먼저 잘못된 태도를 완전히 바꿔야 한다. 생각과 느낌의 악순환을 끊고 새로운 선순환을 만들어야 하는 것이다.

여기 한 가지 사례가 있다. 만성 소화불량과 등의 통증을 더 이상 견딜 수 없었던 톰Tom은 자신을 삶을 돌아보기로 결심했다. 그는 직장에서 받는 스트레스 때문에 오랫동안 우울해했다. 그리고 20년 동안 내내 직장 상사와 동료, 가족들 때문에 화나고 실망한 상태였다. 주변 사람들은 톰의 욱하는 성미 때문에 힘들어했지만, 정작 톰은 자신을 불쌍히 여기고 있었다.

이런 생각과 느낌이 반복되자 그것은 자신의 몸에 독이 되는 태도로 굳어졌고, 몸은 더 이상 음식을 소화하지 못했다.

그러나 톰이 자신의 무의식적인 태도가 몸을 아프게 했다는 사실을 깨닫자 치유가 시작되었다. 자연치유를 경험한 사람들 대부분이 톰과 비슷한 과정을 겪었다.

태도를 바꾸기 위해 이들은 자신의 생각에 주의를 기울이기 시작했다. 특히 악순환 구조를 만드는 나쁜 생각을 의식적으로 알아내려고 노력했다. 이 과정에서 자신의 부정적인 생각과 느낌이 사실은 진짜가 아니라는 것을 발견했다. 다시 말해 우리가 어떤 생각을 한다고 해서 그것이 꼭 진짜는 아니라는 뜻이다.

사실 생각이란 우리가 만들어내고, 스스로 믿게 되는 것이다. 이런 점에서 믿음은 습관과 유사하다. 쉴라는 자신을 구제불능의 낙오자라고 생각했다. 하지만 이러한 생각이 무력감을 일으킨다는 것을 알게 되었고 자신이 낙오자라는 믿음에 의문을 제기하기 시작했다. 그러자 그녀는 자신이 꿈을 이루지 못하는 데 어머니의 잘못은 아무것도 없다는 사실을 깨달을 수 있었다.

어떤 사람들은 이러한 습관적인 생각을 삶을 조종하는 컴퓨터 프로그램으로 비유하기도 했다. 어찌됐든 그 프로그램을 만든 사람은 바로 자기 자신이다. 그렇다면 스스로 프로그램을 바꾸거나 삭제할 수 있지 않을까?

가장 중요한 것은 자신의 생각을 바꿀 수 있다는 믿음이다. 자연치유를 경험했던 사람들 역시 태도를 바꾸는 과정에서 생각을 스스로 통제할 수 없다는 고정관념과 맞서 싸워야 했다. 이들은 자신의 생각을 통제하려고 노력할 때마다 몸 안에 자리 잡고 있는 고통스런 악순환의 방해를 받았다. 하지만 결국에는 자신을 망치는 생각의 고리를 끊고 생각을 통제하는 데 성공할 수 있었다.

의식적인 생각도 계속 반복하면 무의식적인 생각이 된다. 운전이 대표적인 예다. 초보운전일 때는 브레이크를 밟는 감각 하나하나에 집중하고 지나온 길을 모두 기억하려 애쓴다. 하지만 운전에 익숙해지고 매일 같은 길을 다니게 되면 자기도 모르는 사이에 목적지에 도착한다. 평소와 다른 일이 일어나지 않는 이상 지나온 길이 잘 기억나지도 않는다. 무의식적으로 운전했기 때문이다. 마찬가지로 긍정적인 생각을 반복하다보면 처음에는 의식적인 노력이 필요하겠지만 나중에는 무의식적으로 긍정적인 생각을 하게 된다.

무의식적인 생각은 우리의 상태를 결정한다. 그리고 의식적인 생각과 마찬가지로 우리 삶에 큰 영향을 미친다. 우리의 모든 생각은 행동으로 연결되는 화학작용을 일으키기 때문에 무의식적인 생각은 일정한 행동양식을 만든다. 그리고 이러한 행동양식은 습관이 되어 우리의 뇌에 새로운 회로를 만든다.

그러므로 이미 무의식적으로 변해버린 생각의 고리를 끊기 위해서는 의식적인 노력을 해야 한다. 우선 일상에서 벗어나 스스로의 삶을 돌아보도록 한다. 명상과 자기성찰을 통해서 자신의 무의식 속에 무엇이 있는지 들여다본다. 그 다음 무의식 속에서 발견한 생각을 객관적으로 바라봄으로써 더 이상 습관적인 화학 반응물질이 만들어지지 않도록 해야 한다.

우리는 모두 자신의 생각을 객관적으로 바라볼 수 있는 능력을 가지고 있다. 이를 통해 무의식 속에 각인된 생각을 분리해낸다면 이를 통제할 수도 있을 것이다. 그러면 뇌 속에 이미 만들어진 회로도 없앨 수 있다.

우리는 이제 생각이 뇌 속에서 특정한 화학 반응을 일으킨다는 것을 안다. 그러므로 생각이 내면의 상태를 바꿈으로써 몸에 영향을 끼칠 수 있다는 것도 이해가 될 것이다. 생각은 삶에 영향을 미치는 데 그치지 않고, 물리적으로 몸을 바꿔놓을 수도 있다. 즉, 생각이 몸이 '되는' 것이다.

자연치유를 경험한 사람들은 생각이 현실이 되어 건강과 삶에 직접적인 영향을 준다는 것을 믿지 않을 때 여러 가지 문제가 발생한다는 사실을 깨달았다. 그들은 자신의 삶을 분석적으로 돌아보았다. 그리고 생각을 바꾸자 몸이 좋아지기 시작했다. 새로운 태도가 새로운 습관이 된 것이다.

나를 바꿀 수 있다

심각한 병 때문이든 감정적인 고통 때문이든 간에 변화를 결심한 사람들은 새로운 태도를 갖기 위해서는 모든 방법을 동원해야 한다는 사실을 깨닫는다. 새로운 사람이 되기 위해서는 삶을 완전히 뜯어고쳐야 한다. 실제로 자연치유를 경험한 사람들 모두 자신을 완전히 바꾸기로 결심했다.

이들은 일상에서 완전히 벗어나 혼자만의 시간을 보내며 자신이 원하는 모습을 곰곰이 생각했다. 진정 자신이 어떤 사람인지 알아내기 위해 끊임없이 질문을 던졌다. 특히 이 과정에서 '내가 만약'으로 시작하는 질문이 도움을 주었다.

'내가 만약 불행하지 않고 자기중심적이지 않다면 나는 어떻게 변할 수 있을까?', '내가 만약 걱정과 불평에서 벗어난다면?', '내가 만약 자신에게 솔직해질 수 있다면?'

그 다음으로 이런 질문을 했다.

'내가 아는 사람들 중 행복한 사람은 어떤 행동을 하나?', '내가 존경하는 역사적 인물은 누구인가?', '내가 어떻게 하면 그들처럼 될 수 있을까?', '나는 나의 어떤 부분을 바꾸고 싶은가?'

이런 방법으로 정보를 모으는 것은 매우 중요하다. 자신에 대한 정보를 충분히 모은 다음에야 어떤 사람이 되길 원하는지 알 수 있기 때문이다.

어떤 사람은 자신의 경험을 돌아보고, 어떤 사람은 존경하는 인물에 대한 책을 읽었다. 그들은 이렇게 모은 정보 중 버릴 것과 취할 것을 구분하고 자신이 원하는 새로운 이미지를 만들 수 있었다.

이를 통해 더 나은 자신의 이미지를 찾았을 뿐 아니라 새로운 사고방식을 연습하기도 했다. 그들은 자신이 깨어 있는 동안 자신을 지배하는 습관적인 생각의 고리를 끊으려고 했다. 익숙하고 편한 생각의 습관들을 버리고 자신이 원하는 이상적인 모습을 계속 떠올렸다. 매일 새로운 자신의 모습을 상상했다. 1장에서 설명했듯이 '심적 시연'은 뇌에 새로운 회로가 자리 잡도록 뇌세포를 자극하고 뇌와 마음의 활동을 바꿔놓는다.

1995년에 발간된 신경생리학회지의 한 논문을 보면 '심적 시연'만으로 뇌의 신경망을 발달시킬 수 있다는 연구결과가 있다.[6] 신경망(Neural networks)이란 뇌 신경세포가 서로 복잡하게 얽혀 상호작용하는 체계로, 인간의 학습과 기억의 원리를 설명하기 위한 신경과학의 개념이다. 신경망은 새로운 경험이 어떻게 뇌를 바꿔놓으며, 기억은 어떤 방식으로 저장되는지, 무의식 또는 의식적인 행동은 어떻게 일어나고, 감각기관을 통해 들어온 정보는 어떻게 전달되는지 설명한다. 말하자면 세포 수준에서 우리가 어떻게 변화하는지 설명해주는 개념이라 할 수 있다.

이 논문의 연구자들은 실험 대상자를 네 개의 집단으로 나누어 5일 동안 피아노를 배우게 했다. 뇌의 변화를 알아보기 위해서였다. 첫 번째 집단은 5일 동안 매일 두 시간씩 한 손으로 치는 곡을 연습했다. 두 번째 집단은 어떠한 악보나 지시사항 없이 매일 두 시간씩 자기 마음대로 피아노를 쳤다. 세 번째 집단은 피아노는 전혀 건드리지도 않고 첫 번째 집단이 곡을 배우고 외우는 과정을 관찰하면서 배우도록 했다. 이들은 매일 두 시간씩 피아노를 치는 과정을 마음속으로 상상하기만 했다. 마지막으로 네 번째 집단은 대조군으로 아무것도 하지 않았다.

5일간의 실험이 끝나고 연구자들은 뇌의 변화를 알아보기 위해 경두개자기자극술(Transcranial magnetic stimulation, 강한 자기 충격을 머리에 가하여 뇌활동의 변화를 살피는 기술 — 옮긴이)을 사용했다. 놀랍게도 실제로 피아노를 연습한 첫 번째 집단과 '심적 시연'만 한 세 번째 집단의 신경망은 거의 비슷하게 변했다. 자기 마음대로 피아노를 쳤던 두 번째 집단은 뇌의 변화가 거의 없었다. 행동의 반복 없이는 뇌 회로를 자극할 수 없었던 것이다. 물론 대조군이었던 네 번째 집단은 당연히 아무런 변화도 없었다.

어떻게 피아노를 건드리지 않았던 세 번째 집단과 실제로 피아노를 연습한 첫 번째 집단이 같은 결과를 보일 수 있었을까? 세 번째 집단은 정신 집중을 통해 뇌의 특정 신경망을 지속적으로 자극했다. 결과적으로 신경 세포 간의 연결이 더 견고해진 것이다. 신경과학에서는 이것을 헵의 학습(Hebbian learning)[7]이라 부른다. 원리는 간단하다. '함께 활성화된 신경세포는 서로 연결된다.'

'심적 시연'만으로 뇌를 활성화한 집단의 뇌 활동사진과 실제로 피아노를 연습한 집단의 뇌 활동사진이 같은 모습을 띠었다. 이 모든 결과는 의식적인 노력에 의한 것이었다. 생각이 실제로 피아노를 연습한 사람들과 같은 새로운 뇌 회로를 만든 것이다. 단지 '생각' 하는 것만으로도 뇌는 발달했다. 적당한 정신적 노력이 뒷받침된다면 우리의 뇌는 육체적 노력과 정신적 노력의 차이를 구별하지 못한다.

쉴라가 자신의 소화불량을 치유한 과정도 이와 비슷하다. 쉴라는 과거의 기억을 더 이상 떠올리지 않고, 낙오자의 태도도 버리기로 결심했다. 일단 습관적인 생각의 경로를 파악하고 나자 이제는 그것을 없애고자 했다. 쉴라는 무의식적인 생각을 가로막기 위해 의식적으로 노력했다. 매일 습관적으로 자극하던 뇌 회로를 더 이상 자극하지 않은 것이다. 이렇게 무의식적으로 뇌 회로를 자극하는 횟수가 줄어들자 뇌에서도 더는 이 회로를 유지할 필요가 없게 되었다. 이를 '헵의 학습' 과 연결지어 보면 이렇게 생각할 수도 있다. '더 이상 자극되지 않는 신경세포는 연결이 끊어진다.'

사용하지 않으면 도태된다는 자연의 법칙이 우리의 생각을 변화시키는 데도 적용되는 셈이다. 결국 쉴라는 자신의 삶을 짓누르는 마음의 짐을 벗어던질 수 있었다.

그 후 쉴라는 이상적인 자신의 모습을 쉽게 상상할 수 있었다. 그리고 전에는 생각지도 못했던 새로운 가능성을 찾아다녔다. 또한 새롭게 태어난 자신의 생각과 행동에 몰입하는 시간을 매주 가지면서 늘 새로운 모습을 되새겼다. 그 결과 쉴라는 건강하고 열정이 넘치는 사람으로 변했다. 쉴라에게도 새로운 뇌 회로가 생긴 것이다.

쉴라와 마찬가지로 자신을 바꾸는 데 성공한 사람들은 이상적인 자신의 모습이 자연스럽게 느껴질 때까지 끊임없이 같은 생각을 반복했다. 그리고 새로운 습관을 가진 새로운 사람이 되었다.

시공간 초월하기

자연치유를 경험한 사람들은 그 전에 스스로 질병을 치유한 다른 사람들에 대한 이야기를 알고 있었다. 그래서 그들은 자신들에게도 가능성이 있다고 믿었다. 그리고 막연히 그렇게 되도록 기다리고 있지 않았다. 간절히 원하는 것만으로는 부족했다. 원하는 것을 얻기 위해 자신의 마음을 의도적으로 그리고 완전히 바꾸어야 했다. 그들은 마음속에 한 점 의심도 없이 열정적으로 주의를 기울인 상태가 되었다. 딘이 말한 것처럼 '마음을 완전히 새로 만들어야 하는 것'이다.

물론 이것은 엄청난 노력을 필요로 하는 일이다. 무엇보다 마음을 바꾸는 일을 인생의 최우선으로 삼아야 한다. 사회활동, TV 프로그램을 시청하는 것과 같은 일상생활에서 완전히 멀어져야 한다는 뜻이다. 과거의 습관적인 일상을 유지하는 것은 변화에 전혀 도움이 되지 않는다.

이들은 과거의 일상에서 벗어나 매일 혼자만의 시간을 보내며 자신을 바꾸기 시작했다. 또한 이러한 명상을 그 어떤 일보다 중요하게 여겼으며, 시간이 날 때마다 주의를 집중했다.

처음에는 자신의 생각을 객관적으로 관찰하는 연습을 했다. 그들은 의도적인 생각 이외의 것은 마음속에 들어오지 못하게 막았다. 당신은 어쩌면

'불치병에 걸렸다면 그렇게 할 수도 있겠지. 하지만 꼭 나까지 그렇게 해야 하나?'라고 생각할지 모르겠다. 하지만 우리 대부분은 반드시 육체적인 병이 아니더라도 나름의 고통을 안고 살아간다. 그런데도 불치병에 걸려야만 삶을 변화시킬 것인가?

자연치유를 경험한 사람들 역시 이 과정에서 의심과 두려움에 맞서 싸워야 했다. 자신의 내부에서 들려오는 의심의 소리뿐만 아니라 주변 사람들의 걱정과도 맞서야 했다. 사람들은 그들에게 병원의 진단결과에 더 집중하면서 몸 상태를 걱정해야 한다고 말했다.

시한부 선고를 받은 사람들이 이런 명상을 시도한다는 것은 결코 쉬운 일이 아니다. 실제로 이들은 자신의 마음속에 너무나 많은 잡념이 있다는 사실에 놀랐다고 한다. '다시 옛날 사고방식으로 돌아가게 되면 어떻게 하지?', '온종일 의식적으로 생각한다는 것이 가능할까?'

그러나 이런 불안 속에서도 그들은 노력을 멈추지 않았다. 어느 정도 시간이 지나자 변화가 눈에 보였다. 예전의 방식으로 생각하는 것이 완전히 없어지지는 않았지만 적어도 자신이 예전의 방식으로 생각한다는 것을 알아차리고, 막으려 노력할 수는 있었다. 그러다 점점 종일 의식적으로 생각하는 일이 더 쉬워졌고, 이상적인 자신의 이미지 역시 더욱 명확해졌다. 어느 순간 평안과 고요함이 찾아왔다. 이들은 자신이 새로워졌다는 것을 알 수 있었다.

자연치유를 경험한 사람들 모두가 이러한 순간을 경험했다. 그들은 자아성찰의 시간이 길어질수록 새로운 자신의 모습과 현재의 순간에 더 주의를 기울일 수 있었다. 시간과 공간, 자신의 육체조차도 느낄 수 없는 무아지경에 빠진 것이다. 오직 그들의 생각만이 존재할 뿐이었다.

보통 우리는 일상에서 다음과 같은 의식적인 인식(conscious awareness)을 한다.

1. 우리는 '몸'을 인식한다. 보통 감각이라 부르는 것들이다. 뇌는 몸 내부에서 일어나는 변화와 환경에서 받은 자극에 반응한다.
2. 우리는 '주변 환경'을 인식한다. 우리를 둘러싼 공간은 바깥 현실과의 접촉점이다. 우리는 주변의 사물이나 사람, 장소 등을 인식한다.
3. 우리는 '시간의 흐름'을 인식한다. 우리는 시간이라는 기반 위에서 자신의 삶을 구축한다.

하지만 자기성찰에 주의를 기울인 사람들은 오히려 자신의 몸이나 주변 환경이 사라지는 것처럼 느낀다. 심지어 시간의 개념조차도 사라져버린다. 몰입에서 눈을 뜨면 1~2분으로 여겨졌던 시간이 어느덧 1시간 이상 훌쩍 지난 것을 깨닫기도 한다. 또한 자신의 몸이나 주변 환경을 느낄 수 없기 때문에 통증이나 불안 역시 사라진다.

'실재'하는 것은 오직 자신의 생각뿐인 상태다. 모두가 자신의 경험을 이렇게 표현했다. "내 마음속 다른 장소로 이동한 것 같았습니다. 아무것도 나를 방해하지 않았어요. 시간도, 몸도 아무것도 없었죠. 오직 생각만이 있었습니다." 이것이 바로 무아지경이다.

우리가 이러한 상태에 이를 수 있는 이유는 바로 뇌의 전두엽 때문이다. 최근의 연구에 따르면 우리가 어떤 것에 완전히 주의를 기울이면 시간과 공간, 몸의 감각을 느끼는 뇌 회로의 활동이 거의 정지된다고 한다.[8] 인간은 생각을 실제보다 더 현실에 가까운 것으로 만드는 특권을 가지고 있다. 뿐만 아니라 뇌는 이러한 경험을 조직 깊숙이 저장해놓는다. 무아지경의 상태에 빠지는 것은 뇌 회로를 바꾸고 삶을 바꾸는 데 반드시 필요한 기술임을 기억하기 바란다.

최근의 신경과학 분야의 연구에 따르면 뇌의 구조를 바꾸기 위해서는 현재의 경험에 주의를 기울여야 한다고 한다. 현재의 생각에 충분히 집중하지 않은 채 뇌 회로를 소극적으로 자극해서는 뇌의 변화를 유발하지 못하는 것이다.

예를 들어 당신은 이 책을 읽는 동안 옆집에서 청소기 돌리는 소리를 들을 수 있다. 하지만 청소기 소리보다는 책 읽는 것이 당신에게는 더 중요하다. 그래서 그것에 주의를 기울이는 대신 계속 책을 읽을 것이다. 말하자면 뇌는 중요하지 않은 자료를 걸러내고 책을 읽는 것과 관련된 회로만 활성화한다.

이처럼 주의력이란 감각기관을 자극하는 다른 모든 정보를 무시한 채 집중 대상만을 완전히 인식하는 힘을 말한다. 주의를 집중하면 무작위로 떠오르는 생각 역시 통제할 수 있다. 예를 들어, 저녁 메뉴에 대한 고민이나 작년 크리스마스의 기억처럼 갑자기 튀어나오는 생각 말이다. 주의력은 우리가 중요하다고 정한 것 외에는 마음속에 아무것도 남아 있지 않도록 만든다. 만약 이러한 능력이 없었다면 우리는 살아남을 수가 없었을 것이다.

뇌의 전두엽은 주의력을 위해서 정보의 어떤 일부분을 선택한다. 그리고 한 가지에 집중할 수 있도록 냄새나 소리, 다리 움직임과 같은 것을 느끼는 뇌 회로를 차단한다. 심지어 화장실에 가고 싶은 것을 잊게 만들기도 한다.

그러므로 이상적인 자신의 이미지에 집중하면 할수록 뇌에 새로운 회로를 만드는 일이 더 쉬워지고, 감각기관의 자극도 더 잘 통제할 수 있게 된다.

다른 공통점들

지금까지 살펴본 4가지 요소는 자연치유를 경험한 사람들의 가장 기본적이면서 중요한 공통점이었다. 하지만 조사한 결과 이외에도 몇 가지 공통점이 더 발견되었다. 여기서는 크게 두 가지에 대해서만 더 언급하겠다. 첫째는 이들이 검사를 받기 전에 이미 자신이 치유되었다는 사실을 확실히 알았다는 점이다. 물론 치유되었다는 것을 증명하기 위해 검사를 받은 사람들도 있다.

둘째는 많은 의사들이 이들의 선택에 대해 미쳤다고 생각했다는 점이다. 의사들은 자연치유를 경험한 사람들을 믿지 않았다. 의사들의 그런 반응이 어느 정도 이해는 가지만 안타까운 것 또한 사실이다. 그러나 대부분의 의사들이 이들의 변화를 보고 나서는 이렇게 얘기했다. "당신이 도대체 무엇을 하고 있는지는 모르겠습니다. 하지만 앞으로도 계속하는 게 좋겠습니다."

뇌 연구의 새로운 시작

람타의 가르침과 자연치유에 대해 연구할수록 뇌에 대해 더 많이 알고자 하는 열망이 강해졌다. 나는 신경과학자들의 연구에 몰입하면서 그 어느 때보다 흥미로운 시간을 보냈다. 뇌가 생각을 촉진하는 원리에 관한 최근의 연구결과는 우리의 삶과 몸을 치유해줄 긍정적인 뇌 회로를 만드는데 도움이 되는 것이었다.

20년 전에 고등학교를 다닌 사람이라면 뇌도 다른 장기처럼 고정돼 있다고 배웠을 것이다. 즉, 태어날 때부터 뇌 회로는 부모로부터 물려받은 특정한 성향과 기질, 습관 등을 드러내도록 정해져 있다고 말이다. 당시만 해도 뇌는 변하지 않으며 우리의 삶은 유전자에 의해 결정된다는 것이 정론이었다. 실제로 뇌의 많은 부분이 고정되어 있는 것은 사실이다. 그런 이유로 사람마다 뇌의 구조나 기능이 거의 같다.

그러나 신경과학이 발달하면서 뇌가 고정된 것이라고 여겼던 우리의 생각은 잘못되었다는 사실이 증명되고 있다. 현재 우리는 나이에 상관없이 뇌가 새로운 지식을 습득, 처리함으로써 새로운 생각을 조직화하여 새로운 회로를 만들 수 있다는 사실을 잘 안다. 이른바 학습이 가능하다는 것이다.

게다가 뇌는 우리의 모든 경험을 기억한다. 무언가를 경험하면 오감을 통해 엄청난 양의 정보가 뇌 속으로 들어온다. 그리고 이 정보에 반응하기 위해 뉴런neuron들이 서로 연결되면서 특정한 느낌을 유발하는 화학물질을 분비한다. 이러한 과정을 통해 우리는 무엇을 경험하든 그것을 느낄 수 있게 되고, 이 느낌은 그 경험을 기억하는 데 도움이 된다. 결국 기억한다는 것은 이 새로운 신경세포들의 연결을 얼마나 오래 유지할 수 있는가에 달린 것이다.[9]

그래서 신경과학자들은 신경세포들의 연결을 강화하기 위해서 같은 생각을 얼마나 많이 반복해야 하는지, 그리고 이것이 뇌에 어떤 영향을 미치는지를 연구했다. 이 과정에서 재미있는 사실이 밝혀졌다. 몇몇 실험을 통해 '심적 시연'을 반복함으로써 뇌의 변화뿐만 아니라 몸의 변화까지 일으킬 수 있다는 사실이 증명된 것이다. 예를 들어, 실험 참가자들이 특정 손가락으로 근력 운동을 하는 상상을 마음속으로 반복하자 실제로 그 손가락이 더 강해졌다.[10]

이제 뇌가 경험, 생각, 학습 등 모든 것에 반응하여 변한다는 사실은 기정사실이 되었다. 이것이 바로 가소성(plasticity)이다. 신경과학자들은 우리의 뇌가 나이에 관계없이 바뀔 수 있다는 증거를 쌓아가고 있다. 뇌가 가소성을 가지고 있다는 것은 우리가 뇌를 선택적으로 변화시킬 수 있음을 시사해주는 것이다. 나는 이 사실에 매료되었다.

뇌의 가소성이란 뇌가 스스로 변화하고 재건되는 능력이다. 예를 들어 전문 바이올린 연주자는 촉각을 처리하는 뇌의 체성감각피질(soma-tosensory cortex, 통증이나 온도 등에 대한 몸의 감각을 감지하는 뇌 영역-옮긴이)이 매우 발달되어 있다. 물론 이것은 활을 잡는 오른손이 아닌 현을 집는 왼손에 국한된다. 과학자들이 바이올린 연주자의 촉각을 담당하는 뇌를

조사한 바에 의하면 왼손의 기능을 담당하는 뇌 부분이 오른손의 기능을 담당하는 부분보다 더 컸다.[11]

80년대 후반까지만 해도 뇌는 기능별로 철저하게 구획돼 있으며, 변하지 않는다고 생각했다. 하지만 신경과학자들은 뇌가 일상 경험을 통해 끊임없이 재구성된다는 사실을 밝혀냈다. 신경세포에 대한 오해 역시 마찬가지다. 수십 년 동안 과학자들은 신경세포가 스스로 분열하거나 복제할 수 없다고 생각했다. 신경세포의 수는 태어날 때부터 정해진 것이며, 평생 변하지 않고 한 번 손상되면 재생될 수 없다고 생각한 것이다. 하지만 이것이 사실이 아니라는 증거가 발견되고 있다.

최근의 연구에 따르면 건강한 성인의 뇌는 스스로 뇌세포를 재생하는데, 이것을 신경발생(neurogenesis)이라고 한다. 지난 몇 년 동안 과학자들은 뇌의 해마(hippocampus, 단기기억을 장기기억으로 바꾸는 중추 - 옮긴이)를 구성하는 성숙한 신경세포는 손상되더라도 치유와 재생이 가능하다는 것을 발견했다.[12] 이것은 손상된 뇌가 회복될 수 있을 뿐만 아니라 다 자란 신경세포라도 재생이 가능하다는 사실을 말해준다.

2004년 1월 〈네이처Nature〉지에 게재된 논문에 따르면 곡예 동작을 익히면 뇌의 특정 부위가 더 크게 자랄 수 있다고 한다.[13] 우리는 이미 학습을 통해 뇌에 어떤 변화가 일어난다는 사실을 알고 있다. 하지만 이 연구는 학습이 뇌에 물리적인 변화까지 일으킨다는 새로운 사실을 알려주고 있다.

독일 레겐스부르크Regensburg 대학의 과학자들은 곡예(juggling)를 할 줄 모르는 24명의 참가자를 모집한 후 이들을 두 집단으로 나눴다. 그리고 첫 번째 집단은 3개월 동안 매일 곡예 동작을 연습하도록 했고, 대조군인 두 번째 집단은 아무것도 하지 않도록 했다.

과학자들은 실험 시작 전과 후에 첫 번째 집단 참가자들의 뇌를 자기공명영상(MRI)으로 촬영했다. 또한 대뇌신피질의 회백질에 나타나는 구조적 변화를 정교하게 측정할 수 있는 '복셀 기반 형태계측술(voxel-based morphology, 3차원 촬영기술로 MRI나 X-선 등에 사용-옮긴이)' 이라는 분석 기법을 사용했다. 회백질의 두께는 신경세포의 수와 비례하기 때문에 신경세포의 수에 변화가 있는지 알아보기 위해서였다.

곡예 동작을 연습한 참가자들은 시각 활동과 운동 활동을 담당하는 뇌 부위의 회백질에 눈에 띄는 변화를 보였다. 과학자들은 늘어난 회백질의 양과 밀도를 측정했다. 이 실험은 성인의 뇌에도 새로운 신경세포가 만들어질 수 있음을 보여준 것이다. 영국 리버풀Liverpool 대학의 바네사 슬러밍Vanessa Sluming 박사는 다음과 같이 말하기도 했다. "우리가 일상에서 하는 일들은 뇌의 기능에 영향을 미칠 뿐 아니라 뇌의 구조까지 바꿀 수 있다." 또 한 가지 재미있는 것은 곡예 동작을 연습해서 뇌의 특정 부위가 커졌던 사람들이 곡예 동작을 그만두자 3개월 후에는 그 부위가 다시 정상 크기로 돌아왔다는 것이다.

명상을 통해서도 이와 같은 효과를 볼 수 있다. 2005년 11월에 발간된 〈뉴로리포트 저널NeuroReport Journal〉의 논문에 따르면 강도 높은 불교 명상(Insight Meditation)을 해온 20명의 연구대상이 모두 회백질의 증가를 보였다고 한다.[14] 흥미로운 것은 이들이 매일 40분씩 명상을 했다는 것 말고는 특별한 것이 없는 사람들이라는 점이다. 새로운 뇌세포를 만들기 위해 스님이 될 필요는 없는 것이다.

이외에도 과학자들은 명상이 노화와 관련 있는 전두엽 피질의 두께 감소 속도를 늦춰줄 수 있다고 발표했다. 캘리포니아 라호야에 있는 솔크 생물학연구소(Salk Institute for Bio-logical Studies)의 프레드 게이지Fred Gage 박사의 연구에 따르면, 자극이 풍부한 환경에서 자란 생쥐는 일반적인 설치류 서식환경에서 자란 생쥐들보다 총 뇌세포의 수가 15% 증가했다고 발표했다. 게이지 박사는 1998년 10월 스웨덴의 과학자들과 함께 인간의 뇌세포에 재생능력이 있다는 사실을 처음으로 증명하기도 했다.[15]

상처를 넘어 희망으로

뇌졸중 환자들을 대상으로 한 연구를 보면 뇌의 잠재력을 더 명확히 알수 있다. 일반적으로 뇌졸중이 일어나면 뇌에 산소공급이 줄어들면서 신경조직이 손상된다. 예를 들어, 팔다리와 관련된 뇌 부위에 뇌졸중이 일어나면 대부분의 경우 팔다리를 움직일 수 없게 된다. 그래서 예전에는 뇌졸중이 있고 난 후 1~2주 안에 팔다리를 움직일 수 없으면 영구적으로 마비된 것으로 생각했다.

하지만 최근에 이루어진 많은 연구들은 그것이 사실이 아님을 입증하고 있다. 회복기를 지난 것으로 생각된 환자들이 다시 움직일 수 있게 된 것이다. 심지어 뇌졸중으로 20년 동안 마비되었던 70대의 중풍환자가 팔다리를 다시 움직인 경우도 있었다. 70년대 후반에 실시된 뉴욕 벨뷰Bellevue 병원 신경학과의 연구에 따르면 팔이나 다리가 마비된 환자의 75% 이상이 마비된 팔다리를 움직일 수 있게 되었다. 비결은 바로 반복의 힘이었다.[16]

환자들은 연구자의 지시에 따라 마비된 팔다리를 움직이는 모습을 마음속으로 상상하는 데 몰두했다. 연구자들은 환자들이 마음속으로 연습하는 동안 일어나는 뇌 활동을 조사하여 환자들이 매번 같은 패턴의 뇌 활동을 반복하도록 도왔다. 그러자 마비가 풀리기 시작했다. 같은 패턴의 뇌 활동을 반복하자 환자들은 뇌를 통해 마비된 팔다리에 더 강한 신호를 보낼 수 있었고, 팔다리의 움직임도 점점 더 좋아졌다. 마비된 기간이나 나이와 상관없이 환자들의 뇌는 새로운 것을 배우고 몸을 발달시키는 놀라운 능력을 발휘했다. 단지 마음의 힘으로 이 모든 일이 일어난 것이다.

풀리지 않는 마음의 문제들

뇌졸중 환자들이 일궈낸 결과를 보면서 당신은 적절한 지식과 교육만 받으면 건강한 사람도 주의 집중과 훈련을 통해 뇌를 강화할 수 있는지 궁금할 것이다. 이를 해결하기 전에 먼저 다음과 같은 질문으로 이야기를 시작해보자. '뇌의 물리적인 손상이 마음에 어떤 영향을 미칠 수 있을까?'

당신은 아마도 뇌에 문제가 있음에도 불구하고 정신력으로 놀라운 업적을 이뤄낸 위인들에 대한 이야기를 들어봤을 것이다. 이 시점에서 우리는 '마음이란 도대체 무엇이며, 마음과 뇌는 어떤 관련이 있는가' 라는 질문을 할 필요가 있다.

뇌는 셀 수 없이 많은 신경세포의 집합체로, 의식적·무의식적인 생각을 만들어낼 뿐 아니라 신체적·정신적인 기능을 조종한다. 뇌가 없다면 우리 몸의 어떠한 기능도 제대로 작동할 수 없을 것이다.

1900년대 초 진화를 연구한 영국의 생물학자 줄리안 헉슬리Julian Huxley 경은 우리보다 앞서 이러한 고민을 했다. "뇌로 우리의 마음을 모두 설명할 수 있을까?" 이 질문에 대한 그의 해답은 생물학의 역사에서 단연 최고다. "뇌만으로는 마음을 설명할 수 없다. 물론 뇌가 있기에 마음이 존재한다. 하지만 사회적 존재가 아닌 고립된 인간에게서 어떠한 의미도 찾을 수 없는 것과 마찬가지로 마음과 분리된 뇌는 그저 하나의 장기에 지나지 않는다."[17] 헉슬리 경은 마음을 설명할 수 있는 또 다른 무언가가 존재한다는 사실을 안 것이다.

나 역시 대학 시절부터 마음에 관심이 많았다. 하지만 마음을 연구하는 학문이 심리학이라는 사실은 좀 실망스러웠다. 나에게 심리학은 뇌(마음을 만들어내는 기관)에 대한 과학적 연구 없이 추측만 늘어놓는 것으로 보였기 때문이다(최근 심리학은 뇌와 인지 및 행동사이의 관계를 철저히 공부하는 추세다-옮긴이). 마치 차를 움직이는 엔진에 대해서는 알아보지 않고, 차가 움직이는 겉모습만 관찰하는 것과 같았다. 물론 겉으로 드러나는 인간의 행동을 관찰하는 것 역시 중요하다. 하지만 실제로 뇌가 어떤 활동을 하는지 관찰할 수 있다면 마음이 도대체 무엇인지 더 잘 알 수 있지 않을까?

그런 의미에서 죽은 사람의 뇌를 연구하는 것은 큰 의미가 없다. 뇌의 활동을 알기 위해서 죽은 사람의 뇌를 연구하는 것은 컴퓨터를 켜지 않고 컴퓨터 사용법을 배우는 것과 같기 때문이다. 결국 우리가 마음에 대해 제대로 이해하기 위해서는 살아 있는 인간의 뇌 활동을 관찰해야 하는 것이다.

이것은 더 이상 희망사항이 아니다. 기술의 발전으로 우리는 살아 있는 뇌를 관찰할 수 있다. 그 결과 마음은 뇌 활동의 산물이라는 사실을 알게 되었다. 이것이 신경과학에서 사용하는 마음의 정의이다.

뇌는 살아서 활동할 때 다양한 역할을 한다. 생각하고, 새로운 정보를 습득하며, 기술을 연마하고, 기억을 저장하고, 감정을 표현하고, 움직임을 조율하기도 한다. 그리고 우리 몸의 모든 기관이 질서정연하게 움직일 수 있도록 만든다. 심지어 우리가 신념과 꿈을 갖는 것 역시 모두 뇌의 활동 덕분이다. 마음이 존재하기 위해서는 뇌가 살아 있어야 한다.

그렇다고 뇌가 곧 마음인 것은 아니다. 마음을 만들어내는 기관일 뿐이다. 건강한 뇌는 건강한 마음을 만든다. 뇌는 마치 세 개의 독특한 해부구조를 가진(파충류 뇌, 구포유류 뇌, 신포유류 뇌를 말함. 117쪽 그림4.1 참고 - 옮긴이) 바이오컴퓨터와 같다. 이 세 가지 영역은 각각 마음의 서로 다른 면을 만들어낸다. 마음은 다양한 영역과 하부구조로부터 들어오는 신경자극들을 조율하는 뇌의 산물이다. 뇌는 다양한 방법으로 자극을 처리하기 때문에 다양한 상태의 마음을 만들어낸다.

굉장히 복잡한 정보처리시스템인 뇌는 정보를 순식간에 저장하고 처리한다. 우리가 어떤 일을 예상하거나 원인을 추측하며 계획을 세우고 행동할 수 있는 것도 뇌 덕분이다. 심지어 뇌는 우리의 생존과 관계된 신진대사 기능을 조종하기도 한다. 그리고 마음은 이 뇌라는 바이오컴퓨터가 정보를 처리하는 과정에서 만들어진다. 신경과학적 정의에 따르면 마음이 곧 뇌는 아니다. 마음은 뇌의 소산이다. 뇌가 기계라면 마음은 그 기계의 작동이다. 말하자면 마음은 활동하는 뇌다. 뇌가 없으면 마음도 없다.

최근까지 뇌에 사용된 검사는 80년 전에 개발된 뇌전도 검사(electroence-phalogram, EEG)가 전부였다. 뇌전도 검사는 뇌의 활동을 그래프로 보여줄 뿐이어서 뇌의 활동을 관찰하는 데 한계가 있었다. 하지만 오늘날에는 뇌의 활동을 초단위로 측정할 수 있을 정도로 기술이 좋아졌다. 지난 30년간 신경과학과 뇌전도 검사 기술이 발달한 덕분에 과거에는 볼 수 없었던 살아 있는 뇌의 구조와 활동을 살펴볼 수 있게 된 것이다. 이제 우리는 뇌의 활동을 3차원 영상으로도 관찰할 수 있다.

특히 기능영상(functional imaging)의 발달로 인지신경과학(cognitive neuroscience) 분야의 발전이 앞당겨졌다. 기능영상 기술은 여러 가지 다양한 물리법칙에 기반을 둔 것으로 자기장의 변화를 활용한 것에서 방사능 측정을 활용한 것으로 발전해나갔다. 이 새로운 기술은 활동하고 있는 뇌에 관한 많은 정보를 모을 수 있도록 도왔고, 그 결과 신경과학자들은 뇌의 생리학적인 활동뿐만 아니라 뇌에 나타나는 반복적인 패턴까지 연구할 수 있게 되었다.

신기술의 시초는 1972년에 개발된 컴퓨터 단층촬영(computed tomography, CT)이었다. CT는 뇌의 단면을 일정 시점에 촬영함으로써 뇌에 비정상적인 조직이 있는지 확인할 수 있다. 예를 들어, 뇌에 이물질이 들어갔다거나 외부의 충격으로 뇌가 손상되었다면 CT를 통해 파악할 수 있다. 하지만 CT로 뇌의 활동 모습을 알 수는 없다.

뇌에는 시시각각 수많은 화학 반응이 일어난다. 그래서 이것을 시각화하기란 쉽지 않다. 화학물질 분비를 조사함으로써 뇌에서 일어나는 반응을 짐작할 수 있을 뿐이다. 이때 활용할 수 있는 것이 바로 뇌 속에서 일어나는 생화학적인 활동을 감지하는 양전자방출 단층촬영술(positron emission tomography, PET)이다. 이것은 감마선을 통해 우리 몸의 특정 부위의 생화학적인 활동을 감지하는 것으로 연속적인 촬영이 가능하다. 따라서 뇌의 활동을 실시간으로 관찰할 수 있다.

기능성 자기공명영상(Functional magnetic resonance imaging, fMRI)은 뇌의 활동을 촬영할 수 있는 방사선 사진 기술로 정신활동을 할 때 뇌의 어느 부위가 활성화되는지를 보여준다. 이것은 뇌의 활동을 직접 보여주는 것이 아니라 신경세포들이 사용하는 에너지와 산소의 움직임을 통해 뇌의 어느 부위가 활성화되고 있는지를 알려준다.

단일광자방출 단층촬영(Single-photon emission computed tomography, SPECT)은 방사성 의약품을 환자에게 투여한 후 그 분포를 감마 카메라를 이용해 촬영하는 기술이다. SPECT를 통해 얻은 뇌 활동 영상을 통해 특정한 뇌 활동 패턴과 신경질환 또는 심리적 상태를 판별할 수 있다. 또한 fMRI나 SPECT를 통해 우리는 뇌의 신경세포가 활성화되었을 때 어떤 방식으로 에너지 대사를 하는지도 알아낼 수 있다.

CT로 얻을 수 있는 것은 뇌의 정지 사진뿐이지만 PET과 fMRI, SPECT로는 더 많은 것을 얻을 수 있다. 뇌의 활동을 실시간 동영상으로 볼 수 있는 것이다. 이러한 촬영기술들은 마음의 비밀을 밝히는 데 큰 공헌을 하게 될 것이다. 이러한 촬영기술을 통해 우리는 마음의 활동을 그 어느 때보다 정확히 연구할 수 있게 되었다. 또한 과학자가 뇌에 특정한 손상을 입은 사람들의 뇌 활동 패턴을 찾아내거나 의사가 환자를 진단하고 치료하는 데 큰 도움이 되고 있다.

마음과 명상

이제 뇌와 마음의 관계에 관한 최근의 연구를 살펴보자. 2004년 11월 미국 과학아카데미의 학회지에 '명상'과 '몰입'으로 뇌의 활동을 바꿀 수 있다는 것을 증명한 연구결과가 게재되었다.[18] 이 연구가 증명하고 있는 것은 한마디로 우리가 뇌의 활동을 근본적으로 바꿀 수 있으며, 그 결과 마음도 바꿀 수 있다는 것이다.

이 연구에는 오랫동안 명상을 해온 스님들이 참가했는데 연구자들은 이들에게 자비심과 무조건적인 사랑 같은 특정한 마음 상태에 집중할 것을 요구했다. 또한 연구자들은 뇌파를 좀 더 정교하게 측정하기 위해 참가자들에게 256개의 센서를 부착했다.

한 가지 생각에 몰입하는 동안 이들의 뇌파는 점차 어떤 패턴을 보였다. 하지만 명상을 하지 않은 대조군 참가자들의 뇌파에서는 어떠한 패턴도 읽어낼 수 없었다. 명상을 5만 시간 이상 해왔던 몇몇 스님의 경우 전두엽과 뇌 전체에서 고차원적인 정신활동을 할 때 나타나는 뇌파를 관찰할 수 있었다. 이들은 자신의 의지로 뇌의 활동을 바꿀 수 있었던 것이다.

특히 이들 전두엽의 활동은 대조군에 비해 극적으로 상승하였다. 실제로 가장 오랫동안 명상을 했던 스님에게서는 연구자들이 봐왔던 것 중 가장 높은 수치의 감마파가 관찰됐다. 감마파란 뇌에 새로운 회로가 만들어질 때 나타나는 뇌파의 일종이다.

또 다른 수도승의 경우에는 기쁨과 연결되어 있는 좌측 전두엽의 활동이 너무 활발해 연구자들은 그를 세상에서 가장 행복한 사람이라고 부를 정도였다.

이 실험의 책임자였던 위스콘신 대학의 리처드 데이비슨*Richard Davidson* 박사는 다음과 같이 소감을 말했다. "스님들이 보여준 뇌 활동은 전에는 한 번도 본 적이 없는 것이었습니다. 이들과 같은 방식으로 골프나 테니스를 위해 정신수련을 한다면 엄청난 실력향상을 기대할 수 있을 것입니다." 나중에 데이비슨 박사는 이렇게 말하기도 했다. "우리는 이 실험을 통해 훈련된 뇌는 훈련되지 않은 뇌와 물리적으로 다르다는 것을 알 수 있었습니다." [19]

그럼 이제 이 실험이 의미하는 것이 무엇인지 잠시 생각해보자. 만약 뇌가 의식적·무의식적인 생각을 처리하는 도구이고 마음이 그 최종적인 산물이라면 마음과 뇌를 바꾸는 힘은 과연 무엇일까? 또는 누구일까?

마음으로는 마음을 바꿀 수 없다. 왜냐하면 마음은 뇌가 만들어낸 산물이기 때문이다. 또한 마음은 뇌를 바꿀 수 없다. 마음은 뇌의 산물이기 때문이다. 그렇다고 뇌가 마음의 활동을 바꿀 수도 없다. 왜냐하면 뇌는 마음을 만들어내는 기계장치일 뿐이기 때문이다. 마지막으로 뇌는 뇌를 바꿀 수 없다. 만약 마음에 영향을 미치는 어떤 힘이 없다면 뇌는 죽은 것과 다름없기 때문이다.

만약 뇌와 마음이 훈련을 통해 발전할 수 있고, 정신수련을 통해 뇌의 활동 원리를 바꿀 수 있다면 도대체 뇌와 마음을 변화시키는 것을 무엇일까? 답은 바로 '의식(consciousness)'이다. 사실 이 개념은 오랫동안 과학자들을 혼란스럽게 했다. 하지만 최근 10년 동안 과학자들은 의식을 존재의 본질을 이해하기 위한 개념으로 받아들이기 시작했다. 철학적이거나 초자연적으로 느껴질 수도 있지만 우리의 뇌에 생명을 불어넣는 것은 바로 의식이다. 의식이야말로 뇌를 살아 움직이게 하는 생명의 원천인 것이다.

우리가 인지하고 있든 아니든, 그리고 우리가 의식하고 있든 아니든 이것은 인간의 숨겨진 면모다. 우리는 뇌를 사용해 생각을 포착하고 이 생각들을 하나로 합쳐서 마음을 만들어낸다.[20]

마음, 그 이상의 어떤 것

대학원에서 신경해부학 수업을 듣고, 카이로프랙틱 박사 과정을 밟는 동안 나는 수없이 많은 뇌를 해부했다. 이를 통해 얻은 결론은 죽어 있는 뇌는 생각하거나 느낄 수 없는 장기에 불과하다는 것이다. 비록 살아 있을 때는 뇌가 생각하고 느끼며 행동하는 모든 일에 가장 핵심적인 역할을 한다고 해도 말이다. 뇌는 인간의 지적능력을 책임지는 '기관'일 뿐이다.

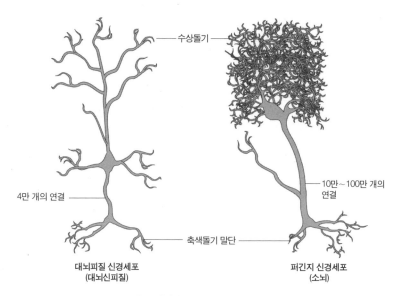

수상돌기

4만 개의 연결

10만~100만 개의
연결

축색돌기 말단

대뇌피질 신경세포
(대뇌신피질)

퍼긴지 신경세포
(소뇌)

그림2.1 대뇌신피질과 소뇌 뉴런의 모습

바꿔 말하면 뇌를 조종하는 어떤 힘 없이 뇌 스스로 변하는 일은 없다.

뇌는 수없이 많은 신경세포와 뉴런이 모여 있는 신경의 중추이다. 뉴런의 수가 늘어남으로써 인간은 지능을 가질 수 있다. 뉴런은 뾰족한 바늘 끝에 약 3~5만 개를 올려놓을 수 있을 정도로 매우 작다. 의식적인 인식을 담당하는 대뇌신피질의 신경세포 한 개는 약 4~5만 개의 다른 신경세포와 연결될 수 있다. 또한 소뇌의 뉴런은 거의 백만 개가 넘는 다른 뉴런들과 연결할 수 있는 잠재력을 갖고 있다. 이 두 종류의 뉴런 모습은 그림 2.1과 같다.

사실 뇌에는 1천억 개가 넘는 뉴런들이 3차원적으로 복잡다단하게 얽혀 있다. 그리고 수십억 개의 뉴런들이 다양한 방식으로 연결되면서 신경망이 만들어진다.

우리가 새로운 것을 배우거나 경험하면 신경세포들이 새롭게 연결되면서 우리를 변화시킨다. 뇌가 생각을 처리하거나 새로운 것을 배우고 행동할 수 있는 이유는 뇌 속에 상호작용하는 뉴런들이 있기 때문이다. 뉴런들은 서로 연결되어 무수히 많은 신경회로를 만든다. 말하자면 뇌는 우리 몸의 중앙처리장치인 셈이다. 따라서 뇌는 우리의 삶을 의식적으로 이해하고, 수준 높은 삶을 무의식적으로 추구할 때 사용되는 도구라 할 수 있다.

그리고 의식은 뇌라는 바이오컴퓨터에 머물면서 뇌를 조종하는 것으로 볼 수 있다.[21] 이를테면 의식은 컴퓨터와 컴퓨터에서 실행되는 모든 프로그램을 관통하는 전류와 같은 것이다.

의식은 생각을 만들어내는 동시에 생각이 일어나는 과정을 관찰하기도 한다. 우리는 흔히 의식을, 자기 자신에 대한 인식이나 세상에 대한 관념으로 한정해 생각한다. 하지만 우리 안에는 이와 다른 종류의 힘이 하나 더 있다. 그것은 어떠한 도움도 없이 매 순간 우리에게 생명을 부여하는 힘이다. 카이로프랙틱 의사들은 이것을 '자연회복력'이라고 부른다. 이 생명력은 모든 것에 똑같이 존재한다. 사실 타고난 생명력이 우리의 뇌를 조종한다는 것은 우리 안에 존재하는 만유지성(universal intelligence)의 철학적인 표현일 뿐이다.[22]

따라서 카이로프랙틱 의사로서 그리고 람타깨달음학교의 학생으로서 내가 배운 바에 따르면 우리의 의식은 두 요소로 이루어져 있다. 그중 하나는 주관적 의식(subjective consciousness)이다. 이를 통해 우리는 자유의지와 개성을 가진 존재가 된다. 말하자면 나를 나답게 만드는 힘인 것이다. 주로 학습력과 기억력, 창의력, 결단력 같은 것들이 그 예다.

주관적 의식은 몸 안에 존재하거나 혹은 몸과 상관없이 존재하기도 한다. 유체이탈을 경험한 사람들은 침대 위에 누워 있는 자신의 몸을 볼 수 있다고 말한다. 이때 유체이탈을 경험하는 주체가 바로 주관적 의식이다. 주관적 의식은 몸과 상관없이 존재하며, 단지 몸을 사용할 뿐이다. 이것이 바로 '자의식'이다. 자의식은 평생 동안 우리의 몸속에 머무른다.

의식의 또 다른 요소는 바로 지적 인식(intelligent awareness)이다. 앞으로는 이것을 객관적 의식 또는 잠재의식이라고 부를 것이다. 객관적 의식은 의식적인 생각과는 다른 별개의 시스템으로 놀라울 정도로 주도면밀하다. 이것은 대뇌의 사고활동과도 별개로 작용하면서 뇌의 다른 부분을 통해 몸을 건강한 상태로 유지한다. 객관적 의식은 뇌를 이용해 세포단위에서 부터 몸 전체에 이르는 수백만 가지의 기능을 자동으로 처리한다. 심장을 움직이고, 음식을 소화시키며, 세포를 재생하고, 심지어 유전자를 구성하는 등 이 모든 기능을 제어하기 위해서는 무한한 의식의 힘이 필요하다. 비록 이러한 활동을 전혀 알아채지 못하지만 덕분에 우리는 매일 건강한 삶을 누릴 수 있다.

우리는 자신을 잘 안다고 생각한다. 하지만 사실 우리 자신에 대해 더 많이 알고 있는 것은 바로 이 객관적 의식이다. 이것은 나이나 성별, 교육수준, 종교, 사회적 지위, 문화 등에 상관없이 모든 인간이 공유하는 가장 근본적인 의식이다.

객관적 의식은 우리 삶의 모든 것을 구성한다. 이것은 타고날 때부터 주어진 정량적인 에너지 혹은 힘이고, 진정한 의미의 영지(intelligence)로 영구불변하다. 또한 영점장(Zero Point Field, 이론상으로 모든 에너지의 형태가 소멸한다는 절대영도 상태에서조차 어떤 종류의 에너지들이 존재하는 것처럼 보이는데, 이를 영점장이라 한다 – 옮긴이), 원천(Source), 만유지성 등으로 불리기도 했다. 이것은 양자장(quantum field, 더 이상 나눌 수 없는 에너지의 최소단위인 양자가 모인 장 – 옮긴이)을 물리적인 형태로 바꾸는 힘이기도 하다. 말 그대로 이것은 생명력이다. 현재 양자물리학은 양자장의 잠재력을 측정하기 시작하는 단계까지 왔다.

인간은 의식의 양면인 주관적 의식과 객관적 의식을 모두 가지고 있다. 주관적 의식은 우리가 의식적으로 인지할 수 있도록 만들고, 객관적인 의식은 우리에게 생명력을 준다. 우리는 삶을 선택할 수 있는 자유의지와 우리에게 생명을 주는 힘 모두를 가지고 있다. 이제 과학은 우리의 존재를 포함한 모든 물리적인 존재가 거대한 빙산의 일부라는 것을 잘 안다. 문제는 이 모든 것을 하나로 묶는 힘이 무엇이냐이다. 그리고 우리는 어떻게 이 힘과 연결될 수 있을까?

결론부터 말하자면 이 두 가지 의식을 촉진하는 부분을 갖추고 있는 것은 뇌다. 의식이 없다면 뇌는 생명이 없는 물질에 불과하다. 의식이 뇌를 촉진하면 나타나는 결과가 마음이다. 뇌가 살아서 활동해야 마음이 존재하는 것이다. 한마디로 뇌의 활동을 통해 생명활동이 일어나지 않으면 마음도 존재할 수 없다.

의식은 뇌의 신경세포를 다양하게 조종함으로써 마음을 만들어낸다. 객관적, 주관적 의식은 뇌에 생명을 부여하여 마음을 만들어내기 때문에 우리는 뇌 속에서 이 두 가지 의식이 잘 활동하도록 해야 한다.

뇌에는 두 가지 의식을 촉진할 수 있는 별개의 시스템이 존재한다. 의식적 인식(주관적 인식)은 대뇌신피질에 존재한다. 뇌의 왕관이라고도 불리는 대뇌신피질은 자유의지가 존재하는 곳이기도 하다. 이곳은 의식적인 생각의 중심으로 모든 학습과 경험을 기록하고, 정보를 처리하는 장소다. 나라는 존재가 다른 사람과 다르게 오직 하나뿐인 이유는 대뇌세포 간의 연결이 서로 다르기 때문이다. 그림2.2에서 대뇌신피질의 모습을 볼 수 있다.

우리는 의식적으로 자신과 자신의 행동, 생각, 습관, 느낌, 환경 그리고 마음을 인식하며, 자신의 생각을 표현할 수 있는 능력을 가지고 있다. 자기 성찰 혹은 자기관조의 질이야말로 자기 자신에 대한 주관적인 경험을 결정한다. 어떤 사람이 의식을 잃었다거나 혹은 의식을 되찾았다고 얘기하는 것은 그 사람이 존재하지 않았다가 다시 존재하게 됐다고 말하는 것과 같다. 존재한다는 것은 깨어 있는 상태에서 자기 자신을 인식하고 자기 자신에 대한 의식적인 기억을 가지고 있음을 의미하기 때문이다. 이 모든 것은 가장 나중에 만들어진 뇌인 대뇌신피질에서 일어난다.

이제 마음의 의식적인 면과 무의식적인 면에 대해서 좀 더 깊이 살펴보자. 의식적인 마음을 통해 우리는 의식적으로 생각과 정보를 처리할 수 있다.

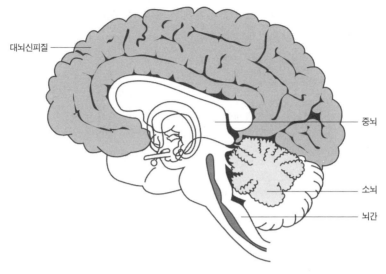

대뇌신피질

중뇌

소뇌

뇌간

그림2.2 뇌의 주요 부위

이 마음은 스스로 지식을 습득하고 개념을 이해하며 사물을 인지하고 깨달을 수 있는 능력이다. 말하자면 이것이 바로 '나'다. 자유의지를 통해 우리는 어떤 것에든 의식적으로 집중할 수 있다. 이것은 인간만이 가지는 특권이다. 카이로프랙틱에서는 '훈육된 마음(educated mind)'이라고 부르는데, 이 역시 대뇌신피질에서 일어나는 활동이다.

한편 중뇌와 소뇌, 뇌간은 무의식적으로 작동한다. 그러나 무의식을 움직이는 것은 우리의 몸뿐만 아니라 삼라만상을 움직이는 엄청난 힘이다. 이 전능한 힘이 건강을 유지해주기 때문에 우리가 삶을 즐길 수 있는 것이다. 그림2.2에서 뇌의 무의식적인 영역을 살펴보기 바란다.

요약하자면 뇌는 엄청나게 많은 뉴런들이 모여 있는 기관이다. 뉴런의 수가 많으면 지능도 높다. 의식은 생각이라 불리는 전기적 자극파를 통해 학습과 경험하는 것을 처리하는 데 뇌를 주도면밀하게 사용한다. 그리고 마음은 뇌 활동의 산물이다. 마음은 뇌가 살아서 의식을 촉진할 때 작동한다. 의식은 다음과 같이 두 가지로 나누어진다. 표 2.3A와 2.3B을 참고하기 바란다.

- 주관적인 의식 : 대뇌신피질에 위치한다. 삶의 격조를 더할 방법을 학습하고, 그에 대한 이해를 넓혀주는 탐험가이자 우리의 정체성이다. 이른바 의식적인 마음이라 할 수 있다.
- 객관적인 의식 : 생명력이고, 모든 것의 원천이며, 영점장이다. 중뇌와 소뇌, 뇌간을 통해 우리에게 생명을 부여한다. 이것이 바로 무의식적인 마음이다.

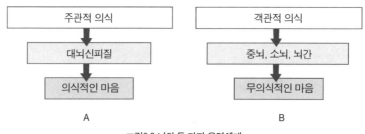

그림2.3 뇌의 두 가지 운영체계

뇌가 어떻게 작동하여 마음을 만들어내는지 이해하게 되면 우리가 알고 있던 지식의 수준을 뛰어넘을 수 있다. 의식적인 마음과 무한한 가능성을 가지는 전능한 힘을 하나로 합칠 수 있다면 새로운 가능성의 세계에 도달할 수 있을 것이다. 의식은 우리가 뇌와 마음을 바꿀 수 있음을 설명하는 유일한 개념이다. 뇌가 마음을 만들어내는 데 영향을 미치는 무형의 '나'인 것이다. 우리가 진정으로 깨어 있는 상태에서 의식적으로 주의를 기울일 수 있는 때가 되면 우리는 의식적으로 뇌의 작동을 바꿔 새로운 마음 상태를 만들어낼 수 있을 것이다.

다시 말해 의식적인 마음과 무의식적인 마음을 함께 사용하면 우리는 스스로 진화하여 한 차원 더 나은 존재가 될 수 있다. 두 의식이 하나가 되는 순간에 뇌에는 새로운 회로가 형성될 것이다.

이 책의 목적은 뇌와 마음에 대한 정보를 제공함으로써 당신이 뇌, 마음, 의식이 어떻게 상호작용하여 건강과 삶을 창조하는지 이해하도록 돕는 것이다. 앞으로 우리는 뇌라고 불리는 놀라운 기관의 활동에 차례로 접근할 것이다. 그 과정에서 마음을 만들어내는 뇌의 원리와 신경회로를 새롭게 연결하는 방법에 대한 신경과학 분야의 연구 또한 살펴볼 것이다. 우리는 말 그대로 마음을 바꿀 수 있다. 그리고 당신은 마음의 변화를 통해 건강, 삶, 미래가 바뀌는 것을 보게 될 것이다.

3장에서는 신경세포와 신경세포의 활동원리, 신경세포 간의 연결 등 신경계에 대해 살펴보겠다. 또한 신경계의 활동이 우리의 생명과 건강에 어떤 영향을 미치는지도 알아볼 것이다. 이를 제대로 이해하고 나면 현재의 나를 있게 한 것은 무엇이며, 마음을 변화시키기 위해서는 어떻게 해야 하는지 이해할 수 있다.

뇌 속에서는
무슨 일이 일어날까?

- 03 -

Evolve your Brain

지금은 평범한 꼬마들도 아는 진리지만 과거에는 이를 알아내려
아르키메데스가 목숨을 바쳤을 것이다.

-에르네스트 르낭*Ernest Renan*

뇌 속에서는

Evolve your Brain

무슨 일이 일어날까?

우리는 인간의 몸이 대부분 수분으로 이루어져 있다는 사실을 잘 안다. 따라서 뇌의 75%가 수분이라는 사실은 별로 놀라운 것이 아니다. 이것은 뇌가 결코 단단하지 않다는 의미이기도 하다. 실제로 뇌를 구성하는 대부분의 세포는 신경교세포(glial cell)로 여기서 'glial' 은 '아교(glue)' 라는 뜻의 그리스어다. 신경교세포의 주요 역할은 신경세포가 구조를 이루거나 기능하는 데 도움을 주는 것이다. 하지만 아직 밝혀지지 않은 기능도 많다.

수분과 신경교세포 다음으로 뇌에서 가장 많은 부분을 차지하는 것은 뉴런(neuron, 신경세포 또는 신경단위 – 옮긴이)이다. 여러 면에서 뉴런은 고도로 분화된 세포이자 우리 몸에서 가장 민감한 조직이다.

뉴런은 들어온 정보를 처리하거나 정보를 다른 뉴런에 전달함으로써 뇌와 몸에 특정한 반응을 일으킨다. 여기서 흥미로운 점은 뉴런이 다른 뉴런과 전기화학적 신호충동의 형태로 정보를 직접 주고받는다는 것이다.

또한 뉴런은 신경계의 가장 기본적인 구성단위다. 신경계는 뇌와 척수, 신경으로 이루어져 있는 복잡한 회로망으로, 우리 몸의 모든 기능을 조종한다. 신경계가 다른 순환계와 달리 특별히 여겨지는 이유는 신경계를 구성하는 뉴런의 독특한 정보교환 방식 때문이다.

뇌는 몸에서 가장 많은 뉴런이 모여 있는 곳이다. 모래 알갱이 크기의 뇌 조직에는 약 10만 개의 뉴런이 들어 있다. 또한 뉴런은 매우 촘촘하게 붙어 있기 때문에 조약돌 크기의 뇌 조직에 들어 있는 뉴런을 죽 이으면 길이가 약 3km나 된다. 뉴런 하나의 크기는 1mm로, 뇌 전체에는 약 1,000억 개의 뉴런이 있다. 1,000억 개라는 것이 얼마나 많은 것인지 실감나는가? 지금부터 1초마다 하나씩 숫자를 센다고 가정해보자. 1,000억까지 센다면 무려 3,171년이 걸린다. 또 종이 1,000억 장을 쌓아 올린다면 그 높이는 로스엔젤레스에서 런던까지의 거리와 맞먹을 것이다.

물론 뉴런 중에는 뇌에 있는 것보다 더 긴 것도 있다. 예를 들어 뇌에서 척수까지 뻗어 있는 뉴런은 길이가 약 92cm가량 된다. 그러나 길이에 상관없이 뉴런이 하는 기본적인 역할은 모두 같다. 아마 당신은 아침에 일어나자마자 그날 할 일에 대해 생각할 것이다. 그러면 뇌의 뉴런은 할 일을 정리하기 위해 뇌의 여기저기에 전기화학 신호를 보내며 정보를 모은다. 아침에 일어난 당신은 배고픔을 조금 느낄 수도 있다. '감각뉴런(sensory neuron)'이 작동하기 때문이다. 감각뉴런은 외부기관을 통해 들어온 정보뿐만 아니라 배고픔과 체온, 목마름, 통증과 같은 몸의 내부 상태 역시 뇌에 전달한다. 자, 이제 침대에서 일어나기로 마음먹었는가? 때에 맞춰 '운동뉴런'이 뇌와 척수를 통해 온몸으로 전기화학 신호를 보낼 것이다.

뉴런 간의 의사소통 방법은 모두 같다. 하지만 신경망은 개인의 행동에 따라 다르게 구성된다. 여기서 개성이 생겨나는 것이다.

나무와 비슷한 뉴런의 구조

뉴런의 모습은 일반적으로 잎이 다 떨어진 떡갈나무의 모습과 비슷하다. '나무'의 가지와 기둥이 만나는 부분에는 신경세포체와 핵이 위치한다.

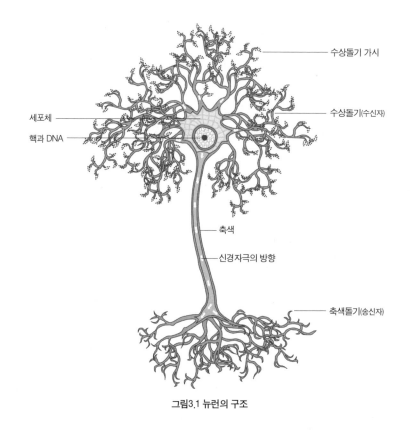

수상돌기 가시

세포체

핵과 DNA

수상돌기(수신자)

축색

신경자극의 방향

축색돌기(송신자)

그림3.1 뉴런의 구조

다른 세포와 마찬가지로 뉴런의 핵 역시 DNA라고 불리는 유전자 정보를 담고 있다. DNA는 세포의 구조와 기능에 필요한 단백질의 생산을 지시한다. 뉴런과 다른 세포(단, 적혈구에는 DNA가 없다)의 DNA는 거의 유사한데, 다만 몇 가지 특정 유전자의 발현이 다르다. 예를 들어, 근세포에서는 근조직을 구성하는 특별한 근단백질을 만들어낸다.

또한 뉴런은 다른 세포들과 구조가 다르다. 그림3.1처럼 뉴런은 위아래에 다른 종류의 신경돌기를 가지고 있다. 나무 기둥처럼 보이는 가운데 부분은 축색돌기(axon)라고 불리는 긴 섬유다. 모든 뉴런은 축색돌기를 하나씩 가지고 있으며, 축색돌기의 길이는 1/10mm에서 2m까지 다양하다. 축색돌기는 뿌리처럼 생긴 축색말단(axon terminal)에서 끝난다.

나뭇가지에 해당하는 부분을 보자. 잔가지들이 사방으로 뻗어있는 모습을 볼 수 있을 것이다. 마치 안테나처럼 뻗어 있는 이 잔가지들을 수상돌기(dendrite)라고 한다. 모든 뉴런은 많은 수상돌기를 가지고 있는데, 수상돌기 끝에는 작은 알갱이처럼 생긴 수상돌기 가시(dendrite spine)가 있다. 작은 혹 같기도 한 수상돌기 가시는 외부의 정보를 수신하는 역할을 하기 때문에 무언가를 학습할 때 매우 중요한 역할을 한다.

뉴런의 모습은 마치 나무와 같지만 유연하기로 따지면 나무보다는 삶은 국수에 가깝다.

뉴런의 다양한 종류와 기능

뉴런의 종류는 위치와 모양, 전기화학 신호의 방향, 돌기의 수 등으로 다음과 같이 나뉜다. 예를 들어 감각뉴런은 감각기관을 통해 외부의 정보뿐만 아니라 체내의 정보까지 받아들여 뇌나 척수에 보낸다. 그리고 운동뉴런은 뇌나 척수에서 나온 신호를 전달해 몸을 움직이거나, 특정한 조직이나 장기의 활동을 조정한다.

또한 뉴런은 신경돌기의 수와 길이, 뻗어 있는 모양으로도 구분한다. 우선 축색과 수상돌기와 같은 신경돌기의 수에 따라 무극뉴런(apolar neuron), 단극뉴런(unipolar neuron), 이극뉴런(bipolar neuron), 다극뉴런(multipolar neuron)으로 나눌 수 있다.

단극뉴런은 나무의 몸통에 해당하는 세포체에서 하나의 축색돌기가 나와 두 개의 가지로 나뉜다. 한편 이극뉴런은 세포체의 양끝에 각각 하나의 수상돌기와 축색돌기를 가지고 있으며, 그 수가 다른 뉴런에 비해 적다.

다극뉴런은 하나의 축색돌기와 여러 개의 수상돌기를 가지고 있으며, 세포체로부터 많은 신경돌기들이 뻗어 나와 있다. 그림3.2를 통해 세 종류의 뉴런의 모양을 확인할 수 있다.

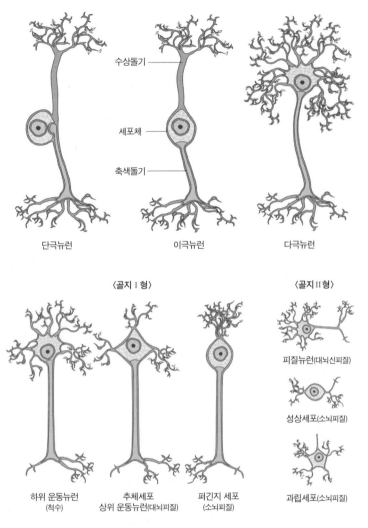

수상돌기

세포체

축색돌기

단극뉴런   이극뉴런   다극뉴런

〈골지 I 형〉   〈골지 II 형〉

하위 운동뉴런   추체세포   퍼긴지 세포
(척수)   상위 운동뉴런(대뇌피질) (소뇌피질)

피질뉴런(대뇌신피질)

성상세포(소뇌피질)

과립세포(소뇌피질)

그림3.2 뉴런의 종류

크기에 따라 뉴런을 구분할 수도 있다. 골지 I 형 뉴런은 길이가 거의 1m에 달하는 긴 축색돌기를 가지고 있다. 이러한 뉴런은 뇌와 척수, 척수에서 뻗어 나가는 말초신경에서 발견된다. 골지 I 형 뉴런으로는 척수의 운동세포, 대뇌 피질의 추체(錐體, 원뿔)세포와 소뇌의 퍼긴지Purkinje 세포가 대표적이다. 뉴런 중 그 수가 가장 많은 것은 골지II형 뉴런으로 축색이 짧은 다극뉴런이다.

이들의 축색돌기는 세포체의 끝과 거의 맞닿을 정도로 짧거나 어떤 경우에는 아예 없기도 하다. 골지Ⅱ형 뉴런은 대뇌피질과 소뇌피질에서 가장 흔한 종류로 보통 별모양과 비슷하다. 이것들은 뇌의 회백질을 구성한다. 그림3.2에서 골지Ⅰ형과 골지Ⅱ형 뉴런의 모습을 확인할 수 있다.

뉴런의 축색돌기와 수상돌기는 복잡한 그물망을 이루며 서로 신호를 교환한다. 축색돌기는 다른 뉴런으로 전기화학 신호를 보내는 역할을 하고, 수상돌기는 다른 신경세포로부터 메시지를 받는 역할을 한다.

나무에 비유하면 뉴런은 다른 뉴런의 뿌리(축색말단)에서 나온 메시지를 나뭇가지(수상돌기)를 통해 받고, 다시 자신의 뿌리(축색말단)로 이동시킨다. 이 과정을 통해 뉴런들 사이의 신호교환이 이루어지는 것이다.

이것은 뉴런 간의 신호교환을 설명하는 가장 기본적인 관점이다. 중요한 것은 뉴런들이 서로 접촉하지 않고도 신호교환을 한다는 점이다. 뉴런과 뉴런 사이에는 시냅스*synapse*라고 불리는 1/100만cm 길이의 간격이 존재한다. 그림3.3의 A가 바로 시냅스다.

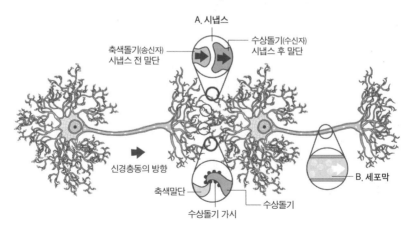

A. 시냅스

축색돌기(송신자)
시냅스 전 말단

수상돌기(수신자)
시냅스 후 말단

신경충동의 방향

축색말단

수상돌기 가시

수상돌기

B. 세포막

그림3.3 시냅스·수상돌기 가시·세포막의 모습

여기서는 이해를 위해 뉴런 간의 의사소통을 좀 더 단순화했지만 실제로 뉴런은 수천 개의 다른 뉴런과 동시에 신호를 주고받는다.

앞의 그림에서 한 신경세포(뉴런A)에서 다른 신경세포(뉴런B)로 메시지가 전달되는 과정을 살펴보자. 보통은 한 뉴런의 축색말단에서 다른 뉴런의 수상돌기로 정보가 전달되는 것이 일반적이다. 하지만 때때로 축색말단에서 나온 신호가 다른 뉴런의 세포체에 직접 전달되는 경우도 있다.

정보는 신경충동을 타고

자, 이번에는 연필을 집는다고 가정해보자. 뉴런은 어떤 과정을 거쳐 손에 움직이라는 신호를 전달할까?

이 과정을 이해하기 위해서는 먼저 신경 간의 신호교환이 이루어지는 장소와 방법을 알 필요가 있다. 신호교환은 뉴런의 세포막(cell membrane) 또는 원형질막(plasma membrane)에서 일어난다. 이것은 상피세포의 세포막처럼 세포체와 돌기를 포함한 뉴런 전체를 빈틈없이 둘러싸고 있는 막이다. 이 막은 매우 얇아 그 두께가 8나노m(1/10만m) 정도여서 일반 광학 현미경으로는 관찰할 수 없다. 그림3.3의 B가 바로 신경세포막의 모습이다.

당신은 아마 고등학교 화학시간에 이온(ion)이라는 용어를 배웠을 것이다. 이온은 전자를 잃거나 얻어서 전기를 띠는 원자로, 이러한 성질로 인해 신경세포들이 전기신호를 주고받을 수 있다.

뉴런의 세포막은 특정 이온은 확산하면서 그 밖의 이온의 이동은 통제한다. 우리가 여기서 주의 깊게 살필 것은 양전하를 띠는 나트륨 이온과 칼륨 이온, 음전하를 띠는 염소 이온이다. 자극이 없는 상태에서 뉴런의 세포막 안쪽 표면은 음전하를 띤다. 세포 바깥쪽에 양전하를 띠는 이온들이 더 많기 때문이다. 하지만 뉴런이 자극을 받아 활성화되면 세포막을 통해 더 많은 양이온이 세포 안쪽으로 들어오면서 세포막의 안쪽 표면이 양전하를 띠게 된다.

이온은 5/1000초 동안 움직인다. 엄청나게 짧은 시간인 것처럼 보이지만 축색돌기로 흐르는 전류의 흐름을 만들어내기에는 충분하다. 뉴런이 자극을 받으면 세포막을 통해 **빠르게** 이온의 이동이 이루어지고, 세포막에서부터 축색말단까지 전류가 흐르게 된다. 이러한 전류의 흐름을 활동전위(action potential, 생물체의 세포나 조직이 활동할 때에 일어나는 전압의 변화-옮긴이)라고 부른다. 이 과정이 끝나면 이온은 재빨리 제자리를 찾아 안정된 상태를 유지한다.

일단 활동전위가 시작되면 신경세포에는 파도처럼 퍼져나가는 신경충동(nerve impulse)이 시작된다. 이해하기 쉽게 이번에는 당신이 긴 밧줄의 끝을 잡고 있는 모습을 상상해보자. 만약 당신이 밧줄을 흔들어대면 파동이 일어 밧줄 다른 쪽 끝까지 전달될 것이다. 이와 비슷하게 일단 뉴런에 충분한 자극이 주어지면 신경충동이 일어나 축색 끝까지 멈추지 않고 내려간다. 신경충동이 모두 끝날 때까지 전류가 하나의 파동으로 축색돌기를 타고 내려가는 것이다. 과학자들은 이것을 실무율의 법칙(All or none law, 반응을 일으키는 최소자극을 넘어서면 그 후부터는 자극의 크기에 상관없이 반응의 크기가 일정하게 나타나는 법칙-옮긴이)이라고 부른다. 이 책에서는 이해를 위해 뉴런의 활동전위를 '뉴런이 흥분되었을 때' 또는 '뉴런이 활성화되었을 때'라는 말로도 표현할 것이다.

전류가 신경섬유를 이동하는 속도는 매우 놀랍다. 활동전위는 1/1000초 동안 유지되는데, 축색말단까지 전류가 이동하는 속도는 시속 400km가 넘는다. 즉, 1초 동안 100m 이상을 이동할 수 있다는 뜻이다. 일단 신경 자극이 시작되면 그 강도와 속도는 이동이 끝날 때까지 똑같이 유지된다.

뇌가 활동하면 수백만 개의 뉴런이 동시다발적으로 활성화된다. 그러면 뉴런의 내부와 외부에 이온교환(활동전위)이 이루어지면서 전자기장이 만들어진다. 이러한 전자기장을 측정하기 위해 두피에 전극을 붙이고, 뇌의 활동을 읽는 것을 뇌전도(EEG) 검사라고 한다.

뇌의 신경세포가 일렬로 활성화되면 여러 종류의 전자기장을 만들어내는데, 이것이 곧 다양한 마음의 상태다. 과학자들은 이러한 원리를 통해 뇌의 특정 부위가 어떤 생각을 처리할 때 발생하는 전자기장 활성화 패턴을 알게 되었다.

잠을 자거나 아무것도 하지 않고 있을 때도 인간의 뇌 속에서는 매 순간 전기충동(신경충동)이 발생한다. 매 순간 뇌의 곳곳에서 수백만 개의 뉴런이 활동하는 것이다. 실제로 하루 동안 인간의 뇌에서 발생하는 신경충동의 수는 전 세계 사람들의 핸드폰에서 나오는 전기충동의 수보다 훨씬 더 많다.

이제 정보가 한 뉴런에서 다른 뉴런으로 어떻게 이동하는지 더 자세히 살펴보자. 뉴런이 만들어내는 전류가 다른 뉴런으로 이동할 때는 두 뉴런 사이의 공간을 지나가야 한다. 발신자 뉴런의 축색말단과 수신자 뉴런의 수상돌기 사이의 간격인 '신경세포접합부(synaptic connection, 시냅스 연결)' 또는 '시냅스(synapse, 연접)'를 통과해야 하는 것이다. 시냅스는 '접속' 혹은 '결합'이라는 뜻의 그리스어에서 유래했다. 신경충동은 1/1000mm밖에 되지 않는 이 간격을 통해 막힘없이 다른 뉴런으로 이동한다.

정보를 전송하는 축색돌기가 끝나는 부분이자 시냅스가 시작되는 부분을 시냅스 전 말단(presynaptic terminal)이라고 하고(그림3.3 참고), 정보를 수신하는 수상돌기가 시작되는 부분이자 시냅스가 끝나는 부분을 시냅스 후 말단(postsynaptic terminal)이라고 부른다.

여기서 한 가지 잊지 말아야 할 것은 뉴런들이 기차처럼 일직선으로 연결되는 것은 아니라는 사실이다. 모든 축색돌기는 여러 신경세포에 정보를 '동시에' 전달한다. 말하자면 정보를 분산(divergence)하는 것이다. 하나의 신경세포는 주변의 여러 신경세포에 신호를 퍼트린다. 이를 통해 하나의 뉴런이 복잡하게 얽혀 있는 수천 개의 다른 뉴런에 정보를 연쇄적

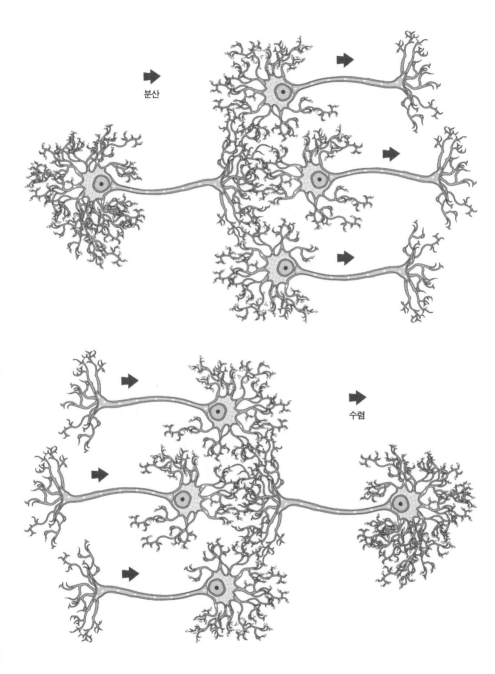

그림3.4 분산과 수렴

으로 전달할 수 있다. 마치 호수에 돌을 던졌을 때, 사방으로 그 진동이 퍼져나가는 것과 비슷하다.

이와 반대로 수렴(convergence)이라는 현상도 있다. 하나의 신경세포는 여러 신경세포로부터 받은 신호를 하나로 통합해서 축색돌기로 전달한다. 사방으로 가지(수상돌기)를 뻗고 있는 떡갈나무가 공중에 둥둥 떠 있다고 생각해보자. 떡갈나무 가지 위로는 또 다른 수천 개의 나무가 공중에 떠 있다. 이러한 나무들의 뿌리(축색말단)가 떡갈나무의 나뭇잎을 건드리면 나무는 이것을 하나의 정보로 통합해 뿌리까지 보낸다. 수렴을 통해 신경자극이 몇몇 뉴런으로 모이는 것이다. 그림3.4에서 분산과 수렴의 과정을 확인할 수 있다.

나는 어떻게 연필을 집을까?

이번에는 책상 위에 놓인 연필을 집기까지 우리 뇌 속에서 어떤 일이 벌어지는지 살펴보자. 당신이 손을 뻗어 연필을 들어 올리는 순간 뇌의 여러 부분에서 수많은 뉴런들이 활동전위를 연쇄적으로 일으킨다. 그리고 당신의 팔과 손의 움직임을 조종한다. 다음은 이 과정을 순서대로 간단히 정리한 것이다. 물론 항상 이 순서대로만 진행되는 것은 아니다.

1. 연필을 집어야겠다는 생각이 뇌 속에서 첫 번째 활동전위를 일으킨다.
2. 연필로 눈을 돌리면 두 번째 활동전위가 일어난다.
3. 후두엽(시각을 담당)에 당신이 본 것의 이미지가 기록된다.
4. 측두엽(기억의 저장과 학습을 담당)은 당신이 본 이미지를 연필에 대한 기억과 연결한다. 이것이 또 다른 활동전위를 일으킨다.
5. 전두엽(지적활동을 담당)에서는 연필을 집으려는 생각에 계속 집중할 수 있도록 만든다.

6. 연필을 집는 데 필요한 움직임을 계산하기 시작하면 전두엽과 두정엽(운동기능과 언어, 감각기능 담당)은 팔부터 손과 손가락까지 움직이기 시작한다. 그러면 연필을 잡았을 때의 감각이 떠오른다.
7. 두정엽을 통해 연필의 모양과 질감을 느낄 수 있다.
8. 동시에 수의근(隨意筋, 의지에 따라 움직일 수 있는 근육-옮긴이)의 움직임을 담당하는 소뇌에서 연필을 잡도록 미세한 움직임을 조절한다. 만약 소뇌가 없다면 연필을 잡기는 하겠지만 머리 위로 날려버리거나 바닥에 떨어뜨리게 될지도 모른다.

이렇게 활동전위가 연쇄적으로 발생하는 동안 나트륨과 칼륨 이온들이 뉴런을 들락날락거린다. 하지만 우리는 이런 전기화학 반응이 일어나고 있다는 것을 조금도 알아차릴 수 없다.

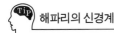

해파리의 신경계

최초의 신경세포는 현재 해파리와 유사한 원시생물에서 진화했다. 수백만 년 전 이 원시 해파리는 생존을 위해 먹이를 감지(감각기능)하고, 먹이 쪽으로 움직이는 능력(운동기능)이 필요했다. 그런 의미에서 해파리가 수축과 이완으로 몸을 움직이는 특별한 세포를 발달시킨 것은 필수적이었다.

해파리는 환경에 좀 더 효과적으로 적응하기 위해 어느 정도 움직임을 통제할 수 있는 능력이 필요했다. 즉, 외부 환경에서 감지한 정보를 운동세포에 전달하는 어떤 체계가 요구된 것이다. 바로 이것이 신경계가 하는 역할이다. 신경계는 외부 환경을 감지하고 의식적이든 아니든 그에 반응하여 행동을 취한다. 바꿔 말하면 이 원시 해파리는 가장 기본적인 의식과 인지능력을 갖춘 신경계가 필요했고 결국 신경세포와 감각기능, 운동기능을 발달시켰다. 최초의 신경계를 만든 것이다.

해파리와 같은 원시생물에서 진화한 단순한 신경계는 환경에 적응하는 데 효과적이었기 때문에 곧 진화의 기준 형태가 되었다. 해파리든 사람이든 신경세포에서 일어나는 전기화학적 원리는 동일하다. 오늘날 인간 역시 수백만 년 전에 해파리가 진화한 방식으로 환경에 적응하는 것이다.

그러면 가장 단순한 신경계가 어떻게 인간의 뇌와 같은 복잡한 신경계로 도약하게 된 것일까? 원시 생명체는 더 복잡하고, 정교한 존재로 진화하기 위해 신경세포들을 다양한 방법으로 연결하기 시작했다. 복잡한 신경망 속의 뉴런들이 서로 연결되면 뉴런들 사이의 정보소통은 기하급수적으로 늘어난다. 그리고 뉴런들 사이의 정보소통이 늘어나면 지적능력이 높아지고, 생명체는 환경에 더 잘 적응할 수 있다.

우리는 복잡한 신경체인 뇌가 크기 때문에 다른 어떤 생명체보다 더 빨리 행동하고, 기억하고, 배우며, 환경에 쉽게 적응하게 되었다. 셀 수 없이 많은 신경세포들이 복잡하게 연결되어 있는 큰 뇌 덕분에 만물의 영장이 될 수 있던 것이다.

신경전달물질

이제 뉴런들이 신경충동을 어떻게 주고받는지 더 자세히 살펴보기로 하자. 과연 신경충동은 시냅스 틈새를 어떻게 지나갈까?

뉴런에 전달된 신경충동은 축색돌기를 지나 시냅스가 시작되는 시냅스 전 말단에 이르게 된다. 시냅스 전 말단에는 신경전달물질(neurotransmitter)을 담고 있는 매우 작은 시냅스 소포(vesicle)가 존재한다. 시냅스 소포에서 나온 신경전달물질은 시냅스를 지나 다른 신경세포 또는 우리 몸의 다른 부위에 중요한 정보를 전달한다. 그림3.5의 A를 보면 소포들이 신경전달물질을 담고 있는 것을 볼 수 있다.

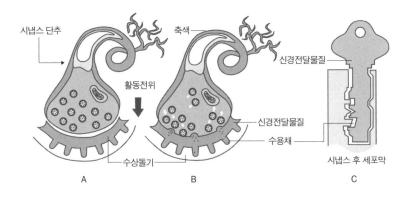

그림3.5 신경전달물질의 이동

　우리의 기분은 세로토닌*serotonin*이나 도파민같은 신경전달물질들에 의해 결정된다. 하루에도 몇 번씩 느껴지는 흥분이나 우울, 피로, 짜증과 같은 다양한 기분 역시 모두 신경전달물질의 작용이다. 뇌 속의 화학 반응이 우리가 어떻게 느낄지를 결정하는 것이다.

　시냅스 소포는 신경전달물질을 담고 있는 아주 작은 물풍선과 같다. 특정한 신경전달물질은 그에 맞는 말단과 짝을 맞출 때 밖으로 나온다. 하나의 신경충동이 일으키는 전기화학적 활동은 한 개 이상의 소포들을 터뜨리고, 각 소포는 수천 개의 신경전달물질 분자들을 내보낸다. 이때 각각의 신경충동에 따라 어떤 신경전달물질은 나오고, 어떤 것은 나오지 않는다.

　신경충동이 어떤 신경전달물질을 내보낼지 결정하는 것이다. 신경충동은 모두 다 다르다. 뉴런을 따라 흐르는 각각의 전기충동은 각기 다른 전하량을 가진다. 그리고 이 전하량의 차이에 따라 반응하는 신경전달물질의 종류도 달라진다.

　신경전달물질을 작은 유람선으로 생각해보자. 유람선은 강(시냅스 틈새)을 건너 건너편 선착장(다른 뉴런의 수상돌기)으로 들어간다. 한 자물쇠에 맞는 열쇠는 한 개뿐이듯이 유람선이 들어갈 수 있는 선착장은 정해져 있다. 말하자면 각각의 신경전달물질은 딱 맞아떨어지는 선착장, 즉 수용체를 찾아야 하는 것이다. 신경전달물질과 수용체의 모양이 딱 맞물려 있는 그림3.5의 C처럼 말이다.

유람선이 선착장에 도착하는(docking) 순간 수많은 승객(신경전달물질)들이 쏟아져 나와 자신의 역할을 수행하기 시작한다. 어떤 이는 쉬러 집에 갈 것이고, 어떤 이는 일을 하러 갈 수도 있다. 혹은 휴가를 떠나거나 유람선을 관리하는 이도 있을 것이다.

이것이 신경전달물질들의 역할이다. 시냅스를 지나 반대편 뉴런으로 가서 화학 반응을 일으키고, 그 뉴런이 다른 뉴런에 영향을 미칠 수 있도록 만든다. 정보전달은 이런 식으로 이루어진다.

변화무쌍한 정보 전달

신경충동은 전기적 활동으로 시작해서 화학적 활동으로 바뀌었다가 다시 전기적 활동으로 바뀐다. 예를 들어, 뉴런에서 발생한 전기적 충동은 시냅스에서 신경전달물질에 의해 화학적 충동으로 변한다. 그리고 이 화학적 메시지는 복잡한 분자들 간의 상호작용(이온의 이동)을 자극해 인접한 뉴런에 전기충동을 일으킨다.

이때 전기적 강도가 일정한 역치(문턱값, 어떤 반응을 일으키는 데 필요한 최소한의 자극의 세기-옮긴이)에 도달하면 인접한 뉴런이 활성화되며, 활동전위가 발생하여 정보가 뉴런을 따라 전달된다.

하지만 모든 뉴런이 수신한 정보를 다른 뉴런으로 전달하는 것은 아니다. 예를 들어 지금 당신이 실연으로 의기소침해 있는 친구를 위로하는 중이라고 생각해보자. 당신은 친구를 위해 다양한 방법으로 그를 자극하기로 결심한다. 저녁을 사주기도 하고, 아이스크림을 먹으며 산책하기도 하고, 함께 영화를 보거나 코미디 공연을 보러 가기도 한다. 어느 순간이 되면 친구는 처음의 우울한 기분을 잊지 않고는 못 배기게 될 것이다.

뉴런이 안정된 상태에서 흥분된 상태로 바뀌는 과정도 이와 비슷하다. 때때로 한 가지 종류의 자극만으로는 부족할 때가 있다. 하지만 일단 흥분점(역치)까지 자극을 받게 되면 흥분상태가 계속 유지된다. 시냅스 후 말단에 있는 뉴런은 흥분한 상태가 되면 다른 뉴런으로 흥분을 퍼뜨리는 송신기로 변한다.

곧 시냅스 전 말단(뉴런의 송신 지점)에서 신경전달물질들이 방출되어 수용 뉴런의 시냅스 후 말단에 이르러 전기적 반응을 일으킨다. 이 전기적 충동이 수용 뉴런의 수상돌기로부터 세포체를 거쳐 축색돌기에 다다르면 신경전달물질의 역할은 모두 끝난다. 이처럼 신경전달물질은 뉴런 간의 정보 소통을 연결하는 화학물질로 뇌 전체에 메시지를 전달한다.

일반적으로 시냅스 후 말단(뉴런의 수용 말단)에는 옆의 뉴런을 흥분시키기 위해 상당히 많은 신경전달물질들이 활동하고 있다. 뉴런 하나에 있는 적은 양의 신경전달물질로는 시냅스 후 말단에 활동전위를 일으킬 수 있을 정도로 뉴런을 흥분시키지 못한다. 알람시계가 울릴 때 일어나든가 다시 잠자든가 둘 중 하나만 선택하듯이 뉴런 역시 흥분하거나 흥분하지 않거나 둘 중 하나뿐이다. 어찌됐든 뉴런의 흥분과 상관없이 다양한 신경전달물질들은 각자 맡은 역할을 다한다.

신경전달물질의 종류

뇌의 부위에 따라 기능별로 신경전달물질의 농도는 다양하다. 주요 신경전달물질로는 글루타민산염(glutamate), 감마아미노뷰티르산(GABA), 아세틸콜린acetylcholine, 세로토닌, 도파민, 멜라토닌melatonin, 일산화질소(nitricoxide) 그리고 다양한 종류의 엔도르핀endorphin이 있다.

신경전달물질은 여러 유형의 다양한 기능들을 수행하는데, 예를 들어 세포 수준에서 뉴런 자체의 활동을 자극, 억제 또는 변화시킨다. 신경전달물질은 뉴런끼리의 연결을 끊거나 혹은 더 단단히 연결되도록 한다. 또한 이웃 뉴런들이 흥분되도록 신호를 보내거나 이어지는 다음 뉴런에 메시지를 내려보내 신경충동을 억제하거나 완전히 중지할 수 있다. 신경전달물질은 이미 뉴런으로 보내지고 있는 메시지도 변화시켜 그 뉴런에 연결된 다른 뉴런에 새로운 메시지를 보낼 수도 있다. 이 모든 활동은 1000분의 1초 안에 일어난다.

뇌와 신경계에는 두 유형의 신경전달물질이 있다. 흥분성 신경전달물질(excitatory neurotransmitter)은 신경충동의 전달을 자극 또는 활성화한다. 그리고 시냅스 후 신경세포막의 전기적 상태를 변화시켜 다음 뉴런에 활동전위가 일어나도록 한다. 이런 유형의 화학물질은 적절한 조합을 이루어 우리가 정신기능을 빛의 속도로 수행할 수 있도록 해준다.

주요 흥분성 뇌 신경전달물질로는 글루타민산염이 있다. 뉴런의 시냅스 전 말단에서 방출된 글루타민산염은 다음 뉴런의 시냅스 후 말단에 있는 수용체에 결합한다. 그리고 시냅스 후 뉴런의 전기적 상태를 변화시켜 활동전위가 더 쉽게 일어나도록 만든다.

반대로, 억제성 신경전달물질은 이름 그대로 다음에 이어진 뉴런의 활동을 억제 혹은 정지시켜 수신 뉴런의 시냅스 후 말단 흥분을 끝마친다. 주요 억제성 신경전달물질로는 GABA (gamma-aminobutyric acid, 감마아미노뷰티르산)이 있다. 시냅스 전 말단에서 분비된 GABA는 이에 상응하는 시냅스 후 수용체에 달라붙는다. GABA는 활동전위가 일어날 가능성을 떨어뜨린다. 만약 GABA가 없다면 뉴런이 지나치게 자극을 받아 뇌가 중대한 손상을 입을 것이다.

뉴런은 각기 다른 여러 뉴런들과 쉽게 결합하고 연결될 수 있다. 뉴런은 또한 신경충동을 조절하고, 하나의 뉴런으로 정보를 모으거나 무수히 다른 방향으로 전기적 활동을 분산하는 능력을 갖는다. 또한 순간적으로 여러 시냅스 공간에서 서로를 연결하거나 연결을 끊을 수도 있다.

생물과학은 이러한 뉴런의 복잡성을 근거로 우리가 왜 뉴런의 내적 작용과 상호연관성에 대해 거의 아는 바가 없는지를 이해하기 시작했다. 뉴런은 매우 많은 기능을 지휘할 뿐 아니라 서로 모여 점멸(on/off) 패턴을 이루기 때문에 교과서에서 묘사한 질서 정연하게 배선된 전선과는 닮은 점이 거의 없다. 이해를 돕자면 뉴런은 인터넷을 통해 번개 같은 속도로 교신하는 컴퓨터들의 방대하고 변화무쌍한 네트워크라고 할 수 있다. 뉴런을 끊임없이 접속과 차단을 반복하는 수억 개가 넘는 컴퓨터의 네트워크라고 상상하면 앞으로 설명할 내용을 좀 더 쉽게 이해할 수 있을 것이다.

뇌 속의 수분이 하는 역할

앞서 언급했듯이 놀랄 만큼 복잡한 생체 컴퓨터인 우리의 뇌는 약 75~85% 가까이 물로 이루어져 있다. 살아 있는 뇌의 어떤 부위는 반숙란과 유사하고, 어떤 영역은 단단하게 삶은 계란과 같이 조밀하고 탄력성이 있다. 이처럼 상처받기 쉬운 조직을 외부의 충격으로부터 보호하기 위해 뇌가 두개골에 둘러싸여 있는 것은 놀랄 일이 아니다.

수분은 뇌의 전기적 정보교환 수단에서 필수적이다. 뇌의 수분은 전기 전도성을 증폭시켜 전류가 매끄럽고 막힘이 없이 뇌 곳곳에 신속히 퍼져나가도록 해준다.

예를 들어, 물 웅덩이에 번개가 칠 때를 생각해보자. 당신이 물 웅덩이에 발을 담그고 있는 한, 번개가 떨어진 지점으로부터 1km나 멀리 떨어져 있더라도 감전될 것이다. 왜냐하면 물속에서 전류는 매우 빠르게 그리고 모든 방향으로 흐르기 때문이다. 이와 비슷하게 뇌 속의 수분도 전류의 흐름을 촉진한다. 수분은 뉴런 사이로 전류가 빠르게 오고 갈 수 있도록 돕는 완벽한 매개체의 역할을 한다.

몸과 뇌의 연결통로, 신경계

신경충동을 주고받는 곳은 뇌뿐이 아니다. 신경 역시 몸 곳곳에 퍼져서 뇌와 척수 및 우리 몸의 여러 기관에 감각자극이나 운동자극을 전달한다. 신경은 마치 뇌가 연장된 것과 같다. 신경계는 우리 몸과 외부 환경, 그리고 몸과 뇌를 연결하는 통로 역할을 한다.

기본적으로 신경계 전체의 역할은 우리 몸의 모든 기능을 조율하여 조화롭게 움직이도록 만드는 것이다. 신경계는 내분비계, 근골격계, 면역계, 소화계, 심혈관계, 생식계, 호흡계, 그리고 배설계를 조절한다. 신경계가 없다면 우리는 살아 있지 못할 것이다.

신경계는 이 모든 활동을 조율하기 위해서 우리 몸 전체와 끊임없이 신호를 주고받는다. 또한 감각기관을 통해 외부 환경의 정보를 받아들이고, 이를 처리한다. 신경계는 오감으로 느끼는 것뿐만 아니라 배고픔이나 목마름, 통증, 체온 같은 체내의 감각까지 처리한다. 보거나 만지지 않아도 팔다리가 제 위치에 있다는 것을 느끼는 것(proprioception, 고유감각) 또한 신경계 덕분이다. 신경계는 이렇게 받아들인 정보를 기억의 형태로 저장한다.

신경계의 구성

우리 몸 전체에 퍼져 있는 신경계는 크게 두 부분으로 나눌 수 있다. 첫 번째는 척수와 뇌로 이루어진 중추신경계다. 척수는 뇌가 연장된 것으로 마치 광케이블처럼 수없이 많은 감각충동과 운동충동이 오가는 통로다.

두 번째는 뇌와 척수를 제외한 모든 신경, 즉 말초신경계다. 이것은 우리 몸의 조직과 장기에서 나오는 신호를 척수에 전달하거나, 반대로 척수에서 나온 신호를 조직과 장기에 전달한다.

척수를 광케이블에 비유한다면 말초신경은 광케이블에서 뻗어나가는 전선과 같은 것이다. 이를 통해 척수는 우리 몸의 모든 기관들과 신호를 주고받는다. 다음 그림은 중추신경계의 모습을 보여준다.

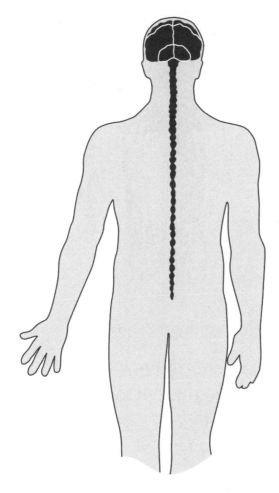

그림3.6A 중추신경계

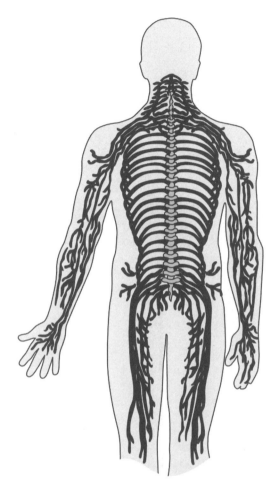

그림3.6B 수의신경계의 말초신경

　말초신경계는 두 종류의 신경으로 이루어져 있다. 하나는 머리 주변에 위치해 있는 뇌신경(cranial nerve)이다. 뇌신경은 뇌간에서 시작되며 12쌍이 있다. 뇌신경은 시각이나 후각자극을 전달하고, 평형감각과 분비작용, 청각, 음식 삼키기, 얼굴 표정 등을 조정한다. 그림3.6C에서 뇌신경의 일부를 확인할 수 있다.

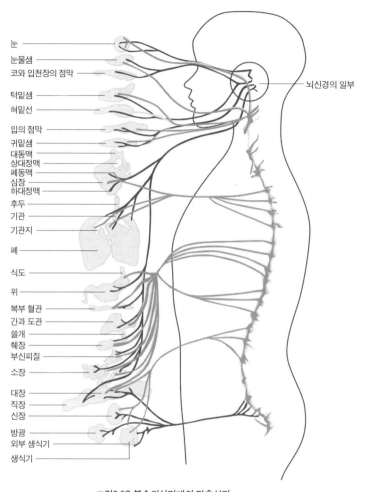

눈
눈물샘
코와 입천장의 점막

턱밑샘
혀밑선

입의 점막
귀밑샘
대동맥
상대정맥
폐동맥
심장
하대정맥
후두
기관
기관지

폐

식도

위

복부 혈관
간과 도관
쓸개
췌장
부신피질

소장

대장
직장
신장

방광
외부 생식기
생식기

뇌신경의 일부

그림3.6C 불수의신경계의 말초신경

말초신경을 구성하는 다른 하나는 척추에 위치해 있는 31쌍의 척수신경
이다. 각각의 척수신경은 목과 몸통, 팔다리로 뻗어 있으며 이들 기관의 모
든 활동을 담당한다. 그림3.6B와 3.6C를 보면 척추의 말초신경이 우리 몸
의 장기에 연결되어 있는 것을 볼 수 있다. 이들 중 몇몇은 근육과 힘줄에
연결돼 있기도 하다.

자율신경계

중추신경과 말초신경계 안에는 자율신경계가 존재한다. 이것은 우리 몸의 자율적인 활동을 책임지며, 대뇌신피질 아래에 위치해 있는 중뇌가 그 중추다(그림3.7참고).

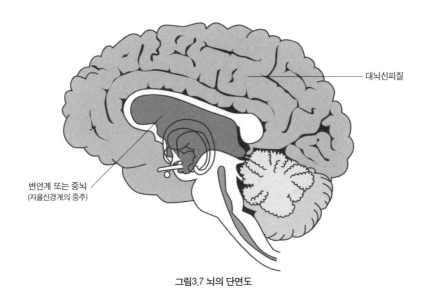

변연계 또는 중뇌
(자율신경계의 중추)

대뇌신피질

그림3.7 뇌의 단면도

자율신경계는 우리 몸의 자율적인 활동과 항상성 유지를 책임진다. 항상성(恒常性)이란 우리 몸이 외부와 내부 환경의 변화에 상관없이 생리적으로 안정된 상태를 유지하는 기능을 말한다. 예를 들어 체온과 혈당, 심장박동 조절 등 우리가 살아가는 데 필요한 모든 생리적 기능을 조정한다.

이 모든 일은 우리의 의식이나 노력 없이 자동적으로 이루어진다. 의식적으로 심장박동수를 조절하거나 소화를 위해 효소를 분비할 필요가 없는 것이다. 자율신경계는 우리 몸의 생리작용을 조절해 건강한 상태를 유지할 수 있도록 돕는다. 자율신경계는 다음과 같이 교감신경과 부교감신경으로 나뉜다(그림3.8 참고).

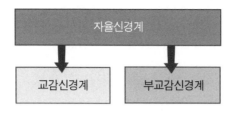

그림3.8 자율신경계의 종류

교감신경은 우리 몸이 위험에 대처하도록 한다. 그래서 '싸움 또는 도주 신경계(fight or flight nervous system)'라고 불리기도 한다. 우리 몸은 외부의 위험이 감지되면 싸우거나 도망갈 채비를 한다. 예를 들어, 심장박동이 빨라지고 혈압이 올라간다. 또한 숨이 가빠지고 앞으로의 상황에 대비해 아드레날린이 분비되며, 소화기관에 몰려 있던 에너지가 팔과 다리로 집중된다. 교감신경이 우리 몸을 생존에 더 적합한 상태로 바꿔놓는 것이다.

한편 부교감신경은 교감신경과 반대 작용을 한다. 위험 상황에 처해 있지 않을 때 부교감신경은 우리 몸에 에너지와 자원을 축적한다. 예를 들어, 심장박동을 늦추고 소화계에 더 많은 에너지를 공급하여 몸을 편안하게 만든다. 혹은 근육에 몰려 있던 혈액을 내부 장기로 이동시키기도 한다. 푸짐하게 저녁을 먹고 난 후에 오는 느낌 또한 부교감신경의 작용이다.

자율신경계는 반사반응과도 관련이 있다. 고무망치로 무릎을 치면 다리가 올라오거나 뜨거운 것을 만지면 재빨리 손을 떼게 되는 것이 반사반응이다. 밝기에 따라 동공의 크기가 변하는 것 또한 마찬가지다. 이러한 본능적인 근육의 움직임은 소뇌와 뇌간의 조종을 받는다. 이것은 인류가 수백만 년 동안 환경에 적응하면서 우리 몸속에 새겨진 반응이다.

이제 우리는 불수의신경계의 좀 더 본능적인 면(자율신경계의 기능)과 그것이 얼마나 중요한 역할을 하는지 알게 되었다. 이것은 우리의 전의식적인 (subconscious) 본성이며, 마음 또는 자연회복력의 중추이기도 하다. 세포 하나에서부터 심장에 이르기까지 몸의 셀 수 없이 많은 기능들은 의식적인 노력 없이 조종된다. 건강을 자동으로 유지해주는 놀라운 체계가 우리 몸에 존재하기 때문이다.

자유의지는 어디서 오나?

인간은 의식을 가지고 자의적으로 행동할 수 있는 특권을 누린다. 자신이 원하는 것을 생각하고, 기억하며, 행동하고, 발전시킬 수 있는 자유의지가 있는 것이다. 우리는 뇌와 신경계를 통해 원하는 대로 몸을 움직일 수 있다. 음식을 먹거나 걷도록 근육을 조종할 수 있는 것이다. 우리의 욕구와 행동은 모두 자유의지에 의한 것이다. 이처럼 원하는 대로 선택할 수 있는 자유의지와 의식적인 마음의 집을 수의신경계라고 한다. 수의신경계는 대뇌신피질(그림3.7 참고)에 위치한다.

우리를 인간답게 하는 것, 즉 우리의 본성은 불수의신경계와 수의신경계 간의 상호작용에 있다. 수의신경계는 의식적인 통제 하에 원하는 것을 할 수 있는 자유의지를 준다. 동시에 전의식적인 지능의 통제 하에 있는 자율신경계는 우리가 무엇을 하든 그에 수반되는 모든 전기화학적 반응들을 책임진다. 그림3.9는 자율신경계를 구성요소별로 살펴본 것이다.

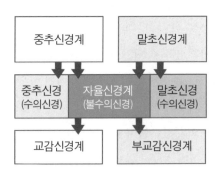

그림3.9 자율신경계와 그 구성요소

이쯤 되면 당신도 왜 우리가 뇌를 공부하면서 세포 수준의 미세한 단위까지 공부해야 하는지 이해할 수 있을 것이다. 뉴런이 서로 의사소통할 수 있도록 만들어진 덕분에 우리는 같은 신경회로를 통해서 서로 다른 종류의 신경전달물질을 분비할 수 있다. 한 사람의 것이라 할지라도 똑같은 느낌과 생각, 행동이 있을 수 없는 것은 이 때문이다.

이러한 신경자극을 통해 우리는 특정 상황에 반응하고, 감정을 이끌어내며, 몸의 기능을 통제할 수 있다. 그리고 이 과정을 통해 습관과 충동, 호르몬 분비, 생각과 기억이 이루어진다.

앞에서 신경생물학과 뇌에서 일어나는 화학작용의 기초를 공부했다면 우리는 이제 '태도(attitude)'에 대해 연구할 수 있다. 태도는 촘촘하게 모여 있는 생각의 집합체다. 태도가 뇌 속의 특정한 뉴런을 자극하면 뉴런은 특정한 신경전달물질을 분비하여 우리가 생각하고 행동하며 느낄 수 있게 만든다.

예를 들어, 아침에 일어나 어제 저녁에 하지 않은 설거지를 한다고 가정해보자. 설거지에 대한 당신의 태도는 다음과 같은 생각에 의해 유발된 것이다. "아! 오랜만에 잠 한번 푹 잘 잤군. 오늘이 휴일이라 정말 다행이야. 어제 저녁에 먹은 파스타도 정말 맛있었어. 어제 설거지를 물에 담가놓길 잘한 것 같아. 오늘 날씨 정말 좋네." 하지만 같은 날 저녁 당신이 설거지를 할 때의 태도는 다음과 같은 생각들로 이루어져 있을지도 모른다. "왜 아내가 그 얘기를 다시 꺼낸 거지? 이미 다 끝난 얘기라고 생각했는데 말이야. 다시 원점으로 돌아왔잖아. 전등은 왜 깜박거리는 거야. 오늘은 정말 설거지할 기분이 아니야. 잠이나 자야겠다."

이처럼 우리는 생각에 따라 똑같은 설거지에 대해 전혀 다른 태도를 갖게 된다. 그리고 우리에게 자유의지가 있다는 말은 태도도 선택할 수 있다는 뜻이다. 이것은 모두 뇌의 화학작용과 관련 있다. 이런 점에서 자유의지는 개인을 다른 사람과 구분 지어주는 것이기도 하다. 따라서 이제부터 무슨 일을 하든지 생각이 뇌에서 어떤 요술을 부리는지 기억하기 바란다.

뇌가 우리 삶을 움직이는 엔진이라면 그것의 작동원리와 조종방법쯤은 알아둬야 하지 않을까? 그래야 원하는 곳으로 갈 수 있을 테니 말이다. 이것이 이 책의 목적이다.

아는 것이 곧 힘이며, 힘이 있으면 무엇이든 지배할 수 있다. 우리는 마음과 몸, 우리의 삶, 궁극적으로는 존재를 통제할 수 있는 능력을 얻기 위해 앞으로 나아가고 있는 것이다. 다행인 것은 몸과 마음은 서로 연결되어 있기 때문에 우리가 하나를 바꾸려고 노력하면 다른 것은 저절로 따라올 것이라는 점이다.

4장에서는 뇌가 어떻게 진화해왔는지에 대해 다룬 후 뇌의 하부구조에 대해 더 깊이 파고 들어갈 것이다. 이를 통해 우리는 뇌가 생각을 처리하고, 이것을 외부로 표현하는 원리에 대해 더 잘 이해할 수 있다. 그리고 궁극적으로는 무엇이 현재의 나를 있게 했는지 알게 될 것이다.

우리 뇌는
어떻게 생겼을까?

Evolve your Brain

현재 뇌가 몸에서 차지하는 비율은 인류의 조상에 비해 3배나 크다.
커진 뇌로 인해 출산은 고통스럽고 위험한 것이 되었으며,
우리가 쉬고 있는 동안에도 몸무게의 2%에 불과한 뇌는
몸이 사용하는 전체 에너지의 20%를 소모한다.
진화의 과정에서 이렇게 많은 대가를 치른 데는 그만한 이유가
있음에 틀림없다.

　　　　　　　　　　　- 수잔 블레이크모어Susan Blakemore

우리 뇌는

Evolve your Brain

어떻게 생겼을까?

미국의 소설가인 커트 보네거트*Kurt Vonnegut*는 그의 소설《갈라파고스 *Galapagos*》에서 소위 인간이 이루었다는 정치적, 사회적 진보를 경멸하기 위해 이렇게 썼다. "감사하게도 커다란 뇌 덕분이지."

보네거트는 다른 동물보다 뛰어난 지능을 가진 인간이 일으킨 전쟁과 가난, 폭력을 보면서 인간의 뇌가 지닌 능력을 냉소적으로 바라보았다. 하지만 그가 자신의 책에서 사용한 '커다란 뇌' 라는 표현은 상징적인 것에 가깝다. 실제로 뇌의 무게는 1.4kg 정도로 몸무게의 2%를 차지할 뿐이다. 비록 몸 전체의 비율로 따져봤을 때는 다른 포유동물의 뇌보다 6배 정도 크긴 하지만 말이다. 유일하게 돌고래만이 몸에서 뇌가 차지하는 비율이 인간과 비슷하다. 하지만 돌고래의 뇌는 지난 2천만 년 동안 그다지 진화 하지 못했다.

인간 뇌의 진화에 얽힌 미스터리는 오랫동안 생물학자들과 고생물학자 들을 혼란스럽게 만들었다. 동물이 진화하면 간이나 폐 같은 다른 장기와 마찬가지로 뇌의 용적도 커진다. 약 25만 년 전 대부분의 포유동물들이 가 장 크고 가장 발달된 뇌를 가지게 되었다. 25~30만 년 전 사이에 포유류의 뇌가 크기나 효율성 측면에서 정점에 다다른 것이다. 같은 시기에 인류는 포유동물로부터 갈라져나와 진화했다.

여전히 우리는 인류의 진화과정에 대해 정확히 알지 못한다. 하지만 분명한 것은 다른 포유동물들과 달리 인간의 뇌는 진화를 멈추지 않았다는 점이다. 특히 짧은 시간 동안 인간의 대뇌신피질의 용적과 복잡성은 크게 증가했다.

곤경에 처한 뇌 발달

최근의 연구에 따르면 인간의 중뇌는 25~30만 년 전에 지금의 모습을 갖추었으며, 사고 및 추리능력을 담당하는 대뇌신피질의 용적은 20% 증가했다고 한다.[1] 아직까지 이렇게 빠르고 갑작스러운 뇌의 진화를 설명할 방법은 없지만 인간이 만물의 영장이라 불리는 이유가 20% 늘어난 회백질 덕분인 것만큼은 분명하다.

다른 포유류와 달리 인간은 대뇌피질의 밀도가 20% 증가했을 때 몸의 크기는 16%만 증가했다. 몸의 크기 증가가 뇌 용적 증가의 80% 수준밖에 안 되는 것이다. 이것은 포유류의 몸과 뇌의 일반적인 비율에서 벗어난다.

한 가지 흥미로운 것은 인간의 두개골 발달 속도가 뇌의 발달 속도를 따라오지 못했다는 점이다. 두개골의 크기 역시 커지기는 했지만 전체적인 비율을 따져봤을 때는 충분하지 않다. 과학자들은 뇌의 증가 속도에 맞춰 두개골이 커졌다면 여성의 골반이 출산을 견디지 못했을 것이라고 생각한다. 지금도 여성에게 출산이 고통스러운 일임을 생각하면 일리 있는 주장이다. 골반의 크기는 그대로이면서 태아의 머리 크기만 커졌다면 인간은 멸종했을지도 모른다. 물론 머리의 크기에 맞춰 골반의 크기가 커지는 것이 하나의 해결책이 될 수도 있겠지만 그랬다면 여성은 네 발로 걸어다니게 됐을 것이다.

주름진 뇌의 비밀

결국 두개골 크기의 증가 없이 뇌의 용량을 키울 수 있는 방법은 한 가지뿐이었다. 바로 촘촘히 접히는 것이다. 이 때문에 대뇌신피질의 98%는 주름 속에 숨겨져 겉으로는 안 보인다. 마치 부채를 접었을 때 부채의 문양을 볼 수 없는 것처럼 대뇌의 회백질 대부분이 이 주름 속에 숨어 있다. 이것은 호두의 모습과도 매우 비슷한데, 더 작은 공간에 더 많은 물질을 채울 수 있는 효과적인 방법이다.

몇 년 전에 나는 뇌에 관한 딸의 학교숙제를 도운 적이 있다. 당시에 나는 딸에게 뇌에는 수많은 주름이 있어서 공간을 최소한으로 차지할 수 있다고 설명해주었다. 하지만 딸은 이것을 쉽게 이해하지 못했다. 다음날 아침 나는 직경이 10cm 되는 스펀지 공 10개를 샀다. 그리고 3.8L의 유리 단지를 준비했다. 그날 저녁 나는 딸에게 스펀지 공 2개를 단지에 넣어보라고 했다. 공을 2개 넣자 단지가 꽉 찼다. 나는 딸에게 물었다. "주름이 없지?" 딸아이는 고개를 끄덕였다. 이번에는 뚜껑을 닫을 수 있게 남은 공 8개를 모두 넣어보라고 했다. 딸아이는 공을 모두 넣고는 미소를 지었다. 단지 안에 들어 있는 공의 모습이 뇌의 주름과 비슷했기 때문이다.

인간의 뇌는 약 25만 년 전에 극적으로 도약했고 그 결과 뇌의 주름이 늘어나 오늘날의 모습을 이루게 되었다. 뇌의 주름 자체가 다른 생물들보다 환경에 더 잘 적응할 수 있는 방법이었던 셈이다. 그 결과 인류는 지능과 학습능력을 높여 생존가능성을 더 높일 수 있었다.

뇌의 주름과 대뇌의 발달은 현재의 인류도 아직 다 활용하지 못한 무한한 정신적 가능성을 가져왔다. 오늘날 인간의 뇌 용적은 25만 년 전의 인류의 것과 거의 비슷하다. 일단 인류가 발달된 대뇌를 가진 새로운 종(種)이 되자 더 이상 다른 동물처럼 길고 지루한 진화의 과정을 거칠 필요가 없었다. 비록 여전히 진화의 결과를 제대로 활용하지 못하고 있지만 말이다.

진화의 타임캡슐, 뇌

인류의 진화과정을 추적해보고 싶다면 뇌에서 시작하는 것이 가장 좋다. 뇌는 인류의 진화과정을 모두 담고 있는 타임캡슐과 비슷하기 때문이다. 만약 인간의 뇌가 현재의 모습이 아니라면 인류 역시 지금과 다른 모습을 하고 있을 것이다.

1960년대 뇌 연구 분야의 개척자인 폴 맥린*Paul Maclean* 박사는 인간의 뇌를 그 구조와 크기, 기능 등에 따라 세 부분으로 나누고, 이를 서로 연결되어 있는 바이오컴퓨터에 비유했다. 이 세 부위는 각기 다른 지능과 개성, 기억력, 시간과 공간을 인지하는 능력 등을 가지고 있다.[2]

이 세 부위는 바로 원시피질(archipallium, 파충류 뇌), 구피질(paleo-pallium), 신피질(neopallium)을 말한다. 이해를 위해서 앞으로는 뇌간과 소뇌를 포함한 원시피질은 '첫 번째 뇌', 중뇌와 변연계를 포함한 구피질은 '두 번째 뇌', 대뇌피질, 즉 신피질은 '세 번째 뇌' 또는 '새로운 뇌' 라고 부르겠다. 이제 그림4.1을 보기 바란다. 이 그림은 맥린 박사의 책에서

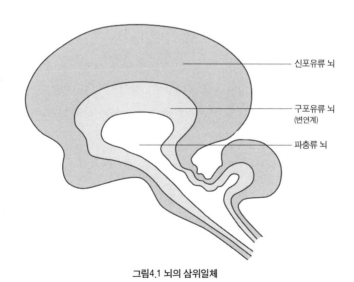

신포유류 뇌

구포유류 뇌
(변연계)

파충류 뇌

그림4.1 뇌의 삼위일체

가져온 것으로 '세 가지 뇌의 진화'를 보여준다. 이 그림을 오늘날 인간의 뇌 모습인 그림3.7(108쪽)과 비교해보기 바란다. 비록 이 세 부위는 독립적인 기능을 담당하지만 실제 인간의 뇌는 '부분의 합보다 큰 전체'로서 작용한다.

이 세 부위의 위계관계를 통해 우리는 뇌의 진화와 기능에 대한 중요한 정보를 얻을 수 있다. 우선 척수와 뇌를 연결해주는 뇌간은 가장 처음 진화된 부위로 5억만 년 전에 발생했다. 가장 원시적인 뇌로 알려져 있으며, 도마뱀이나 파충류 경우 뇌의 많은 부분이 뇌간으로 이루어져 있다. 그래서 과학자들은 뇌간을 '파충류 뇌'라고 부르기도 한다.

뇌간 바로 뒤에 붙어 있는 소뇌는 약 3~5억만 년 전에 진화한 것으로 몸의 위치와 자세를 느끼는 고유감각을 조정한다. 최근의 연구에서는 소뇌의 다른 기능이 밝혀지기도 했다. 예를 들어, 소뇌는 의도적 계획을 담당하는 전두엽과 밀접하게 연결되어 있으며,[3] 복잡한 정서적 행동에 많은 영향을 미치는 것으로 나타났다.[4] 소뇌의 뉴런들은 뇌의 다른 어떤 부위보다 가장 촘촘히 연결되어 있기 때문에 우리가 굳이 의식하지 않고도 많은 기능을 수행할 수 있다.

한편 '두 번째 뇌' 중뇌는 약 1.5~3억만 년 전에 발생했다. 이는 포유류에서 가장 진화되었기 때문에 '포유류의 뇌'라고 불리기도 한다. 뇌간을 둘러싸고 있는 중뇌는 지난 3백만 년 동안 급격하게 발전하다 25만 년 전쯤에 현재의 모습을 갖추게 됐다. 중뇌는 불수의적 자율신경계를 관장하는 곳이기도 하다.

마지막으로 약 3백만 년 전부터 '두 번째 뇌' 주변에 '새로운 뇌'가 형성되기 시작했다. 이것은 우리 뇌의 표면을 형성하고 있는 부분이자 가장 늦게 발달된 부분으로 인간과 영장류에서 가장 발달된 부분이다. 의식적인 인식을 담당하는 이 '새로운 뇌' 덕분에 인간은 자유의지와 사고력, 학습능력, 추리력 그리고 합리화 등을 가지게 되었다. 그림4.2의 횡단면을 통해 뇌의 각 부위 두께와 크기를 알 수 있다. 더불어 '세 번째 뇌'의 회백질(뉴런의 집합)과 백질(신경교세포)의 분포도 볼 수 있을 것이다.

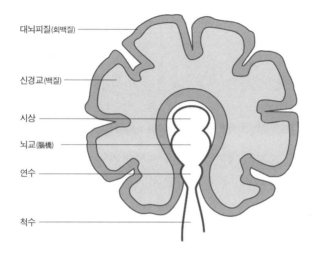

그림4.2 뇌의 횡단면

첫 번째 뇌, 뇌간과 소뇌

뇌간은 심장박동과 호흡처럼 생존과 관련된 기본적인 기능을 조종한다. 또한 우리 몸의 각성과 경계상태를 조종하며, 대뇌신피질이 수행하는 것보다 그 적용 범위가 넓다. 뇌간과 함께 첫 번째 뇌에 포함되는 소뇌는 특이한 주름으로 다른 뇌 부분과 구분되며, 뇌간의 뒤이자 대뇌신피질의 아래쪽에 붙어 있다(123쪽 그림4.3 참고).

최신 영상기술의 발달로 우리 뇌에서 가장 활발하게 활동하는 부분은 소뇌라는 사실이 밝혀졌다.[5] 과학자들은 소뇌가 몸의 균형과 고유감각을 관장하고, 몸의 움직임을 조율한다고 생각한다. 소뇌는 흥분기능과 억제기능을 사용해 몸의 움직임을 조율한다.

또한 우리가 어떤 행동을 배우게 되면 그 기억이 소뇌에 저장된다. 예를 들어, 자전거 타는 법을 한번 배우고 나면 다음에는 자전거를 탈 때 의식적인 노력을 할 필요가 거의 없다. 이는 자전거 타는 기술이 소뇌에 각인되기 때문이다. 이외에도 습관적인 태도나 정서적 반응, 반복되는 행위, 조건화된 행동, 무의식적 반사 그리고 습득한 기술 등이 모두 소뇌와 연결되어 기억된다.

우리가 학습할 때 대뇌신피질 뉴런의 경우, 한 개의 뉴런이 4만 개의 뉴런과 동시에 신호를 주고받을 수 있다. 하지만 퍼킨지 세포라고 불리는 소뇌의 뉴런은 하나의 뉴런이 10만~100만 개의 뉴런과 동시에 정보교환이 가능하다. 또한 소뇌는 뇌의 회백질 중에서도 가장 밀도가 높은 부분으로 우리 뇌를 구성하는 뉴런 중 반 이상이 이곳에 존재한다. 소뇌는 태어난 후에도 꽤 오랫동안 뇌세포가 만들어지는 곳이다. 예를 들어, 아기를 흔들어주거나 안아주면 그 자극이 소뇌에 전달되어 아기의 성장을 촉진한다. 이는 아기가 두 살이 될 때까지 효과가 있다고 한다.

두 번째 뇌, 중뇌

두 번째로 진화한 뇌는 뇌의 정중앙에 위치해 있는 중뇌다. 이 부분은 변연계(limbic system)라고 불리기도 하는데, '변연'이라는 말은 '가장자리' 또는 '테두리'라는 뜻이다. 중뇌는 다른 말로 포유류 뇌라고 불리기도 한다. 포유류에게서 중뇌가 가장 발달된 형태로 나타나기 때문이다. 중뇌는 뇌간의 바로 위에 위치해 있으며, 성인의 중뇌는 그 크기가 살구와 비슷하다. 그림3.7(108쪽)을 보면 중뇌의 위치와 크기를 확인할 수 있다. 또한 그림4.3(123쪽)을 보면 뇌의 전체모습을 이해할 수 있을 것이다.

중뇌의 생리조절 기능
뇌에서 중뇌가 차지하는 비율은 전체의 1/5에 불과하다. 하지만 중뇌가 우리의 행동에 미치는 영향은 광범위해서 정서뇌(emotional brain)라고 불리기도 한다. 또한 중뇌는 화학적인 뇌(chemical brain)라고도 불리는데, 이는 중뇌가 우리 몸의 체내 환경을 조절하는 다양한 기능을 담당하기 때문이다.

중뇌가 담당하는 이 놀라운 역할들은 평소 우리가 매우 당연시 여기는 것들이다. 예를 들어 체온과 혈당, 혈압을 유지하고 호르몬, 소화기능을 조절하는 것이 그렇다. 이외에도 중뇌는 외부 환경의 영향으로부터 몸의 항상성을 유지하는 역할도 한다. 중뇌가 없다면 체온을 일정하게 유지할 수 없기 때문에 인간의 대사기능은 냉혈동물인 파충류와 비슷해질 것이다.

중뇌의 다른 4가지 기능

이러한 조절기능 외에도 중뇌에는 크게 4가지 F기능, 즉 싸움(fighting), 도주(fleeing), 섭식(feeding), 그리고 성행위(fornicating) 기능이 있다.

- **싸움 또는 도주(Fight-or-flight)** : 우리는 이미 앞에서 싸움과 도주라는 중뇌의 두 가지 역할에 대해 살펴본 적이 있다. 3장에서 살펴본 교감신경계의 역할이 그것이다. 교감신경계는 자율신경계의 일부로 우리가 위험한 상황에 놓였을 때 발동한다.

  예를 들어 당신이 쓰레기를 버리러 나갔다가 곰과 맞닥뜨렸다고 가정해보자. 대뇌에서는 위험을 인지한 순간 공포감이 일어나 자율신경계를 활성화한다(사실 중뇌는 우리가 인지하기도 전에 위험을 감지할 수 있다). 그러면 자율신경계에서는 자동적으로 싸움-도주 반응이 발동되면서 우리 내부에 일련의 자동적인 반응을 일으킨다. 아드레날린이 솟구치고, 장기에 몰려 있던 혈액은 팔과 다리에 집중되면서 우리 몸은 재빨리 도망갈 만반의 준비를 하게 된다.

  이 같은 위기 상황에서 중뇌는 생존에 필수적인 기능들을 조정한다.

중뇌를 포유류 뇌라고 부르는 데서 알 수 있듯이 모든 포유류는 이러한 반사반응을 갖고 있다. 위기 상황에서는 인간 역시 생물학적으로 토끼와 똑같이 반응하는 것이다.

또한 중뇌는 본래 신체의 생존과 관련된 정서적 반응에 관여한다.

- **섭식** : 우리가 식사를 하려고 할 때 부교감신경계가 몸을 이완하여 소화와 신진대사를 준비할 수 있도록 에너지를 보존한다.
- **성행위** : 자율신경계의 부교감신경과 교감신경이 함께 작용한다. 부교감신경은 성적흥분을 느낄 수 있도록 돕고(곰을 만난다면 성적흥분은 일어나지 않을 것이다), 교감신경은 성적쾌감을 느끼도록 한다.

변연계의 역할을 정리하자면 교감신경계는 싸움-도주, 공포, 성적쾌감을 담당하며, 부교감신경계는 음식섭취, 성장과 회복, 성적 흥분을 담당한다. 교감신경계가 에너지를 이용하고 방출한다면 부교감신경계는 에너지를 보존하고, 축적하며, 저장하는 것이다.

 뇌는 어떤 기능을 할까?

- 척수 : 광섬유처럼 뇌에서 나온 자극을 몸 전체로 나르고 몸에서 나온 신호를 다시 뇌로 전달한다.
- 뇌간 : 삼키기, 혈압, 각성, 그리고 호흡과 같은 원시적인 기능을 조절한다.
- 소뇌 : 몸의 균형과 자세, 공간정위(空間定位, 사물이나 상황이 자신의 신체 어느 방향에 있는지 아는 위치-옮긴이) 등을 담당한다. 또한 움직임을 조율하고 우리가 습득한 기술을 기억으로 저장한다.
- 중뇌 : 화학적인 뇌로서 우리 몸의 자율적인 활동을 조정하고 화학적 균형을 유지한다. 또한 우리 몸이 외부 환경에 적응할 수 있도록 한다.
- 시상 : 후각을 제외한 몸으로 들어오는 모든 감각정보를 통합해 대뇌의

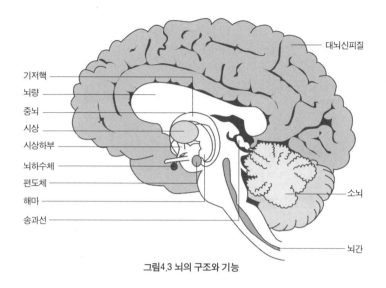

기지핵
뇌량
중뇌
시상
시상하부
뇌하수체
편도체
해마
송과선

대뇌신피질
소뇌
뇌간

그림4.3 뇌의 구조와 기능

의식적인 사고 영역으로 보내는 접속함(junction box) 역할을 한다.

- 해마 : 정서적 기억과 관련된 경험을 정리하고, 학습한 핵심 정보를 처리해 장기기억으로 등록하는 역할을 한다.

- 편도체 : 해마와 함께 외부 지각과 내적 사고로부터 일차 감정을 만드는 역할을 한다. 이를 통해 우리가 경험에 감정을 부여하고 감각기관을 통해 감지된 위험을 인지할 수 있게 한다.

- 시상하부 : 화학적으로 체내 환경을 조절하여 항상성을 유지한다. 체온이나 혈당, 호르몬 분비, 정서 반응 등이 이곳에서 통제된다.

- 뇌하수체 : 시상하부의 지시를 받아 혈관으로 펩티드 형태의 호르몬을 분비하여 여러 내분비선, 조직, 그리고 신체기관들을 활성화한다.

- 송과선 : 화학적으로 수면의 단계를 조절하고 생식주기를 조절한다.

- 뇌량 : 뇌의 두 반구를 연결하는 섬유질 덩어리로 두 반구 사이의 신호교환을 돕는다.

- 대뇌피질 : 의식적인 인지능력의 중추로 학습과 기억, 창의력, 수의적 행동 같은 정교한 정신활동을 책임진다.

중뇌의 구조

중뇌는 시상과 시상하부, 뇌하수체, 송과선, 해마, 편도체, 기저핵으로 이루어져 있다.

- **시상(Thalamus)** : 뇌의 다른 부위뿐만 아니라 몸을 연결하는 거의 모든 신경이 만나는 곳으로 중뇌에서도 가장 크고 오래된 부위다. 'thalamus'는 그리스어에서 나온 단어로 '안방(inner chamber)'이라는 뜻을 가진다. 시상은 두 개의 반구로 나뉘어져 있는데, 양쪽 시상의 신경세포 핵 집단은 일종의 육교와 같은 접합부로 연결되어 있다. 시상은 뇌와 몸의 어느 부분으로든 연결이 가능한 교환대 또는 관제탑이라 할 수 있다. 외부에서 들어오는 모든 자극은 시상을 거친다. 감각기관(귀, 눈, 피부, 혀, 코)에서 시상으로 신호를 보내면 시상은 이 신호들을 최종 종착지인 대뇌신피질/의식의 뇌로 보낸다. 동시에 시상은 뇌의 다른 부위에 신호를 보내 이들의 활동을 촉진 또는 억제하기도 한다.

  이렇게 시상은 감각기관을 통해 들어온 외부의 정보를 식별하여 적절한 목록으로 분류한 다음 대뇌피질의 여러 의식 센터로 전송한다. 이 때 감각정보의 특성이나 환경자극의 유형에 따라 뇌의 여러 부위(중뇌, 뇌간 등)와 신체 다방면으로 전달되기도 한다. 또한 시상은 대뇌신피질과 뇌간 사이의 중계자 역할도 한다. 결국 시상이 있기에 외부에서 들어오는 엄청난 양의 중요한 정보를 뇌의 적재적소에 전달할 수 있는 것이다.

- **시상하부(Hypothalamus)** : 일종의 화학공장으로서 체내 환경을 조절하고 외부 세계와 균형을 유지하도록 한다. 시상하부는 중뇌에서 가장 중요하고 매혹적인 부분이다. 왜냐하면 시상하부에서 우리 몸에 작용하는 모든 화학전달물질이 만들어지기 때문이다. 변연계에서도 가장 오래된 부위로 몸의 모든 장기와 조직에 영향을 미친다.

  외부의 자극을 감시하는 시상과 달리 시상하부는 신경펩티드(neuropeptide)라고 불리는 화학물질을 만들어낸다. 시상하부는 체온을 유지하는 등 몸의 항상성을 유지하는 한편 식욕과 목마름, 수면, 각성, 혈당, 체온, 심장박동, 혈압, 화학적 균형, 호르몬 균형, 성적충동, 면역반응, 신진대사 등을 책임진다. 또한 우리의 정서체험에도 가장 중요한 역할을 담당하는데, 이는 외부의 자극과 생각에 상응하는 감정을 느낄 수 있도록 여러 화학물질을 만들어내기 때문이다.

예를 들어 곰과 마주쳤다고 생각해보자. 시상과 시상하부에서는 어떤 일이 일어날까? 우리가 눈을 통해 곰을 보고, 귀를 통해 곰의 울음소리를 듣게 되면 이 정보가 시상으로 전달된다. 그러면 시상은 재빨리 뇌 전체에 위험신호를 보내는 한편 바로 행동할 수 있도록 몸의 기능을 조정한다. 동시에 고차원적인 의식의 뇌중추인 신피질에 정보를 보내어 결단을 내리고 대처 방안을 계획하여 도망갈 방법이 없는지 신속히 찾도록 만든다.

또한 시상은 시상하부에 신호를 보내 싸움-도주 반응에 대비하여 필요한 화학물질을 만들게 한다. 이를 통해 우리 몸은 위험에 대처할 수 있는 에너지와 자원을 확보할 수 있다. 예를 들어, 시상하부는 의식 뇌의 판단에 따라 우리의 다리가 생리적으로 바로 뛸 준비가 되도록 만든다. 이 같은 급박한 위기 상황에서는 소화기관에 혈액이 공급될 필요가 없기 때문에 우리 몸은 소화나 섭취보다는 싸움과 도주에 더 적합한 상태로 조정된다.

• **뇌하수체**(Pituitary gland) : 호르몬을 활성화하는 화학물질을 분비한다. 분비선(gland)이란 혈액 속에서 어떤 성분을 추출하여 우리 몸이 쉽게 사용 또는 제거할 수 있는 형태로 분비하는 기관 또는 분화된 세포집단이다. 호르몬은 복합적인 화학물질로, 몸의 특정 부위나 장기에서 생산되어 장기와 세포조직의 활동을 통제한다. 호르몬을 분비하는 분비선으로는 부신과 갑상선, 생식기관 등이 있다.

뇌하수체는 '주선(master gland)' 이라고 불리기도 하는데 뇌하수체가 체내의 주요 활동들을 관장하기 때문이다. 서양배 모양의 뇌하수체는 과일 조각처럼 시상하부에 매달려 있다. 뇌하수체는 시상하부에서 생산된 호르몬을 몸 전체의 분비선에 전달하는 일을 돕는다. 시상하부에서는 뇌하수체에 화학적 신호뿐만 아니라 전기적 신호도 보내는데 이를 통해 특정한 화학물질이 분비되어 우리 몸의 화학적 상태가 달라지는 것이다.

• 송과선(Pineal gland) : 작은 솔방울 모양의 분비선으로 중뇌의 뒤, 소뇌의 위에 위치해 있다(옛날에는 송과선이 눈 바로 윗부분에 자리한다고 여겨 제3의 눈으로 불리기도 했다). 송과선은 우리의 수면주기와 각성상태를 화학적으로 조정한다. 눈의 광수용기(photoreceptor)는 빛과 어둠을 감지하여 시상하부로 정보를 전달하고, 이것은 다시 송과선으로 전달된다. 인간과 여러 비야행성 포유동물의 송과선은 눈에 들어오는 빛의 양에 직접적인 영향을 받아 다양한 신경전달물질을 분비한다.

송과선에서 분비되는 가장 대표적인 신경전달물질은 '낮의 신경전달물질'이라고 불리는 세로토닌이다. 우리는 세로토닌을 통해 낮 동안에 깨어 있을 수 있다. 이와 반대의 역할을 하는 것은 '밤의 신경전달물질'이라 불리는 멜라토닌으로 이를 통해 우리는 밤 동안 수면을 통해 휴식을 취하고, 꿈을 꿀 수 있다. 그러므로 밤늦게 책을 읽는데, 졸음이 쏟아진다면 그것은 자연스러운 현상이다. 눈의 광수용기가 햇빛을 감지할 수 없게 되면 송과선에서는 세로토닌 대신 멜라토닌을 분비하기 때문이다.

 Tip 송과선은 어떤 역할을 할까?

인간과 같은 영장목과는 달리 양서류나 파충류, 어류, 조류, 일부 포유류의 송과선은 두개골과 가까운 곳에 위치해 있다. 두개골과 가까운 곳에 위치함으로써 이들의 송과선은 빛과 어둠의 변화를 쉽게 감지하여 계절과 시간의 변화를 파악한다. 따라서 송과선은 계절의 변화에 따라 이동하고 번식하는 동물들의 생체 주기에 직접적인 영향을 미친다.

그렇다면 송과선은 어떠한 원리로 어떤 생물을 특정한 시기에 번식할 수 있도록 만드는 것일까? 곰처럼 겨울에 동면을 취하는 동물을 예로 들어보자. 해가 짧은 겨울 동안 이들의 송과선에서는 많은 멜라토닌이 뇌의 혈류 속으로 분비된다. 이 중 일부가 뇌하수체에 흡수되어 생식기관의 활동을 억제하는 신경호르몬을 생산하게 만든다.

또한 송과선은 멜라토닌을 5-메톡시트립타민(5-methoxytryptamine)이라는 신경호르몬으로 바꾸어 분비하기도 한다. 이 호르몬은 동면하는 몇몇 포유류 종에서 성충동을 억제하고 식욕을 감소시킨다. 또한 대사활동과 다른 신체기능을 떨어뜨려 겨울 동안 잠들어 있도록 만든다.

봄이 되어 햇빛의 양이 증가하면 세로토닌과 다른 신경전달물질의 분비가 많아져 성적활동과 식욕이 촉진된다. 이런 식으로 그들은 식량이 풍부하고 따뜻한 계절에 번식할 수 있는 것이다.

• **해마**(Hippocampus) : 모습이 마치 바닷속 해마의 모습과 비슷하여 이름이 붙여진 이곳은 장기기억이 만들어지는 장소이다. 우리가 새로운 것을 배우고 기억할 수 있는 것은 바로 이 해마 덕분이다.

해마는 기억을 위한 일종의 정보센터로 들어온 정보를 장기용이나 단기용으로 분류하여 정리·보존한다. 단기기억은 즉시 사용하고 잊어버리는 기억으로, 두 번 다시 필요로 하지 않을 전화번호와 장보기 목록, 일시적인 지시사항 등이 그 좋은 예다.

반대로 반복적으로 사용하거나 미래에 사용할 가능성이 있는 정보는 장기기억으로 저장한다. 대표적으로 집주소나 배우자의 이름, 차 번호판 같은 것이 있다. 회사의 연말 회식에서 당신은 내일이면 기억하지 않아도 될 여러 사람들을 만날 수 있다. 하지만 사장의 배우자 이름만큼은 장기기억에 저장해두는 것이 현명한 일일 것이다. 해마에서는 오감을 통해 입수된 정보를 바탕으로 우리의 경험과 가장 관련이 깊은 것들을 장기기억으로 저장한다.

해마에 저장된 기억을 우리는 연합학습(associative learning) 또는 연합기억(associative memory)이라고 부른다. 예를 들어, 한 꼬마가 벌집에 돌을 던진다고 가정해보자. 이 꼬마는 말 그대로 온몸이 벌집이 되고 말 것이다. 나중에 이 꼬마는 돌 던지는 행위를 성난 벌떼들이 벌집에서 쏟아져 나오는 광경이나 벌들이 윙윙거리는 소리, 벌에 쏘였던 장소, 고통스러운 통증 등의 벌-유발 행동을 연합할 수 있게 된다. 해마는 이러한 감각정보들을 대뇌신피질 전반에 걸쳐 장기기억으로 저장하고 이것을 하나의 지혜로서 부호화한다. 아마도 이 꼬마는 다시는 이러한 행동을 하지 않을 것이다. 이처럼 많은 생물들은 해마의 진화를 통해 생존가능성을 높일 수 있는 행동은 반복하고 생존을 위협하는 행동은 피할 수 있게 되었다.

그렇다면 해마는 어떻게 이처럼 놀라운 능력을 가지게 되었을까? 해마는 사람이나 장소, 사물, 시간, 사건 등과 관련된 사실들을 지속적으로 기록한다. 인간에게는 이러한 것들과 관련된 경험을 더 잘 기억하는 경향이 있기 때문이다.[6] 해마는 특정한 시간과 장소에서 일어난 일들과 연관된 개인적 사건을 기억으로 저장한다. 벌집에 돌을 던진 꼬마를 예로 들자면, 사람은 벌을 키우는 게 취미인 이웃이 될 테고, 장소는 이웃집 마당, 사물은 아이가 던지는 돌멩이와 벌, 벌집, 시간은 한여름, 사건은 돌을 던지는 것과 벌에 쏘이는 것 등이 될 것이다.

우리가 어떤 새로운 경험을 하던 해마는 오감과 짝을 이뤄 새로운 기억을 만들어낸다. 해마는 오감으로 들어오는 정보를 서로 연결함으로써 사람과 사물, 장소와 시간, 사람과 사건 등을 서로 연합한다. 그 결과 꼬마는 자신의 경험을 장기기억으로 저장하게 된다. 다시 말해 꼬마가 나중에 이웃(사람), 벌과 벌집(사물), 이웃집 마당(장소), 벌에 쏘임(사건), 통증(촉감), 돌멩이(사물) 중 하나와 관련된 경험을 하게 되면 그때의 경험이 떠오르게 될 것이다. 연합을 통한 장기기억의 저장은 해마가 완전히 발달된 4세 이후에 일어난다. 그래서 우리가 어릴 적 일을 잘 기억하지 못하는 것이다.

연합기억 덕분에 우리는 알지 못하는 어떤 것을 배우거나 이해할 때 이미 알고 있는 정보를 사용할 수 있다. 즉, 우리에게 익숙하지 않은 어떤 것을 익숙한 것을 이용해 이해한다는 것이다. 이러한 기억들은 '더 깊이 있는 이해'라는 건물을 짓기 위한 벽돌과 같다. 사람, 장소, 사물, 시간, 사건과 관련된 정보를 입수하면 우리는 오감을 통해 이것을 과거의 경험과 연합해 연합기억을 형성한다.

이러한 해마의 주된 기능은 새로운 것을 추구하는 우리의 성향과 밀접한 관련이 있다. 예를 들어 해마를 손상시킨 실험동물에게 새로운 환경을 탐색할 기회를 주면, 이 동물은 낯선 장소는 무시하고 익숙한 장소만 반복적으로 들락거린다. 이 실험은 학습동기에 대한 그동안의 생각이 정확하지 않다는 것을 보여준다. 이 때문에 몇몇 과학자들은 보상과 처벌을 이용해 동물들을 학습시킬 수 있다는 조건 반응(conditioned behavior)과 관련된 그들의 기존 이론모형을 재평가하고 있다. 어쩌면 조건반응 실험 속의 동물들의 경험은 학습이라기보다는 훈련인지도 모른다. 동물들의 해마와 관련된 많은 연구에서 새로운 것을 학습하는 것 자체가 곧 보상이라는 사실이 증명되고 있다.[7]

• **편도체(Amygdala)** : 이것은 아몬드 모양의 기관으로 위험상황에서 우리 몸을 경계상태로 만든다. 또한 공격과 기쁨, 슬픔, 공포라는 4가지 원초적 감정의 중추이기도 하며, 동시에 이러한 감정들을 우리의 장기기억과 연결하는 역할도 한다.

생명에 위협을 받는 상황에 놓였을 때 편도체는 우리가 재빨리 행동을 취할 수 있도록 외부 환경을 파악한다. 편도체는 공포를 발생시키는 뇌의 주요 부위다. 사실 편도체는 우리가 위험을 인지하기도 전에(precognitive response, 사전인지 반응) 우리 몸의 반응을 활성화하는 중뇌의 일부분이다. 이 때문에 편도체는 모든 동물의 생존에 필수적인 존재라 할 수 있다. 편도체는 위기 상황에서 생존에 치명적인 감각정보를 처리하고 동시에 다른 우회로를 통해 우리 몸을 경계상태로 만든다.

예를 들어, 음악에 심취한 상태로 공원에서 자전거를 타고 있다고 가정해 보자. 그 순간 웬 꼬마가 난데없이 자전거 앞으로 뛰어든다. 이때 편도체는 대뇌신피질을 거치지 않은 채 중요한 정보를 처리하여 당신이 무슨 일인지 알아차리기도 전에 브레이크를 밟게 만든다. 삶과 죽음을 가를 수도 있는 사전인지 반응을 강화한 것이다. 중뇌가 대뇌신피질보다 더 원시적인 부분인 것을 생각해보면 대뇌신피질이 발달되기 훨씬 전 중뇌의 이런 반응이 인간의 뇌에 갖춰져 인류의 생존에 중요한 역할을 했을 가능성이 높다. 편도체가 활성화되면 위험상황에서 자신을 보호하기 위한 분노와 공격성도 증가한다. 그렇기 때문에 자기의 분신인 자식이 곤경에 처하면 어머니들은 싸움에 질 확률이 높음에도 불구하고 상대를 공격하게 되는 것이다.

최근의 연구에 따르면 편도체는 정서적 기억을 저장하고, 그 기억을 바탕으로 어떤 상황을 지각하는 것과 관련이 있다고 한다. 예를 들어, 편도체가 위기 상황을 공포의 감정과 연결해놓으면 기억에 연결된 공포 때문에 똑같은 상황이 발생하는 것을 피할 수 있다. 인간의 경우 편도체는 공포와 슬픔, 기쁨 같은 강렬한 감정이 포함된 경험을 장기기억으로 전환한다. 이때 편도체는 이러한 경험을 기억으로 저장하기 위해 어떤 신경세포도 사용하지 않는다. 이런 이유로 과학자들은 뇌에서 슬픔이 위치해 있는 부위를 명확히 알 수 없다고 말한다. 또한 영장류를 대상으로 한 연구에서도 편도체에서 기쁨이나 슬픔, 분노, 공포를 만들어내는 부위가 어디인지 찾아내지 못했다.

웨일즈 대학의 과학자들은 다른 사람들의 표정을 알아볼 수 있는, 소위 '육감'을 가진 시각장애인들을 대상으로 재미있는 실험을 진행했다. 52세의 환자 X는 두 번의 뇌졸중으로 시각신호를 처리하는 뇌 부위에 손상을 입어 시력을 잃었다. 무언가를 봐도 그 시각정보를 처리할 수 없기 때문에 무엇을 보고 있는지 알 수 없었다. 하지만 뇌 스캔 결과 다른 사람들의 얼굴을 볼 때 시각을 담당하는 부분이 아닌 다른 부분의 뇌 활동이 활발해지는 것을 볼 수 있었다. 바로 편도체다. 편도체는 얼굴에 나타나는 분노와 공포에 반응한다.[8]

웨일즈 대학 심리학과의 앨란 페그나*Alan Pegna* 박사는 제네바 대학병원의 동료들과 함께 이 연구를 진행했다. 환자 X는 동그라미나 네모 같은 모양을 구분할 수 없었다. 또한 무표정한 남녀의 성별을 알아내지 못했으며, 평범한 표정과 찌푸린 표정의 차이도 구분하지 못했다. 하지만 분노와 기쁨의 표정 두 가지만 가지고 실험을 했을 때 환자 X의 성공률은 59%였다. 보통 눈가리개를 사용해 같은 실험을 하면 성공률은 대개 50% 안팎이다. 이 성공률은 우연의 결과로 나올 수 있는 수치보다 더 높은 수치였다. 또한 같은 방식으로 슬픔과 기쁨, 공포와 기쁨 중 하나를 알아맞히는 실험에서도 비슷한 수치를 보였다.

이 실험을 통해 과학자들은 얼굴에 나타나는 감정에 대한 기억이 시각 피질이 아니라 측두엽 깊은 곳에 자리 잡고 있는 오른쪽 편도체에 등록된다는 결론을 내렸다. 페그나 박사는 이 실험에 대해 다음과 같이 말했다. "감정자극 처리에 오른쪽 편도체가 관여한다는 것은 놀라운 발견입니다. 편도체가 감정과 얼굴 표정을 연결하는 역할을 한다는 데는 의심의 여지가 없습니다."[9] 편도체에 저장되어 있는 기억으로 순간적인 반응이 촉발되는 것이 가능하다는 것이다. 이것은 몇몇 사람들이 가지고 있는 고도의 예민함을 설명해주는 것이기도 하다.

• **기저핵**(Basal ganglia) : 이것은 우리의 생각과 느낌을 육체적인 행동과 연결시킨다. 기저핵은 대뇌신피질과 연결되어 있는 복잡한 신경망 덩어리로 대뇌신피질의 바로 아래, 중뇌 중심부의 바로 위쪽에 위치해 있다.

기저핵의 기능을 이해하기 위해서 예를 들어보겠다. 자전거 타기처럼 근육의 움직임과 관련된 기술을 배우는 상황을 생각해보자. 처음에는 자전거 타기에 의식적으로 집중해야 할 것이다. 하지만 연습을 할 때마다 균형이나 조종 등과 관련된 지시를 내리는 신경회로가 강화된다. 이후 연습을 충분히 반복하고 나면 신경망이 고정되어 저절로 페달을 밟고 균형을 유지할 수 있게 된다.

이때 기저핵이 소뇌와 함께 이러한 움직임의 조종을 담당한다. 자전거를 탈 때 기저핵은 대뇌신피질을 통해 외부 환경에 대한 감각정보를 받고 이로부터 근육을 조화롭게 움직이라는 명령을 받는다. 이것이 바로 기저핵이 생각과 감정을 잘 조율된 신체활동으로 통합하는 방법이다. 기저핵 덕분에 우리는 자전거를 타는 동안 불안을 줄이고, 기쁨과 쾌감을 느낄 수 있다.

그런데 만약 이렇게 중요한 역할을 하는 기저핵이 제대로 작동하지 않는다면 어떻게 될까? '투렛증후군(Tourette's syndrome)' 이란 기저핵이 변칙적으로 발화되어 발생하는 병이다. 이 병에 걸린 사람들은 생각과 느낌을 행동과 조율하지 못함으로써 충동을 자제하지 못하며, 지나치게 불안해하고, 불규칙한 동작, 씰룩거림, 눈 깜박거림, 머리 흔들기 등과 같은 통제되지 않는 행동을 하게 된다.

정상적인 사람들도 가끔 이러한 경험을 하게 된다. 기저핵이 대뇌신피질로부터 받는 전기화학 자극이 너무 많아지면 전기 퓨즈가 나가듯이 기저핵이 작동하지 않게 되고, 이로 인해 몸이 잠시 혼란을 겪는다. 예를 들어, 겁에 질린 상황에서 그 자리에서 꼼짝 못하고 당황하게 되거나 위협을 받을 때 말문이 막히는 것 등이 그렇다.

다른 차들보다 유난히 공회전이 심한 차가 있듯이 기저핵의 반응이 예민한 사람들이 있다. 이들은 긴장과 불안을 자주 느낀다. 특별한 이유 없이 주변을 계속 살피고 위험에 준비하는 것이다. 이들의 기저핵은 퓨즈가 나갈 정도까지는 아니지만 일반인들보다는 과부하상태로 작동하기 때문에 작은 스트레스에도 심하게 고통스러워하는 경향이 있다.

반대로 최근의 뇌 활동영상 연구에 따르면 일명 행동가들로 불리는 사람들은 대부분의 사람들보다 기저핵의 활동이 아주 약간 더 활발한 것으로 나타났다. 행동가들은 생각과 느낌을 바로 행동으로 옮김으로써 기저핵이 과부하되는 것을 막는다. 기저핵이 활성화되면서 생기는 에너지를 행동을 통해 소모시키는 것이다. 만약 이들이 행동을 멈추면 에너지 과부하를 겪게 되고 그 부작용으로 불안신경증이 생기게 된다. 예를 들어 모임에서 끊임없이 다리를 흔드는 사람은 기저핵이 과활동 상태에 있어 다리를 흔들어서 불안 에너지를 해소하려는 것이라고 볼 수 있다.[10]

가장 최근에 진화한 세 번째 뇌, 대뇌신피질

대뇌신피질은 우리의 인지능력과 창의력의 중추다. 대뇌피질은 우리가 외부 환경을 통해 얻은 경험을 기억하고 학습할 수 있도록 도우며, 행동을 조정하여 좋은 결과를 불러오는 행위를 다음번에 반복하게 만든다.

우리가 논리적으로 생각하고, 계획하며, 학습하고, 기억하고, 창조하고, 분석하고, 언어로 의사소통하는, 이른바 고차원적인 정신기능을 수행하고 있을 때 활동하는 곳이 대뇌신피질이다. 대뇌신피질이 없다면 집이 아무리 추워도 춥다는 느낌만 가지게 된다. 즉, 창문을 닫는다든가 스웨터를 입는다든가 하는 그 다음 행동은 할 줄 모르게 되는 것이다. 대뇌신피질이 있기 때문에 우리는 이 같은 후속조치를 취할 수 있고, 심지어 예전에 산속에서 얼어죽을 뻔했던 기억까지 떠올릴 수 있다.

일반적으로 남성의 뇌가 여성의 뇌보다 작은 레몬 크기 정도 더 크다. 그렇다면 이러한 크기의 차이가 인지기능의 차이로 이어질까? 꼭 그렇지는 않다. 남성과 여성의 신체비율을 고려해봤을 때 여전히 크기의 차이는 존재하지만 일부는 개인차에 기인한다는 사실이 연구를 통해 밝혀졌다. 캐나다 온타리오 *Ontario* 주 구엘프*Guelph* 대학의 마이클 피터스*Michael Peters* 박사 연구팀은 남성과 여성의 신체와 뇌의 크기를 모두 고려한 MRI 연구를 실시했다.[11]

남녀 간에 크기 차이는 있었지만 뇌의 주요 부위들의 비율은 같았다. 대뇌신피질에서 4개의 엽이 차지하는 비율도 비슷했다. 남녀 모두 대뇌신피질에서 전두엽이 차지하는 비율은 평균 38%(36~43% 범위)였고, 두정엽은 25%(21~28% 범위), 측두엽은 22%(19~24% 범위), 후두엽은 9%(7~12% 범위)정도로 밝혀졌다.

남녀 모두 전체 뇌에서 추가적인 역할을 하는 영역은 존재하지 않았다. 남녀 사이에 뇌 기능의 차이가 없다는 뜻이다. 즉, 남성의 뇌와 여성의 뇌는 크기를 제외하고는 구분할 수 없다.

굳이 남녀의 차이에 대해서 이야기할 때 지난 수년에 걸쳐 가장 주목을 받아온 뇌 구조물은 뇌량이다. 뇌량은 뇌의 좌우 반구를 연결하는 백질 띠로, 과거 몇몇 연구에서 여성의 뇌량이 남성의 것보다 더 클 수 있다는 가능성이 제기되었다. 이것이 1980년대의 일이다. 당시에 많은 과학자들은 여성의 뇌량이 더 크기 때문에 양쪽 반구 사이의 정보소통도 더 우수할 것이라고 생각했다. 이것은 여성이 감정적인 우뇌와 분석적인 좌뇌의 기능을 좀 더 잘 통합할 수 있다는 일반적인 통념을 뒷받침해주는 생각이다.

하지만 여성이 남성보다 더 큰 뇌량을 갖고 있다는 주장은 사실이 아님이 밝혀졌다. 실제로는 남성의 뇌량이 여성의 것보다 10% 정도 더 크다고 한다. 이것은 남성의 몸집이 크다보니 뇌의 크기도 크고, 그 결과 뇌량도 좀 더 크기 때문일 것이다. 남성이든 여성이든 어느 한쪽이 두 반구를 연결하는 능력이 더 크다는 해부학적 증거는 아무것도 없다.

어쩌면 이러한 통념은 백질 중에서 뇌량이 차지하는 비율(여성은 2.4%, 남성은 2.2%)이 여성에게서 더 높게 나타나기 때문인지도 모르겠다. 이것은 여성이 감성적 사고와 분석적 사고라는 두 종류의 생각을 남성보다 좀 더 빨리 처리할 수 있다는 뜻으로 해석될 수도 있을 것이다. 만약 여성의 뇌량에 백질이 차지하는 비율이 두 반구 사이의 정보소통을 더 빠르게 만드는 것이라면 남성들이 종종 여성들의 빠른 문제해결 능력을 보고 놀라는 이유를 설명할 수 있을지도 모르겠다.

___

대뇌신피질의 등장은 인류 진화의 역사에서 가장 큰 성과다. 이것은 포유류에게서 가장 발달된 형태로 나타나 인간에 이르러 그 정점에 올랐다. 대뇌신피질이 뇌에 차지하는 비율(뇌의 2/3)이 그 어떤 동물 종보다 높은 덕분에 인간은 만물의 영장이 될 수 있었다.

이해를 돕기 위해 앞으로는 대뇌신피질을 내층, 지지층, 외층으로 구분해서 설명하도록 하겠다. 이곳의 내층은 오렌지 과육과 비슷한 모습을 하고 있다. 반면 피질이라고 부르는 외층은 오렌지의 껍질과 비슷하다. 실제로 뇌는 몇 개의 단순한 층이 아닌 복잡한 주름으로 이루어져 있지만 여기서는 뇌를 단순화해서 설명하도록 하겠다.

중뇌를 감싸고 있는 대뇌의 일부를 우리는 백질이라고 부른다. 대부분의 신경섬유는 절연체의 역할을 하는 지방질의 수초로 둘러싸여 있고, 그 주변은 다시 신경교세포들로 둘러싸여 있다. 신경교세포는 중추신경계를 지지하는 역할을 하는 결합조직을 이루는 세포다(3장 참고). 신경교세포에는 여러 종류가 있는데, 신경계의 다양한 부분에서 각기 다른 역할을 수행한다. 가장 중요한 역할은 시냅스 반응을 촉진하는 것이다. 뇌의 신경교세포가 다른 세포보다 그 수가 많은 것도 이 때문이다.

즉, 우리가 어떤 것을 새로 배우거나 뇌에서 새로운 시냅스 반응이 일어나면 성상세포(astrocyte)라고 불리는 신경교세포가 이 과정을 돕는다. 모든 뉴런에는 동시에 매우 많은 다른 뉴런과 정보교환을 할 수 있는 능력이 있는데, 이 과정에서 많은 수의 신경교세포가 필요하다. 또한 신경교세포 사이에 뉴런과는 별도의 독자적인 교신 체계가 있다는 연구 결과도 있다.[12]

우리가 앞으로 가장 많이 언급하게 될 대뇌 부위는 외층인 신피질 또는 회백질이라 불리는 대뇌피질이다. 신피질은 비록 3~5mm 정도의 두께밖에 되지 않지만 소뇌를 제외하면 이 층에 가장 많은 뉴런이 존재한다. 신피질에는 뇌의 다른 어떤 구조물에서보다 더 많은 신경세포가 존재한다. 중뇌처럼 신피질도 여러 부위로 구성되어 있다.

두 반구를 연결하는 다리, 뇌량

뇌량은 수백만 개의 뉴런으로 이루어진 일종의 광섬유로 대뇌의 두 반구를 연결하는 일종의 다리(橋)다. 대부분의 사람들이 대뇌가 해부학적으로 좌우대칭을 이루는 두 반구로 나뉜다고 알고 있다. 이마 중앙에서 시작해 머리 꼭대기를 지나는 선으로 대뇌를 둘로 가르면 우리가 알고 있는 좌측 및 우측 대뇌 반구가 생긴다. 이 쌍둥이 대뇌피질은 중뇌와 뇌간을 에워싸고 있으며, 각각의 반구는 몸체의 반대편 쪽을 지배한다.

하지만 실제로 좌우 대뇌반구는 완전히 분리되어 있지 않다. 신경섬유로 이루어진 두꺼운 다리인 뇌량이 이 둘을 연결하고 있기 때문이다. 그림 4.4를 통해 뇌량의 모습을 확인할 수 있다. 뇌량은 우리 몸에서 가장 큰 신경섬유 통로로 약 3억 개의 신경섬유로 구성되어 있다. 이 커다란 백질 덩어리에는 우리 뇌나 몸 어느 곳에서보다 많은 신경다발이 들어 있다. 과학자들은 뇌량이 새로운 뇌와 함께 진화했다고 믿고 있다. 서로 분리된 두 개의 집이 뇌량을 통해 연결된다. 수많은 신경신호들이 끊임없이 뇌량을 오감으로써 우리는 세상을 두 가지 다른 관점으로 바라볼 수 있다.

대뇌신피질의 4개의 엽

두 반구는 각각 전두엽, 두정엽, 측두엽, 후두엽의 4개 엽(lobe)으로 나뉜다. 이들은 서로 다른 감각정보와 운동능력 그리고 정신기능을 처리한다.

일반적으로 전두엽은 집중과 같은 의식적인 활동을 담당하고, 나머지 다른 뇌 부분이 담당하는 거의 모든 기능을 조종하는 역할을 한다(운동영역과 언어영역 역시 전두엽의 일부가 담당한다). 두정엽은 촉각과 느낌, 시각-공간감각, 방향감각과 언어기능 일부를 조정한다. 측두엽은 소리와 지각, 학습, 언어, 기억을 담당하며, 후각의 중추 역할을 한다. 여러 생각들 중 어떤 생각을 표현할지 선택하는 능력도 측두엽에 위치해 있다. 후두엽은 시각정보를 처리하기 때문에 시각피질이라고 불리기도 한다. 그림4.5에서 4가지 피질의 모습을 확인할 수 있다. 이해를 돕기 위해서 가장 최근에 진화한 전두엽에 대해서는 가장 나중에 설명하도록 하겠다.

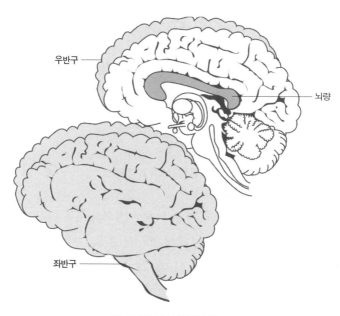

우반구

뇌량

좌반구

그림4.4 뇌량과 두 반구의 연결

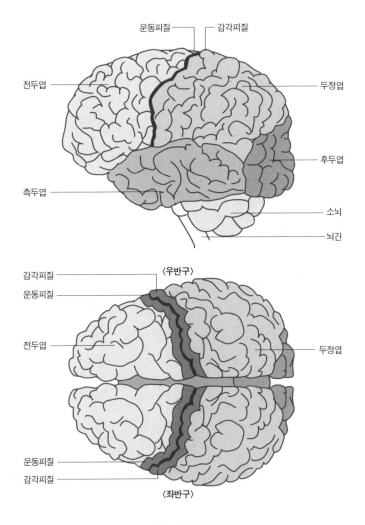

운동피질 ── ┐   ┌ ── 감각피질

전두엽 ──   ── 두정엽

                                  ── 후두엽

측두엽 ──   ── 소뇌

                                  ── 뇌간

감각피질 ──   〈우반구〉
운동피질 ──

전두엽 ──   ── 두정엽

운동피질 ──
감각피질 ──
           〈좌반구〉

그림4.5 대뇌신피질의 구분

- **두정엽**(parietal lobe) : 양쪽 귀 바로 위에서 정수리 부분까지 이어져 있다. 이곳이 바로 촉각을 담당하는 피질이다. 두정엽은 우리의 손이나 몸을 통해 들어오는 감각을 처리하기 때문에 체감각 영역이라고 부르기도 한다. 체감각이란 몸(somato)을 통해 들어와 우리가 뇌에서 느끼는(sensory) 정보를 말한다. 예를 들어 압력, 온도, 진동, 통증, 쾌감, 촉감, 분별감각,

고유감각 등이 모두 두정엽의 체감각피질에서 통합된다.

두정엽은 말초신경으로 들어온 몸의 정보를 처리한다. 대부분은 외부 환경으로부터 들어온 정보이고, 내부 환경에서 들어온 것도 어느 정도 있다. 말초신경은 우리 몸과 뇌를 쌍방으로 연결하는 전선 역할을 하는데, 특히 우리 몸 곳곳으로부터 매초마다 수천만 개의 정보를 받아서 뇌로 전달하는 놀라운 감각성 신경이다. 말초신경을 통해 들어온 정보는 한데 모여 광섬유 케이블과 같은 척수로 전달되고 이는 다시 뇌의 체감각피질로 전달된다.

예를 들어, 신발에 돌이 들어갔을 때, 따듯한 바람이 불어올 때, 시원한 마사지를 받을 때 또는 배가 아플 때 두정엽은 이러한 감각정보를 모아 감각과 반응을 결정한다. 우선 어떤 종류의 자극이 들어오고 있는지 분석한 후 그 자극이 좋은 것인지 아니면 우리 몸을 위협하는 것인지 분간하는 것이다. 일차적으로 우리가 여러 가지 다른 외부 환경 조건하에서 의식하는 감각의 질감을 정하는 영역이다. 일단 감각피질이 정보를 처리하면 전두엽 같은 다른 부위는 그 정보를 받아 최우선의 임무(생존과 관계된)를 수행한다.

예를 들어보자. 나비 한 마리가 당신의 오른팔 위에 살포시 앉아 당신의 주의를 끌었다고 하자. 팔의 감각수용체는 이 감각을 말초신경을 통해 척수와 경추를 거쳐 왼쪽 뇌의 체감각피질로 재빨리 전달한다. 일단 뇌가 이 자극을 해석하면 메시지가 운동반응을 처리하는 전두엽으로 전달된다. 이 과정에서 뇌전체가 참여할 수도 있고 그렇지 않을 수 있다.

어쩌면 당신은 나비를 날려보내기 위해 운동피질을 사용해 반사적으로 팔을 움직일지도 모른다. 또는 잠시 어떻게 할까 생각하는 시간을 가질 수도 있다. 아니면 벌떡 일어나 아이스크림을 찾거나 파리채를 찾을지도 모른다.

두정엽은 신체부위에 따라 여러 해당 감각 영역으로 세분화될 수 있다.

우리 몸의 모든 표면은 뇌 속에 그에 대응하는 좁고 얇은 절편모양의 피질 뉴런을 갖고 있다. 체감각 영역은 신체부위별로 관련 감각 부위가 구획을 이루고 있는 개별 뉴런 집단의 지도와 같다.

90년대 중반 몇몇 과학자들은 동물연구를 통해 감각 영역의 위치를 찾아나섰다. 과학자들은 실험동물의 여러 신체 부위를 접촉하여 자극을 주고 그때 뇌의 어떤 부위의 뉴런이 활성화되는지를 찾아냈다. 이 실험은 존스 홉킨스 대학의 버논 마운트캐슬Vernon Mountcastle 박사에 의해서 원숭이와 쥐를 대상으로 진행됐다.

인간의 경우 두정엽의 특정 감각 영역은 고전적으로 '표상대(representation zones)' 라는 이름으로 알려져왔다. 이것은 캐나다의 신경외과 의사인 와일더 펜필드Wilder Penfield 박사가 이름을 붙인 것[13]으로, 그는 특정 신체 부위에 대응하는 특정 뇌 부위가 있는지 알아보기 위해 인간을 대상으로 여러 실험을 진행했다. 그는 환자를 국소마취만 한 뒤 의식이 깨어 있는 상태에서 수술을 진행하면서 미세 전극으로 체감각피질의 여러 부위에 자극을 가했다. 그는 피질 표면을 자극하면서 환자들에게 무엇을 느끼는지 물었다. 환자들은 즉각 손이나 손가락, 발, 입술, 얼굴 등 몸의 특정 부위에 어떤 감각을 느낀다고 말했다. 이를 통해 펜필드 박사는 체감각피질의 각 부위에 이름을 붙일 수 있었다.

결국 펜필드 박사는 인간을 비롯한 모든 포유류의 신체 표면 전체를 감각피질의 특정 부위와 연결할 수 있었다. 이것을 우리는 소인상(homunculus, 연금술사가 만든 난쟁이-옮긴이)이라고 부른다. 그림4.6에서 소인상과 각 신체 부위에 대응하는 감각피질의 지도를 볼 수 있다.

하지만 신기하게도 감각피질의 지도는 우리의 실제 몸과는 전혀 달랐다. 우리 몸의 실제 배열과 달리 기묘한 모양으로 구획되어 있을 뿐만 아니라 부위별로 할당된 비율도 달랐다. 예를 들어, 얼굴에 대응하는 부위는 손 바로 옆에 있다. 또한 발은 성기 가까이에 있으며, 혀에 대응하는 부위는

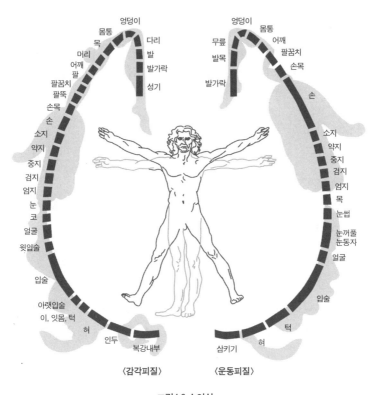

엉덩이
몸통
목
머리
어깨
팔
팔꿈치
팔뚝
손목
손
소지
약지
중지
검지
엄지
눈
코
얼굴
윗입술
입술
아랫입술
이, 잇몸, 턱
혀
인두
복강내부
〈감각피질〉

엉덩이
몸통
무릎
어깨
발목
팔꿈치
발가락
손목
손
소지
약지
중지
검지
엄지
목
눈썹
눈꺼풀
눈동자
얼굴
입술
턱
혀
삼키기
〈운동피질〉

그림4.6 소인상

입을 대응하는 부위 밖인 턱 아래에 있다. 당시에는 펜필드 박사 역시 지도가 왜 이렇게 이상한 모습인지는 알지 못했다.

오늘날에는 이 이상한 배열을 설명하는 두 가지 이론이 있다.[14] 첫 번째 이론은 신체부위의 배열과 관련된 것이다. 엄마 뱃속에서 태아는 팔로 얼굴을 감싸고, 다리는 구부려 성기에 닿는 자세를 취한다. 태아가 자궁 속에서 자라고 있는 동안에도 뇌가 발달하는데, 이때 특정 신체부위들이 반복적으로 자극을 받으면서 감각신경이 현재와 같은 모습으로 형성됐다는 것이다. 특정 신체부위가 자주 접촉하면 이들에 대응하는 특정 피질 뉴런이 함께 활성화되어 서로 가까운 곳에 위치하게 된다. 결국 태아 때 대뇌피질에 각인된 감각지도가 끝까지 유지되는 것이다.

두 번째 이론은 실제 신체 부위의 크기 비율과 할당된 피질의 크기가 왜 다른지를 설명한다. 감각피질의 '소인상'을 보면 얼굴과 입술이 가장 많은 부분을 차지하며, 엄지와 성기의 크기가 과장돼 있다. 이것은 무엇을 의미하는 것일까? '소인상' 속에 답이 있다.

어렸을 적 감기에 걸리면 어머니는 내 이마에 입술을 대어 체온을 정확하게 재어주곤 하셨다. 이는 입술에 수많은 감각수용체들이 밀집해 있기 때문에 가능한 것이다. 마찬가지로 검지 끝의 촉각 뉴런은 다리의 촉각 수용체보다 15배나 더 밀도가 높으며, 인간의 성기에는 셀 수 없을 정도로 많은 감각수용체가 존재한다.

진화의 과정에서 우리의 입술과 혀, 손, 성기의 민감성은 생존에 매우 중요한 역할을 해왔다. 이들 부위에는 감각수용체가 더 많이 밀집되어 있을 뿐만 아니라 그 부위에 대응하는 피질 조직도 더 많이 할당되어 있다. 하지만 이것은 신체 부위의 크기가 아니라 민감성에 비례한다. 쉽게 말해서 특정 신체부위가 감각피질에서 더 큰 부분을 차지하고 있다는 말은 그 신체부위가 더 크다는 것이 아니라 좀 더 자주 사용하는 감각이라는 뜻이다. 결국 '소인상'에 나타나는 위계관계는 해당 신체 기관이 감각적으로 얼마나 더 발달했으며 우리가 그 부위의 감각을 얼마나 자주 사용하는가에 비례한다.

다른 포유류에도 같은 원리가 적용될 수 있다. 고양이의 경우 감각피질이 인간과는 다른 형태로 구획된다. 고양이과 동물들은 정보수집의 가장 중요한 기관인 코와 수염에 감각피질이 매우 넓게 할당되어 있다. 말하자면 고양이는 인간과는 다른 '캐튠쿨러스(catunculus, 소묘상)'를 갖고 있는 셈이다.

결론적으로 감각신경이 가장 많이 밀집되어 있는 신체 부위가 체감각피질의 가장 넓은 부분을 차지한다. 이것이 등보다 입술에, 다리보다 손가락에 더 많은 영역이 할당되어 있는 이유다.

이 이론은 인간이 왜 그렇게 성적충동에 사로잡히게 되는지도 설명할 수 있다. '소인상'을 보면 가슴과 배, 등, 어깨, 두 팔 전체가 차지하고 있는 영역보다 성기가 차지하고 있는 영역이 더 큰 것을 알 수 있다. 종족의 번식을 확실하게 해줄 생식계획이 머릿속에 그려져 있는 셈이다. 흥미롭게도 이 감각피질 영역에서 간질발작이 일어나면 대개 강한 성적 흥분을 느낀다고 한다.

여기서 우리가 기억해야 할 핵심은 다음과 같다. 뇌의 감각피질에는 몸 전체의 감각지도가 그려져 있으며, 두정엽에 체감각영역이 위치해 있다는 점이다.

• **측두엽**(temporal lobes) : 청각을 담당하는 측두엽은 양쪽 귀 바로 위에 위치해 있다. 여기서 우리가 듣는 모든 소리를 처리하는 것이다. 측두엽에는 소리를 처리하기 위한 수천 개의 뉴런 집단이 존재하는데, 이는 우리가 듣는 소리와 언어가 매우 복잡하게 연결되어 있기 때문이다. 여기서는 언어를 의도적인 의사소통을 위해 내는 특정한 연속음(일련의 소리)이라고 정의할 것이다. 즉, 언어란 귀에 전달되는 어떤 의도와 의미를 담고 있는 소리의 연속이라는 뜻이다.

음파가 고막에 부딪혀 진동하면 청신경을 통해 측두엽으로 전기신호가 전달된다. 그러면 측두엽은 이 소리에서 의미를 해독하여 언어를 이해하게 된다. 이러한 역할은 주로 왼쪽 측두엽피질에서 이루어진다. 단, 우리가 새로운 단어나 소리 또는 언어를 배울 때는 오른쪽 측두엽이 그 역할을 넘겨받는다.

청각피질에는 언어의 최소 구성단위인 각각의 음소(phoneme)를 지원하는 뉴런 집단이 있다. 예를 들어 우리가 [바], [무], [수]라는 소리를 들었을 때 각각의 소리를 처리하는 부위가 모두 다르다. 유아의 뇌는 주변 환경과의 상호작용을 통해 발달하는데, 그들이 듣는 다양한 소리는 언어로 접근하고 처리하기 쉽도록 어떤 구획된 지형 패턴으로 뇌에 저장된다. 후에 언어를 사용하고 처리할 수 있는 준비를 하는 것이다. 또한 유아의 뇌는 불필요한 시냅스 연결들은 차단하여 외부의 여러 소리에서 의미를 추출해낸다.

우리가 어떤 말을 듣자마자 바로 이해하는 것은 뇌가 일련의 소리를 순차적이 아니라 동시다발적으로 처리하기 때문이다. 고막에서 시작된 전기신호는 측두엽의 여러 뉴런 집단들을 특정한 조합과 순서로 일제히 활성화한다. 이렇게 형성된 신경회로를 통해 우리는 듣고 있는 말의 뜻이 무엇인지 알 수 있는 것이다. 예를 들어, 음악을 듣거나 TV를 볼 때 또는 친구와 대화를 하거나 속으로 혼잣말을 할 때 측두엽의 특정 부위에 있는 수백 개의 뉴런들이 이 같은 활동을 한다.

측두엽은 기억을 저장할 뿐 아니라 해마에서 일어나는 장기기억의 형성을 촉진하기도 한다. 그래서 만약 측두엽이 손상되면 새로운 것을 기억하지 못하게 된다. 과학자들은 측두엽에 낮은 전압의 전기자극을 주는 실험을 했다. 실험 참가자들은 자극을 받자마자 기시감(deja vu, 어디선가 본 듯한 혹은 경험한 듯한 괴이한 느낌 – 옮긴이), 미시감(jamais vu, 친숙한 사람이나 장소가 낯설게 느껴지는 것 – 옮긴이), 자발적 감정 고조 그리고 이상한 영적 환상 또는 영감을 경험했다고 한다.

측두엽은 우리가 본 것을 감정이나 기억과 연결시키는 시각적 감정기억의 창고와 같다. 무언가를 보면 우리의 뇌는 이 창고를 이용해 우리가 본 것을 기억 또는 감정과 연결해서 처리한다. 즉, 측두엽은 시각적 상징들을 중요한 느낌들과 연계해서 처리하는 것이다.

측두엽의 시각연합영역에 전기자극을 받은 실험 참가자들은 직접 보는 것처럼 생생한 시각 이미지를 경험했다. 우리는 무언가 새로운 것을 배울 때 이것을 더 잘 이해하기 위해 측두엽에 저장된 정보를 사용한다. 또한 측두엽을 통해 전에 경험한 친숙한 자극을 알아볼 수도 있다.

예를 들어, 백혈구가 체내에 침투한 병원체를 쫓아가 공격하는 모습을 슈퍼맨이 악당을 잡는 모습에 비유한 설명을 들었다고 하자. 그러면 측두엽의 시각연합영역에서는 슈퍼맨의 시각적 기억을 끄집어내어 당신이 백혈구의 기능을 이해하기 쉽게 만들어준다. 슈퍼맨의 3차원 이미지가 머릿속을 빠르게 스치고 지나가면서 백혈구에 대한 새로운 사실을 배울 수 있는 것이다. 말하자면 우리가 살면서 경험하고 저장된 수백만 개의 기억들이 측두엽의 연합피질에서 언젠가 사용되기를 기다리는 셈이다.

정리하자면 측두엽은 언어와 청각, 의미, 개념적 사고, 연합기억을 담당한다. 우리는 측두엽을 통해 오감으로 느낀 것을 그동안 경험하고 느끼면서 저장된 기억과 연관시킬 수 있다.

• **후두엽**(occipital lobes) : 이곳은 시각의 중추로, 우리가 보는 것의 종류에 따라 6가지 다른 영역으로 나뉜다. 후두엽이 이렇게 복잡하게 구성되어 있는 이유는 우리가 가장 많이 사용하는 감각이 바로 시각이기 때문이다.

후두엽의 구조를 쉽게 이해하기 위해 머리 맨 뒤 후두엽에서 시작해 측두엽 바로 앞까지를 빵덩이를 자르듯 6등분을 해보자. 이 6개의 영역은 기능적으로 분리되어 빛, 움직임, 모양, 형상, 농도, 색조와 같은 시각적 질감을 해석하도록 할당되어 있다.

일차시각피질(V1)은 뇌의 맨 뒤쪽에 위치해 있는 부분이다. 이 부분은 눈으로 보고 의식하는 시각정보들을 처리한다. V1은 하나의 이미지를 쪼개 서로 다른 뉴런들에 나누어 처리한다. 따라서 V1의 일부가 손상되면 이미지의 특정 조각을 담당하는 뉴런이 기능하지 못하기 때문에 맹점(blind spot)을 갖게 된다. 만약 V1이 완전히 손상되면 말 그대로 앞을 전혀 볼 수 없게 될 것이다. 그러나 과학자들은 V1이 손상된 사람들도 사물의 움직임뿐만 아니라 사물의 형상도 감지할 수 있다는 사실을 발견했다. 그것은 움직임만을 처리하는 시각피질 V5가 존재하기 때문이다. V5의 신경세포들은 정지해 있는 사물은 감지하지 못하지만 눈앞의 사물이 움직일 때는 활성화된다. 이 세포의 존재는 눈이 먼 사람들도 움직임을 감지할 수 있다는 것이 밝혀지면서 알려졌다. 이에 관한 첫 번째 기록은 2차대전 중 부상으로 시력을 잃은 군인들에 대한 것이었다. 전투 도중의 부상으로 시력을 잃은 군인들 중 몇몇은 여전히 수류탄이나 포탄 등을 피할 수 있었다. 이러한 현상을 맹시(blindsight, 시각 경험 없이도 시각적인 반응행동을 보일 수 있는 실명 – 옮긴이)[15]라고 부른다.

시각피질은 영역에 따라 다른 기능을 수행한다. 어떤 뉴런 집단은 색깔만을 지각한다. 또한 한 영역에서는 일반 형태와 윤곽이 지각되는 반면에 다른 영역에서는 (손의 모양과 같은) 어떤 특별한 모양과 패턴들이 인지된다. 또한 깊이와 각도, 넓이에 반응하는 뉴런도 따로 있다.

시각정보가 후두엽에 전달되면 후두엽은 뇌의 맨 뒤부터 시작해서 맨 앞에 이르는 이 6개의 영역을 거쳐 정보를 순차 처리한다. 이것이 맹시인 사람이 여전히 자신의 시야를 통해 현실을 인지할 수 있는 이유다. V1으로 들어온 시각정보는 그 다음 영역으로 가서 처리된다. 따라서 V1의 손상으로 앞을 볼 수 없다고 할지라도 움직임이나 모양 등 시각의 다른 면은 인지할 수 있다.

통합된 시각자극은 우리가 보는 것을 '홀로그램'의 형태로 만든다. 감각정보는 시각피질의 서로 다른 구역을 단계로 거친다. 정보가 6개 영역의 특정 뉴런층을 거치게 되면 우리는 그것의 빛, 움직임, 형태, 윤곽, 깊이, 색깔을 감지하여 연속적으로 인지할 수 있게 된다. 그다음 이 이미지는 측두엽의 해당 연합피질로 보내져 우리가 보는 것이 어떤 의미인지를 파악할 수 있게 된다.

• **전두엽**(frontal lobes) : 우리가 생각하고 꿈꾸며, 몰입하고 상상하는 능력은 어디서 나올까? 이에 대한 대답은 우리의 이마에 있다.

전두엽은 의식적인 인식(conscious awareness)의 중추다. 우리가 의식적으로 무언가를 인식할 때 전두엽은 활발한 활동을 보인다. 물론 시각피질과 측두엽, 두정엽 역시 이미지와 개념, 아이디어 등을 만들어낼 수 있다. 하지만 우리가 의도적으로 어떤 생각을 유지할 수 있는 것은 전두엽의 능력이다.

전두엽은 뇌에서 가장 진화된 부분으로 자기인식(self-awareness)이 이루어지는 곳이기도 하다. 우리는 전두엽을 통해 자신만의 개성을 표현할 수 있다. 전두엽 덕분에 우리는 인간이 단순히 감각적 경험의 산물이라는 통념을 깰 수 있다. 특히 전두엽의 앞부분에 해당하는 전(前)전두피질은 배운 것에서 새로운 의미를 끌어내기 위해 생각을 조합하는 공장에 비유할 수 있다. 결국 인간이 외부 세계에서 어떤 의미를 이끌어낼 수 있는 특권을 갖게 된 것은 모두 전두엽 덕분이라 할 수 있다.

자유의지는 전두엽을 설명할 수 있는 가장 중요한 단어다. 자유의지와 자율성의 중추인 전두엽 덕분에 우리는 모든 생각과 행동을 선택할 수 있고 삶을 조종할 수 있다. 어떤 열망을 갖거나 창의적인 생각을 할 때 또는 어떤 결정을 내리거나 행동을 추진 또는 억제할 때 전두엽은 활성화된다. 전두엽의 진화 덕분에 인간은 집중할 수 있고, 창의적이고 자율적이며 결단력과 목적의식이 있는 존재가 되는 것이다.

전두엽은 그 기능에 따라 수많은 하위영역으로 나뉜다. 전두엽의 뒷부분에는 운동피질과 감각피질이 있는데, 이들은 두정엽과 전두엽의 경계에 위치해 있다. 그림4.5(138쪽)를 보면 감각피질과 운동피질의 경계를 볼 수 있을 것이다(감각피질과 운동피질을 하나로 묶는 경우도 있는데 여기서는 구분하여 생각하겠다).

운동피질은 몸의 모든 수의근의 활성과 수의운동에 관여한다. 예를 들어, 어떤 행동을 하기로 결정하면 운동피질이 활성화돼 목적에 맞게 움직임을 조정한다.

운동피질도 감각피질처럼 기능에 따라 영역이 구분된다. 또한 감각피질의 지도와 마찬가지로 운동피질의 신경지도 역시 실제 신체비율과는 많이 다르다. 운동피질의 '소인상'의 경우 손은 얼굴 위쪽에 달려 있고 손 위로 팔과 어깨, 몸통이 붙어 있다. 발의 크기도 실제 인체 비율과 다르다. 그림4.6에서 각 신체 부위에 대응하는 운동피질의 구획을 볼 수 있을 것이다. 각 구획의 크기는 감각피질의 경우와 마찬가지로 필요성에 비례한다.

예를 들어 운동피질에서 손의 움직임에 할당된 영역은 목에 할당된 영역에 비교하면 굉장히 넓다. 실제로 손 전체에 할당된 영역은 손목과 팔꿈치, 어깨, 허벅지, 무릎을 모두 합친 영영보다 크다. 왜일까?

우리가 손과 손가락을 다른 어떤 신체부위보다 많이 사용하기 때문이다. 환경에 훨씬 잘 적응할 수 있는 정교한 기능이 필요한 것은 당연하다. 그래서 우리의 손과 손가락의 움직임에 할당된 운동피질의 영역이 더 넓은 것이다.

전두엽은 측두엽까지 뒤로 뻗어 있다. 전두엽의 맨 끝부분이자 다른 뇌 부위와 가장 근접해 있는 영역은 말하라는 명령을 내리는 곳이다. 그래서 전두엽을 말하기 능력과 근본적으로 연결된 곳으로 보는 것이다.

운동피질 바로 앞부분은 전(前)운동피질 또는 보조운동 영역(supplementary motor area, SMA)라고 불린다. 이 영역은 어떤 행동을 실제로 실행하기 전에 그것을 마음속으로 그려보는 역할을 담당한다.

전전두피질은 가장 고차원적인 의식과 인지능력과 관련되어 있는 영역이다. 이곳은 우리가 어떤 일에 몰입하는 동안 가장 활성화되는 곳이자 인간만이 가지는 독특함을 설명해주는 영역이다.

이 영역이 있기에 우리는 매일 반복되는 무의식적이고 반사적인 행동 그 이상의 것을 할 수 있다. 여기서 무의식적이고 반사적인 행동이란 이를 닦는다거나 운전을 한다거나, 머리를 빗는 것처럼 뇌에 각인된 자동적이고 반복적인 프로그램을 말한다. 이것은 전전두피질의 관심사가 아니다. 오감을 통해 유발되는 이러한 일상적이고 반복적인 행동들은 전전두피질이 관여하지 않아도 잘 수행될 수 있다.

새로운 뇌의 시험주행

대뇌신피질의 크기가 커짐으로써 인간은 다른 동물종과 다른 존재가 되었다. 오감을 통해 얻은 정보를 학습하고 기억할 수 있는 능력 덕분이다. 대뇌신피질은 인간의 마음과 정체성, 개성의 중추로서 가장 고차원적인 기능을 한다. 이것은 바로 '나'가 존재하는 곳이다. 이 책에 적힌 내용을 이해하는 것도 이것의 여러 부위를 이용하기 때문에 가능하다. 대뇌신피질의 능력은 구체적으로 이성적 사고, 추론, 문제해결, 자율적인 의사결정, 계획, 구성, 언어사용, 계산과 같은 것들이다.

과학자들은 대뇌신피질을 더 잘 이해하기 위해 그들의 대뇌신피질을 모두 동원해야 했다. 우리는 대뇌신피질의 발달 덕분에 환경에 적응하는 인간의 능력이 매우 향상되었다는 것을 알고 있다. 아마도 초기인류는 확장된 대뇌신피질 덕에 다른 동물보다 학습능력이 더 뛰어났을 것이다. 뿐만 아니라 포식자들을 물리치는 방법과 위험한 상황에 대처하는 데 있어서도 더 창의적이었을지 모른다. 대뇌신피질은 인간에게 새로운 생각을 하고 새로운 기술과 도구를 만들어낼 수 있는 지능을 주었다. 거대한 크기의 대뇌신피질 덕에 인간은 정보를 계속 축적할 수 있었다. 그리고 이를 바탕으로 육체적으로나 정신적으로 모험을 할 수 있는 새로운 생각과 인간 심리의 원형을 만들어낼 수 있었다. 그런 의미에서 진화란 오랜 시간에 걸쳐 일어나는 순차적인 변화가 아닐 수 있다. 어쩌면 단 하나의 새로운 이론이나 발명만으로도 진화의 과정에 변화를 줄 수 있을 것이다.

게다가 우리는 대뇌신피질을 통해서 환경에 적응하고 생존하는 것 이상의 일을 할 수 있다. 음악과 미술, 문학을 창조하고 우리 자신과 외부 세계를 탐험할 수 있는 것이다. 창조적인 대뇌신피질 덕분에 개개인은 유일한 존재로서 위대한 사상가나 멋진 몽상가가 될 수 있다.

그러면 어떻게 인간은 파충류 뇌와 포유류 뇌뿐만 아니라 이러한 새로운 뇌까지 가지게 된 것일까? 컴퓨터에 비유하자면 새로운 바이오컴퓨터가 진화한 덕분에 인간은 세상에서 가장 강력한 프로세서와 운영체계, 가장 용량이 큰 하드 드라이브, 가장 큰 메모리를 가지게 된 셈이다. 뇌 속의 뉴런은 서로 연결되는 단순한 회로가 아니다. 하나의 뉴런은 그 자체로 매일 수백만 가지의 기능을 하는 완벽한 초강력 프로세서에 가깝다. 말하자면 우리는 수억 개의 컴퓨터가 연결된 하나의 거대한 컴퓨터 네트워크를 갖고 있는 것이다. 뉴런끼리 가능한 연결의 수는 무한대에 가깝다. 우리 모두에게는 무한대의 가능성을 가진 컴퓨터가 내장돼 있는 것이다.

그럼에도 불구하고 왜 우리는 이 엄청난 잠재력 중 아주 적은 부분만을 사용하고 있을까? 사실 인간의 가장 가까운 조상에 속하는 호모 사피엔스 사피엔스나 현재의 인류가 이 새로운 뇌를 효과적으로 사용하는 방법을 배우기 시작한 지는 10만 년밖에 되지 않았다. 어쩌면 우리는 새로운 뇌를 시험주행하는 단계에 있는 것일지도 모른다. 하지만 나는 이 책을 통해 우리 모두가 뇌의 잠재력을 더 잘 끌어낼 수 있게 되기를 바라고 있다.

유전자냐 환경이냐 그것이 문제다

Evolve your Brain

무엇을 하든 첫 번째 가져야 할 것은 뇌라는 도구를 사용하려는
마음이다. 마음은 뇌의 능력만큼 발현된다. 그러므로 자신의 행동을
이해하고 싶다면 그 전에 자신이 어떤 뇌를 가지고 있는지
알아야 한다.

　　　　－게이 게어 루스 *Gay Gaer Luce* & 줄리어스 시갈 *Julius Segal*

유전자냐 환경이냐

Evolve your Brain

그것이 문제다

다른 분야와 비교해보면 신경과학은 100년 남짓의 역사를 가진 아직 걸음마 수준의 학문이다. 그렇다고 해서 그동안 과학자나 철학자들이 뇌와 마음의 본질에 대해서 고민하지 않았다는 것은 아니다. 고대 그리스 시대부터 위대한 철학자들은 의식의 본질과 기원에 대한 이론들을 내놓았다. 그러다 현재에 이르러 발전된 기술을 가지고 뇌의 활동을 관찰할 수 있게 되었고, 그 결과 순수학문으로서 신경과학이 발달할 수 있었다.

이제 우리는 예전에 비해 뇌의 구조와 기능에 대해 많은 것을 알고 있다. 하지만 여전히 풀리지 않은 의문들이 많다. 그중 하나가 바로 '인간은 백지상태로 태어나는가?'이다. 이러한 의문의 시작은 아리스토텔레스 시대로 거슬러 올라간다.

이 유명한 그리스 철학자는 인간이 백지상태의 뇌를 가지고 태어난다고 보았다. 그리고 인간은 살아가면서 오감을 통해 주변 환경과 소통하고 이로써 백지 위에 자신의 정체성이 기록된다고 믿었다. 아리스토텔레스는 이렇게 말했다. "감각을 통해 무언가를 느끼기 전까지 마음속은 텅 비어 있다." 이러한 생각은 서구사회에서 거의 2천 년 동안 서양문명에서 진실로 여겨졌다.

그러나 아마도 아리스토텔레스는 아기를 그다지 많이 관찰하지 않았던 것 같다. 예를 들어, 갓 태어난 아기라도 소리가 들리면 그쪽으로 고개를 돌린다. 아직 한 번도 세상을 본 적이 없는 아기들이 뭔가 볼 게 없나 해서 두리번거리는 것이다.

어떻게 이런 일이 가능한 것일까? 신생아들에게 발견되는 이 놀라운 지각능력은 사실 인간의 뇌 속에 유전적 또는 생물학적으로 어떤 신경회로의 패턴이 존재한다는 것을 의미한다. 다시 말해 인간은 태어날 때부터 특정 자극에 대응할 수 있는 신경회로를 갖고 있다는 것이다.

타고난 신경회로가 뇌에 존재한다는 것을 보여주는 다른 예로 좌뇌에 위치해 있는 언어중추를 들 수 있다. 엄마의 목소리를 반복적으로 들으면 아기의 언어중추에 존재하는 회로가 활성화된다. 인간이라면 누구나 가지고 있는 언어중추를 통해 언어가 저장되고 사용되는 것이다.

그렇다고 아리스토텔레스의 생각이 모두 틀린 것은 아니다. 실제로 우리는 오감을 통해 외부환경에서 정보를 모으고 이를 통해 마음을 형성하기 때문이다. 그러나 오감 역시 유전적으로 타고난 뇌의 신경회로를 통해 처리된다. 뇌간과 소뇌, 중뇌, 심지어 대뇌신피질에는 인류의 진화를 통해 고정된 수조 개의 시냅스 연결 패턴이 존재한다.

우리는 백지상태가 아니라 인간이라면 누구나 지니는 보편적인 유전적 특성과 부모로부터 물려받은 개별적인 유전적 특성을 지니고 태어난다. 하지만 유전자가 우리의 정체성을 모두 설명할 수 있는 것은 아니다. 뇌가 유전적으로 어느 정도 고정되어 있는 것은 사실이지만 학습과 경험을 통해 환경의 자극도 받게 돼 있기 때문이다.

이제 뇌가 형성되는 데 얼마나 다양한 변수가 작용하는지 살펴보려 한다. 그리고 그 전에 일반적인 뇌의 발달에 대해 살펴보기로 하자. 뇌는 어떻게 발달하고 그것이 의미하는 바는 무엇일까?

뇌의 발달

인간의 유전자 중 반 이상이 복잡한 기관인 뇌를 형성하는 데 사용된다. 뇌의 발달과정 중 성장이 가속화되는 기간이 있기는 하지만 뇌의 발달 단계를 명확하게 구분하기란 쉽지 않다. 일단 지금은 태아의 뇌 발달을 주도하는 일차적인 '힘은 부모로부터 물려받은 유전자라는 사실을 기억하자.

우리는 임신부의 외부환경과 체내환경이 태아의 뇌 발달에 중요한 역할을 한다는 것을 알고 있다. 예를 들어 임신부가 스트레스가 심한(생존을 다투는) 환경에서 생활한다면 태아는 상대적으로 작은 머리를 가질 가능성이 높다. 또한 전뇌부의 시냅스 수도 평균보다 적을 수 있으며, 전뇌부보다 후뇌부가 상대적으로 커질 가능성이 있다.[1]

지금까지 살펴봤던 내용을 생각해보면 이것은 당연하다. 후뇌부(hindbrain)는 생존과 관련된 활동의 중추이고, 전뇌부(forebrain)는 사고와 추론, 창의성의 중추이기 때문이다. 하지만 태아의 뇌 발달에 영향을 주는 요인은 대부분 환경적인 것보다 유전적인 것이 더 많은 것으로 보인다. 반면 일단 아기가 세상 밖으로 나오면 유전적 요인과 환경적 요인이 모두 뇌 발달에 영향을 미친다.

수정에서 임신 2삼분기까지(수태~임신 6개월)

수정 후 4주 동안 태아는 매초 8천 개 이상의 신경세포를 만들어낸다. 1분마다 약 50만 개의 뉴런이 만들어지는 것이다. 이후 몇 주에 걸쳐 만들어진 뉴런이 뇌를 구성하기 시작한다. 임신 기간 동안 태아의 뇌 성장에는 두 번의 도약기가 있다. 첫 번째 도약기는 임신 2삼분기에서 3삼분기 초반 사이(임신 4, 5, 6개월)에 일어난다. 이 기간에 뇌에는 1분당 약 25만 개의 뉴런이 만들어진다.

이미 임신 1삼분기 말에서 2삼분기 초 사이 태아의 뉴런에는 수상돌기가 발달되기 시작한다. 그리고 이 기간 동안 형성되는 시냅스는 매초 약 2백만 개, 하루에 약 173억 개에 이른다.

뉴런의 돌기들이 서로 빠르게 연결되는 동안 뇌는 이전 세대의 경험으로부터 형성된 유전적인 성향을 물려받는다. 유전자를 통해 뇌를 만드는 첫 번째 신경회로가 형성되는 것이다. 일단 유전자의 힘으로 뇌의 구조가 형성되기 시작하면 우리의 뇌와 마음, 의식이 제 기능을 할 수 있게 된다. 이 시기에 형성되는 시냅스를 생각하면 백지이론을 믿기란 힘든 일이다.

임신 3삼분기(임신 7~9개월)

두 번째 도약기는 임신 3분기(임신 7~9개월)에 시작되어 생후 6개월에서 1년까지 계속된다. 이 기간 동안 뉴런의 수는 엄청난 속도로 증식한다. 3삼분기 동안 태아의 뇌는 성인의 뇌와 같은 구조와 부위로 발달하고 정교하게 구획된다. 그리고 뇌의 주름이 형성되면서 다른 종과 다른 인간만의 독특한 특성을 갖게 된다.

뇌의 첫 신경회로가 확립되는 시기는 뉴런의 수가 급증하는 두 번째 도약기 동안이다. 사실 이 시기의 태아는 일생에서 가장 많은 뇌세포와 시냅스 연결을 갖는다. 이때 생긴 뇌세포와 시냅스 연결이 일생 동안의 배움과 변화를 위한 자산이 되어줄 것이다. 시냅스 연결의 수와 강도는 뉴런의 수보다 중요하다. 뉴런들이 촘촘하고 복잡하게 연결되면 뇌는 더 발달하고 지능과 학습능력이 향상되며 기술습득과 영구기억의 형성 역시 빨라진다.

이해를 돕기 위해 태아의 뇌를 새로 만들어진 회사라고 생각해보자. 처음에 회사는 신입사원을 뽑아놓고 어디서 무엇을 해야 하는지 아무것도 알려주지 않는다. 이들은 처음에 부서나 위계관계조차 정해지지 않은 상태에서 고용되지만 점차 다른 직원들과 관계를 형성하게 될 것이다. 이러한 관계를 통해 신입사원들은 제각기 자기 몫을 해내는 회사의 진정한 일꾼이 된다. 회사의 생존은 사원의 수보다는 사원들 간의 팀워크에 의해서 결정된다. 빨리 조직에 융화된 사원들은 회사에 남아 있을 수 있지만 조직에 융화되지 못한 사원들은 해고된다. 이 회사는 새로운 직원을 계속 충원하면서 불필요한 직원들은 계속 정리해나갈 것이다.

이와 똑같은 일이 태아의 뇌에서도 일어난다. 임신 3삼분기까지는 뇌에 수많은 신경조직이 무작위로 만들어진다. 그러나 직원들 사이의 팀워크가 중요한 것처럼 뉴런들 역시 각자의 역할에 맞게 치밀한 신경망을 이룰 것이다. 출산이 몇 주 남지 않게 되면 아직 유전자의 통제 하에 있는 성숙한 태아의 뉴런들이 뇌의 특정한 기능을 맡기 위해서 경쟁적으로 신경망의 회로를 형성한다. 말하자면 뇌의 특정 부위에 가장 빨리 신경망을 형성한 뉴런들이 그곳에 머물러 제 역할을 담당하게 되는 것이다. 반대로 이 과정에서 빨리 신경망을 형성하지 못한 뉴런들은 죽고 만다. 뉴런들 간의 이러한 적자생존을 신경다윈론(neural darwinism)[2]이라고 부른다.

이렇듯 신경망의 형성은 임신 기간 동안 일어나며, 이 시기에는 환경이 아닌 유전자가 뇌의 발생에 영향을 미친다.

출생에서 2세까지

갓 태어난 아기가 소모하는 전체 칼로리 중 67%가 뇌의 성장에 사용된다. 뇌 발달의 5/6가 출생 이후에 이루어지는 것을 생각하면 당연한 일이다. 사실 신생아의 성장속도는 너무 빨라서 아기가 한 번에 6분 이상 깨어 있기란 쉽지 않다. 에너지의 대부분을 절약해 성장과 발달에 사용하기 때문이다. 이 시기에는 유전적으로 형성된 시냅스 패턴이 놀라운 속도로 발달하는 동시에 신경다윈론에 따라 불필요한 시냅스 연결은 제거된다.

출생 이후에는 유전뿐만 아니라 환경이 뇌의 발달에 영향을 미친다.

신생아가 주변 환경을 경험하고 감각기관을 통해 생존에 중요한 정보를 모으기 시작하는 것이다. 특정한 감각자극이 반복적으로 입력되면 뇌의 신경회로는 더 견고해지게 된다. 특히 아기들은 엄마의 목소리에 특별한 관심을 갖는데, 이는 자궁 속에 있는 동안 자주 들었던 친숙한 목소리기 때문이다. 반복적으로 같은 시각 및 청각 자극에 노출되면 아기는 엄마의 얼굴과 목소리를 일치시킬 수 있다. 이런 방식으로 아기들은 생존에 가장 중요한 수단인 엄마를 알아볼 수 있는 정보를 갖게 된다.

새롭게 형성된 아기의 시냅스 연결은 환경으로부터의 경험을 화학적으로 기록하기 시작한다. 주요 신경망이 형성되고 다양한 기능을 조정하며 정보를 보다 효과적으로 처리할 수 있게 되는 것이다. 이것이 바로 학습(learning)이다. 또한 이 시기는 평생 뇌의 학습속도가 가장 빠른 때다. 예를 들어, 태어난 아기는 어른들이 듣는 소리를 모두 똑같이 들을 수 있지만 반복적으로 듣는 엄마의 말소리만을 모국어로 삼는다. 만약 엄마가 영어로 말한다면 아기가 종종 다른 언어를 듣는다 할지라도 아기의 모국어는 영어가 될 것이다.

최근의 연구에 따르면 언어습득과정에서 매우 중요한 역할을 하는 것은 부모의 피드백이라고 한다. 연구자들은 아기들을 두 집단으로 나누어 실험을 했다. 첫 번째 집단의 아기들에게는 옹알이를 하면 부모가 미소와 칭찬으로 바로 피드백을 주었다. 반면 다른 집단의 아기들에게는 옹알이와 상관없이 부모가 아무 때나 미소를 지었다. 결과적으로 즉각적인 피드백을 받은 아이들은 그렇지 못한 아이들보다 더 빨리 의사소통 능력을 키울 수 있었다. 부모의 즉각적이고 지속적인 칭찬이 아기들이 새로운 소리를 경험하도록 자극하는 데 중요한 역할을 했을 뿐 아니라 언어와 관련된 신경회로 형성에도 도움이 된 것이다.[3]

뇌는 '가지치기(pruning)'라고 불리는 과정을 통해 현재 배우고 있는 것에 맞게 시냅스 연결을 수정하기도, 없애기도 한다. 좀처럼 활성화되지 않는 시냅스는 쇠퇴하여 결국에는 제거된다. 예를 들어, 아기가 자주 접하지 못하는 소리와 관계된 시냅스는 제거된다. 해외에서 2세 미만의 아기를 입양한 부모는 입양한 아기가 예전의 언어를 잊고 새로운 언어를 배우는 속도에 놀라곤 한다.[4]

특정 시기에 이르면 주변 환경과 상관없이 아기의 성장발달은 도약기를 거치게 된다. 이것은 유전적으로 정해진 것이다. 아기의 뇌가 자라는 동안 유전적 프로그램이 작동하여 특정한 신경망을 발생·활성화하는 화학적 호르몬 신호를 보내도록 유도한다. 그러면 뇌는 활성화된 신경망을 통해 주변 환경에서 들어오는 모든 자극을 처리할 수 있는 준비를 마친다. 그렇기 때문에 사람의 얼굴을 흑백 또는 희미한 형태로 보던 아기는 유전적 프로그램을 통해 뇌가 발달하면 신경망이 더욱 정교해져 모든 것을 정확히 구별할 수 있게 된다.

주변 환경의 자극과는 상관없이 순전히 유전자에 의해 신경회로의 발달이 이루어지는 것이다. 유전자의 영향으로 감각이 더 정교해지고 뇌가 발달하면 우리는 외부환경에서 오는 엄청난 양의 자극을 처리할 수 있게 된다. 한마디로 세상으로부터 더 많은 것을 배우게 되는 것이다. 이렇듯 세상에 나온 모든 아기들은 유전자(본능)와 환경(교육)의 영향을 받으며 성장한다.

유아기

2세 정도가 되면 유아의 뇌는 성인의 뇌와 크기와 무게가 거의 같고, 신경세포의 수도 비슷해진다. 그리고 뇌 각 부위의 뉴런들이 증가하기 시작한다(소뇌의 경우에는 성인이 되어서도 뉴런이 계속 증가한다). 대뇌의 시냅스 수가 가장 많은 때도 2세 즈음으로 이때 전두엽의 신경회로가 발달하기 시작한다(전두엽은 20대 중반까지 유전자에 의해 계속 발달한다). 2세 이전부터 시작된 시냅스의 가지치기가 이 시기에도 일어나 뇌를 변화시킨다. 이것은 유전자의 영향일 뿐만 아니라 반복적인 학습의 영향이기도 하다. 3세 정도가 되면 유아의 뇌에는 약 1천조 개의 시냅스 연결이 형성되는데, 이는 성인의 2배나 되는 수다.

사춘기에서 20대 중반까지

유전자에 의한 신경망의 또 다른 도약기는 사춘기에 나타난다. 사춘기에는 2차 성징과 함께 뇌도 급격히 발달하는데, 주로 호르몬의 변화에 따라 뇌의 구조가 달라진다. 예를 들어 이 시기에는 중뇌에 위치해 있는 감정중추(특히 편도체)의 신경망이 활성화되고 발달한다. 또한 남성은 약 12세, 여성은 약 11세가 되면 대뇌신피질의 두께가 증가한다. 특히 11세 정도가 되면 속도를 따라가지 못하거나 사용되지 않는 신경회로는 제거되는 것으로 보인다.

뉴런의 폭발적인 증가와 더불어 뉴런 연결을 솎아내는 과정은 20대 중반까지 지속된다. 이처럼 매 순간 뇌가 급격하게 변화하고 발달한다는 것을 생각하면 이 시기에 10대들의 학습력과 기억, 자의식이 계속 발달하는 한편 10대들이 정체성의 혼란을 겪는 것 역시 당연한 일인지 모른다.

이 단계에서 성장에 마지막 박차가 가해진다. 가장 먼저 발달이 마무리되는 부위는 감각피질과 운동피질이다. 그 다음으로 두정엽에 언어와 공간감각 회로가 마무리되면서 발달이 끝나게 된다. 가장 늦게 성장을 마치는 부위는 전전두피질이다. 이 부위는 주의집중, 구상과 실행, 미래에 대한 계획, 그리고 행동의 통제와 같은 인간의 모든 집행기능을 관장한다. 전전두피질은 뇌 중에서도 가장 가소성이 높은 곳이다. 새로운 신경회로를 만들어내고 예전의 신경회로를 끊을 수 있는 능력이 가장 크다는 뜻이다. 우리는 이 가장 최근에 발달된 전전두피질을 통해 배우고 기억하며 자신을 변화시킬 수 있다.

20대 중반에 전두엽의 발달이 마무리됨으로써 우리는 비로소 성인의 완성된 뇌를 갖게 된다. 이 모든 과정을 거쳐야 비로소 뇌가 어른이 되는 것이다. 사춘기 동안 우리는 강한 성적충동과 예민한 감정, 충동적인 행동, 강한 자의식, 넘치는 에너지라는 특징을 갖는다. 하지만 20대가 되기 전에는 이러한 특징들을 잘 통제하지 못하는데, 그것은 충동과 감정을 억제하는 전두엽이 덜 발달되었기 때문이다.

간단히 말해 20대 중후반이 되면 우리는 그 전보다 더 명확하고 나은 사고를 할 수 있게 된다. 미국 국립정신건강연구원(National Institutes of Mental Health)의 제이 기드Jay Giedd 박사는 우리 사회의 딜레마를 다음과 같이 비꼬았다. "우리는 18세가 되면 투표를 하고 운전을 할 수 있습니다. 하지만 25세가 되기 전까지는 운전하지 마십시오. 뇌 발달의 관점에서 봤을 때 25세는 넘어야 권리를 행사할 자격이 있으니까요."[5]

뇌는 진보에 있어서 한계를 모른다. 최근까지 많은 과학자들이 20대 중반이 지나면 뇌를 더 발달시킬 수 없다고 생각했다. 하지만 인간의 뇌는 우리가 생각했던 것처럼 경직되어 있지 않다. 실제로 인간의 뇌는 끊임없는 학습과 새로운 경험, 행동의 변화를 통해 얼마든지 변할 수 있다. 심지어 노년기에도 뇌를 변화시키는 것이 가능하다. 이것은 20대 중반이 되면 뇌를 변화시킬 수 없다는 과거의 생각에 정면으로 도전하는 것이다.

우리는 유전자와 환경이 어떻게 뇌의 발달에 영향을 미치는지 이해하게 되었다. 따라서 이제 우리는 자신의 뇌를 이해하기 위한 여정에서 두 가지 중요한 문제를 깊이 파고들어야 한다. 바로 '나의 뇌와 다른 사람들의 뇌가 가지고 있는 공통점은 무엇인가?' 그리고 '부모에게서 물려받은 유전자는 어떻게 발현되며, 그것이 나의 개성에 어떤 영향을 미치는가?' 이다.

인간을 인간답게 하는 것

어떤 종이건 같은 종의 개체들은 비슷한 육체적, 정신적 특징과 행동양식을 공유한다. 뇌의 구조와 화학 반응이 유사하기 때문이다. 예를 들어, 애완 고양이든 사자든 모든 고양이과 동물들은 보편적인 특성을 공유한다.

인간도 마찬가지다. 모든 인간은 두발로 직립보행을 하고, 마주보는 엄지를 갖고 있다. 많은 동물이 세상을 무채색으로 인식하지만 인간은 유채색으로 인지한다. 시각자극을 처리하는 능력을 공통으로 갖고 있기 때문이다. 음식의 섭취와 소화방식도 같고 수면주기도 같다. 또 언어를 사용한다. 기쁨과 슬픔을 표현하는 얼굴표정도 비슷하다. 인간으로서 우리는 똑같은 사고능력을 가지고 있다. 우리는 비슷한 육체적, 정신적 특징과 행동양식을 공유한다. 이것이 인류를 하나로 묶는 자연의 방법인 것이다. 이처럼 인간이 공유하고 있는 특징을 장기유전형질(long-term genetic traits)이라 부른다.

인류의 진화과정에서 형성된 장기유전형질 덕분에 인간은 모두 같은 구조의 뇌를 갖고 태어난다. 여기서 모두 같은 뇌 구조를 갖고 있다는 것은 일반적인 기능 역시 같다는 뜻이다.

인류는 같은 구조의 몸을 가지고 환경에 적응하면서 진화해왔고 그것이 우리의 뇌 구조를 결정했다. 우리는 모두 같은 감각기관을 갖고 있으며, 환경의 자극을 처리하는 경로 역시 같다. 또한 우리는 환경에 적응할 때 같은 운동기능을 사용한다. 인간은 마주보는 엄지(다른 영장류의 경우 엄지와 검지 사이가 붙어 있기 때문에 사물을 정교하게 다루기 힘들다.-옮긴이)를 가지고 있기 때문에 막대기를 잡는 법도 비슷하다. 따라서 경험이 쌓여서 우리의 뇌가 형성되었다는 것은 일리 있는 말이다. 우리는 모두 같은 육체와 감정적 정신적 표현력을 갖고 있고, 이것이 우리를 인간답게 만든다. 이것이 바로 우리가 물려받은 유산이다.

그러면 우리는 어떻게 현재의 인간이 되었을까? 뇌는 수백만 년에 걸쳐 환경에 적응해온 인류의 기억이다. 뇌의 세 주요 부위에는 환경에 적응하면서 발달된 장기유전형질이 담겨 있다. 예를 들어 모든 포유류는 생존을 위한 '싸움 또는 도주 반응' 시스템을 갖고 있다. 그 구조와 기능 역시 모든 포유류에서 비슷하게 나타난다. 이 '싸움도주 반응'은 세대를 거듭하며 형성된 포유류의 장기유전형질이다. 이를 통해 포식자에 대응할 수 있는 능력을 키울 수 있었던 것이다.

인간의 대뇌신피질에는 오랜 기간에 걸친 진화의 경험이 총체적으로 기록되어 있다. 예를 들어, 우리는 대뇌에 언어능력을 위해 분화된 신경회로를 타고난다. 인간 종의 생존과 성장에 기여한 모든 것이 오늘날 인간 뇌의 구조와 기능으로 나타나는 것이다. 모든 인간은 유전자를 통해 과거의 기억을 물려받고, 그것은 우리의 신경계에 새겨진다.

장기유전형질을 논의하면서 우리는 인류가 공유하고 있는 구조와 특징을 주로 살펴보았다. 예를 들어, 인간은 모두 손을 가지고 있고 손의 기능역시 공통적으로 갖고 있다. 여기서 손이 인간 종을 정의하는 장기유전형질의 예라면, 개개인을 특별한 존재로 만드는 지문은 앞으로 살펴볼 단기유전형질의 예다.[6]

나를 나답게 하는 것

앞서 뇌가 어떻게 발달하는지 살펴보면서 우리는 유전적 요소와 환경적 요소가 한 인간을 만든다는 사실을 알았다. 그렇다면 장기유전형질을 통해 같은 뇌 구조와 육체적, 정신적 특징, 행동양식을 공유하고 있는 인간이 독특한 존재로서 자신만의 방식으로 생각하고 행동할 수 있는 이유는 무엇일까? '나'는 어떻게 발달하는 것일까? 왜 어떤 사람은 소심한 반면 어떤 사람은 대범한 행동양식을 갖고 있는 것일까? 왜 어떤 사람은 언어에 뛰어나고 어떤 사람은 수학에 뛰어난 것일까? 왜 믿음과 열망, 목표, 감정, 관심대상, 세상에 대한 태도, 스트레스에 대한 반응 등은 사람마다 다른 것일까? 같은 종의 개체들이 각기 다른 개성을 갖게 되는 요인, 즉 단기유전형질(short-term genetic traits)은 무엇일까?

환경적인 요소를 제외한다면 이러한 인간의 개성은 서로 다른 남성과 여성의 유전정보인 DNA가 결합한 결과다. 부모의 유전자가 서로 결합해 자녀에게 단기유전형질로 전해지는 것이다. 이렇게 보면 우리는 부모의 또 다른 모습인 셈이다.

하지만 사실 우리는 부모와 정확히 똑같은 존재는 아니다. 부모로부터 독특한 조합의 유전자를 물려받았기 때문이다. 이 중에는 할아버지 세대의 유전정보도 들어 있다. 따라서 우리를 유일무이한 존재로 만드는 것은 바로 부모로부터 물려받은 단기유전형질이라 할 수 있다. 셀 수 없이 많은 유전자 조합의 가능성을 생각하면 한 부모가 유전적으로 똑같은 자녀를 출산하는 것은 쌍둥이를 제외하고는 확률적으로 거의 불가능하다. 유전자의 조합이 달라질 때마다 새로운 유전형질들이 계속 추가되기 때문이다.

유전자의 대물림이 이루어지는 과정을 설명하면 다음과 같다. 우리는 양쪽 부모로부터 특정한 유전자를 물려받는다. 그 유전자는 우리 몸의 모든 세포에서 단백질을 생산한다. 근세포는 근육 단백질을 만들고 간세포는 간 단백질을 만든다. 우리의 근육과 장기, 조직, 뼈, 치아, 감각기관은 부모로부터 물려받은 유전자 정보의 조합을 바탕으로 단백질을 만들어낸다. 예를 들어, 우리는 부모나 조부모와 머리카락 색깔이나 키, 골격 등이 비슷하다. 다양한 변수에 의해 우리가 물려받은 유전적 형질 중 어떤 것이 발현될지가 결정된다.

하지만 우리가 개성을 갖게 되는 방식은 우리가 부모와 비슷한 외모를 갖게 되는 방식과는 다르다. 이것은 신경회로의 미묘한 차이에 의한 것이다.

모든 인간의 뇌는 부모로부터 받은 유전자에 따라 독특한 패턴을 가지고 있다. 우리의 부모는 각자의 경험에 따라 후천적인 개성과 기술, 감정 등을 갖게 되고 이 정보는 특정한 신경망 형태로 뇌 속에 저장된다. 그리고 부모의 특별한 기질과 성향은 단기유전형질의 형태로 우리에게 전달된다.

실제로 어떤 형태이든 간에 부모가 가지고 있던 감정적인 성향과 재능을 우리가 물려받는 것은 타당해 보인다. 예를 들어 당신의 어머니가 스스로를 피해자로 여기는 태도를 가졌다고 가정해보자. 어머니는 육체적, 정신적으로 이러한 고통스런 생각에 사로잡혀 있다. 불만으로 뭉쳐 있거나 모든 일에서 다른 사람을 탓하거나, 자기합리화를 한다. 그녀의 반복적인 생각과 행동, 피해자이길 자처하는 태도는 특정한 신경회로를 강화했을 것이다. 그렇다면 어머니의 일명 '피해자 신경망'이 당신에게 영향을 미쳤으리라는 것을 추측할 수 있다. 다른 경우도 마찬가지다. 음악을 좋아하는 부모의 신경망은 자녀가 악기 연주 재능을 타고나도록 영향을 미칠 수 있을 것이다. 실제 연습이나 마음속으로 반복해서 연습하는 것 또는 지속적인 경험이 같은 방법으로 뇌를 근본적으로 변화시킬 수 있다. 실제로 음악가들의 경우 뇌의 왼쪽 반구에 위치한 측두평면(planum temporale, 측두엽에 해당하는 청각피질 - 옮긴이)이 다른 사람들에 비해 더 크다는 연구결과도 있다.[7]

우리가 생각하고 행동하고 느끼는 것을 통해 특정한 신경망이 만들어진다. 그리고 부모로부터 물려받은 유전자는 뇌에 어떤 특정한 신경세포를 생성하도록 지시한다. 그러면 신경세포들이 복제되면서 뉴런을 구성하는 특별한 단백질을 만든다.

이러한 유전자는 태아의 뇌 속 초기 신경회로를 형성하는 데도 관여한다. 자궁 속에 6개월 동안 있으면서 태아의 뇌는 부모로부터 받은 유전자의 지시에 따라 특정한 시냅스 연결을 갖게 된다. 이 과정에서 태아 뇌의 뉴런은 부모의 일부를 반영하는 구성과 배열을 이룬다. 이를 통해 태아의 유전자 지도가 완성되며, 나중에 아이에게 독특한 단기유전형질이 발현되는 것이다.

그렇기 때문에 우리는 부모의 감성과 행동양식까지 물려받을 가능성이 있다. 우리가 제일 많이 하는 생각과 행동을 통해 가장 광범위하고 견고한 신경망이 만들어지고, 이를 통해 우리 뇌 속에는 자주 사용하는 신경회로가 생겨난다. 이것이 유전자가 우리의 삶을 결정하는 방식이다. 자식이 부모와 비슷한 생각과 행동, 감성을 갖는 이유는 아마도 부모가 가장 많이 한 생각과 행동, 감성을 유전적으로 물려받았기 때문일 것이다.

우리는 부모와 유사한 신경회로를 물려받은 것처럼 보인다. 이것은 성격적 특징을 모아놓은 것이다. 우리를 만든 유전자 조합은 세상에서 오직 하나다. 그래서 우리의 뇌 그리고 우리 자신은 다른 사람들과 구별되는 어떤 특징을 갖는다. 사람들은 모두 자신만의 독특한 신경회로를 가지고 있으며, 이것이 자신과 남을 다르게 만드는 요소다. 손을 가지고 있다는 것이 장기유전형질의 예라면, 각자의 신경회로는 지문처럼 독특한 것이다. 한마디로 나를 나답게 만드는 것이다.

뇌의 계층

인간의 뇌는 얼핏 보면 형태가 불규칙하고 특정한 패턴이 없어 보인다. 하지만 자세히 관찰하면 대뇌신피질에 주름과 굴곡이라는 결정적인 패턴이 있는 것을 알 수 있다. 이것은 모든 인간의 뇌에 공통적으로 나타나는 것이다.

또한 모든 인간은 뇌의 각 부위가 특정한 기능과 행동으로 연결돼 있다. 4장에서 살펴본 것처럼 모든 인간은 대뇌신피질 안에 청각과 시각, 촉각, 미각, 운동감각, 체온조절의 기능을 담당하는 부위가 각각 있다. 뇌의 다른 부위도 마찬가지다. 예를 들어, 뇌간과 소뇌를 포함한 파충류 뇌와 중뇌 역시 사람마다 매우 비슷하다.

우리들은 비슷한 행동양식과 사고방식, 의사소통 방식을 공유한다. 구조적, 기능적, 생물학적으로 같은 뇌를 가지고 있기 때문에 비슷한 특징을 갖는 것이다.

1829년 초 과학자들은 기능에 따라 뇌의 영역을 나누려고 했다. 제일 처음 그들은 두개골의 튀어나온 부위를 분석했다. 그리고 두개골 표면의 울퉁불퉁함을 인간의 타고난 충동이나 인지능력과 연결시켰다. 예를 들어, 뇌 표면의 어떤 융기가 다른 사람보다 큰 경우에는 그 부위에 더 많은 뇌의 영역을 할당하는 식이었다. 이를 통해 개인마다 독특한 뇌 지도를 만들 수 있었다.

프란츠 갈Franz Gall에 의해서 시작된 이 같은 방식은 골상학(phreno-logy)이라고 불렸다. 그림5.1은 초기에 시도했던 뇌에 대한 구획화(com-part-mentalization)를 보여주는 예의 하나다.

다행히도 골상학은 매우 빨리 사라졌다. 대신에 유럽의 대학에서는 다양한 동물 실험뿐만 아니라 살아 있는 사람의 다양한 뇌 영역에 저전압 전극을 삽입하여 뇌의 기능을 연구하기 시작했다. 신경학자들은 뇌의 기능과 관련 부위를 밝혀내는 데 빠른 진전을 보였다.

그 즈음 프랑스의 신경학자인 피에르 폴 브로카Pierre Paul Broca는 생전에 특정한 언어기능의 장애를 가졌던 사람들의 뇌를 연구했다. 그가 연구한 사람 중 8명의 뇌에서 왼쪽 전두엽의 같은 영역에 똑같은 손상이 반복 발견되었고, 이 부위는 아직까지도 브로카 영역(Broca's area)이라고 불린다. 인간의 언어중추를 발견한 것이다. 이렇듯 과학이 태동하고 있었지만 여전히 골상학의 진일보된 형태일 뿐이라는 논란은 사라지지 않았다. 물론 사실이 아니지만 말이다.

이제 우리는 뇌 영역을 구분하고 그것의 특징을 설명할 수 있게 되었다. 이 책에서는 대뇌피질의 장기형질과 단기형질을 가장 큰 영역에서 가장 작은 분역(compartment)으로 옮겨가면서 살펴보도록 하겠다.

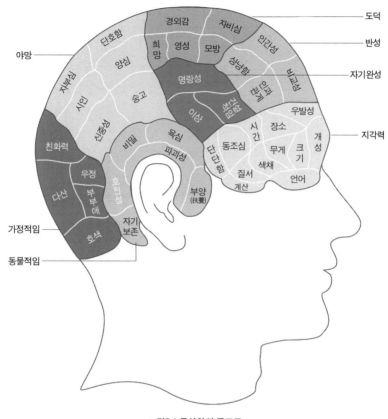

그림5.1 골상학의 구조도

대뇌는 두 반구(hemisphere)로 나뉘어 있고, 이것은 여러 개의 엽(lobe) 으로 구성된다. 엽은 다시 여러 부위(region)와 층(strip)으로 구분할 수 있다. 부위는 모듈 또는 분역이라고 불리는 하위영역으로 나뉘고, 이것은 다시 신경망의 개개의 주(column)로 이루어져 있다.

왜 뇌는 여러 하위영역과 분역으로 구분되는 것일까? 인류는 수백만 년 동안 다양하지만 공통된 경험을 통해 진화해왔다. 특히 생존에 도움이 되는 능력은 신경망의 형태로 자리잡게 되었다. 이 같은 신경망은 특정한 기능을 하도록 분화된 것으로 모든 인간이 공통적으로 가지고 있는 것이다.

예를 들어 대뇌신피질의 각기 다른 부위들은 감정, 지각, 감각, 운동 등

기능에 따라 분화된 것이라 할 수 있다. 그리고 우리 모두는 외부의 다양한 감각정보를 처리하는 데 비교적 똑같이 분화된 신경망을 사용한다. 수천 년 동안 이 같은 신경회로는 유전자에 기록되어 새로운 세대에게 전해졌다. 말하자면 우리가 하위영역이나 분역이라고 부르는 피질의 타고난 영역은 인류가 공유한 경험의 장이자 개인의 진화를 위한 시작점이라 할 수 있는 것이다.

이러한 방법으로 인류는 수백만 년 동안 노출되어온 환경의 자극을 인지할 수 있게 되었다. 우리는 대뇌피질의 특정한 구역에서 특정한 정보를 처리하도록 만들어졌다. 이를 통해 다음 세대는 전 세대의 신경회로에 자리 잡은 경험을 유전자로 물려받아 진화할 수 있다. 이것은 우리에게 왜 특정한 감각영역과 운동 소인상이 존재하는지를 알려준다. 또한 어떻게 청각피질이 모든 음소를 처리하며, 시각피질이 시각을 단계적으로 처리하는지를 설명해주는 것이기도 하다.

심지어 뇌의 각기 다른 영역에 분역이 할당된 방식도 사람마다 서로 비슷하다. 분화된 신경망의 집합인 분역은 보편성과 개별성을 갖는다. 예를 들어, 인간은 모두 뇌피질의 같은 영역에서 정보를 처리한다. 그러나 같은 영역이라도 정보를 처리하고 수정하는 능력은 다 다르다.

오랫동안 과학자들은 분역을 '다른 분역과 매우 제한된 상호작용만을 하며 경계가 분명한 대뇌엽 내의 개개 구역'이라고 정의했다. 말하자면 모든 분역은 전용 신경자산으로서 작동한다고 여겨진 것이다. 하지만 이것은 시대에 뒤떨어지는 정의다.

신경단위들은 매우 상호적이다. 예전에 생각했던 것처럼 고정되어 있는 존재가 아니다. 신경세포란 원래 다른 뉴런과 연결되도록 만들어진 것이다. 고정된 신경집단이든 아니든 뉴런과 신경망은 스스로 연결을 바꿀 수 있다. 그렇다면 신경집단들은 어떻게 경계를 바꿀까? 대부분의 경우 경계는 우리의 학습과 집중도에 따라 달라진다.

분역을 고정된 것으로 보는 생각을 반증할 수 있는 근거가 또 있다. 뇌는 매우 쌍방향적인 장기다. 지금까지 우리가 신경가소성에 대해 살펴본 것처럼 뉴런들이 배열을 재구성하는 능력은 매우 놀랍다. 게다가 뇌는 일직선으로 늘어선 기관이 아니기 때문에 한 부위가 손상되었다고 해서 반드시 다른 부위까지 손상되지는 않는다. 또한 특정한 신경집단이 손상된 경우 이웃해 있는 신경집단은, 똑같지는 않지만 비슷한 인지기능이 손상되기도 한다. 이것은 각각의 신경집단이 독립적으로 활동할 뿐만 아니라 피질의 구성요소로서 어떤 상호작용을 한다는 증거가 된다.

게다가 인간의 사고과정 역시 단편적으로 일어나지 않는다. 우리는 아주 자연스럽게 하나의 생각에서 다른 생각으로 옮겨갈 수 있다. 이것은 피질을 통해 여러 가지 신경집단이 연속적으로 활성화된다는 것을 의미한다. 예를 들어, 이불을 들고 펄럭이면 이불을 잡고 있는 부분부터 3차원의 파도가 만들어지는 것을 볼 수 있다. 이것은 실제 뇌에서 일어나고 있는 활동을 잘 설명해준다.

신경세포의 충동은 수렴되거나 발산된다. 발산될 때 각각의 신경집단은 신경충동이 더 멀리 발산될 수 있도록 매개자 역할을 한다. 신경세포에는 동시에 다른 많은 신경세포와 신호교환을 할 수 있는 가지들이 있기 때문에 많은 신경집단이 동시에 활성화될 것이다. 사방으로 퍼져 나가는 반짝이는 일련의 불빛들처럼 말이다.

분역으로 뇌가 어떻게 구성되어 있는가를 설명할 수 있지만 이 신경집단 개념은 아직 완전하지 않다. 대뇌신피질에는 분명 서로 구분되는 독자적인 단위들이 존재한다. 특정한 육체적, 정신적 기능만을 담당하는 개별적인 신경회로가 있는 것이다. 하지만 이러한 하위영역과 신경집단들은 전체적인 의식의 흐름에 기여하는 개별적인 요소들일 뿐이다. 생각은 구획할 수 있는 것이 아니다. 생각은 경계가 없는 연속적인 과정으로 마치 서로 조화를 이루는 신경집단들의 콘서트와 같다.

이제 우리는 학습과 인지과정의 원리를 더 잘 이해할 수 있게 되었다. 학습과 경험은 신경회로를 더 견고하게 만들어 사고를 더 확대해줄 수 있다. 새로운 지식과 경험은 마치 컴퓨터 하드웨어를 업그레이드 하는 것과 같다. 물론 개개인이 정보를 처리하는 과정은 모두 다르지만 말이다.

예를 들어, 이 부분을 집필할 당시 나는 일본에 있었다. 거기서 나는 이런 생각을 했다. 만약 나의 뇌가 평생에 걸쳐 배운 것을 바탕으로 정보를 어떻게 처리하는지 살펴볼 수 있다면, 나와 일본 사람의 신경회로는 분명 다를 거라고 말이다. 일본 사람들은 나와 달리 한자를 쓰고 책을 오른쪽에서 왼쪽으로 읽기 때문이다. 같은 부위의 뇌가 손상되었다고 해도 마찬가지일 것이다. 내 신경회로들이 활성화되는 방식은 나만의 것이다. 다른 사람들의 것도 마찬가지다.

과학자들은 감각과 운동, 청각, 시각피질을 구획하였지만 그 외 다른 기능의 구획에는 성공하지 못했다. 고차원적인 사고능력의 피질을 구획할 수는 없었던 것이다. 수학능력은 어디에서 나오는 것일까? 추상적인 사고를 처리하는 곳은? 우리에게 영감을 주는 부위는? 이렇게 복잡한 지적능력과 사고력의 신경학적 근원은 무엇일까? 우리의 정체성이 위치하는 곳은? 우리가 학습하는 원리는?

각각의 엽들이 상호작용하지 않고 독립적으로 활동한다고 하면 절대 이러한 질문에 답할 수 없을 것이다. 가능한 답은 뇌의 하위영역들이 조화를 이루어 여러 가지 마음을 만들어낸다는 것이다. 뇌의 하위영역들은 패턴이나 순서, 조합, 시간 같은 다양한 변수들 아래 상호작용한다. 뇌의 서로 다른 영역들은 독립적인 악기가 아니라 하나의 마음을 만들어내기 위해 협동하는 오케스트라의 구성원이라 할 수 있다.

이제 우리는 신경망의 정의를 더 확장했다. 신경망은 매우 다양한 분역의 경계를 넘어 확대될 수 있다. 그리고 뇌의 하위영역들은 특정한 마음 상태를 만들기 위해 조화를 이루며 활성화된다.

유전 vs. 환경

과학자들은 우리의 뇌가 유전적인 영향을 더 많이 받았는지 아니면 환경적인 영향을 더 많이 받았는지에 대해 논쟁해왔다. 즉, 무엇이 우리의 운명을 결정하는가? 유전자인가? 환경인가? 분명 태어날 때 우리의 뇌는 백지상태가 아니다. 하지만 그렇다고 우리가 느끼고 행동하고 생각하는 것이 모두 유전적으로 결정되어 있는 것 또한 아니다.

유전의 힘

우리의 유전자에는 장기유전형질이 담겨 있다. 이것은 인간이라면 공통적으로 갖고 있는 것이다. 또한 부모로부터 물려받은 단기유전형질도 유전자에 들어 있다. 예를 들어, 뇌 전체의 구조와 형태, 그리고 일반적인 기능들은 장기유전형질로 수백만 년에 걸친 진화를 통해 우리 인류가 이룬 것이다. 반면 부모나 조부모로부터 받은 단기형질은 우리에게 개성을 부여한다.

이 두 종류의 유전형질은 생후 1년까지 발달되어 뇌에 고정된다. 이처럼 정형화된 신경회로를 통해 우리의 성격과 얼굴표정, 운동능력, 지능, 감정적 성향, 반사반응, 불안, 몸의 전해질 균형, 버릇, 창의성이 결정된다. 말하자면 이 두 형질은 자연이 우리에게 준 본성인 셈이다.

환경의 힘

유전자 외에도 수백만 년에 걸쳐 지금의 뇌를 만든 것은 학습과 경험 그리고 환경과 상호작용하면서 지식을 저장하거나 뇌를 적응시킨 방법 등이다. 이외에도 개인적인 삶의 경험들 역시 뇌에 기록된다. 최근의 연구에 따르면 한창 성장하는 유아기에 환경의 영향을 가장 많이 받는다고 한다.

10세 전후까지 우리는 경험과 일반적인 학습을 통해 신경회로를 형성한다. 또한 유아기의 경험은 신경망의 구조에도 영향을 미친다.

유전과 환경의 조화

결론을 말하자면 뇌의 발달에는 유전적 요인(장기·단기)과 삶의 경험이 모두 영향을 미친다. 뇌는 어느 하나가 아니라 둘의 놀라운 상호작용을 통해 발달한다.

환경적 요인은 유전적 잠재력까지 끌어낼 수 있다. 부모가 모두 물리학자인 태아는 지적 능력이 뛰어난 유전적 잠재력이 있을지도 모른다. 하지만 엄마가 임신기간 동안 해로운 약물에 노출되거나 스트레스를 많이 받는다면 아기의 유전자는 자궁 안의 건강하지 못한 환경 때문에 힘을 발휘하지 못할 것이다. 또한 생후 2년 동안 아이에게 충분한 영양이 공급되지 못할 경우에도 유전자에 의해 운명지어진 지적능력이 발달되지 못할 수 있다. 영양부족이 뇌의 발달에 영향을 미치기 때문이다. 반대로 아기가 내성적인 성향을 갖고 태어났다 하더라도 가족의 사랑과 상담을 통해 이를 바꿀 수 있다.

어떤 과학자들은 유전적으로 형성된 신경회로가 성격에 미치는 영향은 50%라고 한다.[8] 우리는 부모로부터 우리의 기반이 되는 지식과 사고방식, 감정 등을 물려받는다. 하지만 이것은 50%의 영향력만 가질 뿐이다. 말하자면 유전자는 삶의 첫걸음을 위한 디딤돌의 역할을 할 뿐이다. 새로운 것을 배우기 위해서는 새로운 신경회로와 연결될 신경회로가 미리 존재해야 한다. 결국 우리는 조상으로부터 물려받은 신경회로를 바탕으로 새로운 신경회로를 만들어나가는 것이다.

타고나는 성향과 행동양식, 재능 등이 지난 세대의 기억이라는 점을 생각해보면 장기·단기 형질을 가지고 우리가 누구인지를 결정하는 것이 일리 있어 보인다. 만약 유전과 환경이 끊임없이 상호작용한다면 우리가 환경을 통해 경험하는 것은 '나 자신'을 만들어가는 과정의 하나라 할 수 있다. 새로운 것을 배울 때마다 새로운 신경회로가 만들어지고, 그것이 원래의 복잡한 신경망에 덧붙여진다. '나'는 이런 식으로 만들어지는 것이다.

타고날 때부터 저장돼 있는 뇌 속의 지식은 우리의 진정한 시작을 위해 자연이 주는 선물이라 할 수 있다. 이를 통해 우리는 진화를 이어갈 수 있다. 결국 환경을 통해 학습하고 경험함으로써 새로운 신경회로를 만들 것인지 아닌지는 개인에게 달려 있다. 우리는 새로운 신경회로를 만들 수 있을 뿐 아니라 그것을 더욱 정교하게 만들어 자신을 진화시킬 수 있다. 만약 새로운 것을 아무것도 배우려 하지 않는다면 우리는 유전자의 한계를 넘어서지 못할 것이다. 우리의 부모가 지녔던 똑같은 신경회로들만 활성화시키다 죽을 것이기 때문이다.

첫 번째 자극

이미 부모로부터 많은 신경회로를 물려받은 아기가 태어나서 가장 먼저 접하는 환경적인 자극이 부모라는 사실은 다소 아이러니하다. 아이는 이러한 자극을 바탕으로 청소년기까지 주변 사람들과의 상호작용을 통해 행동의 기준을 형성하게 된다. 부모에게 받는 최초의 자극은 행동의 모방을 촉진하는 거울 뉴런(mirror neurons, 다른 사람들의 행동을 봄으로써 자신이 똑같은 행동을 하는 것처럼 느끼는 신경세포 – 옮긴이)을 통해 아기에게 평생 영향력을 끼친다.

부모의 어떤 성향과 행동, 감정적 반응, 심지어 습관을 관찰하면서 아기는 이미 존재하는 신경회로를 활성화시키기에 충분한 양의 다양한 정보를 얻는다. 이렇게 되면 아이의 마음은 물려받은 그 상태로 평생 지속될 수 있다. 즉, 부모로부터 물려받은 신경회로가 삶을 지배하는 것이다. 그러면 여기서 의문이 생긴다. 만약 자신을 만드는 50%가 유전이고 나머지 50%가 환경이라면, 그리고 그 환경적인 영향을 미치는 사람들이 결국 자신에게 유전자를 물려준 사람이라면 어떻게 자신만의 개성을 만들 수 있을까?

고대에 어린아이들을 몇 년간 부모와 떨어뜨려 교육했던 것은 아마도 이 때문이었을 것이다. 그 시대의 위대한 지성들은 아이들이 가지고 있는 유전적 잠재력을 알고는 이들을 가족의 영향에서 벗어나게 하면 더 훌륭해질 가능성이 높다고 생각했을지 모른다.

뇌의 초기 발달과정에서 큰 영향을 미치는 것은 두 가지다. 새로운 신경회로와 신경망을 생성하는 것과 생존 및 발달에 불필요한 신경회로는 제거하는 것이다. 가지치기를 통한 신경의 구성은 유전자의 영향 아래 이루어진다. 말하자면 자연선택인 것이다. 또한 외부 환경 역시 필요 없는 신경회로를 제거하는 역할을 한다. 즉, 유전자와 주위 환경에서 입수한 정보 모두 이러한 가지치기에 관여한다. 유전과 환경이 조화를 이루며 뇌라는 정원을 필요에 맞게 다듬고 가꾸는 것이다.

고정된 뇌 vs. 유연한 뇌

유전자와 경험은 뇌의 고정된 신경회로 속에 새겨진다. 이것은 모든 종에게 생존의 기반이 된다. 만약 어떤 동물이 물웅덩이 근처에서 포식자를 만난다면 숨을 수 있는 능력이 생존의 수단이 될 것이다. 그리고 다음번에는 적을 피하기 위해 물웅덩이로 가는 다른 길을 선택하게 될지도 모른다. 이러한 융통성을 가짐으로써 그 종의 행동양식은 유연해진다. 또한 신경망에 자신의 성공적인 행동을 새겨 넣음으로써 더 영리해질 수 있을 것이다. 또한 이 경험은 다음 세대에 전달될 수도 있다. 만약 비슷한 위험에 직면했을 때 여러 세대에 걸쳐 같은 방식으로 행동한다면, 이들은 모두 비슷한 유전자를 소유하게 된다. 즉, 장기유전형질이 되어 모든 개체가 공유하게 되는 것이다.

우리 역시 마찬가지다. 신경회로 속에 기록돼 있는 기억이나 학습이라 불리는 경험 때문에 우리는 인간만의 특징을 가질 수 있다. 장기유전자에 의해 형성된 신경회로와 인간 고유의 뇌 구조는 수 세대 동안 여러 개체를 거쳐 전수된 경험의 결과다. 우리가 물려받은 유전적인 신경회로에는 조상의 경험이 새겨져 있다. 부모와 조부모, 심지어는 증조부모까지도 우리에게 경험을 물려준 것이다. 그렇기 때문에 문화나 신앙, 인종 역시 우리의 신경회로에 영향을 미칠 수 있다.

결국 장기유전형질에 의한 신경회로나 특정한 경험으로부터 물려받은 회로 모두 같은 결과를 불러온다. 우리는 학습으로 변화할 수 있고 유전자는 진화를 통해 변형된다. 학습은 우리가 유전자를 바탕으로 환경을 경험할 때 일어나고, 진화는 경험이 유전자가 될 때 일어난다. 이것이 삶의 순환고리다.

새로운 것을 배울 때마다 뇌는 감각을 통해 정보를 처리하고 신경회로에 기억을 새긴다. 이것은 우리가 외부의 자극에 적응하여 행동을 수정할 수 있는 능력이 있다는 뜻이다. 이러한 학습을 설명하는 용어가 바로 신경가소성(Neuroplasticity)이다. 나는 이 반대를 신경경직성(Neurorigidity)이라고 이름 붙이겠다.

신경가소성은 신경회로의 연결을 바꾸는 뇌의 능력이다. 이것은 인간이라면 누구나 타고난 장기유전형질이다. 우리는 이를 통해 경험을 가지고 학습할 수 있는 특권을 갖게 될 뿐 아니라 더 좋은 결과를 얻는 방향으로 행동을 수정할 수 있다. 이론적으로 아는 것만으로는 부족하다. 정보를 활용해 새로운 경험을 할 수 있어야 한다. 만약 우리가 신경회로를 바꾸지 못한다면 경험에 대한 반응 역시 바꿀 수 없을 것이다. 또한 변화하거나 진화할 수도 없을 것이며, 조상으로부터 받은 유전적 성향만을 답습하게 될 것이다.

15년 전만 해도 과학자들은 환경적 요인은 유전자의 한계 안에서만 행동에 영향을 미친다고 믿었다. 하지만 우리는 인간의 뇌가 변화 가능하며 유전자의 영향을 극복할 수 있다는 것을 알고 있다. 만약 어떤 감각기관이 손상되어서 뇌의 한 부위가 환경으로부터 정보를 받아들일 수 없다면 다른 감각기관이 망가져 있지 않는 한 뇌의 다른 부위가 이 손상을 보상할 것이다.

예를 들어, 사람들은 시각장애인들의 청각과 촉각이 매우 예민하다는 사실을 잘 안다. 그렇지만 시각장애인의 시각피질 영역에서 소리와 촉감을 처리한다는 사실은 잘 알려져 있지 않다.[9] 과학자들은 실험 참가자들이 5일 동안 눈을 가리고 생활하도록 하는 실험을 했다. 실험을 시작한 지 이틀이 채 되지 않아 참가자들이 소리를 듣거나 무엇을 만질 때 시각피질의 활동이 활발해지는 것을 fMRI를 통해 관찰되었다.[10]

과학자들은 또한 정상인의 감각피질 중 손끝에 해당하는 부위를 관찰했다. 시각장애인이 점자책을 읽는 동안의 뇌 활동과 정상인의 것을 비교한 결과, 시각장애인의 감각피질이 훨씬 더 넓은 분역들로 활성화됨을 알 수 있었다.[11] 이러한 결과는 반복적이고 집중적인 몰입을 통해 변한 감각 자극에 맞춰 뇌가 구획을 재배당할 만큼 뇌의 가소성이 크다는 것을 의미한다. 시각장애인의 시각피질에 소리와 촉감을 위한 새로운 신경회로가 만들어진다는 것은 유전자 결정론에 반하는 것이다. 이것은 유전자를 극복하는 신경가소성의 좋은 예다.

신경의 조직화가 고정되어 있다는 것은 시대에 뒤처진 생각이다. 신경회로의 가소성에 대한 다양한 실험을 통해 한 부위에 국한된 신경회로가 어떻게 영역을 확장하여 다른 신경집단과 연결되는지 확인되었다. 보통 이 과정에서 기존 공간의 기능 사이에 타협이 이루어진다. 한 영역이 넓어지면 다른 영역은 그만큼 작아지는 것이다.

예를 들어, 장기간 점자책을 사용한 시각장애인의 경우 책을 읽을 때 보통 검지를 사용한다. 손끝을 통해 점자를 훑고 지나갈 때 그의 감각수용체가 눈으로는 볼 수 없는 정보를 감지한다. 검지는 촉각수용체가 풍부할 뿐 아니라 감각피질에서도 비교적 넓은 영역을 차지하고 있다. 우리는 이미 감각피질의 '소인상'에 대해 살펴볼 때 감각피질의 비율은 신체 부위의 크기가 아니라 예민함에 따라 결정된다는 것을 알게 되었다. 어떤 신경회로가 감각피질에서 더 넓은 영역을 차지한다는 것은 그에 대응하는 신체부위가 더 예민하고 환경으로부터 정보를 감지하는 데 더 많이 사용된다는 것을 의미한다.

과학자들은 숙련된 점자책 사용자와 초보 점자책 사용자가 검지로 점자책을 읽을 때 감각피질의 활성화 정도를 비교했다. 뇌 활동영상에서 숙련된 사용자의 손끝에 할당된 감각피질의 넓이가 초보 사용자의 것보다 넓은 것으로 나타났다.[12] 특히 가장 많이 사용하는 검지에 할당된 감각피질의 넓이가 가장 넓었다. 손끝이라는 작은 부위의 반복된 자극에 의해 감각피질의 영역이 더 확장된 것이다. 숙련된 점자책 사용자는 손끝에 모든 정신을 집중해왔기 때문에 손끝의 감각피질이 다른 영역까지 침범하게 된다. 이 경우 팔뚝이나 손바닥처럼 자주 사용하지 않는 신체 부위의 감각피질은 상대적으로 줄어든다.

특정한 역할을 하도록 지정된 신경망이 다른 신경망의 역할을 넘겨받는 경우도 있다. 예를 들어 점자 사용자가 하나가 아닌 세 개의 손가락을 사용한다고 가정해보자. 세 손가락으로 동시에 같은 감각자극을 반복해서 받는다면 감각피질에서는 어떤 일이 일어날까?

시각장애인이 세 손가락으로 동시에 자극을 받아들이는 것을 반복하면 감각피질은 이에 상응하여 신경망을 다시 배열한다. 원래 세 손가락의 감각을 처리하기 위해 개별적으로 존재했던 감각피질이 서로 연결되어 하나의 영역을 이루는 것이다. 그러면 이 사용자는 세 손가락 중 하나만 사용하더라도 다른 두 손가락의 신경세포까지 활성화할 수 있다.[13] 따라서 뇌는 어느 손가락으로 촉감을 느끼고 있는지 구분하지 못한다. 뉴런들이 함께 활성화되면서 서로 연결되기 때문이다.

영역을 확장하지 않은 채 신경회로의 패턴을 바꾸는 일도 물론 가능하다. 기능을 좀 더 정교하게 만들기 위해 회로의 연결을 수정하는 것이다. 예를 들어, 피아노 조율사가 정확한 소리를 구별하기 위해 반복적인 학습을 통해 귀를 훈련시킨다고 하자. 그는 자신의 작업을 확인하기 위해서 기계를 사용할 필요가 없게 된다. 지속적이고 반복적인 학습을 통해 다른 사람들은 알 수 없는 소리까지 예리하게 들을 수 있는 것이다. 수년 동안 연습을 거듭한 피아노 조율사의 청각피질 신경회로는 일반인들에 비해 더 복잡하고 정교하게 얽힌다.

또한 감각자극의 양이 일반적인 경우보다 많은 경우에도 유전적으로 할당된 영역이 확장된다. 즉, 감각기관을 더 많이 사용할수록 감각피질의 영역도 더 넓어진다는 의미다. 예를 들어 작은 기계를 수리하거나, 타이핑을 하는 직업을 가졌던 사람들은 손가락과 손에 할당된 운동피질에 더 넓고 정교한 신경망을 가지고 있다는 것이 부검을 통해 밝혀졌다.[14] 과학자들은 부검을 통해 나이대가 다른 사람들의 뇌를 비교하기도 했다. 그 결과 교육을 더 많이 받은 사람의 경우, 언어중추의 신경회로 수가 더 많고 더 복잡하게 얽혀 있다는 것이 밝혀졌다.[15]

결국 우리가 배우고 기억하는 것이 우리를 만든다. 부처가 말했듯이 '나라는 존재는 마음의 조화다.'

고정된 뇌에 대한 또 다른 반증

뇌 피질의 상당수는 기능에 따라 분화되어 있을 뿐 아니라 감각피질처럼 구획되어 있다. 대부분의 신경회로가 아기 때 고정된다는 사실을 생각해보면 신경피질과 감각피질의 신경망이 평생 한 구역에 고정되어 활동하는 것은 당연해보인다. 하지만 반드시 그러라는 법은 없다.

선천적인 장애 중 손가락이 서로 붙어 있는 채로 태어나는 합지증(syn-dactyly)이라는 병이 있다. 심한 경우 손가락을 개별적으로 사용하는 것이 전혀 불가능하다. 손가락 하나하나가 지니는 기민함을 잃는 것이다. 이들의 손 움직임은 단순히 무언가를 움켜잡는 정도로 제한된다.

그렇다면 합지증을 앓고 있는 사람의 감각피질과 운동피질은 보통 사람의 것과 같을까? 아니다. 합지증을 앓고 있는 사람의 경우 다섯 손가락이 하나로 기능하기 때문에 피질 역시 각각의 손가락이 아니라 손 전체에 할당된다. 이들의 뇌 활동영상을 보면 손가락을 움직일 때 정상인들보다 더 넓은 부위가 활성화된다. 즉, 합지증을 가진 사람이 손가락을 움직이면 손과 손가락 전체에 해당하는 영역이 활성화되는 것이다. 각각의 손가락에 할당된 영역이 하나의 신경망으로 통합되기 때문이다.

그렇다면 합지증인 사람들의 손 상태가 달라진다면 뇌 역시 달라질 수 있을까? 유전적으로 뇌의 구성이 고정된 것이라면 수술을 통해 손가락이 분리된다고 해도 변화의 가능성은 거의 없을 것이다. 수년 전 외과의사들은 합지증인 사람들의 손가락을 분리하는 수술에 성공했다. 이 경우 뇌에서는 어떤 일이 벌어질까?

실제로 뇌는 손의 변화에 매우 잘 적응했다. 수술 후 몇 주 뒤 뇌에는 각각의 손가락을 위한 영역이 따로 할당되기 시작했다. 손과 손가락의 기능이 바뀌자 뇌의 구성도 달라진 것이다.[16] 한번 정해진 뇌의 구획은 바꿀 수 없다는 이론은 이제 무용지물이 되었다. 손가락 각각의 움직임이 활발해지면서 새로운 뉴런들이 서로 다른 순서와 패턴으로 활성화되었다. 손가락의 기민함이 늘어날 때마다 손과 관련된 뉴런의 배열이 개별적으로 재구성된 것이다.

이것은 무엇을 의미할까? 분명 우리의 뇌는 평생 같은 상태를 유지할 수도 있다. 우리에게는 익숙한 것을 반복하려는 경향이 있기 때문이다. 하지만 우리가 행동을 바꾸면 뇌 역시 달라지는 것 또한 분명하다.

유전자의 의해 고정된다는 것

고정되어 있다는 것 또는 원래 갖고 있다는 것은 무엇일까? 이것은 우리가 여러 가지 성향을 타고나며, 타고난 성향이 유전자나 환경에 의해 활성화된다는 뜻이다. 타고난 신경망은 스스로 작동하는 프로그램과 같다. 한번 켜지면 그것을 작동시키기 위해 어떠한 의식적인 노력도 할 필요가 없다. 반대로 타고난 프로그램이 활성화되면 그것을 끄는 데 매우 많은 의식적인 노력이 필요하다. 만약 끄는 것이 가능하다면 말이다.

또한 어떤 기능이 고정되어 있는 것은 그 기능의 회로를 바꿀 가능성이 전혀 없다는 것을 의미한다. 이는 특정 신경망이 손상을 입어도 회복될 가능성이 없다는 것을 뜻하기도 한다. 신경회로가 손상되었거나, 애초에 어떤 신경회로가 존재하지 않는다면 이를 바꾸는 것은 매우 어렵거나 어쩌면 불가능할지도 모른다. 그러나 앞서 살펴본 연구들을 통해 올바른 방법을 적용하기만 한다면 타고난 뇌의 신경회로를 바꿀 수 있다는 것이 증명되었다.

뇌간과 소뇌(첫 번째 하위 뇌), 중뇌(두 번째 하위 뇌)는 대뇌신피질보다 더 고정된 것으로 알려져 있다. 이들은 훨씬 과거에 진화된 것이기 때문에 영구적인 회로를 갖는다. 오랫동안 지속된 동시에 더 자주 사용되어 왔기 때문에 신경망이 더 강하게 연결되어 있는 것이다. 이 신경회로들은 아주 오랫동안 아무 문제없이 사용되어 왔기 때문에 다음 세대를 위해 영속된다. 상대적으로 대뇌신피질이 가장 최근에 진화한 부위이기 때문에 덜 고정되어 있다. 특히 전두엽은 그중에서도 가장 최근에 발달되어 가소성이 높은 부위다.

대뇌신피질은 의식적인 인식과 기억, 학습의 중추이기 때문에 가장 유연하다. 대뇌신피질은 우리의 사고력과 결단력 등을 촉진하며, 배운 것을 기록하기도 한다. 그렇기 때문에 우리가 뇌에 새로운 신경회로를 만들고 이미 존재하는 신경망을 수정할 수 있다면 그것은 바로 대뇌신피질일 것이다. 이런 식으로 대뇌신피질은 끊임없이 변화할 수 있다.

선택과 훈련

신경과학자들은 유전과 환경이 뇌에 미치는 영향과 마찬가지로 선택과 훈련의 상호작용 역시 '자신'을 만드는 데 영향을 미친다고 말한다.

선택(selection)은 뇌에 이미 존재하는 '신경회로'를 우리가 어떻게 발전시키는가를 나타낸다(여기서 신경회로란 인간의 공통적인 행동을 나타내는 유전적으로 타고난 수만 개의 신경배열로 대뇌신피질에 존재하며 수백만 개의 뉴런으로 이루어져 있다). 즉, 우리는 조상에 의해 이미 학습되고 기록되어 고정된 패턴 중에서 하나를 선택하는 것이다.

선택이란 그것이 유전자에 의한 것이든 환경에 의한 것이든 간에 이미 존재하는 신경망을 활성화하는 것을 의미한다. 예를 들어, 건강한 아기는 어떤 성장 단계에 이르면 기어다니기 시작한다. 기어다니기 위해서는 환경적인 요소가 필요하지 않다. 아기 뇌의 유전적 프로그램이 아기를 기어다니도록 만드는 신경망을 활성화하기 때문이다. 아기가 걷고 서게 되는 것도 마찬가지다. 환경 역시 선택에 영향을 끼친다. 예를 들어, 신생아의 뇌에는 이미 시각과 청각, 촉각 등 감각능력이 고정되어 있다. 하지만 이렇게 미리 기능이 할당된 신경망도 활성화되기 위해서는 환경적 자극이 필요하다. 앞에서 살펴봤듯이 신생아는 어떤 소리(환경적 자극)를 들으면 소리가 들리는 방향으로 고개를 돌린다. 아기가 갖고 태어난 청각과 시각을 처리하는 신경회로가 활성화되는 것이다.

선택이 이미 존재하는 신경망을 사용하는 것에 관한 것이라면, 훈련은 새로운 회로를 만들거나 이미 존재하는 것을 수정하는 것을 의미한다. 훈련(instruction)이란 우리가 외부 세계에서 경험하고 배운 것에 맞춰 신경회로를 구성하는 것을 뜻한다. 훈련은 뇌의 구조까지 바꿀 수 있을 정도로 강력한 힘을 갖고 있다. 우리가 어떤 생각과 기억, 행동 등을 반복하면 훈련이 이루어진다. 반복하는 생각, 행동, 경험 등 모든 것이 신경회로를 교정하여 우리 자신을 만들어내는 것이다. 뇌에 새로운 신경회로가 만들어짐으로써 우리의 마음은 새로워지고 깨어 있을 수 있다. 우리가 한 생각과 행동이 신경회로를 수정하여 뇌에 발자취를 남기는 것이다.

예를 들어, 당신이 오랫동안 바이올린을 교습받았다고 생각해보자. 지속적으로 새로운 기술을 배우고 그것을 다듬어왔다면 기민한 운동기술에 할당된 신경망은 더 촘촘하고 복잡하게 연결될 가능성이 높다. 훈련은 신경회로의 연결을 더 복잡하고 견고하게 만들어내며, 심지어 뇌의 영역까지 확장할 수 있다.

우리가 어떻게 발달하는가를 정확히 설명하기 위해서는 선택과 훈련이란 개념이 모두 필요하다. 즉, 우리는 유전적이든 환경적이든 타고난 신경회로를 '선택'한다. 그리고 학습이나 행동의 변화와 같은 훈련을 통해 선택한 것을 더욱 정교하게 수정할 수 있다. 뇌의 감각피질에는 손과 손가락의 움직임을 처리하는 신경망이 선천적으로 할당되어 있다(선택). 하지만 학습과 반복된 연습은 이것들을 강화시킨다(훈련). 우리는 유전적으로 물려받은 신경패턴으로 삶을 시작하고 경험이라는 훈련을 통해 이를 수정한다.

다시 말하지만 우리는 선택과 훈련을 통해 발전한다. 그러나 이 과정에는 앞으로의 성장을 위한 어떤 흥미로운 암시가 담겨 있다. 우리에게는 태어날 때부터 기능이 지정되었지만 아직 사용되지 않은 신경망이 있다. 실제로 수술을 통해 성격이나 감각기능의 손상 없이 성인 환자에게서 뉴런 수백만 개를 잘라낼 수 있었다. 이는 모든 인간의 뇌에는 사용되지 않는 신경패턴이 있다는 증거다.

그렇다면 이 사용되지 않는 신경망이야말로 아직 발견되지 않은 인간의 잠재력을 담고 있는 부위일까? 그렇다면 선택으로 이 부위를 깨울 수 있을까? 혹은 적합한 훈련과 지식을 통해 이 부위가 활성화되고 발전하여 정교해질 가능성이 있을까? 만약 가능하다면 우리는 진화의 미래를 보는 셈이다. 어쩌면 뇌가 과거뿐만 아니라 미래의 기록이 될 수도 있는 것이다.

학습력과 기억력을
높이려면

- 06 -

Evolve your Brain

유전자들이 새롭게 조합되면 돌연변이가 만들어지고, 이는 생명체가
환경에 적응할 수 있는 새로운 기회가 된다. 돌연변이는 환경에 대한
새로운 정보가 생명체에 전달되는 그 이상도 그 이하도 아니다.
적응은 본질적으로 인지적 과정이다.
－콘라드 로렌츠*Konrad Lorenz, Ph.D,*
《The Waning of Humaneness》 중에서

학습력과 기억력을

Evolve your Brain

높이려면

오랫동안 철학자들과 심리학자, 신경과학자들은 학습과 행동, 성격의 발달을 설명할 수 있는 이론을 만들기 위해 노력했다. 아리스토텔레스의 '백지이론(tabula rasa)'과 스키너의 '행동수정이론(behavior modification)', 최근의 뇌 활동 촬영기술을 사용한 연구에 이르기까지 뇌와 그 발달 원리에 대한 이해는 매우 진보했다. 최근에는 많은 학자들이 마이크로컴퓨터와의 비교연구를 통해 뇌의 원리에 대한 이해의 폭을 넓히려는 시도를 하고 있다. 하지만 이 연구로도 제대로 설명하지 못하는 원리가 하나 있는데, 바로 신경가소성과 시냅스의 실체다.

오랫동안 과학자들은 특정 나이에 뇌의 발달이 멈춘다고 생각해왔다. 비록 신경회로의 발달이 언제 끝나는지는 정확히 밝히지 못했지만 늦어도 30대 중반까지는 뇌의 발달이 완전히 끝난다는 것이 일반적인 생각이었다.

의사들 역시 성인은 뇌졸중이나 사고 등으로 뇌에 손상을 입으면 회복될 수 없다고 생각했다. 하지만 어린 나이에 뇌 손상을 입었을 경우 뇌가 아직 발달 중이라서 손상된 기능이 회복될 것이라는 희망도 갖곤 했다. 중요한 것은 뇌의 '구조'가 아니라 '기능'은 어느 정도 회복될 수 있다고 생각했다는 점이다.

오늘날까지도 뇌의 원리를 설명하기 위해 사용하는 용어들(신경회로, 신경망, 분역 등)은 여전히 뇌가 변하지 않는 기관이라는 예전의 고정관념을 반영하고 있다. 뇌를 적절히 설명할 수 있는 표현상의 한계로 우리가 뇌의 높은 유연성과 가소성, 적응력을 이해하는 데는 제약이 크다.

종종 우리는 '마음을 바꿨어'라는 말을 많이 쓴다. 하지만 최근까지도 마음의 변화가 실제로 가능한지 증명할 수 있는 과학적 증거는 없었다. 그런데 지난 30년 동안의 연구를 통해 성인의 뇌도 계속 성장하고 변하며 새로운 신경회로를 만들어낼 수 있다는 증거가 새로 나타났다.

우리는 이제 뇌의 가소성이 새로운 신경회로를 만들 수 있는 능력이라는 것을 안다. 특히 지난 5년 동안 이 분야의 연구는 매우 활발히 이루어졌다. 이를 통해 우리는 뇌가 기능적으로나 구조적으로 변화할 수 있다는 사실을 이해하기 시작한 것이다. 이제 우리는 마음뿐만 아니라 뇌 또한 바꿀 수 있다는 것을 알고 있다. 그리고 이것은 의지만 있다면 평생 가능하다.

신경가소성의 증거

앞에서 우리는 신경가소성의 개념과 몇몇 용어를 살펴보았다. 또한 신경교세포와 그 일종인 성상세포에 대해서도 살펴보았다. 그럼 이번에는 뇌의 많은 부분을 차지하는 백질에 대해 알아보기 위해 이 세포들을 다시 한 번 살펴보기로 하자. 우리는 백질에 신경교세포가 존재한다는 사실을 알고 있다. 하지만 어째서 백질이 회백질보다 10배나 많은 것일까? 연구에 따르면 신경교세포는 신경전도의 속도를 높여줄 뿐만 아니라 시냅스의 연결을 돕는다고 한다. 이 과정은 학습과 행동의 변화, 장기기억의 저장에 매우 중요하다.[1]

이 때문에 많은 과학자들은 성상세포에 관심을 갖는다. 전체 뇌세포의 절반을 차지하는 성상세포는 확실히 뇌와 중추신경계 전체에서 뉴런 사이의 기능적 시냅스 수를 증가시킨다.

벤 바레스Ben Barres 박사와 스탠포드 의대의 연구자들은 2001년 〈사이언스Science〉지를 통해 신경교세포의 유무에 따른 뉴런의 활동을 분석한 결과를 발표했다. 이들은 신경교세포가 없을 때 정상적인 뉴런들 사이에서 형성되는 시냅스 연결이 줄어들 뿐 아니라 그 기능도 온전치 못한 것을 발견했다. 반면 성상세포가 존재할 경우 뉴런의 시냅스 수는 7배나 증가했다. 이는 신경교세포가 있어야 뉴런 사이의 시냅스 연결이 최상으로 유지될 수 있다는 것을 의미한다.[2]

이들은 다음과 같이 결론 내렸다. "성인의 학습과 기억에 관련된 뇌의 가소성에 신경교세포가 매우 중요한 역할을 할지도 모른다." 다른 과학자들도 비슷한 실험을 통해 학습을 하는 동안 성상세포가 시냅스 연결을 촉진한다는 것을 증명했다. 뉴런 사이의 가능한 시냅스 연결의 수는 뉴런의 수에 비할 수 없을 만큼 많다. 따라서 이렇게 많은 연결을 위해 많은 성상세포가 존재하는 것은 너무나 당연한 일이다. 덕분에 우리가 빠른 속도로 학습할 수 있는 것이다. 어떤 면에서 '나'라는 존재는 시냅스 연결을 모두 합한 것이라고 정의할 수 있다. 따라서 학습을 통해 새로운 시냅스 회로를 추가하면, '나'는 말 그대로 새로워지는 것이다.

혀로 보기

학습과 신경가소성의 연관성에 대한 연구는 마치 공상과학 소설의 한 부분 같다. 예를 들어 위스콘신 대학의 신경과학자인 폴 바크이리타Paul Bach-y-Rita 박사는 뇌의 구획화가 완전히 재편될 수 있으며, 이를 통해 우리의 감각이 서로 뒤바뀔 수 있다고 말한다. 그는 밀워키의 연구소에서 감각 피드백 장치를 사용해 사람들에게 혀로 사물을 보는 방법을 가르쳤다.

그의 생각에 따르면 우리는 눈이 아니라 뇌를 통해서 사물을 보기 때문에 감각기관은 뇌에 정보를 제공하는 기관에 지나지 않는다. 그러므로 뇌의 신경회로를 수정하면 감각기관의 기능을 바꿀 수도 있다.[3]

입술을 제외하면 혀에는 우리 몸의 다른 어떤 부위보다 촉각 신경수용체가 많다. 이 때문에 혀를 호기심 많은 별난 기관이라고 부르기도 한다. 바크이리타 박사는 실험 참가자들의 눈을 가리개로 가린 뒤 머리를 비디오카메라에 연결했다. 그는 이 영상을 144픽셀로 축소해 컴퓨터로 옮긴 다음 전극을 사용해 이 정보를 전기자극의 형태로 혀 위에 전송했다. 이렇게 영상 이미지가 혀로 옮겨지자 눈을 가린 사람들은 이 정보를 뇌로 보내 사물의 위치와 주변의 구조를 파악하기 시작했다. 결국 반복적인 노력과 집중을 통해 대부분의 참가자들이 자신을 향해 굴러오는 공을 10번 중 9번은 잡을 수 있었다. 대단하지 않은가?

바크이리타 박사에 따르면 뇌의 한 부분이 손상되더라도 다른 감각기관이 그 부위의 기능을 처리할 수 있다고 한다. 태어날 때부터 앞이 보이지 않았던 16세 소녀는 학교 합창단의 리드 싱어다. 그녀는 지휘자의 움직임에 따라 리듬을 맞추기 위해 이 장치를 사용하기 시작했는데, 나중에는 반대편에 있는 지휘자의 움직임을 볼 수 있었다. 물론 실제 시각에 비할 바는 못 됐지만 그녀는 혀를 통해 느껴지는 것을 머릿속에서 어떤 느낌이나 이미지의 형태로 처리하기 시작했다.

이외에도 바크이리타 박사는 팔다리 감각을 모두 잃은 나병 환자들을 대상으로 비슷한 실험을 했다. 그는 손가락 끝에 변환기가 달린 장갑을 환자에게 끼우고, 이것을 이마의 다섯 개 지점에 연결했다. 참가자들이 사물을 만지자 이마에 어떤 압력을 느끼기 시작했다. 비교적 단시간 만에 사물의 질감을 구분할 수 있었을 뿐 아니라 촉감을 느끼고 있는 것이 손이 아닌 이마라는 사실조차 까맣게 잊었다.

뇌는 손상된 신경회로를 수리하기 위해 회로를 바꾸거나 새로운 신경회로를 만들 수 있다. 어떤 경우든 위의 실험들은 뇌의 놀라운 적응력을 보여준다. 결론적으로 우리는 더 이상 뇌졸중이나 합지증으로 고생할 필요가 없으며, 뇌의 가소성을 위해 1만 시간씩 명상을 할 필요도 없다. 단지 새로운 것을 배우고 경험하기만 하면 된다.

물론 '학습과 경험'은 앞으로 우리가 겪게 될 뇌의 변화 과정 중 시작에 지나지 않는다. 궁극적으로 우리는 뇌를 구조적으로 바꾸는 몰입과 새로운 신경회로를 만드는 반복적인 연습에 대해 알아볼 것이다. 그리고 그 전에 뇌를 계발하기 위해 지식과 경험을 어떻게 사용할지에 대해 알아볼 것이다. 이를 위해 먼저 신경회로의 형성 원리와 유전자의 역할을 살펴보자.

헵의 학습

과학자들은 학습이라는 주제를 다양한 방법으로 접근해왔다. 여기서 우리가 중점을 둘 것은 새로운 지식과 경험을 습득한 후 그것을 저장하는 전기화학 충동반응이다. 쉽게 말하자면 이것은 정보를 나중에 찾을 수 있도록 뇌에 저장하는 과정인 '기억'을 말한다.

1970년대에 캐나다의 신경심리학자인 도널드 헵Donald Hebb 박사는 중추신경계의 시냅스 전달의 원리에 기반을 둔 기억과 학습이론을 제시했다(2장 참고). 헵 박사에 따르면 학습은 뉴런 사이에 새로운 시냅스 연결이 형성되면서 이루어진다고 한다.

활동하지 않는 두 뉴런 혹은 뉴런의 집합이 서로 연결되어 있지 않은 채 존재한다고 생각해보자. 뉴런A가 활성화되면 전기화학 신호가 번개처럼 뇌 속을 가로지른다. 이것이 비활성화 상태인 뉴런B에 영향을 미치면 이 둘 사이에 새로운 연결이 생길 가능성이 높아진다. 만약 두 뉴런이 동시에 활성화되는 일이 잦아진다면 이들의 상태는 화학적으로 달라진다. 즉, 하나의 뉴런이 활성화되면 다른 뉴런이 받는 자극은 점점 더 커진다.

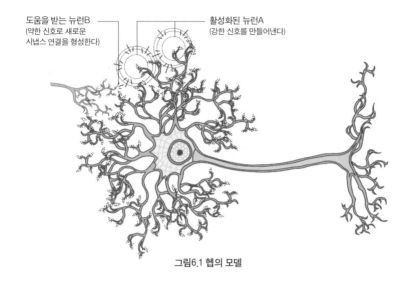

도움을 받는 뉴런B
(약한 신호로 새로운
시냅스 연결을 형성한다)

활성화된 뉴런A
(강한 신호를 만들어낸다)

그림6.1 헵의 모델

시간이 지나면 둘 사이의 연결이 강해져, 순차적으로나 무작위로 활성화되는 것이 아니라 동시에 활성화된다. 이 둘이 더 오래 더 강하게 결속하려고 하다보면 결국 전보다 더 즉각적으로 동시에 반응하게 된다. 결과적으로 두 뉴런이 하나로 연결되는 셈이다. 그림6.1이 헵의 모델을 보여준다.

헵의 모델에 따르면 강자가 약자를 돕는다. 뉴런A(강한 신호를 가진)가 활성화되면 뉴런B(약한 신호를 가진)가 활성화되기도 더 쉬워질 것이다. 그리고 뉴런B와의 시냅스 연결도 더 강화될 것이다. 일단 뉴런A가 뉴런B와의 연결을 강화하면 다음번에 이들이 활성화될 때는 더 즉각적으로 반응할 것이고 더 강하게 연결될 것이다.

이러한 반응이 일어나려면 우리는 뇌 속에 이미 연결되어 있는 뉴런 또는 뉴런집단을 활성화해야 한다. 만약 어떤 뉴런이 활성화되지 않은 채 홀로 있다면 활발히 활동하고 있는 다른 뉴런집단과 더 쉽게 새로운 시냅스 연결을 형성하게 될 것이다.

예를 들어, 오토바이 타는 법을 배운다고 가정해보자. 자전거를 타본 적이 있다면 두 바퀴로 균형 잡는 방법을 배웠을 때 이미 어떤 신경회로가 만들어졌을 것이다. 균형과 관련된 신경회로가 이미 활성화될 준비를 갖추고 있는 것이다. 그 덕분에 당신은 오토바이를 탈 때도 균형을 잡고 모퉁이를 도는 법을 기억할 수 있다. 물론 오토바이를 타기 위해서는 속도 조절이나 브레이크 사용처럼 자전거에는 없는 기술을 새로 배워야 한다. 하지만 자전거를 처음 배울 때보다는 오토바이를 배우는 것이 더 쉽다고 느끼게 된다. 왜냐하면 오토바이 조종 중에서 핵심이 되는 균형 부분은 이미 친숙하기 때문이다.

'동시에 활성화되면 서로 연결된다' 라는 원칙은 우리가 새 지식과 경험을 뇌 속에 어떻게 편입시킬 수 있는지를 설명한다. 이것이 학습의 본질적인 원리다. 학습은 뉴런들 사이에 새로운 관계가 형성되는 것이고, 기억은 그 관계를 활발히 유지하는 것이다. 이렇게 되면 배움을 통해 마음을 바꾸고 기억하는 것이 더 쉬워진다. 왜냐하면 다음번 신경망이 활성화될 때, 새로운 연결이 추가되면 모두가 함께 더 쉽고 강하게 활성화될 것이기 때문이다. 신경망의 발달은 지속적인 신경 활성화의 결과다.

만약 헵의 이론이 사실이라면 우리에게는 이미 알고 있는 것(강한 신호)과 모르는 것(약한 신호)이 필요하다. 익숙하지 않은 어떤 것을 배우기 위해서는 익숙한 것의 신경회로가 존재해야 한다. 헵의 학습에 의하면 이미 존재하는 신경회로를 활성화해 새로운 연결을 만드는 것이 가장 쉽다.

연합(association)은 이 과정을 수립하는 방법이다. 우리는 무언가를 배울 때 뇌에 이미 형성된 회로를 이용한다. 그래야만 새로운 연결을 추가할 수 있기 때문이다. 이미 존재하는 회로를 활성화하면 그것은 우리가 배우려고 하는 새 주제에 매우 밀접하게 연결될 것이다.

우리는 새로운 회로를 만드는 기반이 되는 신경회로들을 갖추고 태어난다. 아리스토텔레스의 생각처럼 환경에 의해 채워지는 백지상태로 태어나는 것이 아니란 이야기다. 태아는 자궁 속에서 자라는 동안 무서운 속도로 신경회로를 만들어낸다. 과거의 기억을 담고 있는 신경회로를 갖고 삶을 시작하는 것이다. 그렇다면 이 기억들은 도대체 어디서 오기에 우리는 태어나자마자 바로 학습을 시작할 수 있는 것일까?

유전적 요소, 장기형질과 단기형질

5장에서 살펴봤듯이 인간은 유전적으로 타고난 신경회로를 갖고 있다. 신경회로는 선택과 교육을 통해 활성화되며, 덕분에 우리는 환경에 적응할 수 있다. 이들이 없다면 우리는 생존조차 어려울 것이다.

예를 들어 아기는 배고픔, 목마름, 추위, 더위와 같은 스트레스를 받으면 운다. 이것은 인간이 갖는 보편적인 특징이다. 우리는 모두 비슷하게 구획되어 있는 대뇌신피질을 갖추고 있다. 또한 우리의 뇌는 공통된 행동양식과 특징을 갖는다. 이것이 '범인류적 장기유전형질(universal long-term genetic traits)'이다.

우리가 타고나는 또 다른 신경회로는 부모와 조상으로부터 물려받은 것이다. 말하자면 어떤 '단기유전형질(short-term genetic predispositions)'에 의한 특정한 패턴의 신경회로를 갖고 태어나는 것이다. 여기에는 키나 몸무게, 머리카락과 눈동자 색깔뿐만 아니라 행동과 태도도 포함된다. 우리는 조상들로부터 그것이 짐이 되든 축복이 되든 어떤 감정적 성향을 이어받아 태어난다. 많은 경우 부모로부터 물려받은 성향은 다음 세대로 전해진다. 한마디로 "선대의 죄가 후대를 벌한다(The sins of the father are visited upon the sons)."

그렇다고 나쁜 습관 같은 것이 반드시 혈통으로 전해진다는 뜻은 아니다. 비록 사과라는 열매가 나무 멀리 떨어지지 않겠지만 그렇다고 다른 곳으로 굴러가지 말란 법은 없지 않는가. 중요한 것은 유전적으로 물려받은 기억이 우리에게 삶의 기반을 제공한다는 점이다. 그리고 이것이야말로 이 책의 가장 기본적인 전제다. 환경에 의한 것이든 유전자에 의한 것이든 이러한 기억은 유아의 정체성 발달을 형성해간다. 말하자면 '나'를 형성해가는 소재가 되는 것이다. 동시에 우리는 삶이 유전자로만 결정되는 것은 아니라는 사실을 잘 안다. 뇌 신경망의 50% 정도를 물려받지만 나머지 50%가량은 스스로의 경험과 지식을 통해 얻는 것이다.

인간이라는 공통점에도 불구하고 우리 모두는 유일하며 특별한 존재다. 대뇌엽과 분역처럼 눈으로 볼 수 있는 수준에서가 아니라 세포 차원에서 뇌를 살펴보면 자신을 더 자신답게 만들어주는 것이 바로 신경가소성임을 깨닫게 된다. 그렇다면 신경망들의 연결은 어떻게 우리의 개성을 만들어내는 것일까? 헵의 이론에 의하면 신경망 연결의 수와 패턴, 강도가 자신만의 마음을 만든다.

우리의 개성에 DNA가 기여하는 부분은 일부에 지나지 않는다. 우리는 공장에서 만들어지는 클론이나 조상의 다른 버전이 아니다. 조상들과 부모로부터 물려받는 것도 있지만 나머지는 출생 이후 삶의 경험을 통해 형성된다. 또한 우리는 두 사람의 유전자 조합의 산물이다. 그러므로 아버지의 비관주의가 어머니의 낙관주의를 만나면 상쇄될 수도 있을 것이다.

아마도 살면서 다음과 같은 순간이 있었을 것이다. "나 지금 엄마처럼 행동하고 있잖아!" 내 경우에 이러한 경험은 매우 두려운 것이었다. 우리가 궁극적으로 부모처럼 행동하게 될 가능성은 얼마나 될까? 이것은 정말 중요한 질문이다.

만약 우리가 유전적으로 타고난 신경회로만을 의식적으로 활성화할 수 있다면 우리는 아마도 부모와 똑같이 생각하고 행동하며 느끼게 될 것이다. 그러면 타고난 신경회로가 반복적으로 활성화되면서 단단히 고정될 것이고, 결국에는 부모와 같은 마음을 갖게 될 것이다. 우리가 부모를 통해 분노, 희생, 불안 등 그 어떤 것과 관련된 신경회로를 물려받든 간에 이 신경세포들은 반복적으로 활성화될수록 더 강하고 복잡한 연결을 형성한다.

우리의 의식은 감성적으로 친숙한 신경회로가 장악하고 있는 뇌 부위에 안주하려는 경향이 있다. 이 때문에 사람들은 자신의 행동방식에 다른 대안이 없는 것처럼 행동하곤 한다. 우리는 이런 말을 자주 듣는다. '어쩌겠어, 이게 나인걸. 나는 나일뿐이야.' 이것을 유전자의 역할과 연관지어 생각하면 이렇게 말할 수도 있다. '어쩌겠어, 나는 부모한테 물려받은 신경회로를 활성화하기로 선택했을 뿐이야. 나는 나일뿐이야.'

이런 문제에 대해 고민하면서 나는 한 가지를 깨닫게 됐다. 그렇다면 새로운 신경회로를 만들지 않고 타고난 신경회로에만 의존한다면 우리는 결국 유전적인 성향만을 나타내게 될까?

혹은 우리가 주어진 것에 새로운 것을 추가한다면 어떻게 될까? 우리는 고정된 뇌를 업그레이드하기 위해서 셀 수 없이 많은 신경회로를 어떻게 추가할 수 있을까? 수학적으로 계산해보면 이미 존재하는 신경망에 몇 개의 연결만 추가해도 우리의 뇌가 참신하고 정교한 배열과 패턴으로 변화할 가능성이 높다.

우리가 물려받은 신경회로는 앞으로 늘려나갈 신경이란 자본의 기초 예금과 같다. 우리는 자신을 그리고 인류를 진화시키기 위해서 우리가 받은 것을 수정하고, 새로운 것을 추가하는 능력을 길러야 한다. 인간에게 개성이란 환경과의 소통을 통해 새로운 신경회로를 만들고, 뇌의 가소성을 활용한 결과물이다.

유전자의 함정에서 빠져나가는 방법

만약 우리가 물려받은 회로에만 의존한다면 우리는 유전자의 결과물에 지나지 않을 것이다. 대안은 없을까? 뇌에 새로운 신경회로를 만드는 데는 두 가지 방법이 있다. 하나는 새로운 것을 배우는 것이고, 다른 하나는 새로운 경험을 하는 것이다. 새로운 지식을 습득할 때마다 우리는 새로운 신경회로를 만들 수 있다. 또한 새로운 경험은 신경회로에 새로운 형태로 기록된다. 말하자면 학습이 새로운 신경회로를 만들면 기억이 이것을 유지하는 것이다.

결국 우리가 새로운 것을 배우거나 경험하지 않으면 새로운 신경회로도 그만큼 적게 만들어진다. 또한 우리의 의식적 인식 역시 대부분 부모로부터 물려받은 신경회로만을 사용하도록 제한될 것이고, 마음도 그에 따라 형성될 것이다. 헵의 모델에 따르면 유전적으로 물려받은 신경회로를 반복적으로 활성화할 때 우리는 유전자에 구속된다. 또한 친숙하고 일상적인 행동과 생각을 반복하면 뇌는 평생 현상유지만 하게 될 것이다. '동시에 활성화되면 서로 연결된다'는 원칙이 적용되기 때문이다. 따라서 유전적인 성향에서 벗어나고 뇌를 업그레이드 하는 유일한 방법은 반복적으로 새로운 것을 배우고 경험하는 것뿐이다.

학습하면 진화한다

우리는 새로운 지식을 습득하면 보통 다음과 같이 말한다. "나는 오늘 새로운 것을 배웠어." 일반적으로 이 말은 우리가 어떤 사실에 노출되었고, 그것을 필요할 때마다 불러올 수 있도록 저장해놨다는 것을 의미한다. 신경학적으로 표현하자면 일련의 새로운 신경회로를 만들었다는 얘기다. 이렇듯 학습과 기억의 과정은 뇌의 신경조직에 어떤 흔적을 남긴다.

70년대 초 심리학자 엔델 털빙Endel Tulving은 이러한 방법으로 뇌에 저장되는 지식을 의미기억(semantic memory, 또는 어의기억 - 옮긴이)[4]이라고 불렀다. 의미기억은 우리가 지적으로 알게 되는 정보로, 경험은 이에 해당되지 않는다. 다시 말해 새로운 정보를 육감으로 체험하는 것이 아니라 하나의 개념으로 이해하는 것을 말한다. 나는 이것을 '문자를 통한 연결'이라고 부르겠다. 왜냐하면 문자에는 경험이 전혀 들어 있지 않기 때문이다.

의미기억은 뇌에 기록된 사실이자 지적 또는 철학적 자료로 저장된 정보다. 하지만 의미기억은 가능성으로만 존재할 뿐 실재하지는 않는다.

따라서 새로운 지식의 습득이란 철학적으로 말하면 다른 사람이 학습한 경험을 받아들이는 것이라 할 수 있다. 이것은 다른 사람이 배워서 깨달은 정보이며, 아직 우리의 삶에 적용하지 않은 정보다. 즉, 기억하거나 회상할 수 있는 사실에 불과한 것이다.

예를 들어, 우리는 데자뷰라는 개념을 읽고, 이것이 '예전에 경험했던 것을 다시 경험하는 느낌'이라는 사실로 이해할 수 있다. 적절한 신경회로 형성을 통해 데자뷰의 정의를 기억으로 저장함으로써 데자뷰에 대한 의미기억을 갖는 것이다. 하지만 실제로 데자뷰를 경험하게 되면 이러한 개념적인 정의는 곧 실제 경험으로 대체된다.

아마 주위에 박학다식한 사람이 한 명쯤은 있을 것이다. 이들은 자신의 대뇌신피질에 상당한 양의 의미기억을 저장해놓고 있는 사람들이다. 그러나 모든 의미기억이 퀴즈의 달인이 되는 데 도움을 주지는 못한다.

예를 들어, 두 사람이 서로 전화번호를 교환한다고 가정해보자. 만약 둘 다 필기구를 가지고 있지 않다면 전화번호는 즉시 의미기억으로 저장해야 할 것이다. 전화번호는 경험할 수 있는 정보가 아니기 때문이다. 하지만 의미기억에만 의존하는 데는 위험이 있다. 의미기억은 오랫동안 유지되기 힘들기 때문이다. 보통 이러한 기억은 단기기억으로 저장된다. 우리는 이것을 완전히 경험할 수 없다. 그저 청각을 사용해 7개의 숫자를 들을 뿐이다. 한 가지 감각에만 의존하여 정보를 기억하게 되는 것이다. 그렇게 되면 몇 분 혹은 몇 시간, 며칠 후에 그 번호를 기억할 수 있을 정도로 복잡한 신경 망을 형성하는 데는 실패할 가능성이 높다.

지식의 형태로 학습하는 대부분의 기억은 단기기억이 되기 쉽다. 기억을 회상하지 않으면 잠시 동안 기억되다 곧 사라지는 것이다.

학습으로 뇌에 지도 만들기

새로운 개념에 집중하여 그것을 오랫동안 기억하려 애쓰면 이 지식이 대뇌신피질에 시냅스 연결로 부호화된다. 이렇게 함으로써 우리는 새로운 개념을 이해하고 분석하여 적용할 수 있다. 이렇게 배우고 기억한 모든 지식은 뇌의 기존 회로를 수정할 뿐 아니라, 뇌의 하부구조에 길을 만든다.

책을 읽거나 강의를 들을 때 우리는 새 정보를 익숙한 정보와 연결시켜 학습한다. 지식을 새로운 생각과 통합하는 것은 마치 뇌 위에 길을 하나 내는 것과 같다. 방금 배운 지식을 처리하고 저장하기 위해 만들어진 새로운 시냅스는 지적 통로의 역할을 한다. 그래서 우리가 나중에 이 정보를 기억해낼 수 있는 것이다. 기억한다(re-member)는 것은 생각나게 한다(re-mind)는 뜻이다. 의식적인 인식을 통해 우리는 새롭게 형성된 회로에 생명을 부여하고, 그에 대응하는 마음 상태를 만들 수 있다. 뇌의 타고난 가소성이 이 모든 것을 가능하게 만드는 것이다.

'동시에 활성화되면 서로 연결된다' 라는 원칙에 따르면 의미기억을 만들기 위해서는 반복적인 회상이 필요하다. 반복적인 활성화가 오래 지속되는 새로운 신경회로를 만들기 때문이다. 일단 어떤 정보를 기억하면 우리는 의식적인 인식으로 그것을 활성화하고 재방문할 수 있도록 뇌 속의 특정 장소에 흔적을 남긴다. 이렇게 해서 지적으로 배운 것을 사용할 수 있다. 말하자면 뇌는 생각이 기록된 일종의 지도인 셈이다.

예를 들어 당신은 한 번도 개를 키운 적이 없지만 앞으로 강아지를 키우고 싶다고 가정해보자. '푸들 키우기'와 같은 책을 통해 당신은 개의 품종과 족보, 수명 등에 대해 알 수 있다. 또한 책속의 사진은 푸들에 관한 새로운 정보와 연관된 기억의 형태로 당신의 신경망에 흔적을 남길 것이다.

그리고 이 정보를 기억하고자 하는 의지를 당신이 갖고 있는 한 푸들에 대해 무언가를 배울 때마다 새로운 형태의 시냅스가 원래 있던 뉴런에 계속 추가될 것이다. 당신은 한 번도 개를 키워본 적이 없기 때문에 처음에는 뉴런을 '개'에 대한 기억과 연관시키는 데 한계가 있을 것이다. 하지만 곧 뇌는 개에 관한 것이라면 어떠한 정보나 경험이라도 이미 존재하는 신경회로에 덧붙이려고 할 것이다. 헵의 이론에 따르면 신경회로를 강한 신호로 활성화하면 약한 신호를 가지고 있는 이웃 뉴런의 활성화를 도울 수 있다. 이렇게 이웃 뉴런들이 활성화됨으로써 방금 푸들에 대해 배운 것을 신경회로로 형성하게 되는 것이다.

이제 푸들에 대해 배운 것을 회상하면 회로들이 활성화되면서 지식이 강화된다. 푸들에 관한 신경망을 갖게 됨으로써 강아지를 키울 수 있도록 스스로 준비하는 것이다(당신이 실제 푸들을 키우게 되면 이 신경망은 더 강화될 것이다).

이처럼 신경망은 뇌의 다양한 수준의 하위 영역에서 수백만 개의 뉴런과 함께 활성화된다. 뉴런들은 무리지어 하나의 집단을 만들어 특정한 개념과 생각, 기억, 기술 혹은 습관과 관련해서 함께 얽힌다. 이렇듯 학습을 통해서 다양한 종류의 신경망이 생기면 마음도 달라진다.

뇌 성장시키기

실제로 스스로 학습하는 능력은 뇌를 성장시키고 새로운 신경회로를 만든다. 최근 뉴욕타임스는 플로리다 주립대 심리학 교수인 앤더스 에릭슨 *Anders Ericsson* 박사의 연구를 소개한 적이 있다. 그는 한 사람이 특정 업무에 능숙하게 되는 원인이 무엇인지 밝혀내려고 했다. 에릭슨의 초기 실험은 기억과 관련된 것이었다. 그는 실험 참가자들에게 숫자를 무작위로 들려주고는 그것을 기억한 다음, 들은 숫자를 순서대로 말해보라고 했다. 20시간의 훈련 후에 참가자 중 한 명은 20개의 숫자를 기억해낼 수 있었다. 또한 그는 200시간의 훈련 후에는 80개의 숫자를 기억해냈다.[5]

에릭슨 박사는 기억이 직관적인 능력이 아니라 의식적인 연습의 결과라는 사실을 발견하고는 놀랐다. 그는 기억력을 결정하는 데 유전자가 가장 큰 영향을 미친다고 생각했기 때문이다. 하지만 처음 참가자들 사이에서 나타난 기억력의 차이 역시 '목표 정하기', '즉각적인 피드백 받기' 등 정보를 기억하는 효율적인 방법으로 극복되었다. 결국 숫자를 기억하는 것은 순전히 의미학습의 결과이자 연습의 결과였다(숫자를 기억하는 데 사용되는 신경망을 반복적으로 활성화한 결과였다).

집중력의 힘

주의집중력은 의미정보를 통해 신경망을 만들고 이것을 기억하는 데 필요한 핵심 요소다. 배우고 있는 것에 집중하다보면 뇌에는 집중하고 있는 정보를 위한 길이 만들어진다. 반대로 현재 하고 있는 일에 완전히 집중하지 않으면 그 일을 방해하는 신경회로가 자극된다. 주의집중 없이는 신경회로가 만들어지지 않고 기억도 저장되지 않는 것이다.

주의집중의 정도가 강해질수록 뉴런들이 주고받는 신호의 강도가 강해져 신경망이 더 강력하게 활성화한다. 주의집중은 신경세포의 일반적인 활성화의 역치를 뛰어넘을 정도로 강한 자극을 만든다. 뉴런들 사이에 새로운 신경망이 결속되도록 촉진하는 것이다.

뇌가소성 연구의 권위자인 마이클 메르제니히*Michael Merzenich* 교수는 집중을 통해서 새로운 신경회로가 만들어진다는 것을 증명했다.[6] 분명 모든 종류의 자극이 뇌에 새 회로를 만드는 것은 사실이다. 하지만 집중하지 않으면 뉴런은 결코 강하고 지속적인 연결을 형성하지 못한다. 결국 뇌에 어떤 정보를 제대로 입력하기 위해서는 집중이 필요하다. 적합한 회로를 완전히 활성화할 수 있기 때문이다.

예를 들어, 이 책에 완전히 몰입하고 있다면 당신은 책을 읽는 동안 주변의 소리를 듣지 못하게 될 수 있다. 뇌가 주변의 자극을 차단함으로써 현재 집중하고 있는 회로만을 활성화하기 때문이다. 이것이 지속되면 장기기억이 형성되고 더 효과적으로 학습할 수 있게 된다.

새로운 경험하기

신경회로를 만드는 두 번째 방법은 경험이다. 경험은 가장 강하고 오래 지속되는 회로를 만듦으로써 뇌를 발달시킨다.

당신은 아마 '경험이 가장 좋은 선생이다' 라는 말을 들어봤을 것이다. 이 말을 만든 것이 누구였든지 간에 오늘날처럼 뇌에 대해 잘 알지는 못했을 것이다. 하지만 이 고리타분한 표현에는 진실이 담겨 있다. 학습의 목적이 정보를 나중에 회상하는 것이라면, 경험(대뇌신피질에 저장된 기존 정보와 연합되어 있는 일화기억의 형태)은 우리가 죽는 날까지 지워지지 않는 기억을 형성할 수 있는 것이다.

이런 종류의 학습은 우리의 개인적인 경험과 관련돼 있기 때문에 토론토 대학의 심리학자 엔델 털빙 교수는 이를 일화기억(episodic memory, 또는 사건기억-옮긴이)이라고 불렀다. 사람이나 사물, 장소, 시간 등과 관련해 경험한 사건은 장기기억으로 저장될 가능성이 높다. 의미기억과는 달리 일화기억에는 우리의 몸과 감각, 마음이 관여한다. 즉, 완전한 감응을 요하는 것이다.

일화기억은 우리가 경험으로부터 배우는 것이다. 예를 들어 우리는 마음만 먹으면 사람이나 장소, 사물 등이 포함된 일을 추억할 수 있다. 이러한 경험은 대뇌신피질의 신경망에 흔적을 남긴다. 뇌는 이러한 일화기억을 의미기억과는 다른 방법으로 저장한다.

의미 학습보다는 감각을 통한 경험이 더 쉽게 장기기억으로 저장된다. 예를 들어, 나는 아주 작은 자극만으로도 고등학생 시절 화학시간에 내 옆에 앉았던 여자애가 연필로 머리카락을 돌돌 말던 것을 기억할 수 있다. 또한 화학시간에 사용하던 유황의 냄새와 천장에 매달려 있던 원자구조 모형도 기억난다. 당시 악랄한 화학 선생님은 매번 우리 모두의 시험 점수를 큰 소리로 불러주시곤 했다.

화학수업을 들었던 것은 아주 오래전이지만 나는 많은 것을 기억할 수 있다. 왜 그럴까? 바로 화학 선생님이 점수를 불러줄 때마다 속이 뒤틀리고 이가 갈리던 경험 때문이다. 기억을 강한 감정과 연결할 때 우리는 어떤 사실을 단순 학습하여 의미적으로 기억했을 때보다 더 잘, 오랫동안 기억할 수 있다.

오감을 통해 들어온 외부 환경의 모든 정보는 신경회로에 기록된다. 그리고 이러한 감각들은 일화기억을 만드는 소재가 된다. 지식이 마음의 양식이라면 경험은 몸을 통해 마음을 살찌운다. 새로운 경험을 하면 모든 감각이 그 경험에 관여한다. 보고, 냄새 맡고, 듣고, 맛보고, 느끼는 순간 강한 자극이 서로 다른 경로를 통해 뇌에 전달되는 것이다. 이 정보가 뇌에 도달하면 신경망이 활성화되면서 재배치가 이루어진다. 그리고 시냅스를 통해 엄청난 양의 신경전달물질들이 분비된다. 이런 식으로 경험은 새로운 신경망의 형태로 뇌에 새겨진 새로운 기억이 된다.

여러 종류의 신경전달물질들이 분비되면 다양한 느낌이 만들어진다. 어떤 경험이든 최종 산물은 느낌이나 감정이다. 사실 느낌이란 정확히 말하면 화학적인 기억이라 할 수 있다. 우리가 경험을 더 잘 기억할 수 있는 것은 느낌을 기억하기 때문이다. 그것이 아버지의 꾸중을 기다리는 초조함이든 소풍의 설렘이든 간에 과거의 사건과 연관된 감정들은 느낌이라고 불리는 특별한 화학적 징후를 기억과 결합한 것이다.

이러한 경험과 느낌의 조합은 자연스럽게 우리 안에 평생 각인되는 기억을 만든다. 우리가 9·11 테러에 대해 정확히 기억하고 있는 것도 이 때문이다. 우리 모두는 그 사건이 일어났을 때의 느낌을 기억하고 있다. 이 경험의 충격적인 느낌은 그 사건에 관련된 사람들과 사물, 시간, 소식을 접한 장소 등에 대한 기억과 단단히 묶여 있다.

신경회로와 뇌의 화학작용을 통해 감각경험을 기록할 수 있는 것은 모두 느낌 덕분이다. 예를 들어, 과거의 어떤 경험을 기억하면 우리는 그때 느꼈던 기분을 똑같이 느끼게 된다. 의식적이든 무의식적이든 어떤 경험과 관련된 신경망(기억)을 활성화하면 그 신경망은 이전과 같은 화학물질을 분비하여 몸에 신호를 보낸다. 그래서 기억을 끄집어낼 때 처음에 느꼈던 그 느낌을 다시 느끼게 되는 것이다. 이처럼 일화기억은 느낌으로 기억되고, 느낌은 늘 경험과 연결되어 있다.

일화기억에는 그에 상응하는 느낌이 있다. 이것은 감각을 통해 우리가 접할 수 있는 모든 것과 관련되어 있는 것이다. 털빙 박사는 우리가 알고 있는 외부 세계의 대상은 소수뿐이라고 말한다. 그리고 감각경험은 우리에게 익숙한 대상과 관계되기 때문에 항상 어떤 장소의 누구, 어느 시기의 사물, 어느 시기의 사람과 같은 형식으로 나타난다. 털빙 박사는 감각경험을 통해 이러한 자서전적인 기억이 형성되며, 의미기억과 다른 방식으로 회상된다고 말한다.

우리의 모든 지식과 경험, 기억은 대뇌신피질의 특정한 정보나 느낌과 연관되어 있다. 예를 들어, 운전을 하고 있는데 라디오에서 노래가 흘러나온다고 하자. 당신은 금세 가사를 기억하고는 노래를 따라 부를 것이다. 어쩌면 예전에 만나던 여자 친구를 떠올리며, 그녀와 사소한 말다툼을 하던 것이 생각나 웃음이 날 수도 있다. 이 밖에도 여러 가지 경험과 감정들이 머릿속을 스쳐지나갈 것이다. 그리고 이러한 기억들은 사람이나 사물, 시간, 장소와 관련된 것이다. 한 곡의 노래로 당신은 이 모든 것을 기억해낼 수 있다.

한 단계 더 나아가 일화기억이 복잡한 신경회로를 어떻게 체계화하는지 알아보기로 하자. 예를 들어, 지방에 친구를 만나러 갔다가 한 모임에서 긴 생머리의 아름다운 여성을 만났다고 하자. 당신의 뇌는 이 시각정보를 기록하기 시작할 것이다. 왜냐하면 당신이 이 자극에 집중하고 있기 때문이다. 그러면 당신은 그녀가 당신의 고등학교 동창과 닮았다고 생각할 것이고, 그 즉시 고등학교 친구들에 대한 기억과 이 새로운 만남이 연결된다. 그 순간 그녀가 아름다운 목소리로 자신의 이름을 말한다.

이렇게 잠깐 동안 마주친 결과로 당신의 뇌는 당신이 본 것(여성의 외모)과 들은 것(여성의 목소리)을 함께 연결시킨다. 동시에 이 여성의 시각적 이미지를 동창에 대한 기억과 연결시킬 것이다. 갑자기 그녀가 악수를 청하면 당신은 그녀의 피부가 부드럽지만 악수에 절도가 있다고 느낀다. 이를 통해 경험과 관련된 느낌이나 뇌 속의 회로가 더 강해진다. 절도 있는 악수는 고등학교 동창에 대한 기억으로, 기억은 오늘 만난 여성의 이름으로, 이름은 다시 그녀의 목소리로 이어진다.

하지만 그다음에 일어난 일이 결정적으로 이 경험을 기억할 만한 것으로 만든다. 그 여성이 웃으며 당신의 눈을 쳐다보자 심장이 빠르게 뛰기 시작한다. 당신은 뭔가를 느낀다. 그녀가 당신 쪽으로 몸을 살짝 기울이자 당신이 가장 좋아하는 향인 재스민 향기가 난다. 당신이 헛기침을 하며 진정하려고 하자 그녀는 당신을 돕기 위해 샴페인 한 잔을 건넨다. 그러고는 당신의 건강을 위해 건배하자고 한다. 당신은 맛없는 샴페인을 벌컥벌컥 들이마신다. 이제 당신의 모든 감각은 이 경험에 관여하게 되었다.

아름다운 여성을 만난 이 새로운 경험은 기억 가능한 신경망을 만들기 시작한다. 이때 오감을 통해 모은 모든 정보가 신경망을 만드는 소재가 된다. 이제 이 모든 감각들은 동창과 관련된 일화기억으로 이미 활성화된 신경망과 연결된다. 결과적으로 당신은 이 사건을 기억할 수 있는 느낌을 가지게 된 것이다.

그 여성을 만난 지 1년이 지났다고 하자. 당신은 그 이후에 그녀를 다시는 만나지 못했고 그녀에 대해 한 번도 생각하지 않았다. 그런데 부산에 있는 친구가 전화를 걸어 그녀의 이름을 언급한다. 당신은 잠시 동안 생각하면서 이렇게 말한다. "누구였더라?" 그러자 친구가 말한다. "긴 생머리에 예쁘게 웃는 여자 있잖아." 금방 기억이 되살아나 그녀의 목소리와 향기, 피부의 감촉, 만난 장소까지 기억난다. 과거의 신경회로를 활성화하는 데는 몇 가지 연합자극만으로도 충분했던 것이다. 그리고 일단 회로가 활성화되면 그 경험 전체를 기억할 수 있게 된다.

 Tip 기억에 감정의 대못 박기

한 실험에서 서로 전혀 관계가 없는 사람들을 두 집단으로 나누어 여러 영화를 보게 했다. 대조군은 아무런 지시사항 없이 영화를 관람했고, 실험군은 영화를 보는 동안 감정이입을 하지 않을 것을 요구받았다. 실험이 끝나고 두 집단은 그들의 기억을 시험하는 질문을 받았다.

대조군의 모든 참가자들은 영화를 보면서 감정이입을 했고, 그 결과 영화의 내용을 세세하게 기억할 수 있었다. 그에 비해 감정이입을 하지 않은 실험군은 영화에 대해 많은 것을 기억하지 못했다.

대조군의 경우 영화에서 나오는 감각자극이 뇌의 관심을 완전히 사로잡았기 때문에 뇌의 신경망을 강화할 수 있었던 것이다. 감정이입을 하게 되자 뇌는 추가로 신경전달물질을 분비했고 신경망은 더 강렬하게 활성화되었다. 결국 신경망을 활성화하는 능력이 좋아지자 기억을 더 잘하게 된 것이다.[7]

일화기억의 중요성

인간의 진화가 성공적인 이유는 인간이 경험에서 배우고 그것을 통해 행동을 수정하여 변화시킬 수 있는 능력을 갖게 되었기 때문이다. 우리가

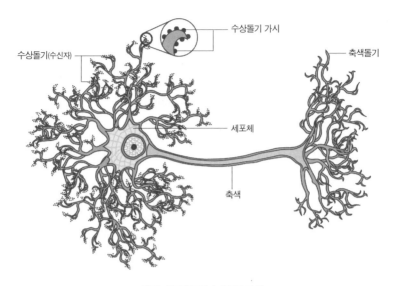

그림6.2 신경세포의 수상돌기 가시

경험을 통해 배운 것은 뇌에 부드러운 신경가소성 조직을 형성한다. 한 실험을 예로 들어보자. 과학자들이 실험쥐를 세 종류의 다른 환경에 격리해놓았다. 첫 번째 공간에서는 단 한 마리의 쥐가 최소한의 식량을 섭취하며 제한된 자극 속에서 생활했다. 두 번째 공간에서는 세 마리의 쥐가 쳇바퀴를 돌렸다. 세 번째 공간은 모든 것이 풍요로운 공간이었다. 가족 단위의 쥐들이 많은 장난감과 함께 생활했다. 쥐들은 서로 다른 환경에서 1개월 동안 생활했다. 실험이 끝났을 때 과학자들은 쥐의 뇌를 떼어내어 관찰했다.

풍요로운 환경에서 생활한 쥐들의 경우, 뇌의 크기가 눈에 띄게 커졌으며 다른 그룹의 쥐들에 비해 뉴런의 수도 많았다. 또한 이에 비례해 신경전달물질의 양도 많았다.[8] 풍요로운 환경이 다양한 경험을 만들어 신경회로를 발달하게 만든 것이다. 재미있는 것은 풍요로운 환경에서 생활했던 쥐들은 더 오래 살았고 몸에 지방도 적었다. 과학자들은 또한 이들의 뇌에서 다른 신경세포와의 연결을 이루는 결합부인 수상돌기 가시가 증가한 사실을 발견했다. 그림6.2을 통해 뇌의 수상돌기 가시 모습을 확인할 수 있다.

가시처럼 생긴 돌기가 다양한 시냅스 반응에서 수신자 역할을 한다. 수상 돌기 가시의 총 수는 생명체가 풍요로운 환경에 노출되었을 때 늘어나는 경향이 있다. 이러한 환경에서 얻게 되는 새로운 경험은 더 많은 시냅스 반응을 만들어내고 결과적으로 더 복잡하고 강화된 회백질을 형성한다.

이 과정은 인간에게도 적용된다. 새로운 환경 자극에 반응하기 위해 우리의 뇌는 시냅스 연결을 추가로 형성한다. 실제로 풍부하고 새로운 경험을 하면 새로운 신경회로가 만들어져 뇌의 잠재력이 기하급수적으로 커진다. 인간의 대뇌신피질은 매우 크기 때문에 신경회로 수와 학습 잠재력이 커지는 만큼 뉴런의 수도 더 많아질 수 있다. 다양한 경험은 뇌의 신피질에 오래 지속되는 새로운 기억을 만든다. 새롭고 풍부한 경험을 할수록 많은 뉴런이 서로 연결되고 수정되면서 복잡하고 촘촘한 망을 이룬다.

지식과 경험의 결합

6.022×10^{23}. 이것은 '아보가드로의 수(Avogadro's number)다. 나는 따로 찾아보지 않아도 이 수가 '모든 기체의 1mol(몰)에 들어 있는 원자의 수'를 뜻한다는 것과 발견자의 이름을 붙인 것이라는 사실을 안다. 나는 이것을 고등학교 화학시간에 배웠을 뿐만 아니라 대학교에서도 배웠다. 지금은 이 숫자를 전혀 사용하지 않지만 고등학교 화학 선생님에 대한 끔찍한 기억과 함께 여전히 나의 신경망 속에 존재한다. 하지만 우리는 여기서 내가 단순히 기억과 관련한 감정을 가지고 있다는 것 이상의 의미를 찾아야 한다. 학생시절 나는 6.022×10^{23}이라는 숫자를 가끔씩 사용했었다. 감정과 연결된 경험과 반복이 뇌에 개념을 각인시키는 데 매우 중요한 역할을 한 것이다.

지식과 경험은 여러 가지 방법으로 함께 작용한다. 새로운 지식을 배우고 기억할 때 우리는 새로운 경험을 할 준비가 된다. 만약 기본지식이 없다면 우리는 경험을 어떻게 이용해야 할지 모르는 채 수많은 경험 속에 내던져질 것이다.

종종 지식은 경험의 전(前) 단계 역할을 한다. 실제로 이것은 공식적인 교육의 근본이기도 하다. 대부분의 경우 교육은 이론을 배우고 실습하는 순서로 이루어진다. 그것이 간호이든 에어컨 수리이든 마찬가지다.

이론과 실습은 모든 교육에서 사용되는 일반적인 원칙이다. 우리는 새로운 지식을 기억으로 전환하기 위해서 많은 정보를 모은다. 그래야 어떤 행동을, 어떻게 그리고 왜 하는지 알 수 있기 때문이다. 이를 통해 우리는 의미기억을 행동으로 옮김으로써 새로운 지식을 일화기억으로 강화시키는 데 우리 자신을 준비시킬 수 있다.

수십만 개의 새로운 신경망 형태로 저장된 상당한 양의 지적자료는 여러 방법으로 활성화된다. 의미로 배운 것을 경험으로 만드는 과정에서 의미기억 회로가 강화되고 새로운 경험에서 장기기억이 만들어진다. 의미기억 회로는 뇌 속에서 사용되기만을 기다리고 있다. 우리는 이미 어떤 결과를 낳기 위해서 무엇을 해야 하는지 알고 있기 때문에 기존의 정보를 활용할 수 있다. 만약 하려는 일과 관련된 신경망이 전혀 존재하지 않는다면 주어진 상황에서 무엇을 해야 할지 모르게 될 가능성이 높다.

우리는 배운 것을 실제로 해보기 위해 지식을 쌓는다. 새로운 지식은 새로운 경험에 대비할 수 있도록 우리를 준비시키기 때문에 지식이 많을수록 경험에 더 잘 대처할 수 있다. 지식과 경험은 우리 뇌 속에 최상의 신경망을 형성하기 위해 서로 협력한다. 이 과정에서 우리는 뇌 가소성의 이득을 본다. 컴퓨터라면 새로운 회로를 추가하기 위해 외부에서 그것을 가져와야 하지만 뇌는 스스로 회로를 만들어낼 수 있다.

우리가 배우고 기억하는 모든 정보는 간호사나 에어컨 수리기사가 된 다음 겪게 될 경험을 미리 준비하는 데 반드시 필요하다. 이론적으로 필요한 정보를 배우고 기억했다면 다음은 실습경험을 늘려야 한다. 정보를 적용하고 실제로 수행함으로써 뇌는 신경회로를 더욱 강화해 배운 것을 처리한다. 정보를 자신의 것으로 만드는 것이다. 이것이 뇌를 진화시키는 과정이자 이해의 폭을 넓히는 방법이다. 배운 것을 실제로 실습하게 되면 우리 몸의 오감은 뇌에 피드백을 보내 의미기억을 강화한다. 이러한 방법으로 일화기억은 새로운 신경회로를 더욱 견고한 망으로 만들어나간다.

우리가 만들어내는 기억은 서로 다른 시간과 장소, 사람이나 사물들과 상호작용함으로써 얻는 감각경험과 관련되어 있다. 다음번에 비슷한 상황이 일어나면 그 일을 더 잘하거나 새로운 방법을 적용하기 위해 기억을 하는 것이다.

예를 들어, 당신이 십이지장궤양 치료제에 대해 잘 안다고 해보자. 당신이 이것을 아는 이유는 미국(장소)에서 온 친구(사람)가 2000년도(시간)에 십이지장궤양으로 매우 고생하는 것을 보았는데, 이 약(사물)을 먹었더니 금세 좋아진 것을 기억하고 있기 때문이다.

결국 경험은 학교에서 배운 개념을 강화하는 것이다. 경험이 없는 지식은 현실과 상관없는 형이상학적인 것이고, 지식이 없는 경험은 무지(無知)다. 이 둘의 상호작용이 지혜를 만든다.

 이론으로 배우기

당신은 작년에 소파에 앉아 과자를 우적우적 씹어먹으면서 한 유명 사이클 대회(Tour de France)를 TV로 보고 있었다. 선수들이 자전거를 타고 땅을 가르며 달리는 모습을 보고 있노라니 현재 꽉 끼는 바지를 입은 자신이 부끄럽다. 그래서 이제부터 자전거를 타기로 결심한다. 문제는 여태까지 자전거 타는 법을 한 번도 배운 적이 없다는 것이다. 어떻게 해야 할까?

아마도 당신은 제일 먼저 자전거 타기에 대한 책을 읽으려 할 것이다. 이 과정에서 자전거의 종류와 타는 기술, 자전거 수리 등에 대한 의미 정보들을 배울 수 있다. 그리고 열심히 공부한다면 당신의 뇌 속에는 새로운 신경회로와 의미기억이 만들어질 것이다.

그다음 당신은 랜스 암스트롱(Lance Amstrong, 'Tour de France'에서 7년 연속 우승한 미국 프로 사이클 선수)의 경기 비디오를 본 다음 마지막으로 동생에게 도움을 구한다. 당신은 동생이 자전거 타는 것을 주의 깊게 관찰한다. 그래야 당신이 자전거를 탈 차례가 되었을 때 동생의 지시사항을 잘 기억할 수 있기 때문이다. 이제 모든 정보는 신경망의 형태로 저장되었다.

당신이 자전거 타기에 대해서 학습한 정보는 여전히 다른 사람의 경험에서 온 지식에 불과하다. 하지만 당신의 뇌는 새로운 경험을 위한 준비가 되어 있다. 지식을 많이 습득할수록 경험에 더 잘 대비할 수 있기 때문이다.

배운 것을 적용하기

실제로 자전거에 올라탈 때 당신은 새로운 경험을 하게 된다. 당신은 넘어지거나 균형을 맞추는 것 또는 기어를 바꾸거나 핸들을 잡지 않고 타는 것까지도 경험할 수 있다. 어쩌면 넘어져서 무릎이 깨지거나 30분 동안 언덕을 올라가면서 고통을 느끼게 될지도 모른다. 아니면 정상에 도달해서 언덕을 내려올 때 상쾌함을 느낄 수도 있다.

어쨌든 이 모든 과정에서 당신의 감각은 엄청난 양의 정보를 수집해서 뇌에 전달하고 새로운 경험을 일화기억으로 기록한다. 모든 경험이 감각에 의해 화학적으로 기록되는 것이다. 당신은 이제 자전거 타기와 관련된 새로운 느낌을 갖게 된다. 자전거 타기라는 최초의 감각경험은 화학 반응을 증가시켜 새로운 감정을 만든다. 그리고 이러한 느낌은 자전거 타는 법에 대한 기억을 강화한다.

기회가 있을 때마다 당신은 이론을 의미적으로 배우면서 형성한 신경회로 속의 정보에 의지하여 새로운 경험의 자원으로 사용한다. 우리 몸은 환경과 삼차원적으로 상호작용하면서 지적지식을 정서적 감각경험과 통합한다. 그러므로 자전거를 타는 경험이 많아질수록 신경전달물질이 반복적으로 분비되면서 신경회로가 강화될 것이다.

이제 당신은 자전거 타는 법을 이해하고, 기억하기 위해 바퀴가 달린 이동수단과 관련된 모든 신경망을 활성화할 수 있다. 새로운 경험과 지식을 언제나 사용가능한 상태로 만든 것이다. 당신의 뇌는 진화했다. 만약 다시 자전거를 타는 법을 떠올리고자 한다면 경험과 지식을 통해 형성된 신경망을 다시 활성화하기만 하면 된다.

지식과 경험을 지혜로

지력(intellect)은 학습한 지식이고, 지혜(wisdom)는 경험한 지식이다. 감각경험이 일화기억과 연결될 때 우리는 마침내 지혜의 개념을 이해할 수 있게 된다. 지혜는 어떤 것을 완전히 이해한 상태에서 경험하는 것을 말한다. 이것은 람타학교의 가르침 중에서도 가장 중요한 것이다. 람타는 늘 학생들에게 이론적으로 배운 것을 경험하고, 그 경험에서 지혜를 얻으라고 강조했다. 우리는 이 개념을 통해 인류의 진화에 기여할 수 있다. 다음 쪽의 그림6.3을 통해 지식이 진화로 이어지는 단계를 확인할 수 있다.

지식은 다른 사람에게 알려진 누군가의 경험이자 지혜다. 우리가 이것을 사람들 사이에 서로 통하는 어떤 의미로 이해하고, 그것을 분석하고 곱씹으며, 숙고해서 자신의 것으로 내면화할 때, 뇌에는 지식과 경험을 통해 활성화되기만을 기다리는 새로운 신경회로가 생긴다.

일단 우리가 어떤 정보를 지적으로 습득하거나 배운 것을 환경에 적용하여 그것을 자기 것으로 만들면, 새로운 감정과 지혜를 만들어내는 경험의 진짜 힘을 체험하게 될 것이다.

지식은 경험으로 바뀌는 바로 전 단계다. 새로운 정보를 배우고 행동을 수정함으로써 배운 것을 적용하면 우리는 새롭고 더 강화된 경험을 만들

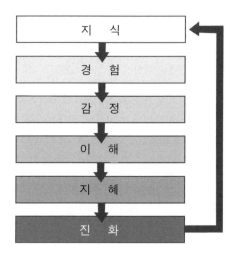

그림6.3 지식이 진화하는 단계

수 있다. 감정은 경험의 최종 산물이다. 따라서 의지를 갖고 새로운 경험을 한다면 우리는 새로운 감정을 갖게 된다.

또한 기억을 바탕으로 새로운 경험을 만들어내는 방법을 완전히 이해할 때도 지혜가 생긴다. 지혜는 우리의 의지로 새로운 경험을 만들어낼 수 있다는 사실을 의식적으로 이해하는 것이다. 때로는 바람직하지 않은 경험에서 지혜를 얻을 수도 있다. 자신이 한 행동이 불러온 좋지 않은 결과를 보고 다음에는 같은 일을 반복하지 않는 것이다.

이처럼 우리가 배우고 적용하고 경험한 것을 통해 감정을 느끼고, 이해한 후 행동을 변화시킬 때 진화는 이루어진다.

경험이라는 선생

살다보면 이론적으로 무언가를 배우기 전에 경험을 먼저 하는 경우도 있다. 어렸을 때 나는 처음 스키를 타러가면서 같이 간 동생에게 이론적인 수업은 받을 필요가 없다고 말했다. 스키란 그저 다리를 잘 모으고 막대를 최대한 빨리 그리고 많이 밀어내면 충분한 것이라고 말이다. 나는 동생에게 내려올 때까지 웅크린 자세를 유지하는 것이 중요하다고 하면서 2분 만에 나름의 스키강습을 끝냈다.

여러분도 예상했겠지만 우리가 처음 스키를 탔던 날은 고난의 연속이었다. 상급자 코스를 내려오면서 중대한 문제가 발생했음을 알았다. 우리는 스키를 멈추는 방법을 몰랐던 것이다. 이것은 시작에 불과했다. 우리는 리프트를 타고 내리는 것에서부터 나무나 다른 사람을 피하는 법까지 세세한 것들에 대해 아무것도 알지 못했다. 완전히 무지한 상태로 새로운 경험 속에 몸을 던졌던 것이다.

우리에게는 다른 사람들처럼 스키를 타기 전에 배운 지식이나 정보의 신경회로가 하나도 없었다. 그날 배운 것은 모두 경험을 통해서였다. 그나마 이 역시도 통증과 추위, 피로 같은 감각경험을 통한 것이었다. 바로 다음날 우리는 강습을 신청했다.

연합의 법칙

다행스럽게도 우리의 스키 강사는 현명한 사람이었다. 그는 우리에게 스케이트나 자전거 혹은 수상스키를 탈 줄 아는지 물었다. 그때는 몰랐지만 그 스키 강사는 연합의 법칙을 통해 우리에게 새로운 기술을 가르쳐 주려고 한 것이었다.

나 역시 여러분의 학습을 돕기 위해 이 법칙을 사용한 바 있다. 앞서 내가 신경세포를 나무에 비유한 것을 기억하는가? 나는 여러분에게 낯선 개념을 이해시키기 위해 익숙한 것을 들어 설명했다.

내가 나무를 언급하는 순간 여러분의 뇌는 저장된 경험과 지식을 분류해 맞는 정보를 찾아냈을 것이다. 우리의 뇌는 마치 구글*google*이 검색어에 맞는 책을 찾아주듯이 이러한 일에 매우 능숙하다. 방금 나는 연합의 법칙을 또 사용했다. 여러분이 경험했을 법한 것(책 검색)을, 연합을 위한 정보(구글 검색)를 통해 잘 모르는 것(뇌의 연합능력)과 연결시킨 것이다.

우리가 배우고 경험하는 과정에서 뇌는 연합의 법칙을 통해 뉴런 간의 연결을 더 강화한다. 이러한 연합학습의 원리는 헵의 이론으로 더 잘 설명될 수 있다. 약한 자극(우리가 배우려는 새로운 정보)과 강한 자극(이미 뇌에 회로를 형성하고 있는 익숙한 정보)이 동시에 활성화되면 약한 연결은 강한 연결에 의해 강화된다.

무언가를 배울 때 우리는 과거의 기억과 경험, 이미 알고 있는 것을 사용해 새로운 개념을 형성한다. 만약 어떤 것을 배울 때 그것이 무슨 뜻인지 도무지 모르겠다면 이는 그것과 연관된 정보를 갖고 있지 않기 때문이다. 다행히 우리는 새로운 개념을 이와 연관돼 있는 아는 개념과 연결시킬 수 있다. 일단 아는 것의 신경망이 활성화되면 그 옆에 새로운 개념을 위한 신경회로가 만들어진다. 이미 활성화되어 있는 회로에 새로운 연결을 추가하는 것이 더 쉽기 때문이다.

예를 들어 내가 '추골(椎骨)'이라는 단어를 언급하면 당신이 이 단어의 뜻을 모르기 때문에 시냅스가 활성화되기 어렵다. 이 단어를 처리할 신경회로가 없는 것이다. 하지만 내가 추골이란 귀 안의 고막에 달린 망치처럼 생긴 작은 뼈라고 말한다면 어떨까? 또는 소리가 파동처럼 고막을 진동시키면 망치가 움직여 뇌가 해독할 수 있는 형태로 소리를 변환한다고 설명하면 어떨까?

헵의 모델에 따르면 이런 식의 설명은 당신의 뇌에 존재하는 회로를 활성화한다. 망치나 뼈, 고막, 파동 그리고 귀에 대한 개념은 이미 뇌 속에 회로를 형성하고 있기 때문이다. 이 모든 회로를 이용해 당신은 활성화된 신경망에 새 연결을 만들 수 있다.

이처럼 연합의 법칙이란 모르는 것을 이해하기 위해 아는 것을 활용하는 것이다. 새로운 회로를 만들기 위해 이미 존재하는 뇌 회로를 사용하는

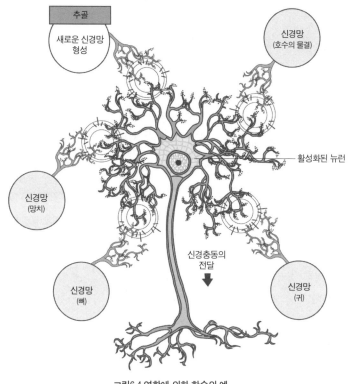

그림6.4 연합에 의한 학습의 예

것을 말한다. 그림6.4를 보면 연합을 통해 어떻게 새로운 마음 상태를 만들어낼 수 있는지 이해할 수 있을 것이다.

전혀 새로운 개념도 연합의 법칙을 사용하면 이미 존재하는 신경망에 쉽게 통합할 수 있다. 여기 실화가 하나 있다. 조*Joe*는 60대 후반이 돼서 처음으로 컴퓨터를 배웠다. 지역 '어린이의 보호자' 프로그램의 자원봉사자로서 학대당하는 아이들의 대변인 역할을 하기로 했기 때문이다. 6개월마다 그는 법원에 아이들이 위탁가정과 학교에서 어떻게 지내는지 보고하고, 아이들에게 필요한 것이 무엇인지에 관한 의견도 덧붙여 이메일로 보내야 했다. 조는 나중에 참고하기 위해 과거의 기록을 모두 모아놓았다. 그의 부인 일레인*Elaine* 역시 자원봉사자여서 자신이 담당하는 아이들에 관한 파일을 갖고 있었다.

문제는 이 부부가 컴퓨터로 파일을 만들고 관리하는 법을 전혀 몰랐다는 것이다. 예를 들어 '다른 이름으로 저장하기'를 사용해 원래 파일과 똑같은 복사본을 만드는 법이나 조의 파일과 일레인의 파일을 따로 관리하는 법도 몰랐다. 그들은 컴퓨터 책을 읽어가며 이를 배우려고 노력했지만 도저히 이해할 수가 없었다. 이와 관련한 신경회로를 활성화할 수 없었기 때문에 새로운 신경회로를 추가하는 데 실패한 것이다.

조와 일레인은 컴퓨터 박사인 내 친구 사라Sara에게 도움을 요청했다. 사라는 연합의 법칙과 몇 가지 사무용품을 사용해서 예전 방식의 파일 관리에 익숙한 부부에게 컴퓨터로 파일을 관리하는 방법을 설명했다. 그녀는 '윈도우 익스플로어'를 '파일 캐비닛'에, '내 문서'를 캐비닛의 '서랍'에 비유했다. 그리고 그녀는 컴퓨터에 '조의 파일'과 '일레인의 파일'이라고 이름 붙인 폴더를 만든 다음 각각의 폴더를 실제 폴더(서류철)로 생각하라고 말했다. 사라는 '조의 파일' 안에 각각의 아이들을 위한 하위 폴더를 추가로 만든 후 일레인에게 직접 아이들의 하위 폴더를 만들어보라고 했다. 지식을 경험과 결합시키는 것이 가장 좋은 학습방법이기 때문이다.

무엇보다 사라는 '저장'과 '다른 이름으로 저장'의 차이를 설명하기 위해 연합을 사용했다. 사라는 '보고서 문서양식'이라고 이름 붙인 종이 서류를 철한 다음 이것을 '저장'이라고 설명했다. 그 다음 몇 개의 서류철에 아이들의 이름을 붙이고 각각의 문서를 복사해서 복사본마다 다시 이름을 붙인 다음 서류철로 만들었다. 사라는 이것을 '다른 이름으로 저장'했다고 말하면서 문서 원본을 원래 서류철에 돌려놓으면 '저장'된다고 설명했다.

이제 조와 일레인의 뇌에 불이 들어왔다. 첫 번째 시도만에 그들은 컴퓨터로 파일을 관리하는 데 성공했다. 파일을 드래그해서 각 폴더에 옮기는 것은 굳이 설명할 필요도 없었다. 전에는 이해할 수 없었던 컴퓨터 사용법을 이미 뇌의 신경회로를 형성하고 있는 친숙한 사무용품과 연관지어 생각함으로써 모르는 것을 아는 것으로 만든 것이다. 이들의 경험은 우리의 뇌가 나이에 상관없이 무엇이든지 배울 수 있다는 사실을 알려준다.

그러면 이미 존재하는 신경망을 강화하고 새로운 신경망을 만드는 데 연합 말고 다른 방법은 없을까?

반복의 법칙

우리가 연합을 통해 무언가를 배운다면 반복은 기억하는 데 필요하다. 처음에는 습관적인 생각에서 다른 생각으로 주의를 돌리는 데 엄청난 의식적 노력이 필요할 것이다. 하지만 이것을 반복할수록 뉴런의 연결은 더욱 강해진다. 만약 아무런 잡념 없이 한 가지를 반복적으로 생각하고, 행동하고, 경험할 수 있다면, 우리의 뇌는 더 강하고 더 복잡한 신경망을 형성해 새로운 마음 상태를 만들어낼 수 있을 것이다.

프로 운동선수들은 코치의 조언에 따라 자세 하나를 매일 수천 번씩 연습한다. 골프나 야구, 테니스 스윙을 할 때마다 매번 자신의 자세에 대해 고민하기를 원치 않기 때문이다. 선수들은 끊임없는 연습을 통해 근육을 훈련시킨다. 몸이 알아서 움직이는 상태가 될 때까지 말이다. 이것이 바로 반복의 법칙에 의한 학습이다.

많은 부모들이 아이의 뛰어난 학습능력에 놀라곤 한다. 예를 들어 아이가 걸음마를 배울 때 우리는 기쁘기도 하지만 동시에 걱정도 많이 한다. 아이가 걷게 되면 위험한 상황에 처할 가능성도 많아지기 때문이다. 그래서 부모들은 아이들의 움직임이 자유로워질수록 똑같은 말을 반복한다. '안 돼(No)'라는 말이 쏟아지는 것이다. "안 돼. 이리 와.", "안 돼. 계단으로 가지마.", "안 돼. 그거 만지지 마." 이렇게 부모가 '안 돼'를 반복하는 몇 주가 흐른 후, 아기는 리모컨을 내려놓으라는 엄마의 말에 '싫어(No)'라고 대답한다. 그 순간 엄마는 당황할 것이다.

대체 아이는 어디서 이 말을 배웠을까? '안 돼'라는 말을 얼마나 많이 반복해서 들으면 단어의 뜻과 사용된 상황을 연합해 실제로 그 단어를 사용할 수 있을까?

처음 컴퓨터로 집필을 시작했을 때 나는 자판의 타자를 치는 일이 매우 어색했다. 손가락을 자판 위에 놓고 철자를 찾는 데 얼마나 시간이 많이 걸렸던지 짜증이 나기도 했다. 하지만 연습을 하면 할수록 타자치는 일이 쉬워졌다. 아마 여러분에게도 처음에는 어색했지만 지금은 자연스러운 기술들이 많을 것이다. 자연스럽다는 말은 단순히 쉽다는 의미를 넘어선다. 말하자면 새로운 기술을 자동적으로 사용하게 되는 것이다. 한번 기술을 마스터하면 그 후에는 완전히 무의식적으로 사용하게 된다. 그것을 하는 동안 아무런 생각도 하지 않는 것이다.

의식적 인식을 통해 우리가 어떤 생각이나 경험을 한 후 그것을 반복적으로 생각하고 연습하면 뇌 속의 뉴런들이 활성화되면서 서로 연결을 이루고, 이것을 오래 지속하려고 한다. 그리고 이 과정이 반복되면 뉴런은 연결을 강화하기 위한 화학물질을 분비한다.

신경성장인자(neural growth factor, NGF)라고 불리는 이 향신경성 화학물질(neurotrophic chemicals)들은 뉴런 간의 시냅스가 오랫동안 유지되도록 만든다. 마치 정원사가 나무에 뿌리는 비료처럼 이 화학물질들은 수상돌기의 연결을 풍성하게 할 뿐 아니라 더 많이, 더 강하게 연결되도록 한다. 그 결과 연결이 오래 지속되고 단단하게 고정되는 것이다. 신경회로가 고정되면 무엇을 배우든 쉽고, 더 자연스러워지며 무의식적으로 된다. 운전을 하든 자전거를 타든 혹은 뜨개질을 하든 간에 어떤 행동을 반복할수록 신경회로는 더 강해질 것이다.

주의는 이 과정에서 매우 중요한 역할을 한다. 배우고 있는 것에 주의를 쏟고 생각을 반복적으로 행동으로 옮김으로써 우리는 새로운 신경회로를 만들 수 있다. 언제나 접근 가능한 영구적인 지도를 갖게 되는 것이다. 하지만 새로운 신경회로를 만들려는 순간 다른 것을 마음에 둔다면 뇌는 새로운 신경회로를 만들 수가 없다. 왜냐하면 마음이 다른 신경회로로 이동해버렸기 때문이다.

모든 관계 형성이 그렇듯이 뉴런들이 처음 연결될 때도 잦은 의사소통(활성화)이 필요하다. 그래야 좀 더 오래 관계를 유지할 수 있기 때문이다. 일단 관계를 형성하게 되면 이들은 서로 옆에 있다는 이유만으로도 활성화될 수 있다. 우리는 고정된 신경망을 생각, 행동, 기술, 느낌, 개념으로 강화할 수 있다.

우리가 받아들이는 것이 무엇이든 의식적인 행동은 더 간단하고, 쉽고, 자연스러우며, 친숙하고 일상적인, 그리고 어떠한 노력도 필요 없는 자동적인 것이 되기 시작한다. 완전히 무의식적인 것이 될 때까지 말이다.

미켈란젤로의 작품인 '천지창조'에서 하느님과 아담이 서로 손을 맞대려고 하는 모습과 같이 우리의 신경세포들도 똑같은 행동을 한다. 우리가 모르는 것을 아는 것으로 만들고자 할 때 서로 이웃해 있는 뉴런들은 돌기를 뻗어 지속적인 연결을 만들려고 노력한다. 그리고 이러한 연결을 반복적으로 활성화하면 뉴런들이 서로 완전히 연결되는 순간이 오게 된다. 우리는 헵의 이론을 '함께 활성화되는 신경세포는 서로 연결된다'라고 요약한 바 있다. 그렇다면 이것도 다음과 같이 말할 수 있다. '반복적으로 함께 활성화되는 뉴런은 서로 더 강하게 연결된다.'

우리의 뇌는 끊임없이 변한다. 연결된다는 것은 새로운 배열과 패턴으로 다시 태어난다는 것을 의미한다. 진화를 멈추지 않는 우리의 뇌는 새로운 정보를 배우고 새로운 경험을 축적함으로써 변화한다. 그리고 이것은 연합을 통해 처리되고, 반복을 통해 강화된다.

결국 신경망이란 새로운 정보를 배우고 반복에 의해 배운 것을 기억해널 때, 연합에 의해 함께 활성화하여 서로 연결되는 뉴런의 집단이라 할 수 있다. 뇌는 새로운 생각이나 개념, 사고과정, 기억, 기술, 습관, 행동 또는 행위를, 이미 알고 있는 정보와 연합하고 그것을 반복하여 신경망을 만든다.

그런 점에서 우리가 새로운 신경망을 활성화하는 것은 곧 새로운 마음 상태를 만들어내는 것과 같다. 만약 마음이 작동 중인 뇌 혹은 활성화된 뇌라면, 새로운 신경망은 새로운 상태의 마음을 만들고 있는 것이다. 그리고 가장 중요한 것은 하나의 완전한 신경망은 막대한 양의 신경학적 자산을 샅샅이 조사하여 다양한 분역, 모듈, 소영역, 하부구조 및 심지어는 뇌엽들끼리도 연결시켜 무한대의 조합으로 활성화할 수 있다는 점이다.

새로운 정보는 어떻게 일상이 되나

본래 뇌는 뉴런이나 시냅스처럼 가장 기본적인 단위 수준에서 새로운 것을 배울 수 있도록 짜여졌다. 이제부터는 뇌의 두 반구가 새로운 정보를 어떻게 처리하여 그것을 일상적인 기억으로 만드는지 살펴보겠다.

대뇌신피질의 두 반구는 서로 똑같지 않다. 우측 전두엽은 좌측 전두엽보다 더 넓고, 좌측 후두엽은 우측 후두엽보다 넓다. 이러한 비대칭은 '야코블라프의 토크(Yakovlevian torque)'로 널리 알려져 있다. 발견자인 하버드 대학의 신경해부학자 폴 야코블라프*Paul I. Yakovlev* 박사의 이름에서 따온 것이다.

반구의 생화학물질에도 이러한 불균형이 나타난다. 예를 들어 왼쪽 반구에는 도파민이 많은 반면, 오른쪽 반구에는 노르에피네프린*norepine-phrine*과 에스트로겐을 위한 신경호르몬 수용체가 더 많다.

당신은 지금쯤 이렇게 생각할 것이다. '두 대뇌신피질의 구조와 화학조성이 다르다면 기능에도 차이가 있지 않을까?'

실제로 그렇다. 지금까지 좌반구가 우반구보다 우세한 것으로 여겨져 왔다. 좌반구는 우반구에 비해 더 활동적이었을 뿐 아니라 언어처리, 분석적 사유 및 추론, 선형기호논리 등에 우반구보다 더 우세한 것처럼 보였기 때문이다.

게다가 우뇌에 손상을 입은 대부분의 성인 환자들(몸의 왼쪽이 마비된)은 인지능력에 큰 이상이 없는 것으로 보였다. 이 때문에 처음에 신경과학자들은 우뇌의 역할이 미미하다고 생각했다. 하지만 연구가 계속되면서 우뇌의 손상이 뇌와 몸에 엄청난 변화를 가져온다는 사실이 밝혀졌다.

예를 들어, 우뇌에 뇌졸중이 온 많은 실험대상자들은 한쪽 다리가 마비되어 다리를 끌고 다니면서도 자신들의 몸에 문제가 있다는 것을 전혀 인지하지 못했다. 이것은 편측무시(unilateral neglect)라는 현상으로 몸의 한쪽 편을 지각적으로 인식하지 못하거나 주의를 기울이지 못하는 상태를 말한다.

이러한 연구로 과학자들은 우뇌와 좌뇌의 역할에 대해 다시 생각하기 시작했다. 보통 어린아이가 우뇌의 손상을 입는다면 좌뇌의 손상보다 더 심각한 것으로 받아들여진다. 성인의 경우는 완전히 반대다. 의사들은 언어의 중추이자 여러 기능을 관장하는 성인의 좌뇌를 수술하는 것을 매우 조심스럽게 여긴다. 어쩌면 아이들은 아직 언어를 배우는 단계에 있고 신경회로가 많이 형성되지 않았기 때문에 좌뇌의 손상이 그렇게 심각한 문제가 아닐 수도 있다. 하지만 이것은 왜 아이들에게 우뇌 손상이 더 치명적인지를 설명하는 데 충분하지 않다.

혹시 아이들은 우뇌가, 어른은 좌뇌가 더 활발하게 활동하기 때문은 아닐까? 만약 그렇다면 왜 이런 변화가 나타나는 것일까? 신경심리학자인 엘코논 골드버그Elkhonon Goldberg 박사는 이에 대해 다음과 같은 이론을 내놓았다.[9]

자라면서 좌우 뇌의 역할이 바뀐다?

골드버그 박사에 따르면 우리는 어릴 때 매우 다양하고, 새로운 정보에 노출된다. 반면 어른이 되면 대부분의 시간을 익숙한 정보와 일상적인 일을 처리하는 데 사용한다. 그는 이 점에 착안하여 아이가 어른이 되는 것과 우뇌의 기능 및 정보가 좌뇌로 이동하는 것 사이에 어떤 관련이 있는지 연구하기 시작했다.

1981년 골드버그 박사는 우뇌의 기능은 새로움을 인지하는 것이고, 좌뇌의 기능은 일상을 인지하는 것이라는 내용의 논문을 발표했다. 즉, 우뇌는 미지의 개념을 처리하는 데, 좌뇌는 친숙하고 알려진 특성을 처리하는 데 더 활동적이라고 생각한 것이다. 아이에서 어른으로 성장할 때 받는 새로운 자극은 우뇌에서 처리된 후 좌뇌로 이동해 저장된다. 이 때문에 아이는 우뇌가, 어른은 좌뇌가 손상을 입을 때 더 치명적인 것이다. 두 경우 모두 뇌에서 가장 활동적인 부위가 손상되기 때문이다.

골드버그의 가설은 고등동물 종으로서 인간의 학습원리를 단순하게 설명하고 있다. 헵의 학습모델에서 살펴봤듯이 우리는 새로운 정보를 더 잘 이해하기 위해 이미 알고 있는 정보에 의존하도록 만들어졌다. 이런 관점에서 우리가 새로운 정보를 처리하는 우뇌와 익숙한 정보를 처리하는 좌뇌로 구성된 큰 뇌를 가지고 있다는 주장은 일리가 있다. 익숙한 자극을 처리하는 능력은 습관적인 기술로 축적되고, 이것은 새로운 것을 배울 수 있는 능력의 바탕이 된다. 말하자면 인간을 다른 동물들과 구별하는 신경가소성은 익숙한 개념을 사용해 그것을 익숙하지 않은 개념과 연결하는 능력이라 할 수 있다.

헵의 모델을 통해 우리는 새로운 정보나 경험을 이미 알고 있는 정보와 연관시킴으로써 학습한다. 이러한 방법으로 이해의 폭을 넓히는 보다 새롭고 강화된 신경회로를 만드는 것이다. 처음 무언가를 배울 때 우리는 새로움을 경험한다. 학습은 새로운 정보에 집중하는 능력을 통해 지속된다. 그리고 이 새로운 자극을 반복적으로 경험하여 내 것으로 만들면 이는 익숙한 것, 아는 것이 된다. 모르는 것을 아는 것으로, 낯선 것을 익숙한 것으로, 새로운 것을 일상적인 것으로 바꾸는 능력은 우리가 스스로를 진화시키는 가장 좋은 방법이다.

좌뇌가 익숙한 행동과 정보의 창고라면 우뇌는 새로운 경험을 처리해 미래의 경험에 대비할 수 있도록 만드는 곳이다. 이것이 사실이라면 대뇌를 기능에 따라 철저히 구분하는 일반적인 신경학적 이론들은 수정되어야 한다. 예를 들어 좌뇌는 오랫동안 언어의 중추라고 여겨졌다. 사실 언어는 일상적이고 가장 자동적인 기능이기 때문에 주로 좌뇌의 영향을 받는 것일 뿐이다. 우뇌가 공간감각을 담당한다는 것도 마찬가지다. 인지신경과학자들이 진행한 실험을 살펴보면 실험 참가자들은 처음 보는 퍼즐을 통해 공간표현을 배울 때, 그들의 공간경험을 우뇌에서 처리했다. 왜냐하면 그것이 새로웠기 때문이다.

알렉스 마틴*Alex Martin* 박사와 미국 국립정신건강연구소의 연구진에 따르면 이원적인 뇌의 운영(우뇌에서 새로운 정보를 처리하여 이것을 좌뇌에 일상적인 것으로 기록하는 것)은 모든 학습에 적용된다. 이들은 뇌 스캔을 통해 사람들이 단어나 사물과 관련된 새로운 일을 접할 때의 뇌 혈류를 관찰했다. 참가자들이 새로운 일을 경험할 때마다 우뇌의 특정한 부분이 두드러지게 활성화되었다. 반면 참가자들이 학습을 통해 사물에 친숙해지자 우뇌의 활성화는 감소하고, 좌뇌의 특정 구역이 훨씬 활성화되었다. 그리고 모든 참가자들에게서 새로운 정보가 일상적인 것으로 변해가는 과정이 포착되었다.[10]

많은 연구를 통해 인간이 뇌를 이원적으로 운영하여 학습한다는 것이 증명되었다.[11] 실제로 실험 참가자들을 복잡한 문제를 해결해야 하는 새로운 상황에 노출시키자 우측 전두엽의 활동이 활발해지기 시작했다. 반면 문제해결법을 습득하였을 때는 좌측 전두엽에서 활발한 신경 활동이 관찰되었다.

우뇌의 새로운 정보가 좌뇌의 일상적인 정보로 옮겨가는 것은 정보의 종류와는 상관없는 것으로 보인다. 우뇌에 위치해 있는 신경회로는 새로운 과제를 빨리 배우도록 전문화되어 있다. 반면 좌뇌는 주어진 과제를 소명의식을 가지고 부지런히 연습하여 숙련도를 완수하는 데 전문화되어 있다.

모르는 것을 아는 것으로 만들기

우리는 지금 신경회로의 활성화 정도에 대해 이야기하고 있다. '새로움-일상' 모델의 관점에서 좌우 뇌의 일반적인 활동은 활동 중인 마음과 서로 관련되는 어떤 경향과 패턴을 보인다. 각자가 느끼는 어떤 과제의 난이도에 따라 우리가 정보를 처리하고 학습하는 능력은 모두 다르다. 이 때문에 새로운 정보가 우뇌에서 좌뇌로 이동하는 데 몇 분밖에 걸리지 않는가 하면 몇 년씩 걸리는 경우도 있는 것이다. 이것은 과제의 복잡성과 개인의 숙련도에 따라 다르다.

처음에 과학자들은 우뇌가 처리하는 기능들은 좌뇌보다 더 창의적, 직관적, 공간적, 비선형적, 의미지향적, 정서적, 추상적이라고 생각했다. 이 원적인 뇌 운영 모델에 따르면 이것은 맞는 말이다. 보통 창의적일 때 우리는 새로운 것을 받아들이고, 직관적일 때 숨은 잠재력을 드러낸다. 또한 비선형적이고 추상적으로 생각하는 것은 일상이나 친숙함과는 거리가 멀다. 우리가 자신의 정체성에 관하여 의미를 추구할 때 우리는 알고 있는 개념과 관련지어 새로운 생각을 넓히고 자신의 지혜로 발전시킨다. 이것이 우뇌가 작용하는 원리다.

예를 들어, 음악이 우뇌에서 처리된다는 것은 음악에 능숙하지 않은 사람들에게만 해당하는 것이다. 대부분의 평범한 사람들은 음악의 새로움 때문에 그것을 우뇌에서 처리한다. 뇌 활동사진을 보면 숙련된 음악가는 음악을 듣고 연주할 때 좌뇌가 관여한다. 학습과 경험을 통해 형성된 신경망이 이미 좌뇌에 자리 잡고 있기 때문이다.[12]

뇌가 해부학적으로 이원화되어 있는 이유를 생각하면 좌뇌와 우뇌는 똑같다고 말할 수 있다. 우리는 새로운 일을 배워서 그것에 숙련되도록 구조적으로 짜여진 뇌를 가지고 있다. 모르는 것을 아는 것으로 만드는 것은 뇌 구조물에 미리 짜여 내장된 명령인 것이다.

다음 장으로 넘어가기 전에 지금까지 배운 것을 정리해보기로 하자.

1. 새로운 정보(의미기억)를 학습하고, 새로운 경험(일화기억)을 체험함으로써, 우리는 새로운 시냅스 연결을 만들고 뇌를 진화시킨다.
2. 우리는 연합을 통해 학습한다. 또한 모르는 것을 이해하기 위해 이미 알고 있는 것을 사용한다. 우리의 지식과 경험으로 이미 형성된 신경망을 활성화할 때, 새로운 신경회로를 만드는 일이 더 쉬워진다. 헵에 따르면 이것은 '함께 활성화되면 서로 연결된다' 는 학습 모델이다.
3. 우리는 반복을 통해 기억한다. 우리가 배우고 있는 것에 주의를 기울이고, 연습을 통해 신경회로를 반복적으로 활성화하면 두 뉴런 간의 장기적인 관계를 만드는 향신경성 화학물질이 분비된다. 한마디로 '반복적으로 함께 활성화되는 뉴런은 더 강하게 연결된다.'
4. 우리의 뇌는 학습을 통해 모르는 것을 아는 것으로 만드는 구조를 갖고 있다. 이것은 뉴런 수준에서의 헵의 모델과 이원적인 뇌 처리 모형 모두에 해당된다.

지식과 경험을 실천할 때
변화가 시작된다

Evolve your Brain

우리 세대의 가장 위대한 발견은 태도를 바꾸는 것만으로
삶을 바꿀 수 있다는 것이다.

– 윌리엄 제임스*William James*

지식과 경험을 실천할 때

Evolve your Brain

변화가 시작된다

이번 장에서는 '연합의 법칙'과 '반복의 법칙'이 어떻게 함께 기억을 형성하는지에 대해서 알아보겠다. 감각과 감정이 신경연결의 강도를 결정하는 데 어떤 역할을 하는지를 먼저 살펴보고, 이어 우리의 일상적인 생각들이 어떻게 우리의 성격을 형성하는지 알아볼 것이다. 중요한 것은 연합의 법칙과 반복의 법칙, 의미기억과 일화기억 그리고 대뇌신피질의 독특한 특성들을 어떻게 사용해야 최상의 결과를 얻을 수 있는가다. 우리는 이 모든 기능을 집중력과 자발적인 반복을 통해 통제할 수 있다.

잠시 헵의 학습모델을 살펴보자. '시냅스를 이루고 있는 두 뉴런이 반복적으로 동시에 활성화되면(새로운 정보의 학습에 의해서든 경험에 의해서든), 뉴런과 시냅스가 화학적 변화를 일으킨다.' 활성화된 하나의 뉴런은 다른 뉴런을 활성화하는 데 강력한 방아쇠가 된다. 일단 뉴런들이 짝을 이루면 나중에는 전보다 더 즉각적으로 함께 활성화된다. 이것이 바로 '함께 활성화되면 서로 연결된다'는 헵의 학습모델이다. 그리고 이때 신경세포와 시냅스에서 일어나는 화학적 변화를 '장기강화(LTP : long-term potentiation)'라고 부른다.[1] 장기강화는 뇌의 신경망이 좀 더 단단히 연결되고 고정되려는 경향을 의미한다.

쉽게 설명하자면 학습은 이해의 폭을 넓히기 위해 서로 연관되어 있는 개념의 신경망들을 함께 활성화할 때 이루어진다. 이미 아는 것을 소재로 다양한 신경망을 자극하여 전체적인 활성화를 유도하는 것이다. 일단 신경회로들이 활성화되면 우리는 기존의 신경회로에 새로운 시냅스 연결을 추가할 수 있다. 다양한 회로들이 조합되고 여기에 새로운 회로가 추가됨으로써 우리는 새로운 이해의 모델을 얻을 수 있다. 또한 같은 마음 상태를 반복적으로 만들면 시냅스 연결이 강해지면서 새로운 정보가 뇌 속에 지도처럼 새겨진다. 시냅스가 반복적으로 활성화되면서 뉴런들이 더 쉽고 빠르게 활성화되는 것이다. 이것이 우리가 배우고 기억하는 방식이다.

만약 뉴런A의 영향으로 그것과 연결되어 있는 뉴런B의 시냅스 후 말단(수신 말단 : 이미 고정된 정보)이 활성화되면 뉴런B의 시냅스 전 말단(발신 말단 : 새로운 정보)이 전기화학적으로 활성화된 회로에 쉽게 연결된다. 뉴런A에 속해 있는 활성화된 회로에 의해 뉴런B의 발신말단이 활성화되는 것이다. 이러한 모델은 우리가 아는 것(뉴런A의 수신 말단)을 이용해 새로운 연결(뉴런B의 발신 말단)을 만들어, 모르는 것을 배우는 방식을 설명해준다. 그림7.1에서 시냅스 전 말단에서 시냅스 후 말단으로 강한 신호를 주고받는 수상돌기 가시의 모습을 볼 수 있다.

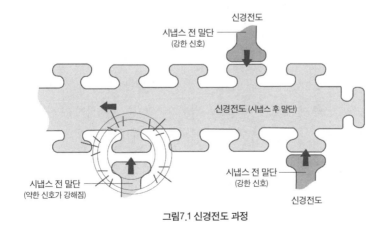

그림7.1 신경전도 과정

강자가 약자를 돕는다

당신은 학창시절 과학시간에 전자석과 쇳가루로 실험을 해본 적이 있을 것이다. 철심에 전류가 흐르기 전까지 쇳가루들은 아무런 움직임을 보이지 않는다. 그러다 전류가 흐르면 철심이 자성을 띠게 되고, 쇳가루들은 철심 표면에 달라붙는다.

이는 이미 알고 있는 정보의 강한 자극이 모르는 정보의 약한 자극을 끌어당기는 방법과 같다. 핵심은 적합한 신경회로를 활성화시켜 필요한 뉴런들의 활성화를 돕는 것이다. 일단 이미 존재하는 신경망이 활성화되면 쇳가루들이 전자석 쪽으로 달라붙는 것처럼, 주변의 뉴런들이 빠르게 달려들어 즉시 연결된다.

우리는 지금까지 새로운 지식을 배우고 이해의 폭을 넓히는 의미지식에 관한 것을 배웠다. 이러한 의미지식에 적용되는 원칙은 경험을 통해 배우고 일화기억을 형성하는 데도 적용된다. 이제 경험을 통해 학습하는 것에 대해 이야기해보자.

친구들(사람)과 여름날 저녁(시간) 근처의 호수(장소)에 생일 선물로 받은 낚싯대(사물)를 가지고 낚시를 하러 갔다고 가정해보자. 그곳에서 당신은 그만 성난 말벌 떼에 쏘이고 말았다(강한 자극이 되는 사건). 이제 호숫가(약한 자극이 되는 장소)를 말벌에 쏘인(강한 자극) 장소와 연합할 것이다. 그리고 다음번에 낚시를 하러 갈 때는 아마도 말벌에 대비할 것이다.

당신은 경험을 통해 새로운 연결을 형성하게 됐다. 왜냐하면 강한 감각 자극(말벌에 쏘인 통증)이 상대적으로 약한 자극(여름날 저녁에 친구들과 새 낚싯대로 낚시하러 간 일)의 신경 활성화(새로운 기억의 형성) 수준을 높였기 때문이다. 말하자면 강한 자극이 약한 자극의 활성화를 촉진한 것이다. 따라서 다음에 낚시를 하러 가게 되면(약한 자극), 당신의 뉴런은 과거의 경험으로 인해 강하게 활성화될 것이다. 그리고 다음번에는 낚시 장소를 선택할 때 두 번 생각하게 될 것이다. 새로운 기억이 형성되었기 때문이다. 이 것이 바로 학습이다.

우리가 일화적인 경험을 통해 무언가와 연합할 때, 그것이 의미를 갖기 위해서는 적어도 두 개 이상의 감각정보가 연관되어야 한다. 일화적 경험 의 연합은 진화의 과정에서 대부분의 종들이 학습하고 행동을 수정하는 방법이었다.

인간만이 경험을 통해 학습하는 유일한 존재는 아니다. 개도 음식을 발견 하면 냄새를 맡아 먹고 싶은 것인지 아닌지를 판단할 수 있다. 개는 눈으로 본 것과 냄새 맡은 것을 빠르게 연관시킨 후 맛과 질감이라는 감각정보를, 기억을 위한 새로운 소재로 추가할 것이다.

이때 음식을 먹은 개가 아프기 시작했다고 가정해보자. 나중에 이 개는 자연스럽게 자신이 보고, 냄새 맡고, 먹은 음식을 아팠던 경험과 연관시킬 것이다. 결국 이 개는 다음번에 약간이라도 이와 비슷한 냄새를 맡게 되면 자신의 경험을 떠올리게 된다. 중요한 기억이 형성된 것이다. 이 경험은 개 의 생존을 위해 가치 있는 교훈이 된다. 그리고 다음번에 비슷한 상황을 맞 을 때 개는 이전과 다르게 행동할 것이다. 이것이야말로 뇌의 가소성이 진 화에 어떻게 영향을 미치는지를 보여주는 좋은 예다.

기억의 형성

일화기억이 오래 지속되는(오랜 시간이 지난 뒤에도 기억할 수 있는) 이유 중 하나는 오감이 정보에 깊이 관여하기 때문이다.

우리가 어떤 감각경험을 과거의 기억과 연관시키거나 동일시할 때 새로 운 기억을 형성한다. 이러한 동일시는 그 자체만으로도 새로운 기억을 형 성하는 하나의 사건이 된다. 외부 세계에서 경험한 것은 무엇이든지 간에 이것은 체내에 화학적인 변화를 유발한다. 감각정보는 뇌로 전해져 새로운 화학 반응을 만들고, 우리 몸의 화학적인 상태를 바꾸어놓는다. 따라서 우리가 현재 경험 중인 것과 이전에 몸으로부터 온 피드백을 받아 마음과 뇌에 신경회로로 축적된 경험을 연합할 때, 이러한 연합은 기억으로 새겨져 신경연결을 형성하는 사건이 된다.

어떤 의미에서 '기억한다(re-membering)' 는 것은 과거의 어떤 순간을 '다시 연결(rewiring, reconnecting)' 한다는 뜻이다. 우리는 다양한 자극을 받는다. 그리고 이 자극들을 서로 묶어 그것들이 동일하다는 것을 알아차리는 순간 그것을 정보로 저장한다. 이때 경험의 감정적 기초가 되는 처음의 감각자극이 강할수록 그 사건을 기억으로 저장할 가능성은 더 높아진다.

나는 9·11 테러 당시 무역센터에서 불과 1.5km 떨어진 건물에서 일하고 있던 사람을 알고 있다. 이 건물의 사람들은 모두 불타고 있는 건물이 보이는 회의실로 모여들었다. TV에서는 눈앞에서 벌어지고 있는 비극을 그대로 보여주고 있었다. 이 사람은 눈앞에서 벌어지고 있는 광경을 TV를 통해서 동시에 보고 있다는 사실에 매우 강하고 이상한 감각을 느꼈다.

처음에 그는 창문을 통해 보이는 무역센터의 불빛과 폭발에서 눈을 뗄 수가 없었다. 그때는 맑은 가을 아침이었고 무역센터가 무너지고 있다는 것을 알아차리기 전까지 창밖 풍경은 아름답기만 했다. 그는 몸의 모든 털이 곤두서는 느낌을 받았다. 방안의 모든 사람들이 비명을 지르고 TV 속의 리포터들 역시 경악을 금치 못했다. TV 화면은 연기와 뿌연 먼지로 가득했다. 이 모든 것이 즉시 그의 기억에 각인됐다. 그리고 그는 그날 느낀 어떤 감각 하나도 평생 잊지 못할 거라는 것을 알았다.

이 경악스러운 경험이 만들어낸 느낌은 오감을 통해 그의 뇌 속으로 쏟아져 들어와 그가 서 있던 장소, 시간, 행동, 함께 있던 사람들과 결합되었다. 그는 이 사건을 눈앞에서 펼쳐지듯 생생한 모습으로 평생 기억하게 될 것이라는 것을 알았다.

9·11 테러는 평소 그의 일상과는 매우 거리가 먼 것이었다. 그래서 그는 외부 세계에서 들어온 감각정보가 그의 내부에 뚜렷한 변화를 만들어내는 것을 직접 느낄 수 있었다. 외부에서 경험한 것과 내부의 느낌을 연결하는 과정은 그 자체로 구별되는 하나의 사건이었으며, 평생 잊을 수 없는 기억을 형성했다. 외부세계의 경험으로 인해 뇌가 화학적으로 달라졌고, 다시 뇌가 몸의 화학 반응에 영향을 미쳐 내부에 변화가 일어난 것이다.

물론 이처럼 극적인 역사적 사건을 경험하거나 목격했을 때만 생생한 장기기억이 형성되는 것은 아니다. 외부 환경의 자극이 체내의 정상적인 화학상태에 변화를 일으킨다는 것을 이해하기만 하면 일화기억을 만들 수 있다. 외부의 원인과 내부의 결과, 외부의 자극과 내부의 반응이 결합될 때, 우리는 일화기억이라고 부르는 신경의 연결을 만들 수 있다. 느낀 것을 바탕으로 그 순간을 기록하는 것이다.

여기에는 몇 가지 원칙들이 적용된다. 일단 어떤 사건을 감각을 통해 받아들일 때 그 경험이 새로울수록 뇌로 가는 신호도 더 강해진다. 강한 신호는 장기기억으로 저장될 가능성이 높다. 그렇다면 신호의 강도는 어떻게 결정될까?

우리는 새로운 사건을 '예상하지 못한, 일상에서 벗어난, 일반적이지 않은, 낯선 것'이라고 생각한다. 새로운 경험에는 감각이 매우 많이 관여한다. 늘어난 감각자극은 평소 신경계의 활성화에 필요한 양을 훨씬 뛰어넘게 되고, 뇌는 새로운 정보의 폭격을 받는다. 그러면 시냅스는 신경전달물질을 분비하여 곧 신경망을 형성할 것이다. 이때 만들어지는 느낌은 경험과 연관된다. 이것이 시냅스가 신경망의 형태로 오래 지속되는 방법이다.

일단 신경망의 화학적 표식이 하나의 일화기억으로 기록되어 수립되면 우리가 그 신경망을 활성화시켜 그 경험을 기억으로 떠올릴 때마다 그 사건에 연결되어 있는 느낌을 경험하게 될 것이다. 이유는 간단하다. 모든 기억은 과거의 어떤 경험으로부터 기록된 화학적인 표식인 느낌을 포함하고 있기 때문이다. 우리가 과거의 사건에 대한 기억을 활성화하면, 당시에 분비했던 것과 같은 신경전달물질이 분비된다. 결과적으로 같은 느낌을 느끼게 되는 것이다.

이것은 어쩌면 우리가 '좋았던 옛 시절'을 추억하는 이유에 대한 설명이 될 수 있을지도 모르겠다. 우리는 과거의 느낌을 되살리고 싶어 한다. 새로운 것이나 자극이 없는 현재의 상태에서 벗어나고 싶은 것이다.

과거의 사건에 대한 기억은 경험의 최종 산물인 감정과 항상 연결되어 있다. 이 기억은 주로 특정 시간과 장소에서 일어난 사람과 사물에 관련된 사건과 연결되어 있다. 말하자면 일화기억은 과거의 경험에 대한 느낌으로 가득 차 있는 것이다. 게다가 우리는 모든 경험을 느낌을 기준으로 분석하려는 경향이 있다.

기적의 화학물질

우리가 다른 사람들과의 관계에서 성적흥분, 안도감, 고통스러운 경험으로부터의 해방감 등과 같은 유쾌한 감정을 느끼지 못한다면 어떻게 될까? 분명히 관계가 오래 유지될 수 없을 것이다. 가학적인 관계에 중독되어 있는 사람들은 제외하고 말이다. 알다시피 우리가 느끼는 것은 대부분 뇌와 혈액 속의 화학물질 때문이다. 낭만적이지는 않지만 우리가 사랑에 빠지는 것도 신경화학적으로 설명될 수 있다.

뉴런 자체에는 별 차이가 없다. 이들은 화학적으로 활성화되는 존재일 뿐이다. 일단 일련의 신경회로가 반복적으로 활성화되면(반복의 법칙) 각각의 뉴런은 그들의 연결을 더 견고히 하는 화학물질을 분비하게 된다. 이 같은 화학적인 시냅스 강화제를 신경성장인자(neural growth factor, NFG)라고 부른다. 신경성장인자는 신경충동과 반대 방향으로 움직인다. 시냅스

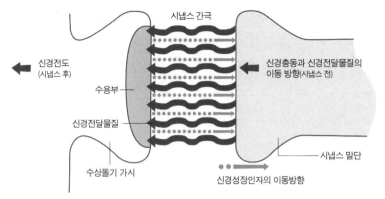

그림7.2 신경전도 방향과 반대 방향으로 움직이는 신경성장인자

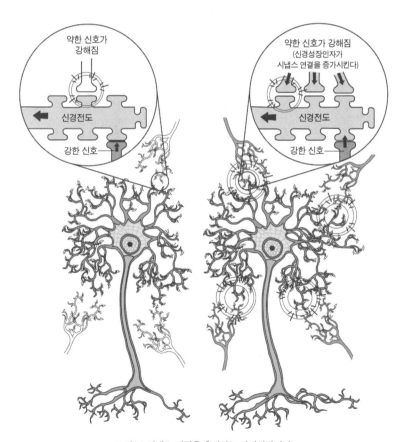

그림7.3 시냅스 연결을 촉진하는 신경성장인자

간극을 가로질러 축색돌기 말단으로 이동하는 것이다. 그림7.2를 보면 신경성장인자가 신경충동과 반대 방향으로 움직이는 것을 볼 수 있다.[2]

신경성장인자는 신경자극과 반대 방향으로 움직이면서 축색돌기에 여분의 말단이 성장하도록 촉진한다. 결과적으로 뉴런 사이에 더 많고, 더 넓고 긴 선착장이 만들어져 정보의 전달이 보다 쉽고 시냅스 전반에 걸쳐 이루어지도록 한다.[3] 그림7.3은 신경성장인자가 뉴런의 추가적인 시냅스 연결에 어떻게 영향을 미치는지 보여준다.

뉴런은 신경성장인자에 걸신들린 탐욕스러운 작은 생명체와 같다. 뉴런은 충분히 많은 다른 뉴런들과 함께 활성화될 때만 신경성장인자를 얻을 수 있다. 따라서 신경성장인자를 얻기 위해서는 시냅스 전 말단에 충분한 양의 전류가 흘러 뉴런들이 서로 연결되게 해야 한다. 함께 활성화되는 뉴런 집단은 새로운 시냅스를 보충하기 위해 신경성장인자를 빨아들일 것이다. 마치 한번 맛을 들이면 만족을 모르고 계속 갈구하는 것처럼 말이다.

신경성장인자는 뉴로트로핀neurotrophins이라고 불리기도 한다. 이 기적의 화학물질은 뉴런을 도와 새로운 시냅스를 만들고 그것이 살아남을 수 있도록 돕는다. 뉴로트로핀은 나무에 뿌리는 비료와 같다. 한 나무(뉴런)에서 신호를 받은 다른 나무(뉴런)는 강한 수액(뉴로트로핀)을 분비해 신호를 전달한 나무의 가지(축색돌기)에 잔가지(축색말단)가 더 많이 자라도록 만든다. 두 나무 사이가 더 촘촘히 연결되게 하기 위해서다.

외과 의사나 하프 연주자처럼 손의 움직임이 섬세한 사람들은 뇌의 운동피질에 더 많은 시냅스를 형성하고 있다. 이들은 손가락의 운동조절 능력과 관련된 회로를 반복적으로 활성화시켜 다른 사람보다 더 복잡하고 정교한 신경망을 갖게 된 것이다. 시냅스에서 분비되는 뉴로트로핀은 이같은 연결을 강화시킨다. 뉴로트로핀은 활성화 정도와 신호가 약한 세포를 활성화 정도와 신호가 강한 세포와 연결시켜 상승효과가 나도록 돕는다. 마치 외로운 뉴런들을 활기찬 파티에 참가할 수 있도록 돕는 것과 같다.

신경세포의 활성화는 활동전위라고 불리기도 한다. 3장에서 우리는 신경세포의 활동전위가 시냅스 전에서 시냅스 후로 이동하며, 시냅스 간극에 분비되는 신경전달물질이 활동전위와 같은 방향으로 흐른다는 것에 대해 살펴봤다. 시냅스 공간에서 분비되는 신경전달물질의 방향은 활동전위의 방향과 같다. 하지만 활동전위가 일어나 두 뉴런을 활성화시킬 때 뉴로트로핀은 반대 방향으로 움직인다. 신경자극과는 반대로 시냅스 후 말단에서 시냅스 전 말단으로 역류하는 것이다.

그 이유는 간단하다. 이미 활성화된 강한 세포가 약한 세포를 끌어당겨 연결을 이루게 하기 위해서다. 말하자면 이미 활성화된 강한 세포는 뉴로트로핀을 분비해 약한 세포의 축색말단의 성장을 촉진하고, 새로운 시냅스가 장기적인 관계를 유지할 수 있도록 만든다. 필요한 경우 뉴로트로핀은 약한 세포가 강한 세포와 추가적으로 연결될 수 있도록 돕기도 한다. 그림 7.3을 다시 한 번 참고하기 바란다.

반복과 화학물질의 관계

세포의 활동에 반복의 법칙이 어떻게 적용되는지는 헵의 모델로도 설명할 수 있다. 장기강화가 완성되기 위해서는 두 뉴런이 마침내 하나의 팀을 이룰 때까지 시냅스의 활성화가 반복돼야 한다. 뉴런들이 팀을 이루기 위해 반복적으로 활성화되려면 뉴로트로핀을 생산할 수 있을 정도로 충분히 강한 활동전위가 필요하다. 일단 뉴로트로핀이 생산되면 더 견고한 시냅스를 만드는 과정이 시작된다. 이것이 우리가 어떤 것을 배울 때 그것을 여러 번 경험하거나 반복적으로 되새겨봐야 하는 이유다.

뇌에서 신경성장인자를 만드는 데는 두 가지 방법이 있다. 바로 반복과 경험이다. 우리가 의미지식에 집중하여 의식적으로 반복학습하면 전에 경험하지 못한 새로운 지적자료를 만들 수 있을 정도로 강한 신호가 유발되어 오래 지속되는 시냅스 연결의 수가 증가한다. 여기서 핵심이 되는 것은 주의집중이다. 하고 있는 일에 전념함으로써 충분히 강한 신호가 발생하여 새로운 시냅스 연결이 이루어지는 것이다. 그렇게 함으로써 우리는 더 정교한 기억을 만들 수 있다. 뇌에 시냅스 연결이 더 많아질수록 마음의 활동 지평이 더 확장된다. 우리가 그런 특별한 신경망을 갖춰놓으면 확장된 마음을 더 잘 지원하는 고성능의 기계를 갖게 되는 것이다. 그 결과 우리는 환경으로부터 더 많은 정보를 받아들일 수 있고, 어떤 기술을 더 쉽게, 더 빨리 배울 수 있다. 우리가 더 많은 연결을 만들기 위해 자극에 주의를 집중했기 때문이다.

와인을 감별하는 뇌

많은 사람들이 와인을 좋아한다. 그중에는 와인평론가라고 불릴 만큼 미각이 발달한 사람들도 있다. 다른 모든 경우와 마찬가지로 이 같은 전문가는 타고나는 것이 아니라 만들어지는 것이다. 물론 우리는 선천적으로 특정 성향을 타고날 수도 있다. 하지만 그렇다고 해서 태어날 때부터 와인의 모든 포도 품종을 구분할 수 있는 혀를 갖게 되는 것은 아니다.

혀를 예민하게 만들기 위해서는 많은 종류의 와인을 맛봐야 한다. 단순히 와인을 반복적으로 마시는 것만으로는 평론가가 될 수 없다. 우리는 먼저 과거에 와인을 충분히 맛본 사람들의 지식을 습득하고 이들의 가르침을 배워야한다. 또한 맛과 향의 미묘한 차이를 통해 와인의 생산년도와 품종을 알아내기 위해서는 와인을 음미하는 데 완전히 집중해야 한다. 여러종류의 와인을 반복적으로 맛봄으로써 배운 기술을 완전히 익힐 때까지반복적으로 연습하고 경험의 폭을 넓혀가야 하는 것이다.

우리는 자연스럽게 연합의 법칙을 사용하여 다양한 와인의 종류를 '드라이하다, 나무향이 난다, 신맛이 난다, 감칠맛이 난다' 와 같은 친숙한 단어와 연결시킬 수 있다. 이 모든 과정을 통해 와인의 맛과 향기뿐만 아니라 색과 투명도 등의 세세한 특징에 이르기까지 이해의 폭을 넓히고 세련되게 지식을 다듬어나갈 것이다. 결국 와인의 생산지역, 토양, 연도, 제조자, 품종에 대한 지식과 감각경험들은 복잡한 신경망으로 집약된다. 일명 와인 맛을 감별하기 위한 신경망이 형성되는 것이다.

6장에서 설명했듯이 지식은 경험으로 바뀌는 전 단계다. 위와 같이 형성된 신경망은 새로운 경험에 대비할 수 있는 기반이 된다. 이러한 교육과정을 거치기 전 우리에게는 와인에 이렇게 미묘한 요소들이 있는지 알 수 있는 신경회로가 존재하지 않았다. 일단 신경망이 준비되고 더 정교하게 다듬어지고 나면 우리는 배운 정보를 적용하고 우리가 경험하는 것에 주의를 집중해야 한다. 그래야 우리는 와인에 대해 더 많이 알 수 있다. 일화기억은 우리가 의미지식에 주의를 집중하고 관련된 이전 경험을 찾는 순간 형성된다. 학습은 감각경험을 통해 현실에 대한 이해가 더 깊어짐으로써 이론이 실제가 될 때 완성된다. 감각을 통해 와인을 맛보는 신경망이 더 정교하고 풍부해지는 것이다.

새로운 경험은 우리의 모든 관심을 끌고, 강한 전기화학적 반응을 일으켜 신경성장인자를 생산할 수 있을 정도의 강한 신호를 만들어낸다. 이렇게 생산된 신경성장인자는 장기기억의 형성을 돕는다. 여러분 중에서 첫 키스의 기억을 잊은 사람은 아마 없을 것이다. 그것이 열정적이었든 아니든 간에 대부분은 기억하고 있을 것이다. 어쩌면 석양을 배경으로 파도소리가 들리는 바닷가의 낭만적인 첫 키스였을지도 모른다. 어쨌든 이 모든 감각적인 인상은 우리가 짜놓은 신경망에 수놓아져 있을 것이다.

신경망은 어떻게 형성되나

우리는 흔히 어떤 평범하지 않은 경험을 했을 때, 그 사건에 대한 생각을 멈출 수 없게 된다. 어떤 의미에서 마음을 빼앗겨버린 것이다. 이는 과거의 기억들이 침입하여 뇌를 점령해버린 것과 흡사하다. 이러한 경험을 하는 이유는 단순하다. 기억을 장기기억으로 굳히기 위해 반복적으로 생각하기 때문이다. 이것이 바로 학습의 과정이다. 어떤 경험을 반복해서 생각할수록 생각의 회로는 장기적으로 굳어지고, 경험은 과거의 것과 연관된다. 이 과정은 매우 자연스럽게 이루어진다. 과거의 행동을 수정하기 위해서는 기억이 필요한데, 이는 모든 종의 진화 과정에서 필수적이기 때문이다.

새로운 것을 배울 때 우리는 연합과 반복의 법칙을 병행하여 신경망을 형성한다. 마음속에 있는 새로운 개념을 발전시키든, 새로운 정보를 학습하든 아니면 새로운 경험을 하든, 같은 경험을 반복하든, 기술을 연마하든, 모르는 것을 이해하기 위해서 아는 것을 연관시키든 간에 새로운 신경망은 모든 활동의 최종 산물인 것이다.

개념의 완성

우리는 주의를 집중함으로써 자신이 하고자 하는 의도를 드러낸다. 원하든 원하지 않든 외부에서 수없이 많은 감각자극이 들어오는 가운데 어떤 것에 집중하기로 결심하면 그야말로 '계획적인' 상태가 된다. 우리는 주의를 집중할 때 한 개념을 다른 개념과 연합시키는 법칙을 통해 학습을 할 수 있다. 그리고 뇌는 한 신경망을 다른 신경망과 연결함으로써 학습한 내용을 반영한다.

예를 들어 '사과'라고 불리는 새로운 사물에 대해 학습한다고 가정해 보자. 만약 당신의 뇌에 '빨간색'과 '원형'에 대한 신경망이 이미 존재한다면, 이 신경망들을 새로운 개념과 쉽게 연결할 수 있을 것이다. 만약 내가 당신에게 둥글고 빨간 물체를 상상해보라고 한다면, 당신은 빨간 원의 이미지를 떠올리며 사과를 조금 이해할 수 있게 된다. 다시 내가 사과는 야구공 정도의 크기라고 말하면, 당신은 원형에 대한 기억을 야구공 크기의 사물과 연관시킬 것이다. 결국 당신은 이미 알고 있는 지식을 바탕으로 사과가 야구공처럼 구형의 사물이라는 것을 알게 된다. '빨간색'과 '원형', '야구공'에 대한 신경망이 모두 연결됨으로써 사과를 개념적으로 이해할 수 있게 되는 것이다.

이제 내가 이 새로운 물체의 이름이 '사과'라고 말하면 당신은 '사과'라는 이름을 앞서 형성한 사과라는 개념에 연결하게 된다. 이 단어를 듣는 순간 사과의 개념을 나타내는 신경망에 새로운 시냅스 연결이 추가되는 것이다. 그럼 이제 당신은 '사과'가 야구공 크기의 빨간 구형의 사물이라는 것을 기억하게 될 것이다.

이러한 과정이 가능한 것은 우리의 감각기관이 외부에서 들어오는 모든 정보를 순서와 의미에 따라 통합하기 때문이다. 우리의 감각은 연합에 필요한 소재를 제공한다. 우리가 오감으로 느끼는 것은 연합을 통해 완전히 하나로 합쳐져 뇌의 전역에서 기억을 강화한다. 감각경험을 통해 새로운 연결을 형성하고 그것을 강화할 수 있는 것이다.

감각정보는 대뇌신피질의 여러 부위에서 처리된다. 시각은 시각피질(후두엽)에서, 청각은 측두엽, 촉각은 두정엽에서 처리된다. 이렇게 처리된 감각정보는 다른 감각정보와 연합되어 의미를 만들어낸다. 예를 들어 시각과 청각을 연관시키거나, 미각과 촉각을 연관시키는 것이다. 대뇌신피질이 우리가 경험한 각각의 감각에 의미를 부여하면 측두엽에 있는 연합피질에서 그 입력된 감각들을 모아 연합기억으로 정리한다.

예를 들어, 사과의 이미지는 시각피질로 편입된다. 하지만 이것이 사과의 이름이나 맛, 촉감 등과 연결될 때 우리는 모든 감각을 사용해 사과를 완전히 경험할 수 있다. 개별적인 신경망들이 하나의 거대한 신경망을 이루며 사과를 좀 더 전체적으로 이해할 수 있도록 만드는 것이다.

반복의 힘

새로운 시냅스를 형성할 때마다 이미 존재하는 신경망을 수정하고, 그것을 오랫동안 유지할 수 있다면 이제 우리는 완전히 새로운 신경회로를 활성화할 수 있게 된 것이다. 비록 새로 추가된 시냅스 연결이 한두 개뿐이더라도 말이다. 새로운 뇌 회로를 활성화함으로써 뇌의 배열이나 패턴을 바꾸면 마음 상태 역시 본질적으로 새로워진다.

일단 어떤 생각과 경험이 영구적인 신경망으로 고정되면 일상의 작은 자극이나 생각만으로도 신경망이 활성화돼 과거의 경험이나 지식과 관련된 연합기억으로 이어진다. 그러면 우리는 자연스럽게 과거의 경험과 연합된 사람이나 장소, 시간, 사건 등을 기억하게 되고, 이것을 처리하기 시작한다. 이러한 생각들이 자연스러운 이유는 의식적으로 노력하지 않아도 자동으로 기능하는 신경망이 우리 뇌에 형성돼 있기 때문이다.

그러나 이러한 생각들이 늘 사실이거나 또는 건설적인 것은 아니다. 단지 신경망이 존재해 있기 때문에 그런 생각이 만들어질 뿐이다. 우리가 고정된 신경망을 활성화하면 할수록 시냅스는 더 강해지고 활성화하기도 더 쉬워진다. 그리고 헵의 이론에 따르면 이 신경망에 새로운 연결이 추가되기도 더 쉬워진다. 결국 생각들은 좀 더 복잡하고 조직화된 활성화 패턴을 만들고, 우리의 마음도 달라지게 한다. 또한 신경회로의 구조가 달라지면 이 생각을 하는 뇌 부위도 더 늘어날 것이다.

환경이 생각을 만든다

외부에서 다양한 자극이 들어오면, 뇌 속의 수많은 신경망들은 이러한 자극에 반응하여 외부 세계에 대한 어떤 모습을 만들어낸다. 이것이 우리가 외부 세계를 인식하는 방법이다. 매일같이 쏟아지는 다양한 감각정보는 환경의 자극에 맞춰 생각하도록 뇌의 신경망들을 활성화한다. 즉, 환경이 우리의 생각을 만드는 것이다.

예를 들어, 공원 의자에 앉아 점심을 먹기로 했다고 가정해보자. 당신은 그곳에서 대학교 때 친구의 애인을 생각나게 하는 외모를 가진 남자를 보게 된다. 그 순간 당신은 술과 담배 냄새가 뒤섞인 학교 근처의 술집을 떠올린다. 그때 먼지 낀 창문으로 들어온 햇빛이 친구의 얼굴에 그림자를 만들었지. 빨갛게 타오르던 친구의 담뱃불과 마스카라로 얼룩진 친구의 얼굴도 생각난다. 친구는 전날 밤 자신의 애인이 다른 여자와 함께 있는 장면을 목격했던 것이다. 나쁜 놈. 당신은 안타까워하며 고개를 흔들지만 여전히 친구에게 상처를 준 그 남자에게 화가 난다.

그 순간 당신은 어느 날 갑자기 떠나버린 애인이 생각난다. 차인 지 이틀 후에 애인이 다른 여자와 손을 잡고 걷는 모습을 보고는 토할 것 같은 느낌을 받았다.

이제 당신은 샌드위치를 먹고 있던 현재로 돌아온다. 누군가 어깨를 짓누르고 있는 것 같다고 느낀다. 따뜻한 햇볕을 받고 앉아 있는 것이 다 무슨 소용이란 말인가. 달라질 건 없어, 나는 늘 이렇게 혼자 앉아 있게 될 거야.

즐거웠던 점심시간이 갑자기 당신을 병들게 하는 생각에 묻혀버린다. 당신은 저주받았으며, 더 이상 연애를 할 수 없으며, 남자들은 다 믿을 수 없다는 생각 말이다. 어째서 당신은 이처럼 무의식적이고 익숙하며 습관적인 생각에 빠져들게 되었을까?

당신이 A지점(친구의 애인을 생각나게 하는 사람을 보는 것)에서 B지점

(자신이 가치 없다고 느낌)으로 옮겨갔듯이 많은 사람들이 매일 이러한 경험을 한다. 여기서 중요한 단어는 '생각나게 하는'이다. 이 단어를 '과거에 알았던 누군가를 닮은 사람을 보는 것'의 예와 관련해서 생각해보자.

당신의 마음속에는 처음부터 그 사람과 관련된 모든 사건과 사물, 시간, 장소에 대한 기억이 있었다. 이렇게 복잡한 믿음과 기억과 연합들이 밖으로 소환되는 데는 아주 작은 자극으로 충분했다. 이렇듯 신경망은 항상 준비된 상태로 당신의 처분을 기다린다. 이것이 바로 우리에게 쉽고 자연스러우며 친숙한 사고방식이다.

습관적인 과거의 기억

그렇다고 우리가 평생 이런 사고습관을 가질 운명인 것은 아니다. 좋은 기억은 확실히 당신에게 도움이 될 것이다. 자물쇠의 비밀번호를 기억하는 단순한 행위에서 나침반을 사용해서 길을 찾는 다소 복잡한 행위까지, 우리는 삶을 살아가면서 끊임없이 여러 의미지식과 경험을 연관시킨다. 우리가 이른바 '정보경험(infoperience : information + experience)'을 더 자주 사용할수록, 뇌에는 더 견고한 신경망이 형성돼 회상하기가 더 쉬워진다. 뿐만 아니라 이미 존재하는 신경망에 새로운 정보경험을 추가하는 일 역시 쉬워진다.

그러나 우리가 매일 같은 생각을 반복하기만 하면 생각의 신경망을 통해서 만들어지는 마음은 자동적이고, 무의식적이며, 일상적이고, 익숙한 것으로 굳어진다. 마치 습관처럼 말이다. 우리는 흔히 이와 같은 방식으로 자신에 대해 반복적으로 생각한다. 과거 경험의 신경회로를 지닌 '나'를 현재의 '나'로 여기는 것이다. 반복적인 생각과 행동, 느낌, 감정, 기술, 제한된 경험 등으로 형성된 신경망은 뇌에 깊이 각인되고 별다른 자극 없이도 무의식적으로 활성화된다. 한마디로 이러한 생각과 감정을 반복할

수록 더욱 무의식적으로 변하는 것이다.

친구의 전 애인을 닮은 사람을 보는 것처럼 사소한 자극 하나만으로도 우리 뇌의 특정한 회로를 활성화할 수 있다. 일단 하나의 생각이 특정한 신경회로를 활성화하면 이 생각은 자동으로 특정한 의식의 흐름을 타고 이어지게 된다. 동일한 외부자극을 반복적으로 받을수록 우리의 신경망은 외부 세계에 더 일치하게 된다.

우리는 이전에 경험했던 일상적인 자극에 반응하는 회로를 사용하여 스스로를 정의한다. 자신을 현재의 순간이 아닌 과거의 기억으로 생각하는 것이다. 과거의 경험은 느낌을 동반한 기억이 된다. 따라서 과거의 경험을 기억하는 한 현재의 우리는 과거의 느낌과 동일한 느낌을 갖게 된다.

대부분의 사람들은 많은 시간을 과거의 기억에서 오는 무의식적인 생각과 느낌에 소비한다. 그 이유는 이들이 그 경험을 반복적으로 생각하고 다른 경험들과 연관시킴으로써 뇌에 고정된 신경회로를 형성했기 때문이다. 만약 우리가 여러 고정된 신경망과 환경의 상호작용을 통해 무의식적인 느낌을 만들어낸다는 사실을 받아들인다면, 우리의 존재는 우리가 느끼는 것 그 이상도 그 이하도 아니라는 것을 알 수 있다.

많은 사람들이 오랫동안 변화도 없고 새로울 것도 없는 같은 환경 속에서 살아가는 것도 이러한 맥락에서 이해할 수 있다. 이들의 신경망은 반복된 자극을 통해 지속적으로 활성화될 것이고 시간이 갈수록 더 발달되고 강해질 것이다. 새로운 환경이나 경험 없이 그들만의 세계는 더욱 견고해진다. 이러니 변화가 어려운 것은 당연하다.

스위치를 켬과 동시에

우리가 어떤 자극에 반응하면 감각기관에 의해 뇌의 신경망이 활성화되고 자동적으로 그것과 관련된 과거의 생각이나 기억이 연상된다. 즉, 특정한 시간과 장소의 어떤 사람이나 사물과 관련된 사건들은 모두 과거의 경험에 의해 만들어진 신경망과 연결된다는 뜻이다. 우리의 의식이 오랫동안 잠자고 있던 과거의 신경회로로 이동해 그것을 활성화하기 때문에 우리는 과거를 회상하게 된다. 일단 의식이 과거의 신경회로로 옮겨가면 특정한 순서와 배열로 여러 신경망이 활성화된다. 뇌가 마음을 만들기 위해 작동할 때 의식적으로 과거의 기억을 회상하게 되는 것이다.

나의 일상적인 생각

우리가 과거의 지식이나 경험을 바탕으로 한 생각을 반복적으로 하면, 반복의 법칙에 의해 그러한 사고방식이 뇌에 지속적으로 활성화되어 실제로 우리의 일상적인 생각이 된다. 이러한 생각들은 마음속의 목소리가 돼 우리의 말과 행동, 감정을 결정한다. 하지만 이것은 진실이 아니다. 이것은 과거에 신경망에 구축됐던 기억일 뿐이다.

일상적인 생각에는 어떠한 노력도 필요 없다. 우리는 매일 같은 마음을 만든다. 왜냐하면 매일 같은 패턴과 배열로 이루어진 같은 신경망을 활성화하기 때문이다. 반복적으로 같은 자극을 받아 생긴 생각을 우리가 뇌에서 습관적으로 처리하면, 근육이 발달하듯이 신경회로 역시 발달하고 연결도 강해진다.

예를 들어, 수천 명의 사람들이 같은 길을 사용해 도시를 여행한다고 가정해보자. 이 길은 가장 일반적인 길이 될 것이고 매일 사람들로 가득할 것이다. 늘어난 수요를 해결하는 방법은 길을 더 넓히는 것뿐이다. 더 많은 사람들이 드나들 수 있도록 말이다.

뉴런들도 이와 비슷한 방법으로 반응한다. 전기신호를 더 많이 전달할수록, 더 두껍고 두드러진 신경이 된다. 그리고 신경회로도 더 많은 신호를 처리하기 위해서 길을 더 넓히게 된다. 반복의 법칙에 의해 더 강하고 오래가는 연결이 만들어질 뿐만 아니라 확대된 의사소통을 위해 뉴런의 돌기들이 더 발달하고 신경도 더 두꺼워지게 된다.

우리가 어떤 신경망을 자주 사용하면 이 신경망은 원활한 의사소통을 위해 스스로를 수정한다. 시냅스 수준에서 정보교환이 더 쉬워질수록 보다 통합이 잘된 체계가 만들어진다. 정교하게 잘 짜여진 뉴런 체계의 활동은 더욱 세련된 자동화를 이룰 것이다. 결국 우리의 일상적인 생각은 대뇌신피질에 가장 견고한 신경망으로 저장된다.

이처럼 과거의 경험에서 만들어진 생각을 반복적으로 하는 것은 결국 그 기억의 처리와 관련된 시냅스를 강화하는 것이다.

헵의 모델에 따르면 우리가 매일 같은 생각을 하다보면 나중에는 별다른 노력 없이도 그 생각을 자연스럽게 하게 된다. 말하자면 어떤 사고를 반복할수록 그것이 하나의 사고방식으로 굳어지는 것이다. 왜냐하면 우리의 뇌가 다음번에 그 사고방식을 좀 더 쉽게 이끌어내기 위해서 신경구조를 수정하기 때문이다.

즉, 마음속에 어떤 프로그램을 계속 작동시킴으로써 이 프로그램이 더 자동적으로 실행되도록(반복의 법칙에 따르면 더 무의식적으로) 만드는 것이다. 이렇게 되면 우리의 뇌는 그 마음을 만드는 데 의식적인 자극이 덜 필요하게 된다. 우리가 이미 아는 것을 반복적으로 회상할수록, 그 마음 상태를 만들기 위한 의식적인 노력은 더 적어진다. 만약 우리가 무의식적으로 생각하며 살아가는데도 그것을 깨닫지 못한다면 어떻게 현재의 순간을 살아가고 있다고 할 수 있을까? 어떻게 진정으로 내 자신이 깨어 있다고 말할 수 있을까?

우리가 하는 일상적인 생각들은 가장 고정된 생각이다. 그것에 자주 집중하고 반복하기 때문이다. 이러한 생각들은 우리가 가진 성격의 바탕이 된다.

성격의 발달

성격은 우리의 기억과 행동, 가치, 신념, 인식, 태도의 집합으로 밖에 드러날 수도 드러나지 않을 수도 있다. 성격은 개성의 중추인 대뇌신피질에서 관장한다. 우리는 신경회로의 형태로 특정한 유전적 성향을 타고난다. 신경회로는 태아와 유아가 성장하는 과정에서 형성되는데, 이것이 성격의 핵심을 구성한다. 우리는 부모로부터 어떤 태도나 행동, 성향, 감정 등을 물려받는 경향이 있다. 느낌과 결합된 부모의 반복되고 길들여진 기억들을 물려받기 때문이다. 물론 환경 역시 끊임없이 우리의 정체성, 즉 '나'를 형성하는 데 영향을 미친다.

연합과 반복의 법칙은 평생 우리의 삶에 영향을 미친다. 우리는 이 법칙을 통해 대뇌신피질에 신경망을 형성하고 나의 정체성을 만들어간다. 정체성은 부모로부터 물려받은 신경망과 감각경험, 삶에서 얻은 모든 지식의 총체이자 개개인의 얼굴처럼 독특한 시냅스 연결을 가진 일련의 고유한 신경망이다.

당신은 외동인가? 아니면 형제가 10명 정도 있는가? 당신은 부모 밑에서 자랐는가, 아니면 편부 또는 편모 가정에서 자랐는가? 부모의 종교는 무엇인가? 가족의 정치적 성향은? 당신 가족의 재정 상태는 어떤가? 출신국가는 어디인가? 평생 얼마나 다양한 나라에서 살아봤는가? 얼마나 다양한 문화적 경험을 해봤는가? 얼마나 많은 종류의 음식을 먹어봤는가? 당신은 채식주의자인가? 당신의 문화적, 종교적, 사회적 전통은 무엇인가?

시냅스 차원에서 말하자면 우리는 우리가 배우고 경험하고 유전적으로 물려받은 것의 총체다. 하지만 우리는 여기서 그치지 않는다. 신경과학에 따르면 우리는 단순히 뇌라는 장치로 설명될 수 없는 존재다. 우리가 어떤 생각을 지속적으로 하는지, 그에 대응하는 신경망을 얼마나 반복적으로 활성화하는지, 의지를 가지고 어떤 마음 상태를 유지하는지에 따라 신경학적 존재인 '내'가 결정된다.

마음은 살아 있는 뉴런의 활동으로 만들어지는 산물이다. 뇌와 마음은 멈춰 있지 않다. 마음과 뇌는 조종자에 의해 끊임없이 변화한다. 내가 어떤 회로를 사용할 것인가로 나 자신이 결정되는 것이다.

의지와 집중력, 좋아하는 기억, 실천에 옮긴 행동, 생각, 느낌, 기술, 이런 것들이 나를 결정하는 회로를 만든다. 우리는 뇌를 통해 자신이 원하는 마음을 만들고 변화할 수 있는 선택의 자유를 갖는다. 그렇다면 마음을 바꿈으로써 의도적으로 신경망을 새롭게 조합하는 것도 가능할까? 그리고 그 신경망 역시 우리가 만든 다른 습관적인 신경망처럼 자동적으로 작동하게 만들 수 있을까?

확실히 사랑과 격려 속에 자란 아이는 체벌을 받고 자란 아이와는 다른 신경망을 가지고 있을 것이다. 어떤 면에서 격려와 체벌은 사랑의 서로 다른 모습이다. 그래서 어떤 사람은 베풀고 보살피는 것을 사랑으로 보는 반면, 다른 사람은 가학적인 부모의 쓸데없는 관심을 사랑으로 볼 수도 있다. 여기서 중요한 것은 옳고 그름이 아니다. 문제는 개인의 환경에 따라 신경회로가 다르게 형성된다는 것이다. 과거의 경험이 쌓여서 만들어진 느낌 때문에 사람들은 과거를 자신만의 방식으로 기억하고, 현재를 자신만의 눈으로 바라본다. 이들은 남들과 다른 그들만의 독특한 방식으로 세상을 지각하도록 신경회로가 형성되었기 때문이다.

이처럼 '나'는 과거의 기억을 통해 대뇌신피질에 새겨진 어떤 독특한 신경회로의 조합이다. 평생 동안 기억으로 축적된 정보는 서로 다른 신경회로로 조합되어 오늘의 나를 만든다. 우리는 여러 가지 조합을 이루는 다양한 신경망들을 활성화하여 독특한 생각과 개념, 기억, 행동, 의견, 사실, 성격, 성향, 판단, 호불호, 기술 등 모든 것을 처리한다.

결국 우리는 이러한 회로를 활성화함으로써 '나'란 정체성을 유지하고, 독립된 개체로서 자신을 강화하고 재확인한다. 예를 들어, 우리는 어떤 사람과 장소, 사물, 시간, 사건을 연합하여 자신의 정체성을 유지한다. 이 때 장소, 사물, 시간과 같은 각각의 요소들은 특정 신경망으로 저장된 이미 알고 있는 정보를 반영한다. 그리고 우리는 이러한 정보들을 조합하여 자신을 기억함으로써 내가 누구인지를 재확인한다.[4]

예를 들어 우리는 처음 새로운 사람을 만날 때 과거에 경험했던 사람이나 장소, 사물, 시간, 사건에 관한 것을 주제로 삼는다. 대부분의 대화는 이런 식으로 시작된다. 상대가 묻는다. "고향이 어디세요(장소)?" 그러면 당신은 이렇게 대답할 것이다. "샌디에이고San Diego 출신입니다." 상대가 말한다. "샌디에이고라고요? 나도 거기 살았는데." 그러면 당신은 대답한다. "언제 거기 사셨어요(시간)? 저는 1984년부터 4년간 그곳에서 살았습니다." 상대가 대답한다. "재밌네요. 나는 1986년부터 4년간 살았는데." 당신이 대답한다. "정말요? 샌디에이고 어디 사셨어요(장소)?" 상대가 웃으면서 대답한다. "미션 비치Mission Beach에 살았어요." 당신이 대답한다. "저는 퍼시픽 비치Pacific Beach에 살았어요. 바로 옆 동네죠." 상대가 묻는다. "혹시 피터 존슨이라는 사람 아세요(사람)? 그 사람도 거기 살았는데." 당신이 답한다. "네, 1986년에 친구의 결혼식에서 만난 적이 있어요(사건). 그 사람이 웨딩카를 몰았죠. 그가 몰았던 차가 50년대 모델이라 기억해요(사물)."

누군가를 처음 만나면 우리는 자신의 성격을 설명하기 위해서 과거의 경험으로 형성된 여러 신경망을 드러내기 시작한다. 상대와 공통된 신경망을 가지고 있지는 않은지 알아보기 위해서 모든 신경 프로그램을 활성화하는 것이다. 당신이 만난 사람은 이런 식으로 말할 것이다. "나는 누구를 알아요. 무엇을 가지고 있어요. 어디에 살았어요. 나는 거기에 몇 년도에 살았죠. 나는 이런 경험이 있어요." 그러면 당신은 놀라며 이렇게 말할 것이다. "나도 그 사람을 알아요. 나도 그 일을 해봤죠. 나도 거기에 살았어요. 나도 그것을 갖고 있어요. 나도 그 시기에 거기에 살았어요. 나도 비슷한 경험이 있어요. 당신이 마음에 드는군요. 우리는 공통점이 참 많네요!" 다른 식으로 말하면 이렇다. "내 신경망과 당신의 신경망은 참 비슷하군요. 우리 잘 지낼 수 있겠어요." 이로써 당신은 과거의 경험과 그 경험과 연관된 느낌을 바탕으로 관계를 형성하게 된다. 어느 한쪽이 변하지 않는 이상 이 관계는 잘 유지될 가능성이 높다.

이것이 우리가 자신만의 정체성을 표현하고 유지하는 방법이다. 우리는 과거에 알고 있는 것과의 관계를 통해서 자신을 인식한다. 이러한 기억의 과정은 우리를 좀 더 습관적인 사람으로 만들고, 다른 마음 상태를 갖는 것을 어렵게 만든다.

하지만 사람은 자신이 누구인지를 재확인하지 않으면(개성이라 불리는 반복적인 어떤 성향이 없는 경우) 정신적으로 고통받는다고 한다. 결국 우리의 정체성을 이루는 신경망들의 반복적인 활성화는 매우 중요한 일일뿐아니라 우리를 다른 사람과 구분하는 역할을 한다.

이 개념을 삶에 적용해 보자. 앞에서 대뇌신피질의 전기적 활성화를 번개에 비유했던 것을 기억할 것이다. 우리를 다른 사람과 구별시키는 것은 독특한 신경회로뿐만 아니라, 다양한 시냅스의 활성화 패턴이나 배열, 조합이다. 모든 사람은 자신만의 신경회로와 자신만의 활성화 패턴을 갖고 있다. 게다가 이 신경활성화 폭풍들 중 같은 것은 아무것도 없다. 날씨를 알리는 기상도처럼 모두가 신경망에 자신만의 고유한 신경 기상도를 가지고 있는 것이다. 실제로 뇌 활동영상을 보면 대부분의 사람들이 대뇌 활동의 큰 변화 없이도 생각을 처리하는 특정 신호를 보내는 것을 알 수 있다.

만약 어떤 사람이 매일 돈이 부족하다는 생각을 하면 이와 관련된 신경망이 반복적으로 활성화되어, 나중에는 작은 자극에도 쉽게 활성화하는 강력한 신경망을 갖게 될 것이다. 매일 어떤 생각을 반복하면 같은 주제를 같은 방법으로 생각하는 데 특별한 노력을 기울일 필요가 없게 된다. 이 같은 무의식적인 과정을 통해 대뇌신피질의 주름 사이에 돈에 관한 신경패턴이 만들어지고, 이 생각은 강한 시냅스를 많이 가지고 있는 두꺼운 신경회로가 된다. 결국 반복적인 생각이 가장 의식적인 마음(또는 무의식적인 마음)이 되는 것이다.

만약 어떤 사람이 완벽주의나 낙천주의 같은 강한 성향을 가지고 있다면 이론적으로 이들은 이 성향과 관련된 신경망이 좀 더 발달해 있을 것이다. 또한 특정 성향을 반복하여 이와 관련한 신경망을 계속 활성화시켰다면 이 신경망은 더욱 강하게 연결돼 하나의 큰 길이 된다. 결국 그들은 더 쉽고, 간단하고, 자연스러운 길을 따라 계속 생각하게 될 것이다.

변화 만들기

성격이 오랫동안 특정한 조합의 신경망이 활성화될 때 만들어지는 것이라면, 평소에 내가 어떻게 신경망을 활성화하는지가 신경학적인 '나' 라는 원형을 만든다. 뇌에 관한 과학적 연구결과와 람타학교의 가르침을 종합해볼 때, '나'는 말하자면 '성격의 상자(the box of the personality)' 다. 이것은 실제 상자나 뇌의 어떤 구획을 말하는 것이 아니라, 우리의 정체성을 결정하는 수많은 신경회로 중에서 마음이 사용하는 가장 일상적인 시냅스 배열을 의미한다.

문제는 이러한 마음의 틀이 이미 존재하는 신경망의 조합으로 우리의 생각을 제한한다는 것이다. 성격의 상자에 있는 것들은 우리가 쉽게 만들어낼 수 있는 익숙한 마음들일 뿐이다.

그런 면에서 우리는 사고과정에서 가장 일상적인 신경패턴만을 습관적으로만 활성화한다. 우리는 자신이라는 존재를 신경회로로 짜넣는다. 이렇게 신경망의 조합이 일상적인 것이 되면 이것이 곧 자신의 철학과 경험을 바탕으로 생각하고, 느끼고, 기억하고, 행동하고, 말하고, 지식을 받아들이고, 기술을 실행하는 가장 자연스런 방법이 된다.

'상자 밖에서 생각하기'란 다른 조합과 배열로 시냅스를 활성화하는 것이라 할 수 있다. 가장 일반적으로 사용하는 상습적인 신경신호 패턴을 버리는 것이다. 마음이 뇌의 활동이라면 새로운 마음의 틀을 만드는 것은 뇌의 기존 신경회로를 다시 짜는 것을 의미한다.

'상자 안에서 생각하는 것'은 가장 일상적인 방법으로 우리의 마음을 작동시키는 것이다. 우리는 알고 있는 것을 바탕으로 형성된 기존의 신경회로를 활성화한다. 그러므로 '상자 밖에서 생각하기' 위해서는 모르는 것을 기초로 하여 기존의 것과는 다른 배열로 신경회로를 만들고, 이를 활성화할 수 있도록 뇌를 단련해야 한다. 이를 달성하기 위해 우리는 먼저 매일같이 반복해 굳어진 습관적인 사고방식의 신경망을 깨야 한다. 그동안 우리에게 가장 자연스러웠던 사고방식을 멈춰야 하는 것이다. 그래야 우리가 신경망의 습관적인 활성화 패턴을 바꾸고 새로운 배열의 회로를 만들 수 있다. 신경가소성의 개념을 실제에 적용하는 것이다.

상자에서 탈출하는 방법은 앞으로 다루게 될 주제다. 현재의 나를 만든 습관은 바로 내가 만든 것이다. 이것은 습관을 바꿀 힘 역시 나에게 있다는 것을 의미한다. 물론 현재의 나를 바꾸는 데는 엄청난 의지가 필요하다. 그럼에도 불구하고 우리에게 신경망을 바꿀 수 있는 힘이 있다는 것은 정말 놀라운 일이다. 우리는 효과적으로 신경망과 마음을 바꿀 수 있다. 조금만 더 알게 되면 우리는 스스로 채운 족쇄를 풀 수 있게 될 것이다.

생존모드에서 벗어나
자유 찾기

- 08 -

Evolve your Brain

감성지능이 없다면 우리의 뇌는 스트레스를 받을 때마다
자동주행장치를 켜고 타고난 성향 그대로 막무가내로
돌진해나갈 것이다.
이것은 오늘날의 세계에서는 전혀 먹히지 않는 방식이다.

-로버트 K. 쿠퍼*Robert K. Cooper, Ph.D.*

생존모드에서 벗어나

Evolve your Brain

자유 찾기

인간은 모두 공포와 불안, 우울, 배고픔, 성적충동, 고통, 분노, 공격성을 경험한다. 예전에는 이러한 감정들이 밖으로 표출됐다. 하지만 이제 과학자들은 기능성 자기공명영상을 통해 뇌가 어떻게 이러한 마음 상태를 만드는지 관찰할 수 있다. 다시 말해 이러한 감정의 표현과 경험이 어떤 원리로 다른 이와 구분되는 나만의 개성을 만드는지 어느 정도 알 수 있게 된 것이다.

인간의 신경회로는 비슷하면서도 서로 다르다. 마음이란 개인의 가장 주관적인 실체이기 때문에(각자의 의견이나 관점이 모두 다른 것을 생각하면), 과거에는 뇌 연구가 다소 주관적인 성격의 자연과학으로 여겨졌다.

그러나 과학자들은 이제 객관적으로 뇌의 생리학을 연구할 수 있다. 살아 있는 뇌의 기능과 구조를 관찰할 수 있게 되었기 때문이다. 예를 들어, 연구대상자들을 마취한 후 뇌에 작은 탐침(探針, 내용물을 알아내려고 찌르는 기구 – 옮긴이)을 삽입하는 실험을 통해 뇌의 어떤 부분이 어떤 기능을 하고 있는지 알아내거나 연구대상자들의 뇌 표면에 전극을 부착하고 같은 질문을 하여 특정 과제를 처리하는 뇌 영역 지도를 만들 수도 있다.

이제 우리는 어떤 특질이나 행동, 능력 등 뇌의 전반적인 기능을 측정할 수 있다. 하지만 이것이 반복적인 마음의 패턴과 어떻게 상호작용하는가 하는 문제는 여전히 남는다.

새로운 정보 처리하기

뇌가 작동하는 원리와 인간이 새로운 정보를 처리하는 원리는 별개의 문제다. 기능성 뇌영상 촬영술이 등장하기 전까지 과학자들은 실제로 마음을 만들기 위해 작동 중인 뇌를 관찰할 방법이 없었다. 하지만 지금은 할 수 있다. 영상기술의 발달 덕분에 뇌의 다양한 부위가 활성화되는 원리를 관찰할 수 있게 된 것이다.

대부분의 연구가 그렇듯이 뇌영상 기술도 처음에는 뇌의 이상 부위를 찾아내는 데 주로 사용되었다. 그럼에도 불구하고 뇌졸중 환자들에 관한 연구에서 과학자들은 뇌의 적응력과 가소성이 얼마나 큰지를 알 수 있었다. 기능성 뇌영상 기술이 심리학과 신경과학에 새로운 시대를 열어준 것이다.

우리는 모두 한 번쯤 이런 생각을 해본 적이 있다. "도대체 오늘 따라 머리가 왜 이렇게 안 돌아가는 거야?" 이 말은 사실 상황에 대처하거나 새 정보를 얻는 게 힘들 때 자기 자신에게 내뱉는 말이다. 결국 어떻게 배우는가보다 더 중요한 것은 자기 자신, 즉 자신의 마음을 어떻게 극복할 것인가 하는 것이다.

일상적인 반응

우리는 환경에 반응한다. 그리고 주변의 자극에 대한 이러한 반응은 우리의 일상을 지배한다. 시간이 지나면 이러한 자극에 의해 만들어진 신경회로가 연합과 반복을 통해 강화되어 굳어진다. 우리가 이렇게 굳어진 신경망을 바탕으로 행동한다면 우리는 더 이상 '생각하며' 살지 못하게 될 것이다. 우리는 대부분 무의식적으로 행동한다. 신경망이 굳어지면 그 활동을 점점 덜 의식하게 되기 때문이다. 많은 경우 냄새나 생각 하나로도 프로그램되어 있는 일련의 반응이나 행동이 나타난다. 이 굳어진 프로그램이 가동하면 우리의 행동은 자동적이고 일상적이며 무의식적인 것이 된다. 자신의 행동과 느낌, 말, 생각조차도 더 이상 의식적으로 인식하지 못하게 되는 것이다. 그리고 이것을 오랫동안 반복해왔기 때문에 자신의 반응이 자연스럽고 정상적인 것으로 느낀다.

솔직히 말하자면 우리들 대부분은 게으르다. 물론 과장일 수도 있다. 하지만 이것만은 기억하기 바란다. 우리의 몸과 뇌는 에너지를 보존하는 데는 귀재다. 둘 다 최대한 에너지를 소모하지 않고 활동하기를 원한다. 그런 점에서 일상적인 생각을 하는 데는 별다른 노력도 에너지도 들지 않는다. 마치 정지해 있는 자동차처럼 마음의 주차장에 머무르는 것이다.

일상적인 생각을 하는 것은 너무 쉽다. 어떤 생각과 연결된 신경회로를 반복적으로 활성화하다보면 하나의 신경 패턴이 되어 그대로 유지되기 때문이다. 우리는 매일 같은 패턴의 같은 신경망을 활성화하여 매일 똑같은 마음상태를 만들어낸다. 우리가 일상적인 상태를 유지하는 게 쉬운 것은 이 때문이다. 습관적으로 행동하는 데는 어떤 노력이나 의식적인 인식이 필요 없다. 즉, 자유의지가 필요 없다는 말이다.

만약 우리의 성격이 선천적으로 물려받아 후천적으로 발달시킨 자동적인 신경망의 총합이라면, 게다가 마치 컴퓨터 프로그램처럼 작동한다면 어떻게 될까? 아마 습관적인 생각을 할 때마다 이 프로그램은 아무런 의식과 노력 없이도 작동할 것이다. 우리는 그동안 의식적인 생각을 멈추고, 미리 프로그램 된 움직임과 행동에 따라 반응하며 살았다. 이러한 프로그램은 환경과 연합된 과거를 배경으로 하며, 반복된 경험을 통해 발전한다.

판에 박힌 삶

외부 환경에 계속 같은 방법으로 반응하는 것은 마치 '잠들어 있는' 상태나 다름없다. 같은 직장에서 일을 하고, 같은 배우자와 20년 간 함께 살고, 아이들을 학교에 태워다주고, 잔디를 깎고, 심지어 같은 집에서 같은 이웃을 두고 산다면 우리가 똑같은 신경망의 습관에 희생이 되고 있다는 사실은 그다지 놀라운 일이 아니다. 중요한 것은 현재와 미래에 대한 우리의 사고방식이 과거의 프로그램에 지배를 받고 있다는 사실을 깨닫는 것이다. 그러면 우리의 삶은 단지 무의식적이고 반사적인 반응의 연속에 지나지 않는 것일까?

예를 들어 아침에 일어나서 회사에 갈 준비를 할 때, 당신은 매일 똑같은 행동을 할 가능성이 매우 높다. 마치 회사에서 정해진 대로 일을 처리하듯이 당신은 이를 닦고, 세수를 하고 교통방송을 듣는 등 정해진 순서를 차근차근 밟을 것이다.

물론 치약을 사용하기 전에 뚜껑부터 여는 것은 당연하고도 필요한 일이다. 하지만 우리는 매일 이를 닦을 때마다 같은 부위부터 닦고, 같은 회수를 반복한다. 샤워를 하고 수건으로 몸을 닦을 때도 마찬가지다. 머리부터 닦는다든지 얼굴부터 닦는다든지 정해진 순서가 있을 것이다.

평생 매일같이 수천 시간에 걸쳐 우리는 이 같은 행동을 반복한다. 집중이 필요 없는 이 같은 행동을 하루에도 수백 번 하는 것이다. 집중이 필요한 때는 오직 처음 이 일을 배울 때뿐이다. 하지만 이것 역시 방법을 기억하고, 기술을 익히고 나면 생각할 필요가 없어진다. 이러한 일들은 쉽고 일상적이며 자연스럽고 익숙하다. 그야말로 제2의 본성이다. 이 모두가 굳어진 신경망이 가동하고 있다는 증거다.

뇌에 관한 놀라운 사실 중 한 가지는 뇌가 우리를 위해 일을 대신해준다는 것이다. 이러한 일들이 일상화되는 것은 능률과 숙달 면에서 보자면 하나의 경이다. 인간은 멀티태스킹(다중작업)의 달인이다. 우리는 일상적인 기능을 수행하고 있는 동안에도 마음으로는 다른 일을 할 수 있다.

그러나 그렇다 하더라도 우리가 매일 아침 30분간 로봇처럼 행동한다는 사실을 당연하게 받아들여야 하는 것일까? 얼마나 많은 사람들이 자신에게 내재되어 있는 이러한 자동조정 기능에 대해 제대로 알고 활용하고 있을까? 과연 일을 일상적으로 처리하고 남는 시간을 새로운 경험을 추구하거나 새로운 것을 배우는 데 쓰고 있을까? 대부분의 경우 자동조정 기능을 끄고 의식적으로 다른 방법을 시도하는 것은 매우 골치 아픈 일이다.

또한 이런 것도 한번 생각해보자. 무엇이든지 할 수 있는 우리의 마음을 일상적인 일과들처럼 전의식적인 것으로 만든다면 어떻게 될까? 우리의 행동뿐만 아니라 믿음과 가치, 태도, 기분까지 무의식적이고 정해져 있는 패턴으로 변한다면 어떤 일이 일어날까?

자주 활성화되어 굳어버린 신경망을 통해 우리는 어떤 마음의 틀 안에 갇혀버린다. 이것은 우리 스스로가 만들어낸 것이자 우리가 가장 자주 활성화하는 뉴런의 조합이며 배열이다.

이러한 굳어진 신경망의 뉴런은 마치 두꺼운 기둥과 복잡하게 얽힌 가지와 뿌리를 가지고 있는 나무와 같다. 이들은 가장 정교하고 풍부한 신경망으로, 유전적으로 타고난 회로와 우리가 나중에 습득한 지식과 경험의 상호작용을 통해 만들어진다. 우리는 성격이라는 '상자'를 보면서 그 안에 담겨 있는 것에만 관심을 갖는다. 하지만 중요한 것은 상자의 틀과 경계다. 상자의 안과 밖을 구분하는 것이 무엇인지 알아야 하는 것이다.

상자 안의 삶

람타의 가르침에 따르면 상자의 경계는 우리의 느낌이다. 우리는 경험을 느낌으로 기억하기 때문에 이것은 어쩌면 당연하다. 상자 안에 담긴 것과 상자 밖에 있는 것은 다음의 질문으로 구분할 수 있다. '이 자극이 친숙하고, 알만 하며, 일상적이고, 편안한 것인가?'

여기서 잠시 '편안함'이란 개념을 살펴보자. 성격의 상자가 우리의 정체성을 담고 있고, 정체성이 자신의 행동과 신념, 이해, 가치 등이 모여 만들어지는 것이라면 습관적이거나 자동적이지 않은 것, 즉 자연스럽지도 쉽지도 않은 모든 것은 불편함의 원천이다.

예를 들어 당신이 어떤 파티에서 사람들과 웃고 마시며 즐기고 있다고 생각해보자. 잠시 후 몇 사람들이 가구를 벽 쪽으로 붙이고 음악을 튼다. 그러자 사람들이 춤을 추기 시작하고, 당신은 사람들이 신나게 춤추는 것을 바라보며 즐거운 시간을 보낸다. 그런데 곧 갑자기 춤 자랑으로 분위기가 바뀌고 만다.

당신은 춤을 못 춘다. 한 번도 제대로 배워본 적이 없기 때문이다. 아는 춤동작이 없기 때문에 춤을 출 때면 항상 당신은 남들에게 어떻게 보일지 의식해왔다. 당신은 갑자기 사교적인 사람에서 내성적인 사람으로 변한다. 사람들이 당신의 형편없는 춤 실력을 알아차리느니 차라리 춤을 추지 않는 모습을 보이는 게 더 낫다고 생각했기 때문이다.

당신은 벽 쪽에 붙어서 적당히 사람들의 관심을 피한다. 당신은 불편함 때문에 춤을 출 수가 없다. 몇몇이 당신을 무대로 끌어내려고 시도하자 당신은 차라리 파티장을 떠나기로 결심한다.

방금 어떤 일이 일어났는가? 당신 주변의 누군가가 당신에게 접근해 상자 밖으로 나오라고 요구한 것이다. 하지만 당신은 차마 그럴 수 없었다. 그러한 행동은 안전지대를 벗어나는 짓이다. 결국 당신은 상자 밖으로 나올 기회를 버리고 편안함을 느낄 수 있는 일련의 신경망으로 후퇴한다. 약간은 자신을 사회적 낙오자라고 여기면서 말이다.

우리는 어떤 경험이 가져다줄 익숙함을 가지고 그 경험에 참여할지 안 할지를 결정한다. 예전에 나는 회의에 참석하기 위해 남아프리카에 간 적이 있다. 오전 프로그램이 끝나고 내가 속해 있던 그룹이 함께 식사를 하러 갔다. 레스토랑에서는 악어를 전채(식욕을 돋우는 음식-옮긴이)로 제공하고 있었다. 나는 새로운 음식을 많이 시도하는 편이지만 처음에는 그것을 먹으려 하지 않았다. 몇몇이 나를 설득한 끝에야 나는 에라 모르겠다는 심정으로 악어를 먹기로 했다. 마침내 악어가 나오자 사람들은 모두 나를 쳐다봤다. 나는 고기를 크게 잘라 입안에 집어넣었고 맛을 음미하며 씹기 시작했다. 사람들은 '맛이 어때?'라는 표정으로 나를 바라봤다. 나는 말했다. "닭고기 맛이군." 그 말을 듣는 순간 사람들은 너도나도 악어 고기를 맛보려고 했다.

이제 그들은 과거의 익숙한 기억을 바탕으로 새로운 음식의 맛을 예상할 수 있게 되었기 때문이다. 일단 닭에 관한 신경망이 활성화되자 사람들은 쉽게 용기를 얻었다. 왜냐하면 닭은 그들의 익숙한 경험과 느낌의 상자 안에 있는 것이기 때문이다. 나는 궁금했다. 만약 내가 악어 고기의 맛이 도마뱀 고기의 맛과 비슷하다고 했어도 사람들이 지금과 같은 반응을 보였을까?

신경망과 시냅스가 과거의 기억이 남긴 발자취라면 이제부터 우리는 우리에게 가장 자연스러운 사고와 감정의 구습을 끊고 뇌를 재편하지 않으면 안 된다. 이것이 신경의 습관적인 활성화에서 벗어나기 위해 새로운 배열의 회로, 즉 발자취를 만드는 방법이다. 물론 여기에는 의지와 정신적 노력이 필요하다.

상자 밖에서 생각하는 것은 우리 뇌가 평소와는 다른 순서와 배열로 시냅스를 활성화하도록 만드는 것이다. 성격(정체성)의 상자는 우리에게 무척 자연스러운 것이다. 그동안 우리의 뇌가 정해진 회로로 생각하도록 훈련되었기 때문이다. 우리는 새로운 회로를 만드는 대신 이미 뇌에 들어 있는 과거의 익숙한 정보에만 의존한다. 그래서 우리가 뇌에 만들어진 신경 지도를 벗어나지 못하고, 늘 똑같이 생각하고 느끼는 것이다.

그렇다면 상자 안에서 생각하는 일이 그렇게 나쁜 것일까? 꼭 그렇다고는 할 수 없다. 하지만 진화하고 진보하며, 행동을 수정하는 우리의 능력을 제한하는 것은 사실이다.

그러면 반대로 상자 안에서 생각하는 것은 좋은 일일까? 가장 일상적인 신경망이 가장 성공적인 것들이기 때문에 자주 쓰는 신경망이 되는 것이 아닌가? 좋은 질문이지만 대부분의 사람들에게 있어 답은 '절대 아니다' 다. 걷기나 타이핑, 운전, 먹기 같은 기본적인 일에 있어서는 상자 안에 있는 것이 좋다. 하지만 이런 종류의 일이 우리를 제한하는 더 큰 이유는 뇌가 생존모드일 때 벌어지는 일들과 관련이 있다.

생존모드

진화의 역사를 거슬러 올라가보자. 아주 먼 과거에 인간과 대부분의 포유류들은 생존을 위협하는 환경에서 살았다. 당시에 인간의 삶은 모질고 잔인하며 짧은 것이었다. 인간은 자연의 변덕에 속수무책인 존재였고, 포식자나 자연의 잠재적인 위협에 한시도 방심할 수 없었다. 이렇게 위험에 대비한 덕분에 우리는 살아남을 수 있었고, 유전 혈통도 온전히 유지할 수 있었다. 살아 있다는 것 자체가 조상들의 유산 덕분인 것이다. 이 유산은 바로 결코 방심하지 않는 경계 능력이거나 억세게 좋은 행운, 아니 어쩌면 그 둘 다일 것이다.

시대가 변하고 생존의 위협도 그 종류와 정도가 달라졌다. 초기 인류에게는 핵폭탄이나 테러의 위협이 없지 않았냐고 말하는 사람도 있을 것이다. 하지만 그들이 현재의 우리보다 더 절박한 위협 즉, 배고픔과 질병, 포식자 속에서 살았다는 사실을 부정할 수는 없다. 그때나 지금이나 변하지 않은 것은 혹독한 상황에서 살아남는 데 필요했던 뇌에 짜여진 수많은 신경망이다. 이 신경망은 여전히 우리의 뇌에서 활동하고 있다. 신경세포가 함께 활성화되면 서로 연결된다는 것을 다시 한 번 기억하기 바란다.

오랜 시간 반복과 연합을 통해 우리의 생존을 도와준 신경망(싸움-도주 반응)은 수십만 년 동안 활성화돼왔다.

이러한 본능적인 반응은 우리 뇌 어딘가에 대부분 고정된 신경망으로 짜여 있다. 사실 이것은 우리 대뇌신피질 아래 변연계 또는 중뇌에 걸쳐 들어 있다. 불수의계는 의식적인 인식 없이 우리의 몸과 뇌 전체를 운영하도록 마음을 촉진한다. 의식적인 마음과는 별개로 우리 체내의 질서를 유지하는 것이다.

간단히 설명하자면 교감신경계를 통해 생존 반응이 시작되면 심장박동과 혈압이 증가하고, 소화기관으로 가는 혈류가 도망가는 데 필요한 팔다리로 이동한다. 또한 에너지 생산을 위해 혈당이 증가하며 에너지 공급을 위한 호르몬이 분비된다. 그리고 뇌는 최고의 각성 상태를 유지하게 되고, 동공이 확대되어 멀리까지 볼 수 있게 된다. 세(細)기관지 역시 확대되어 더 많은 산소가 폐로 들어온다. 이 모든 변화를 통해 우리 몸은 싸움을 하거나 도주하는 데 의식적으로나 육체적으로 준비 상태가 되는 것이다.

반면 부교감신경계가 작동하면 이와는 정반대의 반응이 일어난다. 몸의 반응이 늦어지고 심장박동과 혈압도 낮아지며, 호흡수가 준다. 혈류는 피부와 소화기관으로 이동하며, 동공은 축소된다. 한마디로 우리가 휴식을 취하거나 음식을 소화시킬 때의 반응이라고 생각하면 된다.

교감신경계는 긴박한 위기상황에서 에너지를 사용한다. 자동차의 가속 페달 비슷하다고 생각하면 된다. 반면 부교감신경계는 회복과 성장 같은 장기적인 일을 위해 에너지를 사용하고 보존한다. 자동차의 클러치처럼 공회전 없이 꼭 필요한 에너지를 보존하는 것이다.

대뇌신피질에는 지적, 인지적, 문제해결, 자기인식, 학습 및 의사소통 기능 외에도 또 다른 주요 기능이 있다. 바로 오감을 통해 외부 세계를 인지하는 것이다. 대뇌신피질은 타고난 능력(학습, 추론, 분석, 집중, 상상, 기억, 언어 사용, 발명, 추상화 등) 외에도 모든 감각을 이용해 환경을 인지하는 성향을 가지고 있다. 즉, 학습하거나 고차원적인 사고와 추리를 위한 정보처리를 하지 않을 때, 대뇌신피질은 본래의 통상기능으로 전환하여 지속적으로 외부 환경을 평가하고 중요한 정보를 모아 어떠한 위험요소가 있는지를 결정하는 것이다. 모든 생물체는 생존과 진화의 과정에서 외부 환경과 상호작용하기 위해 감각 수용체를 사용한다. 원리는 간단하다. '위협을 받으면 몸이 먼저 반응한다.'

대뇌신피질은 생존을 위해 감각기관을 통해 환경을 지속적으로 자각하고 평가한다. 체내의 화학적 환경을 그대로 유지할 것인가 말 것인가를 결정하기 위해 가능한 모든 상황을 점검하는 것이다. 위험을 감지하기 위해 사방으로 뻗어 있는 촉수를 갖고 있는 셈이다. 우리가 고통스럽고 불편한 것보다는 편안하고 즐거운 것 쪽으로 움직이려는 경향은 바로 이러한 원시적인 반사반응에 바탕을 둔다. 우리 몸이 불편한 것보다 편안한 상황에서 생존할 가능성이 더 높다고 생각하는 것이다.

대부분의 포유류가 진화하는 과정에서 더위나 추위, 고통, 에너지의 고갈, 포식자를 극복해야 하는 상황을 맞이했고, 이러한 반응들이 그들의 신경망에 회로로 굳어졌다.

한마디로 생존을 정의한다면 '몸과 환경에 대한 경계를 멈추지 않는 것'이라 할 수 있다. 과거의 기억을 바탕으로 미래를 예견하는 것이다. 대뇌신피질을 갖고 있는 모든 종은 과거의 경험을 통해 알게 된 익숙한 것과 현재 주의를 기울이고 있는 것을 오감을 통해 연합한다.

대뇌신피질이 클수록 학습과 기억능력도 커진다는 것을 기억하기 바란다. 그렇기 때문에 인간은 다른 종에 비해 미래를 예상하고 준비하는 능력이 더 뛰어나다. 대뇌신피질은 익숙한 외부 환경에서 어떤 방해요소를 감지하면 체내의 상태를 바꿔 즉시 행동할 수 있도록 준비한다. 그 후 위험이 종결되면 다시 원래의 상태로 돌아온다.

따라서 우리가 현재의 순간을 살지 않고 과거의 판에 박힌 마음 상태를 유지한다면, 어떤 면에서 우리는 생존모드의 정신 구조를 벗어나지 못한 것과 같다. 대뇌신피질에 학습된 지식의 신경회로만을 활용하여 개인적인 정체성의 테두리 안에서 마음을 처리하는 것이다. 또한 우리는 예측가능하고 일상적이며 익숙한 것에만 주의를 쏟게 될 것이다. 우리는 미래에 경험할 가능성이 있는 느낌을 예측하여 이것을 현재 체내의 균형 상태와 비교하곤 한다. 그리고 위험상황을 맞으면 체내의 화학적 상태를 뒤엎어서 생존 반응을 시작한다. 결국 우리는 이미 생존모드로 살아가고 있는 것이다. 이러한 방어적인 마음 상태를 유지할 때 우리는 본질적으로 '나'를 보호하기 위해서는 어떤 일이든 하는 원시적인 반응으로 자신을 무장하게 된다. 문제는 이때 보호하려는 '나'는 '몸'을 의미한다는 것이다.

패턴 인식

대뇌신피질은 외부 세계를 감지할 때 익숙한 자극의 패턴을 찾는다. 그래야 앞으로 일어날 일을 예상하고 그것에 어떻게 대비해야 하는지를 알수 있기 때문이다. 이것이 대뇌가 사용하는 패턴 인식(pattern recognition) 기능이다. 우리는 연합기억에서 외부 세계의 자극을 통해 경험하고 배운 것과 일치하는 것을 찾으려고 한다. 일단 감각이 외부로부터 들어온 자극을 감지하면 대뇌신피질에 자리 잡은 신경망은 과거의 경험이 새겨진 연합기억을 활성화할 것이다.

우리의 몸은 환경이 변화하면 즉시 반응한다. 예를 들어 어두운 방에 들어가면 동공이 확대된다. 이것이 바로 정위 반응(orienting response, 인간을 포함한 동물은 새로운 자극이 주어지면 즉각적으로 반응한다. 다가올 위험을 감지하고 예방하기 위한 것이다-옮긴이)이다. 이러한 반사 반응은 환경의 변화를 경험할 때뿐만 아니라, 새로운 것과 마주쳤을 때도 일어난다.

대뇌신피질은 과거의 기억에서 외부의 자극과 일치하는 것을 찾은 후, 그것이 위협이 되지 않는 것으로 알려진 기억으로 인식되면 우리 몸은 안전할 것이라고 판단한다. 그러면 우리 몸은 다시 이완되고 대뇌 역시 다른 잠재적인 상황을 감지하기 위한 활동을 시작한다.

생존이란 항상 준비된 상태에 있는 것, 과거를 기준으로 미래를 예상하는 것이다. 결코 완전히 현재에 관한 것일 수가 없다. 만약 대뇌신피질이 패턴 인식을 통해 우리 뇌에 각인된 포식자에 대한 신경망과 일치하는 외부자극을 감지하면, 그 순간 뇌는 자동으로 원시적인 생존모드로 전환된다.

이러한 생존 반응은 싸움 – 도주 자율신경계를 활성화한다. 이렇게 되면 위험에 대비해 몸을 준비시키려고 대뇌신피질에 있던 혈류와 에너지가 중뇌로 이동한다. 더 이상 생각이나 추론을 하지 않고 그저 반응만 하는 것이다. 이제 몸은 싸움이나 도주를 하기 위한 준비가 끝났다. 남은 것은 싸움과 도주뿐이다. 대부분의 경우 많은 동물이 포식자나 불편한 자극에 대해 도주하는 것으로 반응한다. 싸우기보다는 도망 가는 것이 더 좋은 선택인 경우가 많은 것이다.

예를 들어, 숲에서 커다란 곰과 마주친다면 싸움과 도주 중 무엇을 선택할지 아무도 고민하지 않을 것이다. 하지만 결혼식에서 같은 테이블에 앉은 남자가 당신을 섬뜩하게 만든다면 어떨까? 당신은 팔꿈치로 옆에 앉은 친구를 툭툭 치며 다른 자리로 가자고 얘기할 것이다. 하지만 당신의 친구는 잘생긴 남자들과 얘기하느라 당신의 말을 무시한다. 대화를 하는 동안 당신은 무관심하다 못해 싫은 티를 내기에 이른다. 마침내 친구는 당신을 화장실로 끌고 가 '뭐가 문제냐', '왜 그렇게 무례하게 구냐'고 묻는다. 그때 당신은 이렇게 대답한다. "잘 모르겠어. 내 왼쪽에 앉은 남자가 전남편을 생각나게 해. 그 남자가 너무 불편한 걸 어떡해."

이 경우 우리는 당신 옆에 앉은 남자(외부자극)가 전남편에 대한 연합기억을 발동시켰다고 볼 수 있다. 현재의 상황에 대해 과거의 익숙한 기억으로 반응하다보니 처음 보는 남자에 대해 전남편에게 느낀 것과 같은 느낌으로 반응하게 된 것이다. 얼굴이나 목소리와 같은 자극이 익숙한 기억을 끌어내고 이것은 전남편에 대한 신경망과 연결돼 일련의 화학적인 느낌을 유발한다. 그래서 그 자리에서 도망가고 싶은 불편함을 느끼게 된 것이다. 이처럼 당신은 현재의 순간을 결정하는 데 과거의 기억을 사용한다. 또한 느낌으로 그 상황을 평가하기도 한다. 왜일까? 바로 우리의 기억은 모두 그에 상응하는 감정과 연결되어 있기 때문이다. 말하자면 생존은 감정에 의한 반응인 셈이다.

낯섦이 주는 불편함

불쾌한 사람이나 장소, 사건, 사물을 생각나게 하는 것을 보는 것보다 우리를 더 도망가고 싶게 만드는 것은 바로 낯섦이다. 우리는 유전, 학습 또는 기억을 통해 발전시킨 신경망과 외부의 자극을 연합시키지 못할 때 괴로워한다. 이러한 괴로움은 편안함에 대한 생각과 연계된다. 뇌와 몸은 항상성(체내 균형)을 유지하도록 짜여져 있다. 그런데 낯선 것은 언제나 균형을 위협하고, 균형이 흔들리면 우리는 불편함을 느끼게 된다. 생존을 위해 편안함, 익숙함, 예측가능함을 추구하고 성취하도록 짜여져 있기 때문이다.

뇌의 이런 특징 때문에 우리는 이미 알고 있는 어떤 위협을 인지할 때 또는 익숙한 환경에 변화가 있을 때 싸움-도주 반응을 통해 생존모드로 전환된다. 예를 들어, 나무덤불 속에서 무언가 바스락거린다면 대뇌신피질은 모든 주의를 외부 세계에 집중하여 잠재적인 위험이 무엇인지를 파악하려 들 것이다. 만약 과거의 경험을 통해 형성된 신경망 중에서 이 낯선 자극과 합치하는 것을 찾지 못한다면, 우리 뇌는 이 자극을 '신원불명'으로 처리하여 싸움-도주 신경계를 통해 몸을 위험에 대비시킬 것이다.

즉, 우리는 외부 세계가 익숙한 패턴에서 벗어나면 그 낯선 것이 가져올지도 모를 사태에 대비하도록 프로그램 되어 있는 것이다.

다른 모든 동물들과 마찬가지로 우리는 알지 못하는 것으로부터 우리를 보호하는 방어체계를 가지고 있다. 알지 못하는 상황은 자동적이고 반사적인 중뇌를 작동시켜 우리를 동물과 같이 생존본능으로 반응하게 한다. 특히 공포나 공격성은 생존을 위한 가장 유력한 반응이다. 우리가 그러한 행동으로 반응할 때 이것은 마치 동물적 본성을 드러내는 것과 같다. 무엇보다도 몸과 환경, 시간에 우리의 모든 의식이 집중된다.

동물의 세계에서 이러한 공포, 즉 알지 못하는 것에 대한 반응은 보호의 수단이다. 어떤 동물들은 조금이라도 평소와 다른 것이 있으면 주의를 집중하고 즉각 대비한다. 예를 들어 숲에서 나무 베는 기계를 본 사슴은 이 알지 못하는 자극에 대해 도망가는 것으로 반응한다. 크고 밝은 색의 몸체에 시끄럽고 냄새가 코를 찌르는 이 기계의 출현은 동물의 감각기관에는 미지의 공습인 것이다. 그리고 그 순간 이 낯선 자극으로 인해 사슴은 주변 환경에 경계심이 곤두선다. 사슴은 기계에서 나오는 배기가스의 냄새를 맡고, 기계가 덜컹거리는 소리를 들으며, 시끄러운 경적소리를 듣는다. 또한 나무가 쓰러지면서 땅이 울리는 것도 느낀다. 새로운 감각들이 밀려오면 사슴은 방향을 돌려 도망간다. 사슴에게 이러한 자극들은 낯선 것이기 때문에 이 기계가 어떤 일을 할지 예측할 수 없는 것이다. 그래서 사슴은 그곳에서 도망친다. 이러한 반응은 모든 동물들이 공유하고 있는 것이다.

인간 역시 같은 생존 반응을 갖고 있다. 우리도 알지 못하는 것을 두려워한다. 우리는 뇌가 신경학적으로 예측할 수 없는 것에 화학적으로 대비한다. 낯설거나 알지 못하는 것이 생존 반응을 자극하면 우리는 대부분 도주를 한다. 후회하는 것보다는 안전한 게 낫기 때문이다.

따라서 미지의 모험을 두려워하는 사람은 생존을 위한 마음 상태로 살아가고 있을 가능성이 높다. 생존모드는 앞으로 닥칠 경험이 어떤 느낌일지를 예측하지 못할 때(과거 경험의 느낌과 연관성이 없으므로), 그 경험을 피하게 만든다. 그렇다면 두려움 없이 낯선 것을 경험한다는 것이 과연 가능할까?

사람들은 초자연적이거나 종교적인 혹은 비정상적인 경험을 하면 그것을 회피하곤 한다. 예를 들어, 누군가 육체와 분리되어 공중에 떠서 잠자고 있는 자신을 발견하게 되었다고 생각해보자. 이 사람은 사후라면 모를까 지금의 경험을 과거의 어떤 경험과 연합시킬 신경망이 갖춰져 있지 않을 것이다. 그 순간 즉시 공포를 느끼게 되면서 교감신경계가 작동할 것이다. 일단 이러한 일이 벌어지면 모든 관심이 몸에 집중되어 잠에서 깨어나게 된다. 이 사람은 숨을 헐떡거리며 공포에 휩싸인 채로 앉아서 자신이 죽었거나 죽어가고 있다고 생각할지도 모른다. 너무나 낯선 경험이어서 이것과 일치하는 것을 기억에서 찾을 수 없었던 몸이 위협을 느끼면서 유체이탈이 끝나버린 것이다.

이제 이 사람이 책을 통해 유체이탈에 대해 이해했다고 생각해보자. 그녀는 새로운 신경망을 형성하기 시작할지도 모른다. 그리고 이러한 일이 또 발생하면 생존에 위협을 느끼지 않은 채 좀 더 준비된 상태가 될 것이다. 이제 그녀는 낯선 경험에 자신을 맡길 수 있다. 결국 지식이 생존에 관한 공포를 없애주는 것이다.

현대의 생존

생존을 위해 우리의 커다란 대뇌신피질은 다양한 방식을 따르고 있다. 현대인의 복잡한 삶은 생존의 의미도 변화시켰다. 다른 동물들이 여전히 음식이나 피난처, 포식자, 번식, 자연재해 등을 걱정하는 동안 인간은 다른 것들을 걱정하게 되었다. 우리는 발달된 사회를 이루며 전혀 다른 방식으로 환경에 적응해왔기 때문이다. 생존은 여전히 중요한 문제지만 예전보다 훨씬 복잡한 형태를 띤다.

현대에도 기본적인 생존의 의미는 여전히 유효하다. 배우자를 찾는 것이나, 외부의 위협에 대처하는 일, 고통을 극복하는 일, 사회적 지위를 얻는 일, 살 곳을 구하는 일, 음식과 안전을 제공하는 일, 미래를 준비하는 일, 자녀들을 교육하고 보호하는 일 등이 그것이다. 그러나 사회구조와 기술이 발달하면서 그 관심사가 조금씩 수정돼왔다. 교통체증에 시달리거나 보험료를 내는 일, 신용카드 고지서 때문에 배우자와 싸우거나 직원들과 갈등을 겪는 일, 퇴직을 위한 저축, 정치적 관점의 차이로 인한 논쟁 등, 국민연금에 대한 걱정 등이 현대인이 겪는 더욱 현실적인 문제들이다.

비록 외부 세계의 자극은 달라졌지만 우리의 반응은 그대로다. 어떠한 자극에 당면하든 우리는 같은 신경계로 같은 반응을 한다. 위협을 느껴 생존모드로 전환되었을 때 우리는 유전과 환경에 의해 형성된 과거의 습관과 행동, 태도, 기억과 관련된 신경회로를 통해 반응한다.

그런 점에서 외부의 위협이나 스트레스에 대한 해석도 현재 상황에 맞게 바뀌어야 할 것이다. 하지만 근본적으로 생존은 여전히 생존이다. 외부의 압력이나 재난에 대한 우리 반응은 항상 같은 것이다. 생존의 의미는 대략 다음과 같다.

- 종족보존을 위해 번식하는 것
- 자신과 자손이 당면한 생존을 위하여 고통과 약탈을 피하는 것
- 진화의 기회를 확대하기 위하여 환경에 대한 주도권을 획득하는 것[1]

위의 세 가지 정의는 인간의 커다란 대뇌신피질과 복잡한 사회적 관습을 고려해 원시적인 생존 반응을 좀 더 현대인에 맞게 수정한 것이다. 하지만 여전히 가장 기본적인 인간조건과 관련해 행동을 수정할 때에 작용하는 동기의 대부분은 원시적인 생존과 관련이 있다.

환경이 이끄는 대로 따라가기

대뇌신피질이 앞으로의 일을 예상하기 위해 외부 환경을 평가하느라고 바쁠 때 우리는 타고난 생존본능에 의지하게 된다. 대비한다는 것은 근본적으로 생존의 관건이다. 앞으로 다가올 위험을 예측하고 외부 환경과 우리 몸의 상태를 주시하는 일을 하는 동안 대뇌신피질은 더 이상 학습이나 고차원적인 사고활동을 하지 않는다. 대신에 과거의 기억을 더듬어 익숙한 상황을 찾아 현재의 상황에 연결 짓는 일에만 전념한다. 무언가를 기억할 때 우리는 과거의 경험에서 형성된 뇌 회로를 활성화한다. 이미 존재하는 신경회로를 활성화하여 그에 따라 자동으로 생각하게 되는 것은 바로 생존 반응의 화학적인 기질 때문이다. 어떤 회로를 반복적으로 활성화하면 우리는 생각만으로도 스트레스 반응(stress reaction)을 활성화할 수 있다.

스트레스의 신경화학 반응

스트레스 속에서 사는 것은 생존을 위해 사는 것과 같다. 스트레스는 우리 몸의 정상적인 항상성의 균형이 깨진 상태를 말한다. 무언가에 반응할 때 우리 몸은 정상적인 생리화학적 질서를 깨는 수많은 화학적 변화를 일으킨다. 말하자면 스트레스원(stressor)이란 우리 몸의 정상적인 화학적 균형을 혼란시키는 것들이다. 그리고 스트레스 반응은 정상적인 항상성의 균형을 회복하기 위한 우리 몸의 움직임이다.

아마 당신도 항상 스트레스를 받고 있는 사람들을 알고 있을 것이다. 그들이 당신에게 자신이 얼마나 스트레스를 받고 있는지 말하지 않아도 당신은 알아챌 수 있다. 어떤 사람들은 겉으로는 차분하고 온화해 보이지만 속은 끓어넘칠 지경의 냄비 같다. 반대로 어떤 사람들은 스트레스가 거의 없다는 것을 알 수 있을 정도로 내적으로나 외적으로 평화로워 보이기도 한다. 스트레스를 얼마나 경험하든지 간에 이제 스트레스에 대해 새로운 시각으로 접근할 때다.

먼저 우리가 환경에 어떻게 반응하는지 이해하는 것이 중요하다. 또한 과거의 스트레스 상황에 어떻게 반응했고, 미래의 스트레스 상황에 어떻게 대처하려는지를 이해하는 것 역시 중요하다. 스트레스는 우리가 육체적·정서적으로 고통받는 대부분의 질병 탓이다. 이것은 매우 단순한 원리다. 만성적인 스트레스 상태이거나 미래의 스트레스 요인에 지나치게 예민해져 있을 때, 우리 몸은 언제라도 스트레스에 대응할 수 있도록 생존모드를 유지한다. 이런 식으로 예민한 경계상태를 지속하다보면 우리의 몸은 스스로 회복할 자원이나 시간이 없게 된다.

1장과 2장에서 우리는 몸의 자연회복력에 대해 살펴보았다. 하지만 우리가 지속적으로 스트레스 반응 상태일 때는 자연회복력이 힘을 발휘하지 못한다. 이런 식으로 치유가 계속 뒷전으로 밀리다보면 결국 몸은 만회하기 힘든 상태가 된다.

스트레스 상황은 다양하다. 그중 하나를 예로 들면 배우자와 언성을 높여 싸우거나, 한 시간 안에 그날의 일과를 끝마치려고 미친 듯이 뛰어다니는 것이 될 수 있다. 이때 '현재'의 스트레스원은 우리 몸이 스트레스에 반응할 수 있도록 아드레날린을 생산하게 만든다.

또 다른 경우는 현재에 어떠한 스트레스원도 없는 상황이다. 가만히 의자나 침대에 누워 있을 때도 우리는 내일 있을 면접이나 밀린 집세 걱정을 하며 똑같이 스트레스를 받는다. 말하자면 '미래'의 스트레스를 예상하고 있는 것이다. 이제 우리는 이러한 반응을 멈추어야 한다. 미래의 스트레스는 우리 몸에 아드레날린과 같은 호르몬을 넘치게 만들기 때문이다.

둘 중 어떤 상황이든 우리는 보통 망가질 때까지 몸을 소모시킨다. 질병에 걸리거나 부상을 입는 등 과부하 상태가 되는 것이다.

스트레스에 대해 우리는 두 가지 방식으로 반응한다. 하나는 신경학적인 반응이고, 다른 하나는 화학 반응이다.

신경 반응 : 빠른 길

스트레스 반응을 일으키는 신경계의 처리과정을 간단히 살펴보자.

1. 첫 번째 반응은 가장 긴급한 것이다. 자율신경계는 환경의 자극이나 우리가 상상한 자극에 반응해 활성화된다.
2. 활성화된 자율신경계는 척수와 척수신경을 통해 부신과 가장 직접적으로 연결된 말초신경으로 곧장 정보를 전달한다.
3. 일단 정보가 부신에 도달하면, 아드레날린(또는 에피네프린)이 생산되어 혈액으로 분비된다.

첫 번째(즉각적인) 반응은 전광석화처럼 대번에 이루어진다. 그 결과 우리 몸의 화학적 상태가 변하고 여러 생리적 반응이 급속하게 일어난다. 우리 몸은 소화와 같은 기능은 멈추고, 내부 장기에서 근육으로 혈액을 이동시켜 행동하기 쉽도록 준비한다. 우리 몸이 고도의 경계 상태에서 에너지를 비축해놓고, 싸우거나 도주할 준비를 하는 것이다. 이 모든 과정은 불과 몇 초 만에 일어난다. 그림8.1에서 신경 반응의 빠른 길을 확인할 수 있다.

화학 반응 : 느린 길

신경계의 스트레스 반응과 마찬가지로 화학적 스트레스 반응도 외부의 자극뿐만 아니라 생각만으로도 유발된다. 화학적인 스트레스 반응의 과정

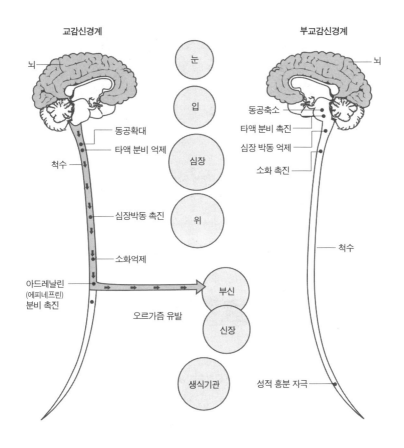

눈

입

심장

위

뇌

척수

동공확대

타액 분비 억제

심장박동 촉진

소화억제

아드레날린
(에피네프린)
분비 촉진

오르가즘 유발

부신

신장

생식기관

뇌

동공축소

타액 분비 촉진

심장 박동 억제

소화 촉진

척수

성적 흥분 자극

그림8.1 장기에 대한 교감신경과 부교감신경의 활동

은 다음과 같다. 우리가 스트레스원에 반응할 때(스트레스를 예견하거나 과거의 스트레스를 기억하는 것) 뇌는 다양한 신경망을 활성화하고, 이 신경망들은 중뇌의 시상하부에 신호를 보낸다. 시상하부는 화학 원료들을 모아 몸을 특정한 방식으로 활성화하는 신호를 보내는 화학물질인 펩티드를 생산한다.

스트레스 반응 과정에서 시상하부가 만들어내는 펩티드를 부신피질자극호르몬분비호르몬(corticotrophin releasing hormone, CRH)이라고 부른다. CRH가 분비되면 뇌하수체에 화학신호가 전달된다. 뇌하수체는 이 신호를

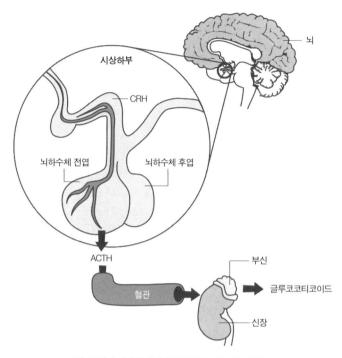

시상하부

뇌

CRH

뇌하수체 전엽

뇌하수체 후엽

ACTH

혈관

부신

글루코코티코이드

신장

그림8.2 화학 반응의 중심축(시상하부 - 뇌하수체 - 부신)

받아 부신피질자극호르몬(adrenocorticotropic hormone, ACTH)이라는 또 다른 펩티드를 생성한다. 이제 새로운 화학신호가 부신 세포의 수용체에 의해 받아들여진다.

뇌하수체에서 나온 화학신호(ACTH)는 부신으로 전달되어, 부신의 세포들이 글루코코티코이드_glucocorticoid_라는 화학물질을 생산할 수 있도록 자극한다. 이것은 나중에 체내의 질서를 바꾼다. 부신에서 분비되는 스테로이드 호르몬인 글루코코티코이드는 생식선에서 만들어지는 테스토스테론이나 에스트로겐과 비슷하다. 이러한 화학물질들은 신경 반응에서와 유사한 생리적인 변화를 일으킨다. 화학 반응의 느린 길은 시상하부-뇌하수체-말초분비선의 축으로 이루어지고, 이들의 활동은 몇 분에서 몇 시간이 걸린다.

신경 반응이 고속도로처럼 더 즉각적이고 직접적이라면 화학 반응은 입구와 출구가 많은 국도에 가깝다. 공통점은 둘 다 생존이라는 도시로 연결된다는 것이다. 그림8.2를 통해 화학 반응의 느린 길을 확인할 수 있다.

스트레스의 종류

생존모드에 있을 때 대뇌신피질은 주변 환경을 감지하는 레이더 같은 기능을 한다. 대뇌가 위험을 감지하면 우리는 즉시 경계 상태에 돌입하게 된다. 그리고 나쁜 일이 일어날 가능성에 대비해 지각이 고도로 예민해진다. 다른 척추동물들과는 달리 인간은 위험상황을 단지 생각하는 것만으로도 생존 반응이 나타날 수 있다.

스트레스 상황에 있을 때나 앞으로 어떤 스트레스가 예상될 때, 우리는 정상적인 상태(혈압, 심장박동, 동공 확대, 화학균형 등)에서 벗어나 스트레스를 경험하게 된다. 알다시피 우리 몸은 항상성을 유지하기 위해 스트레스에 반응하여 많은 양의 아드레날린과 글루코코티코이드를 분비한다.

이러한 반응은 인간뿐 아니라 다른 동물에게도 나타난다. 하지만 인간은 커다란 뇌와 발달된 사회구조 때문에 동물보다 더욱 다양한 종류의 스트레스 상황을 경험한다. 인간의 스트레스는 다음과 같이 육체적인 것, 화학적인 것, 정서적인 것의 세 종류로 나눌 수 있다.

• 육체적인 스트레스 : 차 사고나 낙상, 과로로 인한 부상, 극도의 추위나 더위, 수면부족, 식량부족 같은 열악한 환경 조건이 포함된다.
• 화학적 스트레스 : 오늘날 많은 사람들이 걱정하고 있는 것이다. 우리는 매우 많은 독소와 알레르기 유발요소(특정 음식 포함), 오염물질 등에 노출되어 있다.

• 정서적 스트레스 : 시간과 돈, 경력, 아끼던 것의 상실 등에 대한 걱정이
  포함된다.

한 가지 기억해야 할 것은 스트레스의 종류가 다르더라도 우리 몸은 똑
같은 강도의 자동적인 반응을 보인다는 것이다(3장의 자율신경계 참고).

몇몇 사회적인 영장류를 제외하고 동물의 육체적 생존에 위협이 되는
것은 주로 포식자, 굶주림, 배우자의 부족, 영구적인 부상 등이다. 인간 역
시 육체적 스트레스와 육체적으로 드러나는 화학적 스트레스를 받는다.

하지만 다른 동물들과는 달리 인간은 육체적 위협뿐만 아니라 정서적·
심리적인 경험 또한 스트레스원이 된다. 예를 들면 작업 마감일, 차 고장,
동료나 사상들과의 불화, 재정난, 가족관계 등이 있다. 이러한 비육체적인
위협은 육체적인 위협과 마찬가지로 잠재적으로 우리의 생존을 위협한다.
차이점은 우리가 경험하는 비육체적인 위협은 육체적인 위협에 비해 복잡
하며, 싸움 – 도주 반응으로 쉽게 해결되지 않는다는 것이다. 예를 들어,
경제적 어려움에 대한 우리의 스트레스는 싸움이나 도주를 통해 해결되지
않는다. 물론 둘 중 하나를 선택하는 비이성적인 사람이 있기는 하다. 싸움
이나 도주는 문제를 해결해주지 않는데도 불구하고 말이다.

인간과 동물의 스트레스

인간이 받는 세 가지 스트레스는 또 다른 면에서 동물들의 스트레스와
차이가 있다. 동물들은 거의 항상 금방 닥쳐왔다 해결되는 급성 스트레스
에 노출된다. 예를 들어, 개가 숲을 돌아다니다가 곰을 만난다면 그 즉시
무엇을 할지 결정해야 한다. 이러한 문제는 비교적 빨리 해결된다. 급성 스
트레스 상황에서 동물의 몸은 경계 상태가 되어 싸움이나 도주 중 하나를
선택한다. 그리고 보통 몇 시간 안에 몸은 원래의 항상성을 회복하게 된다.

급성 스트레스가 짧은 시간 동안만 지속되는 것이다. 몸이 원래대로 돌아오면 세포의 복원이나 수리, 재생산 같은 일상적인 기능을 할 수 있다. 이와 같이 대부분의 포유류는 단기적인 육체적 위기에 잘 대처하도록 훌륭하게 설계된 몸을 갖추고 있다.

그렇다면 인간은 어떨까? 예를 들어, 직장 상사가 직원들에게 몇 주 안에 한 명을 해고하겠다고 말했다고 생각해보자. 그런데 그 한 명이 당신의 친구이고 친구는 그것을 모르는 상황이라면 당신은 스트레스를 매우 심하게 받을 것이다. 그리고 이런 상황에서 스트레스를 해소할 수 있는 방법을 찾기란 쉽지 않다.

이처럼 우리는 만성적인 스트레스 상황에서 살아간다. 매일, 매 순간 스트레스원에 노출되는 것이다. 그러나 인간 사회에서 싸움이나 도주는 받아들여지지 않는다. 대신 우리는 걱정하고, 억압하고, 합리화하고 타협한다. 인간은 수조 개의 시냅스를 가지고 있기 때문에 물리적으로 실재하는 스트레스원이 없어도 스트레스 반응을 일으킬 수 있을 정도로 기억력이 뛰어나다. 즉, 스트레스원에 대해 생각하는 것만으로 똑같은 스트레스 반응을 일으킬 수 있다는 것이다. 이것은 만성 스트레스라는 고질적인 결과를 일으킨다.

정서적·심리적 스트레스

인간은 만성적인 정서적·심리적 스트레스로 가장 많이 고통받는다. 정교한 대뇌신피질을 갖고 있을 뿐만 아니라 환경과 복잡하게 상호작용(동물들에게는 작업 마감일이나 비이성적인 요구, 복잡한 정부규제 등이 없다)하기 때문에 현대인이 정서적·심리적 스트레스를 받는 것은 당연하다.

여기서 주목해야 할 흥미로운 점은 인간의 정서적 스트레스가 육체적인 스트레스를 만든다는 것이다. 예를 들어, 누군가와 싸우고 나면 뒷목이 뻣뻣해지지 않던가? 이때 생긴 육체적 스트레스는 다시 화학적 스트레스를 만들어낸다(고통을 느끼면 몸은 경계를 발동하여 부신의 반응을 유발한다). 그리고 이러한 화학적 스트레스는 다시 또 다른 육체적 스트레스로 이어진다(특히 생존모드로 살면 생체 회복과 치유를 위한 자원이 최소화되어 뒷목이 뻣뻣해지는 증상이 만성화된다). 그럼 우리는 이 만성적인 목의 통증을 걱정하느라 또 정서적·심리적 스트레스를 받는다. 마치 뱀이 자신의 꼬리를 집어삼키듯이 악순환이 계속되는 것이다.

 운동과 스트레스

20년 전 예일대학은 배우들을 대상으로 운동에 대한 연구를 실시했다. 연구자들이 배우를 연구 대상으로 삼은 까닭은 특정한 감정 상태를 이끌어내는 그들의 능력 때문이다. 배우들은 두 집단으로 나뉘었는데, 첫 번째 집단은 화난 상태를 만들도록 요구받았다. 이들은 화가 나고 심난한 상황을 상상했다. 두 번째 집단은 최대한 평화롭고 고요한 상태를 유지하도록 했다. 그리고 이 과정에서 두 집단의 혈압과 심장박동, 호흡을 포함한 여러 가지 생리적 기능을 측정했다.

그리고 나서 참가자들은 계단 오르기 같은 가벼운 운동을 하도록 했다. 화난 집단은 각각의 신체기능이 조금 떨어지는 것으로 나왔다. 반면 평온한 집단은 운동을 통해 나타나는 일반적인 효과가 확실히 돋보였다. 두 집단 모두 똑같은 운동을 했음에도 불구하고 다른 결과가 나온 것이다. 보통 운동은 스트레스를 줄여준다고 여겨진다. 하지만 정말로 운동이 건강에 도움이 되려면 운동 중의 마음 상태가 운동 그 자체만큼이나 중요하다.[2]

또한 상처와 같은 육체적 스트레스는 화학적 스트레스를 만들어낸다. 그리고 이것은 정서적 스트레스로 이어진다. 예를 들어 대부분의 상처부위는 붓게 되는데, 이것은 화학적인 작용의 결과다. 상처와 그에 따른 화학적인 스트레스는 몸이 더 이상 항상성을 유지할 수 없다는 것을 의미하고 결국 정서적·심리적 스트레스로 이어진다. '이렇게 아픈데 내가 일하러 갈 수 있을까?', '내가 집중할 수 있을까?', '내가 충분히 잘 수 있을까?'와 같은 걱정으로 이어지는 것이다. 인간의 모든 스트레스는 그 종류와 상관없이 결국에는 정서적·심리적 스트레스가 된다.

최근의 통계자료에 의하면 병원을 찾는 사람들 중 90%가 스트레스와 관련된 장애를 갖고 있다고 한다.[3] 연구자들은 신체적 질환과 극단적인 정서 상태 사이의 관계를 점점 더 많이 밝혀내고 있다.

모든 사람이 스트레스에 똑같이 반응하는 것도 아니고, 모든 사람이 스트레스로 인해 똑같이 고통 받는 것도 아니다. 나는 두 명의 고등학교 선생님을 알고 있다. 이들은 2년에 한 번씩 장학사로부터 자신의 수업을 평가받는다. 사실 평가는 형식적인 것이다. 그들의 급여가 평가에 의해 결정되는 것도 아니고, 선생님으로 발령난 이상 엄청난 부정을 저지르지 않고는 해고될 가능성도 거의 없다.

하지만 밥bob은 일주일 후의 평가 때문에 극도로 초조한 상태였다. 그는 걱정 때문에 안절부절 못했고, 불량학생이 그날 수업에 나오지 않도록 만들까도 생각했다. 그리고 평가 전날 잠도 거의 자지 못했다. 반면, 비벌리Beverly는 장학사(누구든 간에)가 자신의 교실을 방문하는 것을 좋아했다. 그녀는 다른 사람의 피드백과 관심을 받는 것을 좋아했고, 윗사람에게 좋은 인상을 주는 것을 하나의 도전으로 생각했다. 그녀는 수업평가를 별로 특별하게 생각하지 않았다. 자신을 특별히 부각하기 위해 수업에 공을 들이지도 않았다. 또 평가일 전날에도 잠을 잘 잤다.

이처럼 사람들마다 스트레스에 반응하는 방법이 모두 다르다. 각자 타고난 신경망과 경험, 지식 등이 모두 다르기 때문이다. 그러나 인간은 스트레스를 받으면 여러 가지 것들이 몸에 영향을 미친다. 그중에서도 아드레날린의 분비가 급상승한다. 스트레스로 인해 많은 양의 아드레날린이 분비되면 우리 몸은 녹초가 되고, 소화기관에서 분비되는 소화액을 감소시켜 단백질과 같은 필수영양소의 흡수를 제한한다.

카이로프랙틱 의사로서 나는 사람들의 뼈와 근육이 스트레스에 의해 어떤 영향을 받는지 잘 알고 있다. 스트레스는 몸의 긴장, 근육감소, 관절의 경직과 통증, 필수 에너지의 고갈 등의 형태로 나타난다. 어떤 점에서 스트레스는 우리가 주변의 환경 요소들을 더 이상 통제할 수 없는 것으로 지각한 결과라고 할 수 있겠다. 원하는 결과를 얻을 수 없다고 생각할 때 일어나는 것이다. 이는 꽉 막힌 교통체증의 한가운데서 스트레스가 심해지는 것을 느끼는 것과 같다.

미래를 예상하는 데서 오는 스트레스

업무 평가를 앞둔 두 선생님의 예는 네 발 동물과 인간 간의 중요한 차이점 하나를 보여준다. 우리는 앞을 보고 미래의 스트레스를 예상할 수 있지만 동물들은 그렇지 못하다. 사실 우리는 실제로 스트레스 상황에 부딪히기도 전에 스트레스를 경험할 수 있다. 동물들은 직접적인 스트레스는 받지만 앞으로 받게 될 스트레스를 예상하여 고통받는 일은 없다.

상대적으로 작은 대뇌신피질 덕분에 동물들은 현존하고 있는 스트레스원에 대한 기억만을 저장한다. 게다가 이들은 똑같은 일이 금방 또 일어날 거라고 걱정하지 않는다. 하지만 인간은 다양하고 복잡한 심리적·사회적 상황을 예상함으로써 스트레스 반응을 활성화한다. 하지만 개는 절대 이런 일을 경험하지 않는다. 이 점에 있어서는 우리의 애완동물들을 부러워해야 할지도 모르겠다. 이들은 앞으로 다가올 스트레스에서 자유롭다. 완전한 현재의 순간을 살아가는 것이다.

반면 우리 인간은 과거나 미래의 스트레스 상황을 생각하는 것만으로도 스트레스 반응을 일으킬 수 있다. 그리고 이것은 실제 상황에 직면해 있을 때와 마찬가지의 생리적인 스트레스 반응을 유발한다. 예를 들어, 앞으로 일어날 일에 대한 걱정 하나만으로도 위액의 산도가 바뀔 수 있다. 우리는 근육을 하나도 움직이지 않고도 췌장의 호르몬 분비를 유도하거나 부신피질의 호르몬 상태를 바꾸고 심장박동을 촉진하며, 심지어 자신의 몸을 감염되기 쉬운 상태로 만들 수 있다. 이런 점에서 인간은 정말 강한 존재다. 단지 스트레스가 발생할 가능성에 대해 생각하는 것만으로 생리적 반응을 일으킬 수 있는 것이다. 마치 사건이 실제로 발생한 것처럼 말이다.

이것은 좋은 것일까 나쁜 것일까? 우리는 언제 어디서 스트레스원이 나타날지를 정확히 알아맞히기 위해 얼마나 많이 스스로를 격려했던가? 우리는 스트레스원의 등장을 성공적으로 예측하고 적절히 대비하고서는 그 결과에 전율하곤 한다. 누구도 찰리 브라운처럼 되길 원하지 않는다. 이번만큼은 루시가 막 차려고 하는 럭비공을 치워버리지 않을 거라고 믿으며 달려가는 찰리 브라운 말이다. 하지만 우리는 누군가가 우리의 신뢰를 저버리는 일을 한두 번 경험한 것이 아니지 않는가?

어떻게 보면 인간의 진화가 주는 가장 큰 혜택은 앞날을 예측할 수 있는 능력이다. 그 혜택은 우리가 정확한 결과를 적절히 예상하는 데 실패했을 때 줄어든다. 그 결과 불안과 우울, 공포, 불면, 신경증 및 그 밖의 몸의 이상 증세가 나타난다. 우리는 스스로 스트레스원에 대비하기 위해 체내의 균형을 바꾸지만 늘 원하는 결과를 얻지는 못한다. 또한 만일의 사태에 지나치게 대비하거나 전혀 예측하지 못한 스트레스원에 허둥대기도 한다.

어느 쪽이든 항상 경계를 늦추지 않고 환경에 지나치게 반응하다보면 그 대가를 치룰 수 있다. 만성 스트레스(스트레스 반응이 항상 활성화되는 상태)야말로 정말 위험한 것이다. 우리의 몸은 스트레스를 장기적으로 견딜 수 있도록 만들어지지 않았다. 스트레스 반응이 지속되면 병으로 이어지게 돼 있다.

스트레스가 미치는 영향

당신이 사무실에 앉아 한 프로젝트를 진행하고 있는데, 상사가 갑자기 들어오더니 이렇게 말한다. "이보게, 당장 자네 도움이 필요하네. 부사장이 이메일을 보내서 한 시간 안에 예산회의를 할 거라고 통보해왔어. 30분 안에 파워포인트 자료를 만들라는군. 나머지 30분은 자기가 검토하고 수정할 수 있게 말이야. 지금 하고 있는 일을 그만두고 지난주에 얘기한 회계정산표를 갖다 주게." 이제 당신은 어떻게 해야 할까? 당신은 3분기 판매 프로젝트에 대한 작업을 그만두고, 상사가 시킨 일을 한다. 사업을 성장시킬 장기 프로젝트를 중단하는 대신 당장 급한 일부터 처리해야 하는 것이다.

몸이 스트레스 반응에 관계할 때도 같은 일이 일어난다. 우리는 순간의 위기에 집중해야 한다. 급한 불을 먼저 꺼야지, 미루는 것은 불가능하다. 결과적으로 진행 중인 세포의 회복 같은 장기적인 재생 기능은 중단된다. 우리 몸은 싸움-도주 반응에 사용하기 위해 근육에 에너지를 동원하고, 소화기능을 중단한다. 지금 '당장' 움직이기에는, 소화는 매우 느리고 너무 많은 에너지를 사용하는 과정이기 때문이다.

우리는 직장에서 다른 일을 하기 위해 하던 일을 중단하면 어떤 일이 벌어지는지 알고 있다. 중단한 일은 마감일에 쫓길 것이고, 급기야 새로운 비상 사태에 직면한다. 우리 몸에서도 같은 일이 벌어진다. 우리가 위협에 대응하는 데 계속 에너지를 사용한다면 우리는 결코 앞으로 나아가지 못하게 된다. 에너지를 축적하지 못하는 것이다. 이것은 그날 벌어 그날 먹고 사는 것과 같다. 빚을 갚기 위해 또 빚을 지는 셈이다.

병은 몸의 에너지가 고갈되어 감염과 싸우는 중요한 기능을 수행할 수 없을 때 걸린다. 코르티솔 수치가 너무 높아지면 면역계가 무너지고, 이미 약해져 있는 몸은 병과 병으로 인한 스트레스 때문에 이중으로 타격을 입게 된다. "지금은 절대 아파서는 안 되는 때야!" 우리는 이런 생각을 많이 한다.

그런데 하필이면 바로 그 시점에 병에 걸린다. 걱정으로 인한 병일까? 그렇다면 반대로 병이 육체적, 화학적, 정서적 스트레스를 만들어낸다는 사실은 어떻게 볼까?

스트레스 반응 상태에서는 우리 몸 안의 회복과 재생 기능을 하는 시스템이 제 기능을 하지 못한다. 예를 들어, 조수간만으로 인해 곧 파도가 들이칠 때 해변가의 집을 리모델링하는 것은 좋지 않은 생각이다. 비상 사태에 먼저 대비하고, 리모델링 같은 장기적인 프로젝트는 포기해야 하는 것 아닌가?

싸움 - 도주 반응이란 즉각적인 행동을 위해 에너지를 동원하는 것임을 기억하기 바란다. 이것이 반복되면 우리의 신경회로는 점점 이 같은 단기적 대처에 고정돼버린다. 보다 절박한 상황에 직면해 있는데, 왜 이때 하필 수리나 재생 타령인가 말이다. 결국 반복적으로 스트레스를 받다보면 회복은 최우선 과제가 아니기 때문에 오랜 시간이 걸리게 된다.

스트레스를 받으면 대부분의 사람들은 편안한 때보다 잠을 적게 잔다. 혈류 속의 아드레날린의 농도 때문에 비상 경계 상태가 되기 때문이다. 그런데 잠자는 시간은 회복과정이 가장 활발하게 이루어지는 시간이다. 결국 회복을 위한 시간도 적어지는 셈이다. 게다가 잠을 적게 잘수록 스트레스를 더 많이 받게 된다. 한밤중에 자리에 누워서 내내 건강이나 미래에 대해 걱정한다면 몸이 항상성의 균형을 유지하기가 힘들어진다.

또한 잠을 자야 할 때 배우자와 성관계를 갖는 것도 좋은 생각이 아니다. 생식과정 또한 스트레스의 영향을 받는다. 배란, 정자의 생산, 태아의 발육 모두가 우선순위에서 싸움 - 도주 반응에 밀린다. 싸움 - 도주 반응을 일으키는 원인이 실제로 호랑이에게 쫓기는 것이든 이혼을 앞둔 상황이든 상관없다. 발기부전, 불임, 유산은 모두 만성 스트레스의 일반적인 부작용이다.

스트레스의 영향을 받는 우리 몸의 기능 중 가장 중요한 것은 면역계다. 면역계가 제 기능을 하지 못하거나 완전히 망가지면 박테리아나 바이러스 같은 침입자와 싸울 수 없게 된다. 결국 감염에 시달리거나 병에 걸리는 것이다. 특히 우리는 알레르기나 감염성 인플루엔자, 류머티스성 관절염 같은 면역매개질환으로 고생할 수 있다. 비상 사태에 모든 에너지를 쏟아부어 분투하고 있는데 우리 면역계가 어떻게 초기단계의 종양 세포를 감지하고 그것을 제거할 수 있겠는가. 스트레스에 반응하느라 우리 몸의 면역계 활동이 정지됐을 때 암세포는 아무 제약 없이 자란다. 결론은 아주 간단하다. 스트레스가 많을수록 더 자주 아프고 면역계의 손상이 다양한 형태로 나타난다. 이제 우리는 스트레스 자체보다 스트레스가 만들어낸 새로운 문제에 더 시달리게 되는 것이다.

사람들은 '이 스트레스 상황이 사라지면 그 일을 처리할거야' 라고 생각한다. 하지만 많은 경우 스트레스 상황은 사라지지 않는다. 그리고 스트레스가 스트레스를 부르는 악순환이 시작된다. 얼마 안 가 스트레스 반응은 처음 스트레스 반응을 유발했던 그 어떤 상황보다도 우리에게 해가 될 것이다. 우리는 늘 족제비를 뒤쫓는 것은 원숭이라고 생각하지만, 스트레스 반응의 상황에서는 무엇이 무엇인지 말하기 힘들다. 인간의 스트레스 반응은 우리의 생각과 느낌에서 비롯된다. 그리고 대부분의 경우 이것은 스트레스원 그 자체보다 우리 몸에 더 장기적인 해를 입힌다.

우리는 계속 달리지만 어디로도 가지 못하고 있다. 몸이 소진된 상태에 이르는 것 빼고 말이다. 소진이란 우리 몸이 외부의 침입자들을 더 이상 격퇴할 수 없게 된 상태를 말한다. 호르몬과 면역계가 손상되어서 병에 걸리는 것이다. 그리고 병은 다시 몸에 더 큰 짐이 된다.[4]

한 연구에 따르면 스트레스 반응 동안 생산되는 CRH가 너무 많으면 성장호르몬의 생산과 분비가 억제된다고 한다. 만성적인 스트레스를 받는 아이들은 대부분 성장이 느리다. 어른의 경우도 마찬가지다. 뼈와 근육의 생산이 억제되는 것이다. 또한 CRH의 과잉은 소화에도 영향을 미친다. 그 결과 과민성장증후군이 나타난다. 예를 들어, 시상하부 – 뇌하수체 – 부신의 연결체계가 지나치게 활성화되면 몸 안의 세포들은 인슐린에 반응하여 포도당의 흡수를 멈추게 되고 그 결과 당뇨가 발병한다. 이뿐만이 아니다. 최근의 연구에 따르면 CRH의 과잉은 정신장애에도 영향을 끼쳐 공포증, 공황발작을 유발한다고 한다.[5]

러시아의 연구자들이 쥐를 대상으로 한 실험에서 스트레스의 영향이 어디까지 미치는지를 알 수 있다. 이들은 인공감미료인 사카린*saccharine*을 가미한 면역억제제를 쥐에게 먹인 후 미각혐오(taste aversion) 실험을 했다. 면역억제제는 쥐들을 구역질나게 만든다. 면역억제제와 사카린의 배합제를 여러 번에 걸쳐 쥐에게 투여한 후, 이번에는 면역억제제를 빼고 사카린만 투여하였다. 하지만 쥐들은 여전히 구토를 했다. 쥐들은 구토라는 신체증상과 사카린의 맛을 연합하여 사카린 맛에 조건화되었던 것이다. 그 결과 많은 쥐들이 죽었다. 더 이상 구토를 유발하는 면역억제제를 투여받지 않았음에도 불구하고 말이다. 구토라는 스트레스에 대한 그들의 예상이 면역계를 너무 약하게 만들어 환경으로부터 몸을 방어할 수 없었던 것이다. 실제로 쥐들은 자신들의 생각 때문에 죽은 것이다.[6]

문제의 핵심

인간이 은밀하게 접근하는 포식자들과 함께 살던 시절, 호랑이가 우리 쪽으로 다가오는 것을 발견했을 때 나타난 심혈관계의 반응은 우리에게 매우 큰 도움이 되었을 것이다. 혈압과 심장박동이 증가해 필요한 에너지를 팔과 다리에 축적시켜 도망가기가 쉬웠던 것이다. 하지만 현대는 어떨까? 이번에는 당신이 운전하는 중이라고 생각해보자. 오른쪽 차선에 있던 자동차가 갑자기 당신 앞에 끼어들 때 혈압과 심장박동이 증가하는 것은 결코 좋은 일이 아니다.

물론 자동차가 갑자기 끼어드는 상황은 극단적인 예일 수 있다. 하지만 우리는 매일 이와 같은 다양한 종류의 스트레스를 받는다. 우리의 심혈관계는 매우 훌륭한 기관이지만 반복되는 정서적 스트레스에 매번 잘 대처하도록 만들어지지는 않았다. 최근의 연구에 따르면 흥분된 상태로 오랫동안 스트레스를 받으면 심장질환을 유발할 수 있다고 한다.[7]

우리가 계속 만성 스트레스를 받는다면 아드레날린은 심장을 더 빨리 움직이고 혈압을 더 높이라는 신호를 보낼 것이다. 하지만 우리에게 실제 행동으로 대처할 수 있는 스트레스원은 존재하지 않는다. 어떤 것을 보고 도망가거나 싸울 일이 없는 것이다. 결과적으로 빨리 움직일 수 있도록 심장을 계속 훈련시키는 것밖에 되지 않는다. 이것은 쓸데없이 온도조절계를 돌려 항상 높은 온도를 유지하는 것과 비슷하다. 계속해서 심장은 경계태세로 움직이는 일을 반복할 것이고, 이로 인해 우리는 부정맥, 심계항진증, 고혈압 같은 질병을 앓게 될 것이다.

급성 스트레스가 짧은 시간 안에 혈압을 올린다면 만성 스트레스는 만성 고혈압을 유발한다. 과도한 긴장으로 인해 혈관계 전체가 압력을 받을 것이고, 혈류의 흐름도 불규칙해진다. 혈액은 수천 개로 갈라진 동맥을 거쳐 점점 더 작게 갈라지는 혈관으로 이동해 결국에는 하나의 세포에 이른다. 우리 몸 안에 있는 어떤 세포도 혈관에서 다섯 세포 이상 떨어져 있지 않다.

높은 압력을 받은 혈액은 두 혈관이 갈라지는 지점에 다다르면 부드러운 혈관 내벽에 손상을 입힌다. 혈류가 더 작은 혈관으로 갈라져갈 때마다 압력을 받은 혈액에 소용돌이가 생기면서 이미 한 번 손상된 혈관을 다시 손상시킨다. 그러면 염증세포들이 상해와 염증을 막기 위해 상처부위로 몰려든다. 이것이 반복되어 혈관 벽에 계속 플라크(plaque, 상처에 생기는 일종의 딱지 - 옮긴이)가 생성되는 것이다. 또한 만성 스트레스로 인해 혈류에 지방이 증가하면 콜레스테롤 수치가 상승한다. 이제 혈관계의 문제는 더 복잡해져 아예 막히거나 터져버릴 가능성이 높아진다.

그러므로 우리는 매일 다양한 스트레스 요인과 마주칠 때 스트레스 반응이 일어나지 않도록 머리를 사용해야 할 것이다. 가만 두면 스트레스가 삶을 지배할 수 있기 때문이다. 하지만 머리를 위해서는 꼭 좋은 일만은 아니다. 스트레스 반응은 우리의 기본적인 인지기능에도 손상을 입힌다. 만성적인 스트레스를 받으면 뇌로 들어오는 대부분의 혈액이 고등 인지기능의 중추인 전뇌로부터 빠져나와 후뇌와 중뇌로 이동한다. 의식적으로 어떤 행동을 계획하지 않고 무의식적으로 반응하게 되는 것이다. 스트레스를 받으면 어떤 사람은 이성을 유지하는 반면 어떤 사람은 그렇지 못하다. 중요한 것은 사람들이 억압된 상황에서 제대로 생각할 수 있느냐 하는 것이다. 대부분의 사람들은 스트레스 반응 아래에서 제대로 생각하지 못한다.

최근의 연구에 따르면 스트레스 반응 동안 생산되는 화학물질 중 하나인 코르티솔이 해마의 뇌세포를 변성시킨다고 한다. 새로운 것을 갈망하는 뇌 속 기관이 손상을 입으면 우리는 새로운 것 대신 일상적인 것만 갈망하게 되고 말 것이다. 또한 새로운 것을 배우고 기억하거나 모험을 하지 못하게 될 것이다.[8]

새로움, 스트레스 그리고 해마

해마는 정보의 저장과 기억의 습득에 직접적으로 관여하는 기관이다. 수년 전 과학자들은 해마가 손상되면 어떤 일이 벌어지는지 알아보기 위해 동물 실험을 했다. 우선 동물들이 자기 주변의 환경 곳곳을 탐색하게 한 후, 해마에 일정 양의 방사선을 직접 조사하였다.

방사선에 노출되어 해마가 제 기능을 할 수 없는 상태가 되자, 동물들은 전처럼 주변 환경을 열정적으로 탐색하는 대신 익숙한 장소로 돌아가서는 원래 있던 장소에만 계속 머물러 있었다. 신기하게도 이들은 호기심이 모두 사라진 것처럼 보였다. 해마는 모르는 것을 아는 것으로 만들고 새로운 경험을 처리한다. 그래서 해마가 없는 동물들은 새로운 경험을 하려 들지 않게 되는 것이다.[9]

이 실험이 인간에게 의미하는 바는 무엇일까? 인간의 해마가 방사능에 노출될 염려는 거의 없다. 하지만 우리가 환경에 정서적으로 반응할 때나 장기적인 스트레스 상태에 있을 때 분비되는 글루코코티코이드 같은 스트레스 화학물질은 해마의 뉴런을 손상시킨다. 스트레스를 받았을 때 우리가 하는 전형적인 행동은 가장 익숙하고 일상적인 것에 의지하는 것이다. 많은 사람들이 스트레스에 감정적으로 반응하는 것을 일상적이고 평범한 것으로 받아들인다. 이것이 반복되면 더 많은 스트레스 화학물질이 생산되어 해마를 더 손상시키게 된다. 결국 새로운 것은 피하고 익숙한 경험만 하게 되는 것이다.

만성 스트레스가 해마의 뉴런 손상과 우울증의 원인이 될 수 있다는 것을 보여주는 최근의 연구결과가 있다.[10] 우울한 사람을 보면 알겠지만 이들은 좀처럼 새로운 경험을 하려고 하지 않는다.

하지만 좌절할 필요는 없다. 우리의 뇌에는 새로운 세포를 재생하고 만들어내는 능력이 있기 때문이다. '데킬라를 마시면 우리의 정해진 뇌세포 수가 줄어든다'와 같은 이야기는 진실이 아니다. 실제로 해마는 새로운 뉴런을 매우 활발히 생산한다.[11] 이러한 해마의 재생능력은 우리가 생존모드에서 벗어나기만 한다면 회복의 기회가 있음을 시사한다. 새로운 기억을 만드는 데 필수적인 해마가 스스로 치유될 수 있다면 새로운 것을 탐험하려는 모험심을 되찾는 것도 가능하다. 이제 우리는 친숙하고 일상적인 것에만 매여 있지 않고, 새로운 경험을 하도록 해마로부터 동기를 부여받아야 한다.

동물 실험을 통해 우울증 치료제 역시 신경발생을 촉진하는 데 효과가 있는 것으로 밝혀졌다. 재미있는 것은 우울증 치료제인 프로작 *Prozac*으로 기분이 좋아지는 데 걸리는 기간(한 달)과 신경발생이 이루어지는 기간이 같다는 점이다.[12]

우리가 스트레스에서 벗어날 수 없을 때

만성 스트레스에는 또 다른 악영향이 있다. 췌장의 분비물과 간, 지방세포의 저장 메커니즘을 교란해 혈당 수준을 상승시키는 것이다. 만성 스트레스의 결과로 혈당이 반복적으로 높아지면 우리의 몸은 인슐린 분비를 줄인다. 그리고 이로 인해 발병하는 당뇨는 비만과 함께 현대사회의 가장 대표적인 질병으로 꼽힌다.

왜 하필 소화에 영향을 미칠까? 왜 스트레스를 받으면 소화기능이 손상될까? 왜 궤양, 위산 역류, 변비, 과민성대장증후군 같은 것이 나타날까? 가장 큰 이유는 스트레스를 받을 때, 혈액이 소화기관이 아닌 팔다리로 이동하기 때문이다. 식사를 제대로 할지라도 마음 상태가 건강하지 못하면 소화기관의 혈액공급이 부족해져 음식을 제대로 소화하지 못한다. 음식은 몸에 들어왔는데, 그것을 제대로 소화할 에너지와 혈액이 부족한 것이다. 좋다는 음식과 비타민을 다 먹는다고 해도, 음식을 제대로 대사할 수 없다면 모든 노력은 허사가 된다. 어쩌면 우리는 식사를 하기 전에 숨을 한두 번 들이쉬는 것으로 교감신경계가 부교감신경계로 전환되기를 빌어야 할지도 모르겠다.

스트레스가 아프게 한다

마지막으로 만성 스트레스는 우리가 경험하는 다양한 통증의 원인이 된다. 스트레스 반응이 시작되면 싸움 – 도주를 위해 근세포들은 아드레날린으로 둘러싸인다. 아드레날린은 적은 양으로도 몸 전체, 특히 근육을 위한 액체 에너지처럼 작용한다. 하지만 근육이 사용되지 않으면 아드레날린은 조직 속에 그대로 남는다. 이 때문에 근육이 경직되고 쑤시는 것이다.

나는 경직된 목 때문에 진료실로 찾아오는 사람들을 많이 만난다. 어떤 이들은 귀가 어깨에 붙어 있는 것처럼 보일 정도다. 보통 나는 이들에게 다음과 같이 묻는다. "목이 이렇게 될 만한 일을 하셨나요?" 사람들의 반응은 대부분 똑같다. "아니요. 잠을 좀 잘못 잔 것 같아요." 그럼 나는 묻는다. "베개를 바꿨다거나 잠자는 상황이 달라졌나요?" 이들은 대답한다. "아니요." 나는 다시 묻는다. "같은 침대를 얼마나 오랫동안 사용하셨지요?" "10년 동안 같은 침대를 사용했어요."

그러면 나는 다시 묻는다. "지난 3개월 동안 당신의 삶에 어떤 일이 있었는지 말씀해주세요." 대부분의 대답은 이런 것들이다. "두 달 전에 해고됐어요, 어머니가 암으로 돌아가셨어요, 파산했어요, 나는 54세인데 먹고 살기 위해 막노동을 한답니다." 그럼 나는 이렇게 묻는다. "정말로 잠을 잘못 자서 그런 거라고 생각하세요?" 모든 스트레스는 정서적 스트레스로 이어진다. 이것은 자기암시가 몸에 매우 큰 영향을 준다는 것을 의미한다.

혹시 여러분 주변에는 다음과 같은 증상을 보이는 사람은 없는가? 만성 피로, 우울, 기력감퇴(부신의 혹사로 인한), 수면부족, 잦은 병치레, 성욕감퇴, 판단력 또는 기억력 저하, 일상에 안주하기, 쉽게 화내기, 심장질환, 소화장애, 근육통, 근육경련, 요통, 불안, 비만, 고 콜레스테롤, 고혈당 등. 미국인의 75~90%가 스트레스와 관련된 장애로 병원을 찾는 것은 새삼스러운 일이 아니다.

빈도의 문제

살면서 스트레스를 피할 수는 없다. 따라서 가급적이면 만성적인 스트레스보다 몸에 해를 덜 끼치는 급성 스트레스를 경험하는 것이 낫다. 우리가 스트레스를 아무리 많이 받더라도 즉각적인 것이라면 회복할 시간을 가질 수 있다. 하지만 만성 스트레스인 경우에 우리 몸에 회복할 시간을 주지 않는다. 생존모드일 때 외부보호체계가 무리를 하면 내부보호체계

역시 제 기능을 할 수 없다. 둘 다 에너지가 필요하기 때문이다. 그러므로 반복해서 위급상황에 놓이는 것은 시스템을 혹사시키는 것과 같다. 우리 몸 안에 미스터 스콧(Mr Scott, 미국의 유명한 TV 시리즈 '스타트랙'에 등장하는 캐릭터-옮긴이)이 살고 있다면 그는 결국 이렇게 외치게 될 것이다. "죄송합니다. 선장님, 우주선의 동력이 바닥났습니다." 스타트랙의 엔터프라이즈호와는 달리 우리는 부족분을 메워줄 새로운 에너지원을 찾지 못할 수도 있다. 반복된 스트레스 반응은 반복된 뉴런의 활성화와 비슷하다. 더 자주 활성화될수록 더 끄기 힘들어지는 것이다. 이것은 다음의 질문으로 이어진다. '왜 우리가 그것을 꺼야 할까?'

한 가지 기억해야 할 것은 항상성이란 절대적이지 않다는 것이다. 즉, 시간이 지나면 항상성의 기준이 바뀌게 된다. 스트레스 화학물질의 농도가 지속적으로 올라가면 우리 몸은 스트레스 화학물질의 농도가 전보다 더 높아진 상태를 정상으로 인식하게 된다. 스트레스 반응을 반복적으로 작동시키거나 오랫동안 그것을 끄지 못하면 그것을 새로운 항상성의 표준으로 인식하게 되는 것이다. 새로운 체내 균형은 몸의 화학적 균형을 깨뜨린다. 온도조절계로 방 안의 온도를 올리듯이 우리 내부의 온도를 올리는 셈이다. 그러면 항상 온도가 높은 상태에서 활동하게 된다.

이것은 결코 좋은 현상이 아니다. 스트레스 반응에서 필요한 에너지와 고조된 경계 상태를 유지하기 위해서는 점점 더 많은 스트레스 화학물질이 필요하게 된다. 얼마 안 가 우리의 세포가 부신의 분비량에 적응하게 되어, 적절한 균형을 위해서 더 많은 용량을 필요로 하게 되는 것이다. 말하자면 이것은 일종의 중독상태다. 또한 우리 몸을 순환하는 스트레스 화학물질의 양이 많아질수록 실제 싸움-도주 반응에 사용되지 않은 양도 많아져 몸의 조직 속에 남아 있게 된다. 한마디로 더 많은 손상을 입게 되는 것이다.

우리가 외부의 스트레스에 반응할 때마다 우리의 뇌는 이것을 화학 반응으로 연결해 체내에 변화를 일으킨다. 외부 세계가 체내 변화의 원인이 되는 것이다. 그런 까닭에 우리는 외부 세계의 요소인 사람이나 장소, 사물, 시간, 사건을 우리가 살아 있다고 느끼게 만들어주는 이러한 화학물질의 폭주와 연합하게 되는 것이다.

이것이 우리가 환경이나 스트레스 상황에 중독되어 가는 과정이다. 우리는 체내의 화학적 변화를 위해 외부의 자극을 화학물질의 폭주와 동일시하는 것을 자연스럽게 여기게 된다. 예를 들어, 어떤 사람과 관련된 스트레스 상황에 놓이면 우리는 그 사람을 화학물질의 폭주와 연관 짓고 살아 있음을 느낀다. 결국에 가서 우리는 세상의 거의 모든 것을 화학적 절정감과 연관시킬 것이다. 말하자면 외부 세계나 삶을 구성하는 사람, 장소, 사물, 시간, 사건들 속에서 절정감을 찾아다니는 셈이다.

생화학적 중독

몇몇 과학자들, 그중에서도 스탠포드 대학의 생물학과 교수 로버트 사폴스키*Robert Sapolsky* 교수는 모든 스트레스원이 체내에서 똑같은 정도의 화학 반응을 일으키는 것은 아니라고 주장한다.[13] 하지만 대부분의 사람들이 스트레스에 의한 화학 반응은 모두 같다는 데 동의한다. 예를 들어 당신은 회사에 갈 때 신호등이 거의 없는 4차선 고속도로를 사용한다. 교통의 흐름은 안정적이고 당신 역시 이 흐름에 따라 움직인다. 그러다 앞의 신호등이 노란불로 바뀌는 것을 보게 된다. 당신은 멈추기 싫어서 엑셀을 밟는다. 제한속도를 거의 30km나 초과한 속도로 신호등이 빨간색으로 바뀜과 동시에 교차로를 통과한다.

당신은 안도의 한숨을 내쉬지만 잠시 후 백미러에서 불빛이 번쩍인다. 당신은 경찰차가 아니라 응급상황을 위해 출동하는 차이길 바란다. 이 순간 당신은 명치에 어떤 감각을 느낀다. 운전대를 더 꽉 잡고 정면을 응시하며 거울을 보지 않으려고 애쓴다. 심장이 쿵쾅거리고 호흡도 거칠어진다. 이러한 반응은 당신에게 필요 없는 것이다. 특히 지금은 말이다.

당신의 뇌가 백미러에 비친 불빛이라는 스트레스원을 지각한 그 순간부터 화학적인 스트레스 반응이 시작된다. 당신이 만들어내는 화학물질과 화학 반응은 신경전달물질, 펩티드, 자율신경계에 의한 반응 중 하나다.

신경전달물질

먼저 신경전달물질이 당신의 의미기억으로 전달된다. 신경전달물질은 특정한 기능을 조정하기 위해 다른 신경세포와 우리 몸의 여러 부분에 중요한 정보를 전달하는 화학적 전달자다. 이 중 가장 중요한 것은 글루타민산염, 감마아미노뷰티르산, 도파민, 세로토닌, 멜라토닌이지만 사실 이들은 뇌에서 생산되는 신경전달물질들 중 일부에 불과하다. 신경전달물질은 주로 뉴런에서 만들어져 시냅스로 방출된다. 눈의 감각이 불빛을 감지하고 그것을 경찰차와 연관시키면 시냅스 공간에서 활동하는 신경전달물질은 다른 신경세포에 신호를 보내고, 이것은 결국 뇌까지 전달된다.

번쩍이는 불빛과 경찰에 관련된 지식과 기억을 담고 있는 모든 신경망이 활성화되면서 시냅스로 신경전달물질들이 방출된다. 그리고 신경전달물질들은 특정한 마음 상태와 신경망을 활성화한다. 모든 세포의 표면에 수용체가 존재하기 때문에 신경전달물질들은 시냅스를 가로지르는 것만으로도 자신의 역할을 다할 수 있다.

수용체는 비교적 크고 미세하게 움직이는 단백질 분자를 말한다. 모든 세포는 수천 개의 수용체를 가지고 있는데, 신경세포에는 감지기능을 하는 수용체가 수백만 개나 있다. 이들은 자신과 맞는 화학물질이 자신을 찾아오기만을 기다린다. 이 단백질 기반의 수용체들을 열쇠 구멍에 비유한다면 화학물질은 열쇠가 된다. 열쇠 구멍에 맞는 열쇠는 단 하나뿐인 것이다.

열쇠의 역할을 하는 화학물질들을 리간드(ligands, 배위자)라고 부른다. 리간드는 라틴어 리가레*ligare*에서 기원한 단어로서 '묶다'라는 뜻을 가지고 있다. 리간드에는 세 종류가 있는데 신경전달물질과 펩티드 그리고 호르몬이다. 지금까지는 리간드 중 신경전달물질에 대해 살펴봤다. 이제 펩티드에 대해 살펴보도록 하겠다.

감정의 화학적 표식, 펩티드

한때 신경전달물질이 몸과 뇌에 영향을 미치는 화학물질을 만드는 데 가장 많이 기여하는 것으로 알려졌다. 하지만 이제 우리는 전체의 95%를 차지하는 가장 일반적인 리간드가 펩티드임을 안다. 펩티드는 다양한 생명유지기능에 중요한 역할을 한다. 펩티드는 수용체와 함께 세포들의 운명을 결정하고 궁극적으로 우리의 삶을 통제한다. 펩티드는 몸과 마음의 연결에 가장 많은 영향을 미치는 화학물질이다. 펩티드는 우리가 사용하는 제2유형의 화학적 의사소통 방식으로서 뇌와 몸 사이의 메시지 전달을 촉진한다.

일단 어떠한 종류의 리간드이든지 수용체 부위(receptor sites)에 들어가면 스스로 분자를 재구성해 정보나 메시지가 세포에 들어갈 수 있도록 만든다. 캔디스 퍼트*Candace Pert* 박사는 자신의 책《The Molecules of Emotion》에서 이 과정이 세포에 미치는 영향을 다음과 같이 묘사하고 있다. "간단히 말해, 세포의 삶은 수용체가 리간드를 차지하느냐 마느냐에 따라 언제라도 달라질 수 있다. 좀 더 넓게 보면, 세포에서 일어나는 이 미세한 생리적 현상은 행동과 신체 활동, 심지어 기분까지 크게 바꾸어놓는다."[14]

결론은 펩티드 같은 리간드와 그 짝이 되는 수용체에 의해 시작되는 생화학적 과정이 우리가 매일 느끼고 행동하는 것을 결정한다는 것이다. 뇌에서 생산되는 펩티드의 활동은 매 순간 우리의 모든 감정을 결정한다. 펩티드가 신호를 보내면 몸속의 장기에는 호르몬과 분비물들을 방출한다.

이를 통해 몸은 다양하게 반응하며, 나아가 몸의 기능까지 바뀌게 된다. 예를 들어 성적인 상상을 하면 뇌는 당신이 성관계를 가질 수 있도록 호르몬과 분비물들을 즉시 방출한다. 호르몬 역시 리간드의 일종으로 다른 조직과 결합해 몸 전체의 활동을 촉진한다.

펩티드와 수용체의 반응은 자물쇠와 열쇠보다는 택배회사에 비유하는 것이 더 적절하다. 세포에는 배송할 물건들을 접수하는 접수처가 있다. 또한 대부분의 택배회사들이 접근하기 쉽게 집하장을 건물 바깥에 두는 것처럼 수용체들도 세포의 바깥쪽에 있다. 이것은 마무리 수용과정을 촉진한다.

또한 각각의 수용체 부위에는 일치하는 것을 찾기 위한 특별한 바코드가 있다. 물건(메시지)이 집하장(수용체 부위)으로 오면 스캔장치를 사용해 바코드가 일치하는지를 확인하는 것과 같다. 수용체는 일치하는 것을 찾으면 메시지를 즉시 끌어당겨 세포 깊숙이 전달한다. 그리고 세포는 메시지의 지시사항을 인식한 후 할당된 업무를 수행한다. 하나의 수용체는 하나의 특정한 바코드를 담당한다. 우리는 이것을 '수용체의 특이성'이라고 한다. 수용체들이 이처럼 특이성을 띠고 있지 않다면 의도한 장소로 메시지가 전달되지 않을 것이고, 지시사항 역시 정확히 수행되지 않을 것이다. 때로 이러한 메시지에는 다른 수용체가 자신의 택배 업무를 시작하도록 지시하는 내용이 포함되기도 한다.

자율신경계

이것이 바로 시냅스에서 신경전달물질이 방출될 때 일어나는 일이다. 당신이 경찰차가 바로 뒤에 있다는 사실을 알아차리자마자, 뇌의 편도체를 통해 두 개의 신경통로 중 하나가 활성화된다. 이는 상대적으로 스트레스가 심한 상황이기 때문에, 메시지는 신경을 통해 직접 중뇌와 뇌간으로 전달된다. 중뇌는 자율신경계(여기서 일어나는 반응은 통제되지 않는다)를 통제한다.

자율신경계는 교감신경계와 부교감신경계로 나뉘는데, 교감신경계는 우리를 긴장하게 만드는 반면 부교감신경계는 우리를 이완하고 느리게 한다.

속도를 위반한 경우에는 교감신경계가 스트레스 반응에 관여한다. 이 때문에 당신은 뱃속이 거북해지고 심장박동이 증가하며, 호흡이 빠르고 거칠어지면서 모든 감각이 예민해지는 것이다. 교감신경계는 부신을 활성화하여 이 같은 반응을 일으킨다. 교감신경계의 신경로는 고속도로의 급행선과 같다. 정보가 척수를 통해 직접 부신으로 전달되는 데 천 분의 몇 초밖에 걸리지 않는다. 두 가지 다른 신경로를 지닌 대부분의 장기들과 달리 부신은 하나뿐이다. 따라서 반응이 직접적이고 즉각적일 수밖에 없다. 우리 몸의 다른 어떤 조직보다 부신에 신호가 더 빨리 전달된다. 왜냐하면 몸이 위험에 즉각적으로 반응할 필요성을 감지했기 때문에 가장 빠른 길을 선택한 것이다. 덕분에 당신은 '지금 당장' 움직일 수 있다. 이 시점에서는 하나의 신경망뿐만 아니라 당신의 몸 자체가 활성화된 것이나 다름없다.

일단 아드레날린에 의해 몸이 활성화되면 다른 기능에 영향을 미치는 화학물질을 만들어내기 시작한다. 의식하기도 전에 당신이 가속 페달에서 발을 떼고 차를 세울 수 있는 것도 이 때문이다. 부신피질호르몬은 몸이 즉각적으로 에너지를 사용하도록 자극하여 당신이 빠르게 행동하도록 돕는다. 의식적인 생각 없이도 오른발을 가속페달에서 떼고 핸들을 바로 잡도록 당신에게 '지시하는 것'이다. 이 모든 것이 자율신경계 덕분이다.

동시에 뉴런과 신경전달물질들은 앞으로 일어날 수 있는 문제에 관한 정보를 시상하부로 전달한다. 그리고 CRH(273쪽 참고)라고 불리는 화학적 펩티드를 재빨리 만들어내 뇌하수체로 실어보낸다. 이름에서 알 수 있듯이 CRH는 뇌하수체에 호르몬을 분비하라고 지시하는 화학물질이다. 그러면 뇌하수체는 즉시 ACTH(274쪽 참고)라고 불리는 펩티드를 혈류로 방출하게 된다.

ACTH는 즉시 부신(세포 수용체가 이곳에서 다시 바코드 확인 작업을 하는 곳)

으로 이동하고 부신은 신호에 따라 스트레스 호르몬인 코르티솔을 생산한다. 교감신경계와 시상하부 - 뇌하수체 - 부신으로 이어지는 경로를 통해 당신은 더 빠른 결과를 얻을 수 있다.

아드레날린과 코르티솔은 스트레스 반응 동안 생산되는 대부분의 화학물질을 결정한다. 스트레스가 만성이 되면 글루코코티코이드는 편도체와 신호를 교환하는 노르아드레날린(noradrenaline, 스트레스 호르몬인 아드레날린의 자매 호르몬-옮긴이)의 생산에 영향을 미친다. 그러면 편도체는 더 많은 CRH를 생산하게 되고, 결국 이러한 순환이 반복되는 것이다.

 뇌하수체의 역할

대부분의 경우 뇌하수체는 화학물질의 바텐더 역할을 한다. 뇌하수체는 단골들이 가장 원하는 것을 알아서 섞어 가장 좋아하는 것을 내놓는다. 또한 우리가 원하고 필요로 하는 것을 우리보다 더 잘 알아서 바로 그것을 준다. 이러한 기술 때문에 뇌하수체는 때로 '모분비선(master gland)'으로 여겨지기도 한다. 뇌하수체는 다른 분비샘들을 통제한다. 말하자면 마을에서 하나밖에 없는 바텐더이기 때문에 다른 분비샘들은 불평을 하지 못하는 것이다. 뇌하수체밖에는 알지 못하기 때문이다.

어떤 사람들은 사실은 뇌가 '모분비선'이라고 말하기도 한다. 뇌가 내분비계뿐만 아니라 우리 몸의 모든 기능계를 관장한다는 것이다. 스트레스 반응이 시작되면 뇌는 신호를 보내 화학물질의 흐름과 생산을 통제한다. 그리고 시상하부에는 수많은 방출 및 억제 호르몬들이 들어 있어서 뇌하수체에 다른 신경호르몬들의 생산을 개시하거나 정지하도록 지시한다. 때로 뇌하수체 호르몬은 뇌에서 나오는 억제 호르몬과 분비 호르몬의 통제를 모두 받기도 하는데, 이를 이중통제(dual control)라고 부른다. 마치 술집을 운영하는 바텐더가 손님과 사장의 지시를 모두 받는 것과 같다.

순환고리

싸움−도주 반응과정에서 뇌에서 생산되는 펩티드는 몸을 활성화한다. 일단 이 활동이 시작되면 내리막길을 달리는 것처럼 멈추기가 힘들어진다. 일단 이 과정에 휩쓸리면 몸이 순환고리(피드백 고리)에 빠지게 되는 것이다. 이렇게 생각해보자. 위험이나 스트레스원을 인지하면 중뇌는 이에 반응하기 위해 몸을 활성화한다. 중뇌는 우리 몸의 항상성 유지를 위해 스트레스 반응의 화학물질을 생산하도록 지시한다. 시간이 지나면 스트레스 반응과 관련된 화학물질이 더 많이 필요하게 된다. 그럼 시상하부는 뇌하수체에 신호를 보내 스트레스 반응 화학물질을 더 생산하도록 만들고, 이 화학물질은 세포에 영향을 미쳐 다시 한 번 세포의 요구가 뇌에 전달되도록 한다.

스트레스 화학물질이 분비되는 그 순간에는 몸이 마침내 균형을 찾고 제정신인 것처럼 보인다. 하지만 곧 뇌에 더 많은 화학물질을 생산하라는 신호를 보내게 될 것이다. 이것이 바로 우리 몸의 화학적 항상성을 유지하는 화학 반응의 순환고리다. 뇌와 몸이 이 순환고리에 물려 있으면 우리는 계속해서 같은 화학적 상태를 지속할 수 있다. 불행하게도 대부분의 사람들에게 이러한 순환고리는 편안한 대관람차가 아니라 불안과 흥분의 롤러코스터와 같다. 우리의 태도는 화학물질에 의해 좌우되고, 몸과 뇌는 싸움−도주 반응에 갇혀 있기 때문에 태도를 바꾸는 것은 어려운 일이다. 하지만 불가능하지는 않다.

이제 얼마나 많은 사람들이 자신의 생각과 반응으로 스스로 몸을 망가뜨리게 되었는지 이해할 수 있다. 어떤 사람들이 자연치유를 경험할 수 있었던 것은 아마도 그들의 몸을 약하게 만드는 반복적인 생각의 과정을 멈췄기 때문이었을 것이다. 스트레스 반응을 일으키는 생각들을 극복하면 몸은 치유를 위한 충분한 에너지를 가지게 된다. 다음 장에서는 그 과정이 어떻게 일어나는지 자세히 알아보겠다.

우리는 감정적
중독에 빠져 산다

Evolve your Brain

우리의 의식적인 자아는 우리가 '아는' 것과 변연계에 '고정된'
조상들의 신경회로 사이에서 타협해야 한다.
이것으로 인간의 마음에 관한 이론이나 모델에 존재하는 모순을
설명할 수 있을까? 어떤 의미에서 갈등은 우리 몸 안에 내재해 있다.
자신을 위해 원하는 것이 종족의 발전을 위한 것과 일치하지 않을
수도 있는 것이다.

– 리처드 레스탁Richard Restak, M.D.
《THE BRAIN : THE LAST FRONTIER》

우리는 감정적

Evolve your Brain

중독에 빠져 산다

8장에서는 싸움－도주 반응을 통해 우리가 스트레스에 반응하는 신경화학적 원리를 살펴보았다. 이번 장에서는 생각을 할 때 생성되는 익숙한 화학물질에 우리가 어떻게 감정적으로 중독되는지 살펴볼 것이다. 생각에 중독되는 화학 반응을 이해하게 되면 우리는 자신을 자유롭게 진화시킬 수 있다.

앞에서 살펴보았듯이 모든 기억에는 그와 관련된 감정적인 요소가 있다. 그런 까닭에 우리가 기억을 떠올릴 때 관련된 감정까지 함께 느끼게 되는 것이다. 사람과 장소, 사물, 시간, 사건의 조합으로 이루어진 기억을 떠올린다는 것은 그 기억을 담고 있는 독립된 신경망을 활성화한다는 뜻이다. 일단 신경망이 활성화되면 우리의 마음은 시냅스와 중뇌의 시상하부에서 많은 화학물질을 생산하게 만들어 몸과 뇌를 자극한다. 모든 생각은 각자 자신만의 화학적 표식을 갖고 있기 때문에 우리가 생각하는 것은 곧 느낌이 된다. 사실 우리가 하는 생각 하나하나에는 각각의 느낌이 따라온다. 생각의 결과가 느낌이 되는 것이다. 우리는 이러한 과정을 무의식적으로 지속한다.

그렇다면 이러한 과정은 중독과 어떤 관련이 있을까? 중독의 가장 쉬운 정의는 다음과 같다. 중독이란 어떤 일을 하는 것을 멈출 수 없는 상태이다. 당신이 지금 매우 흥분해 있다고 가정해보자. 6개월 전 당신은 남편에게 온 전화 메시지를 전하는 것을 깜박 잊은 적이 있었다. 그런데 남편이 이제 와서 또 그 일을 끄집어내는 것이다. 비록 남편이 당신을 직접 비난하지 않고 조심스럽게 돌려 말하기는 했지만 자꾸 당신의 실수를 들춰내는 남편에게 매우 화가 난다. "내가 없는 동안 아무도 전화하지 않은 게 확실해?" 당신은 말 속에 숨은 뜻을 이해하고는 이렇게 대답한다. "확실해요. 바보가 아닌 이상 전화벨이 울렸다면 알았겠죠. 메모를 받는 방법도 알고 있고요." 그때 당신의 남편은 불난 데 부채질하는 대답을 한다. "당신이 메모를 할 줄 모른다고 말한 적은 없어. 단지 메모를 제대로 전달해줄지 확신할 수 없을 뿐이지."

이때부터 당신과 남편은 서로를 공격하기 시작한다. 옛날 옛적의 잘잘못까지 다 들추어내면서 말이다. 이때 내가 두 사람에게 다가가서 이렇게 말한다면 어떨까. "두 분은 지금 매우 화가 났군요. 얼굴에 쓰여 있어요. 목소리로도 알 수 있고요. 지금 당장 그만두세요. 화내는 것을 그만두세요."

이 말에 당신은 이렇게 반응할 것이다. "그만두라고요? 미쳤군요. 내 남편이 하는 말 못 들었어요? 이 사람은 6개월 전에 일어난 일에 대해 말하고 있잖아요! 나는 그때 집에서 가계부를 정리하고 있었어요. 남편 혼자서는 절대 못하는 일 말이에요. 밤 9시에 저 사람은 친구와 술집에서 야구 경기를 보고 있었죠. 나는 숫자 5가 잘 안 눌리는 계산기를 가지고 끙끙대고 있었는데 말이에요. 그때 저 사람의 바보 같은 형이 전화해서 낚시여행에 관해 전해달라고 했죠. 근데 내가 그 메시지를 전하는 걸 깜박한 거예요. 그렇지만 나는 적어도 감자 칩 봉지를 묶어놓는 것을 잊어서 눅눅하게 만들지는 않는다고요!"

격한 감정을 진정시키고 상대의 잘못을 들춰내는 일을 멈추기란 이처럼 쉽지 않다. 당신의 몸은 스트레스를 받으면서 점점 싸움-도주 반응 상태에 빠진다. 하지만 이 상황에서 당신은 싸우거나 도망갈 수 없다. 당신은 육체적인 싸움을 벌일 수는 없다는 것을 알 정도로 사회적 분별력이 있는데다, 말싸움은 그만두기에는 그 자체로 너무 재미있다. 결국 당신의 몸에는 싸움-도주 반응에 관여하는 화학물질이 넘치게 되고 당신은 그 상황에서 빠져나오지 못한다. 바보 같은 논쟁에 빠지는 것이다. 당신은 과거로부터 모든 것을 끄집어내서 상대를 제압하고 자신을 합리화한다. 누군가 와서 당신을 말려도 생각을 바꿀 수 없다. 왜일까?

이에 대해 답하기 전에 8장의 예로 돌아가보기로 하자. 교차로에서 신호대기를 하지 않기 위해 속력을 냈던 예를 기억하는가? 그때 당신은 백미러에 비친 경찰차의 불빛을 보았다. 그리고 그 자극이 싸움-도주 반응을 일으켰다. 물론 그렇다고 당신이 실제로 그 상황에서 싸우거나 도망가지는 않았을 것이다.

왜 그러면 안 될까? 반대로 경찰로부터 도망가는 사람들은 왜 그런 선택을 할까? 내가 생각하기에 그들은 다른 법적인 문제가 있거나 다시 감옥에 들어가기 싫은 경우다. 하지만 만약 당신이 도망가기로 '선택'해서 경찰과 추격전을 벌이게 된다면? 솔직히 나는 가끔 이런 상상을 하곤 한다. 어떤 사람들은 이미 감옥에 들어가 있기 때문에 그 같은 일을 할지도 모른다. 바로 스스로 만든 감옥 말이다. 그 감옥은 일상적이고 평범하며 새로움이나 흥분이 없는 진부한 일상을 말한다.

여기서 나는 일상을 벗어나려는 수단으로 법을 어기는 것을 옹호하려는 것이 아니다. 다만 무엇이 사람들을 그렇게 행동하도록 자극하는지 궁금하다는 것이다. 우리가 어떤 행동과 결심, 선택을 하면서 그것이 나답지 않은 것이라고 말할 수 있을까? 그것을 선택한 사람은 바로 나인데 말이다. 이러한 것들 역시 우리가 가지고 있는 특정한 신경망의 산물이다. 그렇다면 이러한 행동은 그동안 어디에 잠재해 있던 것일까?

싸우는 부부(비슷한 신경망을 공유하고 있는)의 경우, 이들이 논쟁에 빠져들게 된 이유는 비교적 간단하다. 기분이 좋아지기 때문이다. 여기서 '좋다'라는 것은 우리가 일반적으로 생각하는 의미와는 다르지만, 느낌의 측면에서 보면 매우 유사하다. 그리고 이들 부부처럼 확실히 문제가 있어 보이는 두 사람이 계속 함께 사는 이유가 궁금하다면 이번 장에서 그에 대한 답도 얻을 수 있을 것이다.

안전한 감옥과 위험한 자유

당신도 아마 중년의 위기에 대해 들어봤을 것이다. 그리고 그것의 결과를 목격한 일도 있을 것이다. 추측건대, 매년 50살에 접어드는 사람들의 수는 이혼과 스포츠 카 구매 수와 비례할 것이다. 왜 중년이 되면 사람들은 그렇게 삶에 변화를 주고 싶어 하는 것일까?

살면서 성장하고, 경험을 하다 20대 후반이나 30대 초반이 되면 우리는 인생의 거의 모든 것을 경험했다고 느끼게 된다. 이 시기쯤 되면 새로운 경험은 없고 같은 느낌을 만들어내는 같은 일만 반복하고 있을 것이다. 이미 그 전에 여러 가지 경험을 했기 때문에 이제 특별한 경험조차도 어떤 느낌일지 예상할 수 있다고 말할 수도 있다. 그래서 중년의 위기가 찾아오면 사람들은 새로운 경험을 했을 때 느꼈던 그 느낌을 다시 경험하려고 노력하는 것 같다.

유아기에서 청년기에 이르기까지 우리는 환경을 통해 배우고 성장한다. 그러다가 중년의 어느 시점에 도달하게 된다. 유전이든 자연스러운 현상이든 아니면 학습된 환경적인 영향이든 간에, 삶에서 다양한 감정을 경험한 시기가 바로 중년이다. 이 시기라면 사람들은 대부분 성(性)이나 성정체성에 대해 잘 안다. 이미 경험했기 때문이다. 고통과 괴로움, 희생, 연민역시 경험했다. 슬픔과 실연, 배신, 무기력, 자신감 부족 그리고 나약함이 어떤 느낌인지도 잘 알 것이다. 살면서 그들은 생각없이 환경에 반응해왔다. 두려움을 느꼈으며, 죄책감에 빠져왔다. 창피를 당하거나 거절을 당한 적도 있다. 비난을 받거나 변명을 하거나 혼란스러워한 적도 있다. 실패와 성공이 무엇인지 안다. 질투도 해봤다. 지적능력의 최고점도 경험했다. 양심의 가책이나 자기절제, 다른 사람에 대한 헌신 등도 경험했다. 이기적이거나 권위적인 적도 있었다. 다른 사람을 싫어하거나 비난할 줄도 안다. 특히 스스로를 어떻게 평가해야 하는지 안다.

이 모든 감정과 느낌이 익숙한 이유는 두 가지다. 첫째는 조상으로부터 물려받은 신경망을 삶의 경험을 통해 활성화하여 그에 대한 기억을 우리의 행동과 태도로 전환했기 때문이다. 다른 하나는 우리가 삶의 경험을 통해 뉴런의 새로운 연결을 촉진하면서 그러한 감정이 어떤 것인지 알았기 때문이다. 그래서 과거의 기억에 동반된 느낌을 떠올리면서 우리는 이러한 생각들이 자기 자신이라고 믿게 된다.

느낌은 경험을 기억하도록 돕는다. 그리고 이 시기쯤 되면 꽤 많은 경험을 한 상태이기 때문에, 셀 수 없이 많은 느낌을 통해 수많은 기억을 갖게 된다. 20대 후반에서 30대 초반쯤 되면 이미 너무나 많은 삶의 감정들을 경험했기 때문에 어떤 상황에 대한 대부분의 결과를 예상할 수 있다.[1] 전에도 비슷한 상황을 통해 어떤 느낌을 경험했기 때문에 그것이 어떤 느낌일지 판단하는 것이 더 쉬워진다.

이처럼 느낌은 어떤 행동의 동기를 결정하는 기준이 된다. 우리는 어떤 행동을 할 때 그것이 어떤 느낌일지를 고려해서 선택한다. 만약 어떤 경험이 자신에게 익숙한 것이라는 것을 알면 기분 좋게 그것을 선택할 것이다. 왜냐하면 느낌이 우리가 전에 경험한 일이라는 것을 알려주기 때문에 자신감을 가질 수 있을 뿐 아니라 결과도 예상할 수 있기 때문이다.

하지만 만약 어떤 상황의 느낌을 예상할 수 없다면 그 경험에 관심을 가질 가능성은 낮아진다. 실제로 우리는 어떤 경험이 불쾌하거나 불편한 느낌을 동반할 것이라는 사실을 예상하게 되면 그 상황을 피해 도망가려는 경향이 있다.

20대 후반에서 30대 초반쯤 되면 우리는 전적으로 느낌을 기준으로 생각하게 된다. 느낌이 사고의 수단이 되는 것이다. 이 둘을 분리하는 것은 불가능하다. 우리 대부분이 느끼는 것을 뛰어넘어 생각하는 데 익숙지 않다. 이 시기쯤 되면 우리의 몸과 근본적으로 연결되어 있는, 생각과 느낌의 순환 고리가 완벽한 형태를 갖춘다. 우리가 배우기보다 느끼는 데 더 많은 시간을 사용하기 때문이다. 느낌은 과거 경험의 기억이다. 그리고 학습은 새로운 느낌을 가진 새로운 기억을 만드는 것이다. 이 시기에 우리는 학습과 성장보다는 살아남는 데 초점을 맞추도록 강요받는다. 직장과 집, 차, 대출, 재정, 투자, 자녀, 대학, 과외활동, 결혼생활 등은 우리를 발전이 아니라 생존을 위해 살게 한다.

그래서 이 시기에 새로운 경험의 기회가 주어지면 우리는 그것이 어떤 느낌일지를 생각해 그 결과를 예상하려고 한다. 이럴 때 흔히 다음과 같은 말을 하곤 한다. "어떤 느낌일까? 얼마나 계속될까? 아플까? 먹을 걸 가져가야 할까? 많이 걸어야 할까? 비가 올까? 추울까? 누가 거기 있을까? 쉴 시간이 있을까? 이 사람들은 누구지?" 이 모든 걱정은 우리의 몸과 환경, 시간에 대한 걱정을 반영한다. 나이가 들어가고 있다는 증거인 셈이다.

이런 과정이 계속되면서 우리는 더욱 더 상자 안에 갇히게 된다. 익숙한 것에서 벗어나 모르는 어떤 것을 경험하기를 주저하게 되는 것이다. 왜냐하면 그 경험이 어떤 느낌일지를 알 수 없기 때문이다. 우리는 상자 안에서만 생각함으로써 똑같은 마음의 '틀'을 만든다.

간단히 정리하면 다음과 같다. 새로운 경험은 새로운 느낌을 만들어낸다. 또한 우리는 새로운 느낌에 노출되는 것을 두려워한다. 이것은 곧 자신만의 생존 반응을 발동시킨다. 새로운 사건을 경험하게 되면 우리의 '자아'는 과거 경험의 정보망을 뒤져서 관련된 패턴을 찾아내고 그 상황이 어떤 느낌일지를 예상하려 든다. 조상에게 물려받은 기억의 신경망 역시 미래를 평가하기 위해 활성화될 것이다. 그리고 다른 대안이 없을 때는 이 낯선 경험을 회피한다. 고정된 신경망을 활성화하여 새로운 것을 경험할 기회를 무시하는 것이다. 새로운 경험은 안전지대를 벗어나는 일이며, 우리는 모르는 것을 두려워하기 때문이다.

중독의 화학적인 면

우리가 삶을 살 수 있는 이유는 뇌가 복잡한(한 줄로 이어놓으면 수천 킬로미터나 되는) 신경망에 '전기자극'을 보내 다양한 기능을 통제하기 때문이다. 이것이 우리가 오랫동안 뇌와 그 기능에 관해 믿고 있던 방식이다. 이제 우리는 뉴런과 축색돌기, 수상돌기, 신경전달물질을 바탕으로 앞서와 다른 관점으로도 뇌의 기능을 살펴볼 수 있게 되었다.

또 다른 관점이란 캔디스 퍼트 박사가 '두 번째 신경계'로 간주한 '화학적인 뇌'다. 퍼트 박사는 이러한 관점을 받아들이지 않으려는 집단적인 저항을 다음과 같이 지적했다. "뇌의 이러한 화학적 기반의 체계가 전기적 기반의 체계보다 더 원시적이고 근본적이라는 사실에는 의문의 여지가 없다. 예를 들어 수상돌기나 축색돌기, 심지어 뉴런이 존재하기도 전에 세포에는 이미 엔도르핀 같은 펩티드가 존재했다. 말하자면 뇌가 있기도 전에 이들 화학물질이 존재한 것이다."[2] 어쩌면 이것은 당신에게 깜짝 놀랄 만한 사실이 될 수도 있고, 이미 알고 있는 사실을 반복한 것에 불과할 수도 있겠다.

퍼트 박사의 말을 자세히 살펴보면 우리는 다음의 두 가지를 더 잘 이해할 수 있다. 우리의 '자아'는 어떻게 발전하는가? 우리가 스스로에게 습관적으로 중독되는(결과적으로 자신의 감정에 중독되는) 신경학적 원리는 무엇인가?

우선 우리는 생각과 감정의 화학 반응에 대해 살펴볼 것이다. 그다음 우리 몸의 화학물질들이 어떠한 조화를 이루며 활동하고, 이 화학물질들이 생성되는 신경학적 원리가 무엇인지 살펴보겠다. 우리는 앞에서 우리가 환경에 반응하는 고정된 신경망을 가지고 있으며, 가장 고정된 신경망을 바탕으로 반응한다는 사실을 살펴봤다. 이와 똑같은 방식으로 우리는 생각과 몸, 환경의 자극에 반응하기 위해 몸과 뇌가 만들어내는 감정과 화학물질에 중독된다. 그러면 감정과 행동의 화학적인 면을 이해하기 위해서 이것을 다음의 두 가지 측면에서 살펴보자.

- 화학 반응을 통해 몸에 화학물질을 분비하기 위해서 뇌에서는 어떤 일이 벌어지는가?
- 이러한 화학물질의 분비는 몸에 어떤 영향을 끼치는가?

무엇보다도 가장 중요한 것은 우리가 화학적인 존재이며, 생화학 반응의 산물이라는 점이다. 세포 하나(우리가 호흡하고 소화하고, 감염과 싸우고, 움직이고, 생각하고, 느낄 때 수억 개의 화학 반응이 일어나는)에서부터 기분, 행동, 신념, 감각, 인지, 감정, 심지어 우리가 경험하고 배우는 것에 이르는 모든 것이 화학적이다. 예전에는 심리학자와 행동과학자와 같은 여러 집단들이 인간의 행동을 결정하는 것이 유전이냐 환경이냐의 문제를 가지고 논쟁을 해왔다. 하지만 요즘은 연구의 초점이 감정의 화학적 기반으로 이동하고 있다.

화학 반응의 결과

우리가 기억해야 할 가장 기본적인 것은 다음과 같다. 뇌에서 어떤 생각을 활성화할 때마다 우리 몸은 그에 따른 느낌과 반응을 일으키는 화학물질을 만들어낸다. 이 과정에서 우리 몸은 뇌와 세포, 혈류를 타고 지나가는 화학물질의 농도에 적응하게 된다. 만약 어떤 것이 규칙적이고 지속적이며 편안한 몸의 화학적 상태를 바꾼다면 우리는 불편함을 느낀다. 그러면 우리는 익숙한 화학적 균형을 되찾기 위해 의식적이든 무의식적이든 모든 노력을 다하게 된다.

어떤 생각을 활성화하면 몸에서는 격렬한 싸움-도주 반응을 시작했을 때와 같은 일이 벌어진다. 다양한 화학물질을 생산하여 활성화된 생각에 반응하는 것이다. 우리 몸은 신경전달물질과 펩티드, 호르몬이라는 세 가지 수단을 통해 화학적으로 의사소통한다. 즉, 어떤 생각을 할 때마다 시냅스에서 신경전달물질이 작용하여 그것이 어떠한 특정한 개념이나 기억에 연결되도록 신경망을 활성화하는 것이다.

어떠한 기억이든 감정적인 요소를 동반한다. 펩티드는 화학적으로 이 감정을 다시 만들어낸다. 앞에서 살펴봤듯이 중뇌의 시상하부는 여러 종류의 펩티드를 생산한다. 우리가 하는 모든 생각과 경험하는 모든 감정은 펩티드를 통해 그에 상응하는 화학적 표식을 갖는다. 이 때문에 변연계 또는 중뇌를 '정서뇌'라고 부르는 것이다. 중뇌는 성 호르몬뿐만 아니라 창의성을 돋우는 화학물질이나 경쟁심을 자극하는 화학물질도 만든다. 말하자면 우리의 감정적인 성향과 생각을 발동시키는 화학물질 생산의 중추인 셈이다.

어떤 생각을 하면 그 생각과 관련한 화학물질이 혈액으로 분비되어 우리 몸을 활성화한다. 대체로 ACTH(부신피질자극호르몬)가 글루코코티코이드(코르티솔)라는 화학물질을 생산하도록 부신을 자극한다. 일단 몸이 달아오르면 뇌와 세포의 화학물질의 농도를 적절히 조절하기 위해 우리 몸은 '음순환고리(negative feedback loop)'를 통해 의사소통한다.

그럼 음순환고리가 어떻게 작동되는지 살펴보자. 시상하부는 뇌에서 가장 혈관이 많은(혈액공급이 많은) 부위로, 몸속에서 일어나는 모든 화학 반응에 얼마나 많은 양의 펩티드가 관여하는지 감시할 수 있다. 예를 들어

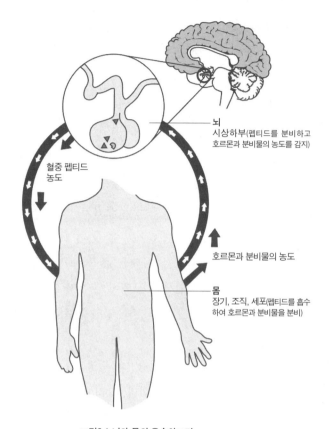

뇌
시상하부(펩티드를 분비하고
호르몬과 분비물의 농도를 감지)

혈중 펩티드
농도

호르몬과 분비물의 농도

몸
장기, 조직, 세포(펩티드를 흡수
하여 호르몬과 분비물을 분비)

그림9.1 뇌와 몸의 음순환고리

ACTH의 혈중 농도가 높으면 코르티솔의 농도는 낮아진다. 그런데 시상하
부는 코르티솔 농도가 높은 것을 감지하면 ACTH의 농도를 낮춘다. 화학
물질의 농도는 개인에 따라 다르다. 모든 사람이 자신만의 독특한 항상성
을 갖고 있기 때문이다. 이는 유전적인 요소와 환경에 적응하는 정도, 개인
만의 독특한 생각에 의해 결정된다.

　그림9.1을 보면 뇌와 몸이 어떻게 작용하여 화학적인 의사소통을 통제하
는지 알 수 있다. 혈중 펩티드의 농도가 높으면 여러 분비샘과 장기에 호르
몬과 분비물을 방출하라는 신호가 보내진다. 만약 펩티드 농도에 비해 호
르몬과 분비물 농도가 높다고 감지하면, 뇌는 자동온도조절계처럼 작동해

호르몬 생산을 중단한다. 반대로 시상하부를 통해 몸속의 호르몬 농도가 낮다고 감지할 경우에 뇌는 더 많은 펩티드를 만들어내 호르몬 수준을 높인다.

감정, 화학 반응, 그리고 나

과학자들은 편도체에 의해 인간의 가장 기본적이고 원시적인 4가지 감정이 나타난다고 생각해왔다. 초기 연구에서 과학자들은 동물의 편도체에 전기 자극을 가해 그들의 느낌과 행동을 관찰했다. 동물들의 기본적인 반응은 항상 분노, 슬픔, 두려움, 기쁨이었다. 좀 더 원시적인 관점에서 보자면 이것은 공격, 복종, 놀람, 수용, 유대감, 행복으로 볼 수 있을 것이다. 얼마 후 신경과학이 더 발달하면서 이 모델에 세 가지 감정이 추가되었다. 놀람, 경멸, 혐오다. 놀람은 공포의 반응과, 경멸과 혐오는 화나 공격과 연관되어 있다는 것을 쉽게 알 수 있다.[3]

그동안의 연구 결과에 의하면 인간만의 특징인 주관적인 경험에는 이러한 원시적인 감정들이 관여한다고 한다. 그리고 색과 색을 섞어 다른 색을 만들듯이 원시적인 감정에서 사회적 감정이 파생된다. 사회적 감정에는 당혹감, 질투, 죄책감, 부러움, 자부심, 믿음, 부끄러움 등 여러 가지가 있다.

내가 생각하기에 이러한 감정들이 만들어지는 원리는 다음과 같다. 먼저 대뇌신피질이 반응하고, 느끼고, 생각한다. 그다음 중뇌는 몸과 뇌에 신경화학물질을 공급한다. 그러면 뇌의 다양한 부위에서 신경망이 활성화되면서 개인만의 독특한 느낌과 모든 인간이 공유하는 느낌 둘 다가 만들어진다.

우리의 느낌은 인간의 공통적인 경험의 결과다. 인간들은 모두 비슷한 환경과 사회적 환경 속에서 살아가고 있기 때문이다. 또한 부모로부터 물려받은 단기유전형질(부모의 신경회로에 설정된 타고난 감정적 경험), 장기유전형질(모든 인간의 공통적인 뇌구조)의 영향도 받는다.

이 같은 소프트웨어(감정적 경험)와 하드웨어(뇌구조)를 통해 인간은 비교적 다른 사람들과 동일한 감정으로 인지하고 행동할 수 있다. 여기서는 감정과 느낌, 충동, 감각반응을 따로 구분하지 말고, 이들을 화학적으로 강제된 마음 상태로 보자. 인간의 공통적인 경험과 나만의 독특한 경험을 통한 최종 결과물이라고 말이다.

우리의 신경망은 그것과 연관된 감정적인 요소를 갖고 있다. 다시 서로 싸우던 부부의 예로 돌아가서 이 과정을 살펴보자. 남편이 집에 와서 전화 온 곳은 없는지 묻는다. 아내의 신경망은 '메시지 받기'라는 개념과 관련된 복잡한 패턴과 배열로 활성화된다. 이곳에 저장된 여러 사소한 정보들 가운데는 6개월 전 메시지 전달에 실패했던 기억도 있다. 아내의 시냅스에서 신경전달물질이 활성화되어 대뇌신피질에서 중뇌로 신호가 전달된다. 이 신호에는 메시지 전달에 실패한 기억뿐만 아니라 그와 연결되어 있는 창피함이 포함되어 있다. 결국 아내의 신경망은 창피함이라는 패턴으로 활성화되어 그러한 마음 상태를 만들어낸다. 아내의 중뇌는 이 메시지를 몸에 전달해 창피함과 관련된 화학물질을 생산하도록 한다.

중요한 것은 아내가 가지고 있는 감정은 창피함만이 아니라는 것이다. 창피함은 실제로 다른 감정을 만들어낸다. 이 경우에 그것은 분노이다. 우리는 아내가 느끼고 있는 감정을 '창분(shanger, shame + anger)'이라고 부를 수 있을지도 모른다. 웃기기 위해서 이렇게 부르는 것이 아니다. 우리의 감정상태가 종종 여러 느낌이 조합된 것임을 설명하기 위해서다. 이처럼 혼합된 감정에 상응하는 화학물질을 만들어내는 펩티드는 일단 결합되면 향신료처럼 더 깊고 풍부한 맛을 만들어낸다. 신경망에 저장돼 있는, 과거의 경험과 연결된 감정을 다시 만들기 위해 화학적 레시피(화학물질의 종류와 비율)가 만들어진다.

이와 달리 어떤 사람들에게는 실패의 기억이 슬픔이나 무력감, 후회 등을 동반할 수도 있다. 그 감정이 어떤 것이든 일단 신호가 뇌하수체로 전달되면 싸움-도주 반응과 같은 결과를 불러온다.

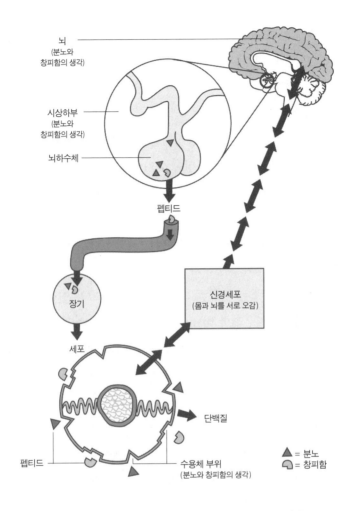

그림9.2 뇌와 몸의 신경화학적 자기감시(Self-monitoring) 체계

이때부터 뇌하수체의 마법이 시작된다. 이제 뇌하수체는 시상하부와 함께 분노와 창피함의 화학물질을 분비하기 위해 다량의 펩티드를 만들어낸다. 이 펩티드는 혈류로 방출되어 아내의 몸 곳곳으로 이동하게 된다. 그러면 세포의 수용체 부위(세포 표면의 단백질로 수용체를 받아들이는 곳—옮긴이)와 내분비계가 이 감정과 일치하는 화학물질이 무엇인지 찾아내 그것을 자신들 쪽으로 끌어들인다. 아내는 이 감정을 수년간 반복해왔기 때문에

창피함과 분노를 위한 수용체 부위의 수가 엄청나게 많을지도 모른다. 우리가 어떤 감정을 더 많이 경험할수록, 세포에 그 감정을 위한 수용체 부위가 많아질 수 있다. 그림9.2는 어떻게 분노와 창피함이라는 생각과 느낌이 화학적 신호가 되어 세포차원에서 우리 몸을 활성화하는지 보여준다.

아내는 메시지가 있느냐는 질문을 받던 그 순간에 화가 난 것이 아니다. 그보다는 그녀가 과거의 어떤 것에 반응하면서 살아왔기 때문에 화가 나게 된 것이다. 그녀의 경우 창피함의 신경망이 매우 발달되고 고정되어 있을 가능성이 높다. 그녀는 그것을 부모로부터 물려받았거나 경험을 통해 얻었을 수도 있다. 어느 경우이든 그녀는 매우 예민한 사람이 된 것이다. 그녀는 자신이 틀리는 것을 싫어한다. 그리고 잘못했던 것을 상기하는 것을 싫어한다. 어쩌면 그녀의 부모가 매우 엄격했고 기대가 높았을지도 모른다. 그 결과 이러한 기대가 그녀를 심한 완벽주의자로 만들었고, 그녀의 능력이 의문시될 때마다 쉽게 화내게 되었을 것이다.

그녀가 느끼는 창피함이 그렇게 쉽게 분노로 바뀌는 것은 실패한 자신에 대한 분노일 가능성이 높다. 그녀는 많은 시간을 창피함과 자신에 대한 분노를 느끼는 데 사용했고, 그 결과 실패에 대한 기억이 신경망에 각인되었다. 그녀는 창피함과 분노의 화학물질이 몸속을 순환하는 상태로 살아왔고, 그녀의 세포는 창피함과 분노의 화학물질이 들어올 수 있는 수천 개의 수용체 부위를 발달시켰다.

우리의 몸은 정기적으로 다양한 세포를 재생한다. 한 시간 안에 재생되는 세포도 있지만 어떤 세포는 재생하는 데 하루나 일주일, 한 달, 심지어 일 년이 걸리기도 한다. 만약 일 년 내내 창피함과 분노의 펩티드 농도가 높은 상태로 유지된다면, 세포들은 분열할 때 이러한 펩티드의 높은 농도에 맞춰 세포막의 수용체 부위를 늘리게 될 것이다.

국제공항에 사람들이 출국심사를 위해 기다리고 있다고 가정해보자. 400명의 사람들이 기다리고 있고, 20개의 심사대 중 단 4개만이 열려 있다.

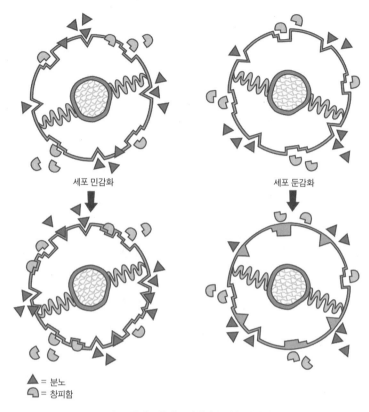

△ = 분노
◖ = 창피함

그림9.3 펩티드 증가로 인한 수용체 부위의 변화

그렇다면 심사대를 좀 더 열어놓으면 더 효율적이지 않을까? 우리의 세포도 이런 지혜를 발휘한다. 세포가 많은 양의 펩티드를 감지하게 되면 늘어난 펩티드의 수요를 맞추기 위해 딸세포(세포가 분열하여 생긴 세포)를 업그레이드 한다. 즉, 수용체를 늘려 스스로를 민감하게 만드는 것이다.

시간이 지나 충분한 '세포 민감화(up regulation)'가 일어나면, 몸은 '우리'를 위해 생각하기 시작하고, 그것이 곧 마음이 된다. 또한 세포는 계속 활성화하기 위해서 똑같은 메시지를 갈구하게 된다. 각각의 세포가 모여 만들어진 우리 몸은 화학적 지속성을 유지해야 하기 때문이다. 어떤가, 중독이 시작된 것처럼 보이지 않는가?

어떤 세포들은 지나치게 민감해져서 수용체가 펩티드에 대해 무감각해진다. 이 경우 세포는 반대 방향으로 작용한다. 너무 많은 펩티드를 감당할 수 없어서 수용체 부위를 더 적게 만드는 것이다. 또한 어떤 세포는 몰려드는 화학물질을 처리하지 못해 오작동하기도 한다. 여기서 펩티드의 역할은 세포를 활성화하여 단백질을 만들거나 세포의 에너지를 바꾸도록 하는 것임을 기억하기 바란다. 많은 양의 펩티드가 반복적으로 세포로 몰려들면 세포는 한꺼번에 많은 지시를 받게 된다. 그러면 세포는 모든 지시를 한 번에 처리할 수 없기 때문에 결국 문을 닫아버린다. 극장에 사람이 꽉 차 더 이상 자리가 없는 것이다.

그림9.3은 '세포 민감화'와 '세포 둔감화'의 모습을 보여준다. 민감화된 세포는 늘어난 펩티드에 반응해 수용체 부위를 추가로 만든다. 반면 세포가 둔감화될 때는 과도한 자극에 의해 특정 수용체 부위가 폐쇄되고 활성화가 감소한다.

항상 잔소리하여 당신을 나쁜 사람으로 만드는 누군가와의 관계를 상상해보면 세포 둔감화를 이해할 수 있을 것이다. 시간이 지나면 당신은 잔소리에 점점 둔감해지다 나중에는 그 사람의 비난에 반응하지 않게 된다. 세포들도 마찬가지다. 특히 신경세포는 화학적으로 둔감해지고 자극에 대한 저항이 커지며, 그 결과 시간이 지남에 따라 활성화되는 데 더 많은 화학물질이 필요하게 된다. 즉, 우리는 더 민감해지고 걱정하며 더 초조하고 공격적으로 대응해야만 하는 것이다. 이처럼 수용체가 지나치게 자극을 받아 둔감해지면 뇌를 활성화하기 위해서는 같은 느낌이 더 많이 필요하게 된다.

이것은 마약에 중독되는 기본적인 원리와 같다. 마약을 복용하면 엄청난 양의 도파민이 분비되어 그 사람에게 엄청난 쾌락을 가져다준다. 하지만 이 사람이 다음에 같은 반응을 얻기 위해서는 더 많은 양을 섭취해야 한다. 우리의 감정 상태도 이와 같은 악순환을 반복한다.

여기 이 현상을 바라보는 또 다른 관점이 있다. 수용체 부위는 단백질로 만들어져 있고 표적 세포(target cell, 호르몬에 반응하는 세포)의 수용체 수는 끊임없이 변한다.[4] 수용체도 뉴런만큼 가소성을 가지고 있는 것이다. 펩티드는 수용체 부위에 도달할 때마다 단백질의 형태를 바꾼다. 단백질의 형태가 바뀌면 기능도 바뀌고 더 활성화된다. 세포가 같은 수용체 부위에서 반복적으로 같은 기능을 수행하면, 단백질 수용체가 닳아 펩티드를 더 이상 인식하지 못하게 된다.

단백질 수용체 부위와 펩티드의 이와 같은 결합은 단백질 수용체 수를 감소시킨다. 몇몇 수용체가 비활성화되거나 세포가 제시간 안에 수용체를 만드는 단백질을 충분히 생산하지 못하기 때문이다. 그 결과 단백질 수용체는 더 이상 제 기능을 하지 못한다. 열쇠가 더 이상 자물쇠에 맞지 않는 것이다. 이 경우 혹사당한 세포는 딸세포를 만들 때, 더 적은 수용체 부위를 만들도록 지혜를 전달해 균형을 유지하려고 한다. 이렇게 세포 둔감화가 발생하면, 우리 몸의 세포는 이미 적응된 화학적 상태를 유지하기에 충분한 펩티드를 얻을 수 없게 된다. 결코 만족할 수 없게 되는 것이다.

몸이 우리 마음을 통제하게 하고, 우리가 생각하는 대로 느끼려고 하면(뇌하수체는 적절한 화학물질을 섞어 최초의 감정을 재생산한다), 결국에 우리는 느끼는 대로 생각하게 될 것이다. 뇌가 세포에 신호를 주지 않으면 신경조직과 연결되어 있는 세포가 반대로 척수를 통해 뇌에 신호를 보낼 것이기 때문이다.

세포는 신경이 아닌 뇌의 화학적 순환고리(체내의 자동조절장치)를 통해서도 몸과 의사소통한다. 우리 몸은 생산된 화학물질을 다 써버리면 부족한 것을 다시 채우려든다. 우리 몸은 분노와 창피함의 화학물질이 날뛰는 것을 좋아한다. 이것이 우리를 살아 있다고 느끼게 만들며, 인지능력과 활력을 높여주기 때문이다. 그리고 이 느낌은 매우 익숙하기 때문에 분노와 창피함을 느끼는 것은 자기 자신을 재확인하는 방법이기도 하다.

만약 우리가 거의 평생 동안 창피함과 분노를 경험해왔다면 이러한 화학물질 역시 우리 몸속에 계속 존재해왔을 것이다. 우리 몸의 가장 중요한 생물학적 기능 중 하나는 항상성 유지다. 따라서 몸은 그 화학적 지속성(세포가 원하는 화학물질을 계속 공급하는 것)을 유지하기 위해서 할 수 있는 일은 뭐든지 할 것이다. 몸이 마음을 통제하게 되는 것이다.

우리의 생각이 건강을 결정한다

펩티드는 시상하부에서 만들어져 뇌하수체에서 분비되는 단백질이다. 혈류로 방출된 펩티드는 화학적 전달자로서 우리 몸의 여러 기관과 조직을 찾아간다. 세포 표면에 다다른 펩티드는 수용체 부위와 상호작용한다. 수용체 부위는 모든 세포의 표면에 떠있는 거대한 단백질로, 세포는 수용체를 통해 어떤 것을 내부로 받아들여 내부의 활동에 영향을 미칠지를 결정한다. 일단 펩티드가 수용체 부위와 맞물리면 펩티드는 수용체의 구조를 바꾸어 세포의 DNA에 신호를 보낸다.

모든 세포는 단백질을 생산하는 기계이나 마찬가지다. 근세포는 액틴 *actin*과 미오신*myosin*이라고 불리는 근단백질을, 피부세포는 엘라스틴

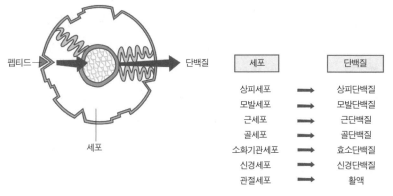

그림9.4 다양한 종류의 단백질을 만들어내는 세포의 예

*elastin*과 콜라겐*collagen*이라는 피부단백질을, 위세포는 위단백질과 효소 등을 생산한다. 모든 세포의 DNA는 세포가 생산하는 단백질의 종류를 결정한다. 일단 펩티드가 수용체 부위에 도착하면 세포의 DNA에 메시지를 전달해 다양한 단백질을 만들도록 한다. 그림9.4를 통해 세포가 단백질을 만드는 방법을 쉽게 이해할 수 있다.

우리는 유전자의 약 1.5%만을 발현한다. 나머지 98.5%는 쓰레기 DNA (junk DNA, 유전정보를 가지고 있지 않은 것으로 알려진 DNA-옮긴이)라고 부른다. 유전자는 세포가 여러 종류의 단백질을 만들 때 발현된다. 예를 들어 인종마다 눈동자 색이 다른 이유는 유전자가 다른 단백질을 만들도록 발현되기 때문이다. DNA는 세포가 단백질 발현을 위해 사용하는 무궁무진한 자료가 있는 도서관과 같다. 어쩌면 98.5%의 쓰레기 DNA는 사실 쓸모없는 것이 아니라 올바른 화학적 신호에 의해 활성화되기를 기다리고 있는 것일지도 모른다. 최근에는 과학자들이 이러한 여분의 DNA가 중요한 기능을 한다는 것을 밝혀내고 있다. 앞으로 진화의 과정에서 발현될 잠재적인 유전자일 수도 있는 것이다.

단백질을 만듦으로써 발현되는 1.5%의 DNA 중에, 우리는 침팬지와 96% 이상 같은 DNA를 공유한다. 유전자 발현에는 우리의 겉모습, 생물학적 기능, 신경구조가 모두 포함된다. 더 구체적으로 예를 들자면 아버지의 급한 성격, 어머니의 수동성, 아버지의 넓은 어깨, 어머니의 작은 코, 아버지의 나쁜 시력, 어머니의 당뇨 같은 것들이다. 우리 몸은 유전자 발현을 통해 서로 다른 단백질을 만들어낸다. 그리고 이것이 나를 이룬다.

펩티드는 DNA를 활성화하여 세포에 신경망의 지시와 일치하는 단백질을 만들라는 명령을 내린다. 만약 그 명령이 수년에 걸쳐 반복돼온 어떤 공격적인 분노나 무서운 태도와 관련된 것이라면, 세포의 DNA는 오작동하기 시작한다. 세포가 반복된 감정으로 인해 같은 화학적 지시를 계속해서 받다보면, 세포의 유전자는 기어를 바꾸지 않고 운전한 차같이 닳기 때문이다.[5] 과도하게 사용된 DNA에 의해 세포는 마침내 '싸구려' 단백질을 만들기 시작한다.

노화는 이 같은 부적절한 단백질 생산의 결과다. 나이가 들면 어떤가? 피부가 축 처진다. 피부가 단백질로 구성되어 있기 때문이다. 머리카락은 또 어떤가? 얇아진다. 머리카락도 단백질이다. 관절도 뻣뻣해진다. 관절 윤활액이 단백질이기 때문이다. 소화기능은 어떤가? 기능이 떨어진다. 효소도 단백질이기 때문이다. 세포가 싸구려 단백질을 만들면 몸은 약해지기 시작한다.

그런 점에서 생명은 곧 단백질의 발현이다. 같은 느낌을 바탕으로 같은 태도에서 나오는 지시를 지속적으로 세포에 전달하려면 우리는 같은 화학적 펩티드를 만들어야 한다. 결과적으로 세포에 새로운 신호를 보내 새로운 유전자를 발현시키는 일을 하지 못하는 것이다. 우리는 유전적으로 물려받았거나 삶의 경험을 통해 익숙해진 감정적 태도와 연관된 생각을 반복한다. 만약 우리가 매일 같은 느낌과 기분으로 살게 되면, 같은 화학물질이 DNA를 지나치게 사용해 세포가 변형된 단백질을 만들기 시작한다. 세포의 DNA가 오작동하기 시작하는 것이다.

그렇다면 우리가 화를 내거나 좌절하거나 슬퍼하면, 결국 누구에게 영향을 미칠까? 우리의 모든 감정적 태도는 외부의 어떤 것에 의해 일어나는 것이 아니다. 그것은 고정된 신경구조에 따라 우리가 현실을 인지한 결과일 뿐 아니라 우리가 자신의 느낌에 얼마나 많이 중독되었는지를 보여주는 것이기도 하다. 펜실베니아 대학의 연구를 보면 우울한 사람들은 그들이 생각하고 느끼는 방식에 따라 세상을 바라본다고 한다. 만약 우울한 사람들과 일반인들에게 연속으로 두 장의 사진(파티 사진과 장례식 사진)을 빠르게 보여주고 무엇이 기억에 남느냐고 물어보면, 우울한 사람들은 장례식 사진을 기억할 가능성이 높다. 지속적으로 강화되어 온 자신만의 느끼는 방식으로 환경을 인지하는 것이다.[6]

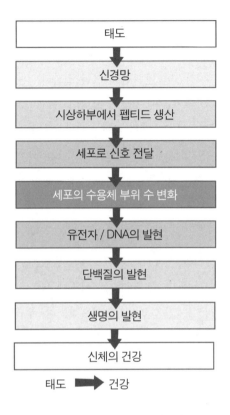

태도

신경망

시상하부에서 펩티드 생산

세포로 신호 전달

세포의 수용체 부위 수 변화

유전자 / DNA의 발현

단백질의 발현

생명의 발현

신체의 건강

태도 ➡ 건강

그림9.5 생각(태도)이 신체에 미치는 영향

어떤 감정 상태의 화학적 지속성이 오래 유지되면 그 결과 파괴적인 생각으로 자신을 활성화하게 된다. 우리가 생각하고 반응하는 것은 궁극적으로 자신에게 영향을 미친다. 그렇다면 이제 '우리가 남을 비난할 때 실제로는 나를 비난하는 것이다' 라는 말의 깊은 의미를 이해할 수 있을 것이다.

성인이 된 후 우리가 뇌와 마음을 바꾸어주는 새로운 것을 더 이상 배우지 않거나 새로운 경험을 하지 않는다면 우리는 부모가 사용했던 것과 같은 신경 반응을 답습하게 될 것이다. 똑같은 육체적·정신적·유전적 양상을 활성화하는 것이다. 그렇게 되면 우리는 물려받은 정신적 성향만을 갖게 될 것이며, 조상들과 똑같은 병에 걸려 늙어갈 것이다. 세포가 저급한 단백질을 만들어낸다는 것은 우리의 삶의 질도 떨어진다는 것을 의미한다.

단백질의 발현은 생명과 건강의 발현이다. 그렇다면 건강을 결정하는 화학물질의 생산을 지시하는 것은 누구일까? 그것은 바로 나, 나의 의식적인 혹은 무의식적인 태도다. '나'는 신경망을 활성화해 시상하부에서 화학물질을 생산하도록 만들고, 펩티드의 형태로 세포에 신호를 보내 여러 단백질을 만들어 유전자 발현을 활성화한다. 그러므로 건강에 영향을 미치는 단백질의 생산을 바꾸기 위해서는 먼저 자신의 태도를 바꾸어야 한다. 그래야 새로운 신호가 세포에 전달될 수 있다.[7]

단백질의 발현이 곧 몸의 건강이라면 우리의 태도와 사고방식은 직접적으로 건강과 관련되어 있다고 할 수 있다. 그림9.5는 우리의 생각과 태도가 신체의 건강에 영향을 미치는 과정을 보여준다.[8]

결론적으로 우리가 생존에 얽매이는 데서 벗어나 새로운 생각을 활성화하고(새로운 화학물질을 만들고), 우리의 마음을 바꾸고(몸에 전달되는 화학적 메시지를 바꾸고), 행동을 수정하면(새로운 경험을 통해 세포의 화학 반응에 영향을 미치면) 우리는 진화의 길에 들어설 수 있다.

기억이 화학적 중독에 미치는 영향

그렇다면 창피함이나 분노를 느끼는 상황에서 벗어나거나 이러한 느낌과 관련된 기억을 묻어두면 똑같은 마음으로 생각하고 느끼는 것을 멈출 수 있지 않을까? 그러나 우리는 자신을 정의하는 생각과 반응을 일으키는 환경에서 벗어난 후에도 여전히 같은 방식으로 느끼곤 한다. 왜일까? 이제 세포가 원하는 화학물질을 만들어내던 지속적인 자극에서 벗어난다고 하자. 그러면 평소와 같은 화학물질을 얻을 수 없게 된 세포는 기억의 잠재력을 활용한다. 여기서 인간이란 생각을 현실로 만들 수 있는 존재임을 기억하기 바란다.

세포는 뇌에 신호를 보내 평소와 같은 화학물질이 필요하다는 것을 알린다. 그러면 뇌는 세포가 원하는 화학물질을 만들기 위해서 관련된 신경망(분노와 창피함과 연결된 과거 기억의 신경망)을 활성화한다. 앞의 싸우던 부부의 예에서 아내가 화가 난 것은 남편의 질문이나 억양 때문이라기보다는 화학적 필요와 더 관련이 있다.

아내가 이번 부부 싸움에서 6개월 전의 기억을 통해 분노를 느꼈다면 다음에 싸울 때는 이번에 싸운 기억을 분노의 화학물질을 생산하는 데 사용할 것이다.

우리의 기억과 경험은 머릿속에 항상 존재하는 일종의 '목소리'라고 볼 수 있다. 람타학교에서는 마음속의 목소리가 과거의 기억일 뿐이라고 가르친다. 우리가 변화의 한가운데 있을 때 이 목소리는 가장 커진다. 이것은 뇌에게 몸이 느끼는 대로 생각하라고 말한다.

또한 마음속의 목소리는 밖으로 드러내는 말보다 우리의 느낌을 더 정확히 드러낸다. 다시 부부싸움의 예로 돌아가자. 싸움이 진정되고 난 후 부부는 거실에 앉아 TV를 보면서 이런 대화를 나눈다.

남편 : 나, 야구 봐도 괜찮겠어?

아내 : 마음대로 해요.(내가 괜찮으냐고? 뭐 그따위 질문이 있어. 바보 같은 야구게임. 내가 뭐하러 신경 쓰겠어. 저 사람은 절대 변하지 않을 거야. 내가 잘못한 것은 작은 것 하나까지 끄집어내지. 그런데 나는 저 사람을 비난한 적이 없단 말이지. 내가 언제 저 사람이 뭔가 잘못했을 때 지적한 적이 있냔 말이야. 우리 아빠랑 똑같아. 앉아서 비난이나 하는 꼴하고는. 야구선수들에게도 똑같이 비난만 하지. 지가 그렇게 잘났으면 구경만 할 게 아니라 직접 선수로 뛰지 그래?)

뇌가 이러한 감정과 일치하는 화학물질들을 몸속으로 쏟아내는 모습을 상상해보기 바란다.

남편 : 고맙군.(마음대로 하라고? 그래 좋아, 뭐 내가 바본 줄 알아? 그래. 잘 봐. 마음대로 하라고 그랬지? 그 말대로 앉아서 게임이나 볼 거야. 내가 신경 이나 쓰는 줄 알고?)

이제 남편도 화학적 중독에 빠져들게 된다. 이것은 완벽하지는 않지만 가장 전형적인 예다. 이 대화는 우리 내부의 목소리가 어떻게 평소와 같은 수준으로 화학물질을 유지하는 데 기여하는지 단적으로 보여준다. 우리는 아내가 남편의 행동을 자신의 아버지와 연결시킨 것을 보았다. 우리는 보통 과거에 받은 상처와 똑같은 상처를 주는 배우자를 선택한다. 그래야 우리가 지난 20~30년간 '즐기고' 적응한 화학적 상태를 유지할 수 있기 때문이다.

두 사람이 헤어진다고 하더라도 아내는 여전히 그녀가 갈망하는 화학 물질을 공급하는 이러한 기억을 계속 떠올리게 될 것이다. 그리고 이혼의 과정이 자신이 완벽하지 못하다는 것에 대한 창피함을 강화할 것이다. 머릿속의 목소리는 그녀에게 이렇게 말할 것이다. "난 제대로 할 줄 아는 게 하나도 없어. 평생 함께할 사람조차 찾지 못하는군. 그게 얼마나 어렵다고 그래? 부모님한테는 뭐라고 말하지? 아버지를 어떻게 쳐다봐? 젠장. 젠장. 젠장!" 그리고 그녀는 창피함과 분노의 순환고리를 다시 한 바퀴 돌 것이다.

이 부부에게 묻고 싶은 것은 정말로 변화하기를 원하느냐는 것이다. "두 사람이 서로 싸우는 데 중독되어 있다는 것을 알고 있나요? 자동적인 생각과 행동, 반응을 중간에 멈출 수 있나요? 다른 사람과는 상관없이 자신을 인식하고 의식적으로 자신의 생각을 통제하고 행동을 수정할 수 있겠어요?

두 사람의 관계를 지속시키는 것이 사랑인가요, 아니면 당신을 무의식적으로 과거의 기억과 독백 속에서 살게 만드는 감정의 화학물질인가요? 이기적인 화학적 욕구 때문에 서로를 이용하고 있다는 것을 알고 있나요?" 대답이 '아니다' 라면 이 부부는 이 패턴을 오랫동안 지속하게 될 것이다.

화학 반응과 행동

화학물질과 화학 반응은 우리의 행동과 생각, 느낌을 형성하는 기본이자 핵심이다. 싸움-도주 반응은 우리가 스스로의 감정에 중독될 수 있다는 것을 가장 잘 보여주는 예다. 감정적 중독은 중독되기는 쉽지만 빠져나오기는 가장 어렵다.

이제 우리는 뇌란 신경적으로 고정되어 있는 것이 아니며, 감정에 의해 화학적으로 좌우된다는 사실을 안다. 우리의 습관적인 화학물질을 생산하는 데 현재의 상황이 적합하지 않다면, 뇌는 그 화학물질을 만들기 위해서 할 수 있는 일이라면 무엇이든 할 것이다.

예를 들어, 외부의 어떤 위협이나 스트레스가 없다면 스트레스나 위협을 찾을 것이다. 만약 찾을 수 없다면 육체적으로든 정신적으로든 대체할 만한 무엇인가를 만들 것이다. 어떤 사람은 평범한 상황을 스트레스가 심하고 감정적으로 격한 것으로 받아들인다. 스스로 비극의 주인공이길 자처하는 것이다. 우리는 그런 사람에 대해서 "그녀는 괴로워하는 것을 좋아해요" 라고 말할 수도 있을 것이다.

우리 몸은 항상성 유지, 편안함 추구, 고통 회피, 스트레스 반응과 같은 생물학적으로 절박한 요구들 때문에 감정을 만들어내는 화학 반응에 중독된다. 이러한 절박성을 감안하면, 중독이란 당연한 것일지도 모른다.

이것은 사실이다. 우리는 중독될 수밖에 없다. 하지만 중독의 고리를 끊기 위해 할 수 있는 일 또한 많다. 그러면 그 과정을 시도해보기 전에, 먼저 우리의 생화학적 성향을 없애는 방법을 살펴보자.

이별은 어렵다

여기 중독의 예가 하나 있다. 많은 사람들이 애인과 잘 맞지 않는다는 것을 이성적으로 알고 있으면서도 다시 그 사람에게 돌아온다. 왜 헤어지는 것이 이렇게 힘든 것일까?

사귀는 과정에서 두 사람은 신경전달물질과 펩티드를 생산하는 신경망을 활성화하여 그들이 무엇을 경험하든 특정한 방식으로 느끼게 된다. 그리고 이러한 느낌은 두 사람 각자의 개성을 재확인시켜준다. 나중에는 이것에 길들여져 헤어지기로 결심했다고 할지라도 관계에서 형성된 신경회로와 화학 반응을 끊을 수가 없다. 이별 후에도 서로에 대한 기억으로 인해 그들의 몸은 익숙한 화학적 자극을 갈망하는 상태가 된다. 몸이 상실감을 느끼는 것이다. 그렇게 보면 이별의 아픔이란 신경화학적 습관의 중단이라 할 수 있다. 감정적 중독의 화학 반응을 생각해보면 커플들이 헤어졌다 다시 만나기를 반복하는 것은 그다지 놀라운 일이 아니다.

재미있는 것은 삶의 모든 면이 거의 똑같이 유지되도록 우리의 신경망이 결정된다는 점이다. 따라서 대부분의 사람들은 공통점을 기준으로 관계를 선택한다. 서로 신경망이 얼마나 비슷한지를 탐색하는 것이다. 그리고 관계의 양상이 바뀌면 대부분의 사람들은 자신을 바꾸는 대신에 비슷한 신경구조를 가진 다른 사람을 찾아나선다. 결국 같은 종류의 관계를 반복하게 되는 것이다. 말하자면 어떤 사람과 헤어지게 되더라도 그 관계가 만들어낸 느낌에 화학적으로 중독된 상태로 남는 것이다. 우리는 전 애인의 부재가 만들어내는 공허함 속에서 무의식적으로 그동안 길들여진 화학물질을 생산하게 해줄 다른 후보자를 찾는다.

실제로 우리가 어떤 신경구조를 깨버릴 때도 이러한 변화는 익숙한 느낌의 상실을 동반할 것이다. 이러한 상실감은 불편함으로 해석될지도 모른다. 이러한 삶의 변화는 우리의 생각과 행동을 전진하게(자신을 위한 새로운 현실을 만드는 방향으로 생각하고 행동하는 것) 만들기보다는 후진하게 만든다. 생각과 행동이 후진한다는 것은 익숙한 예전의 신경회로를 활성화하는 것과 다를 바가 없다. 이 모든 과정은 신경망을 반복적으로 활성화하여 매일 같은 생각과 행동을 반복하게 만든다. 자신의 상황을 긍정적으로 보든 부정적으로 보든 아니면 성공으로 보든 실패로 보든지 상관없이 말이다.

외부 세계와 관련된 이 모든 느낌들은 '나'를 특정한 방식으로 느끼는 존재로 규정한다. 그리고 이러한 느낌들이 우리의 행동방식과 신념, 편견, 의견, 심지어 인지능력까지 결정한다. 느낌이 생각을 조종하는 것이다.

불안과 순환고리

수년 동안 우리는 우울증의 유행에 대해서 들어왔다. 또한 여러 우울증 치료제의 잠재적인 위험과 효능에 대한 논쟁에 대해서도 잘 알고 있다. 하지만 최근 새로운 장애가 등장했다. 불안장애라는 이름으로 통칭되는 다섯 가지 관련 증상이 그것이다. 미국 국립정신건강연구소(National Institutes of Mental Health, NIMH)의 2006년 보고서에 따르면 18세 이상의 미국인 약 4천만 명이 범불안장애(generalized anxiety disorder, GAD), 공황장애(panic disorder), 강박장애(obsessive-compulsive disorder), 외상 후 스트레스 장애(posttraumatic stress disorder, PTSD), 공포증(phobias, 사회불안장애, 광장공포증 등)과 같은 다섯 가지 불안장애로 고통받고 있다고 한다.[9] 이는 전체 인구의 18.1%나 된다. 그중에서도 여전히 1위를 차지하고 있는 우울증은 1,480만 명의 성인을 괴롭히고 있다. 불안장애는 우울증보다 더 흔한 것이지만 각각의 불안장애와 비교하면 우울증 환자의 수가 더 많다. 미국 국립정신건강연구소에 따르면 불안장애로 고통받는 사람들은 다른 장애로도 고통받는 경우가 많다고 한다. 또한 우울증과 불안장애를 동시에 경험하는 경우도 매우 많았다.

도대체 무슨 일일까? 우리가 그저 이러한 증상들을 분류하고 이름 붙이는 데 능숙한 것뿐일까? 과거에 우리가 예민한 신경 때문에 불안을 호소하는 사람들을 그대로 내버려두기라도 한 것일까? 환자의 수가 많든 적든 불안과 스트레스의 관계, 그리고 우리 몸의 화학적 중독은 검토되어야 할 필요가 있는 문제다.

불안은 여러 면에서 외부자극에 대한 건강한 반응이다. 연설을 하거나 발표, 공연을 할 때, 또 잠재적인 위험에 놓여 있을 때 우리는 긴장을 유지해야 한다. 하지만 불안이 우리 일상에 넘치고 만성적이 되면 이것은 큰 문제가 된다.

불안장애는 특별한 이유 없이 가슴이 두근거리고 호흡 곤란, 알 수 없는 두려움, 무력감, 가슴통증, 발한, 명확한 사고의 어려움 등의 형태로 나타난다. 우리가 지금까지 살펴본 것을 생각하면 이러한 증상은 공포상황에서 교감신경이 통제할 때 일어나는 것이다.

공황발작은 앞으로 받게 될 스트레스에 대해 미리 걱정하면서 항상 예민한 상태를 유지하는 사람들에게서 나타난다. 몇몇 사람에게 공황발작이 자동적이고 반복적으로 나타나는 이유는 그들이 걱정과 불안을 항상 마음속에 담아두거나 같은 스트레스 환경에 너무 자주 노출되기 때문이다.

내 경험상 불안의 시작은 보통 심한 감정적 압박을 받은 어떤 사건에 의해 시작되는 경우가 많다. 그 사건에 대한 기억을 가지고 있는 사람은 그 경험을 반복적으로 생각하면서, 앞으로 비슷한 일이 또 일어날지도 모른다고 생각하게 된다. 그런 식으로 과거의 사건을 회상하면 뇌는 적당한 화학물질을 만들기 시작한다. 이러한 생각이 교감신경계를 작동시키면 곧, 불안과 미래에 대한 두려움이 엄습한다. 이제 그들의 태도(생각)가 거꾸로 불안과 두려움을 위한 화학물질을 만든다. 스트레스원이 아닌 스트레스원에 대한 그들의 생각이 스트레스 반응을 일으키는 것이다.

미래의 일에 대해 매일 걱정한다면 우리는 불안한 마음 상태를 만들어 내는 일련의 생각들을 활성화하게 된다. 대뇌신피질 깊숙한 곳에 고정되어 있는 특정한 신경망들이 다양한 걱정거리들과 관련된 사고과정을 지원하며 활성화하는 것이다. 이러한 생각들은 특정한 패턴의 시냅스를 활성화할 것이고, 몸은 이 심란한 생각들과 관련된 화학물질들을 만들어낼 것이다. 이제 몸속으로 방출된 불안의 화학물질들로 인해 우리 몸은 심란함을 느끼게 된다.

그리고 우리 몸이 어떤 것을 느끼고 있는지 대뇌신피질이 인식하게 되면 우리는 이렇게 말하게 될 것이다. "나 걱정돼." 걱정하는 동안 우리는 몸의 내부 상태를 의식하게 된다. 이어서 공황발작이 일어나고 통제 불능의 공포를 느끼게 된다. 이제 우리에게 걱정거리가 하나 더 생긴다. 공황발작 같은 장애를 경험하고 싶지 않기 때문이다. 이러한 걱정과 예상은 신경화학적으로 다른 장애를 경험할 가능성을 더 높인다.

일단 자아가 몸이 불안을 경험하고 있다는 것을 의식하면, 불안과 관련된 신경망이 활성화된다. 우리는 생각하는 그대로 느끼고, 우리가 느끼는 그대로 생각한다. 뇌는 지금 감지되는 것이 걱정의 느낌인지 알아보기 위해서 이미 존재하는 걱정의 신경망을 활성화할 것이다. 이렇게 걱정의 신경망이 활성화되면 자연스럽게 우리는 염려와 관련된 생각을 하게 된다. 그럼 뇌에서는 더 많은 화학물질을 만들어 우리 몸이 느끼고 있는 것을 강화한다. 한마디로 뇌는 우리가 느끼고 있는 것을 확인하기 위해서 과거의 생각을 활성화하고, 그 생각은 다시 우리의 느낌을 강화하는 것이다.

이제 과거의 기억은 실재가 되었다. 우리가 그것을 느낄 수 있다면 그것은 진짜인 것이다. 그렇지 않은가? 말하자면 또 다른 공황발작을 일으키도록 몸을 훈련하고 있는 셈이다. 두려움은 더 많은 걱정을 낳고, 걱정은 더 많은 불안을 낳고, 불안은 우리를 더 걱정하게 만든다. 그 이유는 간단하다. 일단 불안 상태가 되면 걱정의 신경망을 활성화하기 위해 몸과 뇌에 일종의 순환고리가 형성되기 때문이다. 그런 식으로 이러한 과정이 계속 반복되는 것이다.

뇌는 몸의 느낌에 반응하여 느끼는 대로 생각한다. 그리고 그 느낌을 강화하는 더 많은 화학물질을 만들어낸다. 이것이 우리가 어떤 '상태'를 유지하는 방법이다. 어떤 느낌이든 간에 반복적인 느낌은 우리의 '상태'를 만들어낸다. 그것은 행복이나 슬픔, 혼란, 외로움, 자신감 없음, 기쁨, 우울일 수도 있다. 어쨌든 어떤 '상태'가 되었다는 것은 뇌와 몸의 순환고리가 완성되었음을 의미한다. 순환고리가 끊임없이 돌아가면서 뇌와 몸의 화학적 상태를 확인할 때, 우리는 화학적으로 완전한 상태를 유지할 수 있다.

우리는 과거의 기억에 의해 형성된 신경패턴을 반복적으로 활성화함으로써 이러한 신경화학적 상태를 유지하게 될 것이다. 이러한 화학적 지속성은 사람마다 모두 다르다. 사람마다 느낌도 다르고 신경패턴의 활성화도 다르기 때문이다. 불안은 불안을 키운다. 그렇다면 우리가 불안 대신에 차분함과 감사, 기쁨을 느낀다면 어떤 일이 일어나겠는가? 우리를 노예로 만드는 순환고리가 아니라 우리에게 봉사하는 순환고리를 만드는 것도 가능하지 않을까?

변화는 왜 어려운가?

우리가 삶에서 반복적으로 마주치는 사람과 장소, 사물, 시간, 사건은 우리가 좀 더 지속적인 정체성을 갖도록 만든다. 그리고 이 모든 요소들과의 연관성 속에서 우리는 특정한 신경구조를 갖게 된다. 이러한 요소들은 신경작용의 일부일 뿐 아니라 나를 재확인시켜주는 것들이다. 삶의 모든 요소들은 우리에게 그에 대응하는 신경회로를 갖게 한다. 이 때문에 변화가 그토록 어려운 것이다. 변화란 반복적인 자극을 통해 그동안 유지해왔던 신경화학적 회로를 끊는 것이기 때문이다.[10]

내가 만약 당신에게 이를 닦거나 샤워를 할 때 행동의 순서를 바꿔보라고 한다면 당신은 그럴 수 없을지 모른다. 하게 되더라도 꽤 불편함을 느낄 것이다. 아니면 하긴 하겠지만 대충 해버리고 말 것이다. 아마 당신은 자신에게 쉽고 익숙한 방법으로 돌아가려 할 것이다. 이것은 당신이 마음을 바꾸고 더 이상 익숙한 것에 얽매이기를 원하지 않는다면 반드시 깨야할 습관이다.

그렇다면 내가 당신에게 지난 15년간 반복적으로 당신의 자존감에 타격을 주었던 누군가와의 관계를 끊으라고 말했다고 가정해보자. 그것을 하기 위해 어떤 노력이 필요할까? 자신이 가치 없다는 느낌에 길들여져 왔다면 우리는 계속 그렇게 느끼기를 원할 것이다. 자기비하에 대한 신경화학적 습관을 가지고 있기 때문이다. 이것은 우리가 지속해온 익숙하고 일상적이며 자연스러운 자신에 대한 생각과 느낌의 방식이다. 이러한 생각은 당신의 자존감에 타격을 주었던 사람과의 관계에 대한 기억에 바탕을 두고 있다. 이러한 기억에는 관련된 느낌이 동반되며, 그 느낌들은 신경화학적인 것이다.

우리는 애인과 헤어지기로 결정할 때 상심과 고통을 겪는다. 그러나 이것은 어떤 신경망의 반복적인 활성화를 중단하는 데서 오는 상실감의 화학적인 느낌에 지나지 않는다.[11] 환경으로부터의 자극(그 사람을 보거나 만지는 것)이 중단되면 그 사람과 관련된 신경망을 더 이상 활성화할 수 없게 되고, 그 사람과 관련된 느낌을 만드는 특정한 화학물질의 분비도 중단된다. 느낌이란 특정한 화학물질이 분비된 결과다. 그렇다면 사랑 역시 하나의 화학작용인 셈이다.

중독과 금단증상

우리가 특정한 방식으로 생각하는 것을 멈추고 싶다고 결심한다면 어떤 일이 벌어질까? 마침내 하루라도 창피함과 분노, 증오를 느끼지 않기로 결정한다면 어떤 일이 벌어질까? 이러한 결정은 앞으로 다이어트를 하기로 결심하거나, 담배나 술을 끊기로 결심하는 것과 크게 다르지 않다. 창피함을 느끼는 것을 그만두기로 결심하는 것도 그만큼의 의지와 노력이 필요하다. 우리의 생각을 극복하기로 결심하는 것은 습관적으로 마시던 모닝커피 없이 스스로 잠에서 깨려는 것과 비슷하다. 그럼 몸은 뇌에 이렇게 불만을 토로할 것이다. "이제 창피함의 화학물질을 얻지 못한다고? 이건 도대체 누구 생각이야?"

처음에는 충동적인 생각의 형태로 몸의 갈망이 일어난다. 그러다 갈망이 충족되지 않으면, 갈망은 점점 더 커지며 즉각적인 행동을 간청하는 절규로 변한다. 화학물질이 부족해 항상성을 유지할 수 없게 되어 몸이 혼란에 빠지는 것이다. 우리 몸은 이미 창피함에 적응해 수용체 부위의 수를 늘렸기 때문에 그것을 다시 조정하고 싶어 하지 않는다. 우리 몸은 한동안 화학물질을 달라고 소리를 지르다 어느새 통제 불능의 상태가 된다. 이 시점에 우리는 온갖 종류의 충동에 시달리게 될 것이다. 머릿속에는 창피함을 느끼도록 만들기 위한 절규가 시작된다.

우리는 매일 무의식적으로 응답하는 이 '목소리'에 대해 알고 있다. 우리는 이것을 마치 내 안의 안내자가 들려주는 복음인 것처럼 듣고 행동한다. 안내자는 어떠한 것이든 이야기할 수 있다. 심지어 자신의 중요성까지 말이다. 변화의 한가운데 있을 때, 이 목소리는 가장 큰 소리로 투덜대며 우리를 괴롭힌다. "내일 하면 되잖아. 스스로 한 약속을 깰 만한 정당한 이유가 있다구. 지금이 아니라도 다른 때 하면 돼." 그리고 가장 강력한 말을 던진다. "느낌이 좋지 않아." 그럼 우린 이렇게 말한다. "내 느낌은 정확해.

그러니 느낌을 믿어야 해." 그리고 우리는 처음으로 돌아가 스스로를 합리화한다. 우리가 듣는 목소리는 우리 몸이 내부의 질서를 재건하라고 요구하는 소리이며 불편함과 괴로움을 중단하라는 소리다.

우리는 확실히 이러한 목소리에 공감할 수 있다. 우리들 대부분은 어떤 습관을 고치거나 특정한 음식을 끊으려는 시도를 해본 적이 있기 때문이다. 예를 들어, 우리는 처음에 좋은 의도로 다이어트에 대한 결의를 다진다. 하지만 시간이 지날수록 과거에 먹었던 초콜릿에 대해 기억하기 시작한다. 어머니가 만들어주셨던 진한 초콜릿 케이크가 떠오른다. 그리고 난데없이 여행지에서 먹었던 초콜릿을 씌운 딸기와 그것의 황홀한 맛이 생각난다. 그 순간 예전에 브뤼셀Brussel의 공항에서 연착된 비행기를 기다리면서 먹었던 벨기에 초콜릿이 떠오른다.

이렇게 악마의 속삭임을 듣는 동안 어머니가 특제 초콜릿 케이크를 만들어온다면 어떻게 될까? 케이크로 눈을 돌리자마자 우리 몸은 즉시 반응할 것이다(침을 꿀꺽 삼키며). 그러면 우리는 악마의 목소리를 듣기 시작할 것이다. 이성적으로 결심했던 것을 잊어버리고 케이크를 다 먹어버리라는 목소리 말이다. 우리는 이러한 생각을 의식적으로 하지 않는다. 이것은 몸이 우리에게 생각할 것과 행동할 것을 지시하는 것이다. 케이크를 보고 화학적으로 자극되자마자, 우리는 몸이 원하는 대로 생각하게 된다.

의지를 갖고 어떤 감정적 상태를 변화시킬 때도 같은 일이 일어난다. 예를 들어, 어느 날 당신은 자신을 낙오자라고 여기는 일을 멈추기로 결심한다. 당신은 굳건한 의지로 하루를 시작한다. 하지만 오후에 업무상 운전을 하는 동안 전날 남편이 당신의 기분을 상하게 했던 것이 생각난다. 그러면서 지난 30년간 일어났던 비슷한 일들이 떠오른다. 남편은 무의식적으로 당신에게 상처를 주곤 했다. 이제 당신은 기분이 나빠지기 시작한다. 당신은 자제하려고 하지만 곧 내부의 목소리가 결심했던 것은 잊어버리라고 말한다. "너는 결코 변하지 않을 거야. 그만큼 강하지 못해. 그리고 어린 시절 엄마한테 학대받은 거 기억 안 나? 그래서 네가 이렇게 된 거야. 너는 변할 수 없어. 상처가 너무 깊어."

이제 어떻게 할 것인가? 당신이 이러한 목소리에 반응한다면 낙오자라는 생각을 강화하는 화학물질이 분비될 것이다. 하지만 만약 이 목소리에 반응하지 않는다면 당신은 자신에 대해 지금까지와 다른 방식으로 생각하는 것 때문에 매우 불편해질 것이다.

만약 오늘따라 유난히 낙오자라는 생각을 끌어낼 만한 사건이 많이 발생한다면 어떨까? 아침에 현관에서 넘어졌다거나, 휴가를 내려던 시기에 직상 상사가 일을 하라고 요구했다거나, 마트에서 나와보니 누군가 차를 박아 찌그러트려 놨다면 말이다. 이제 당신은 낙오자가 될 만한 이유가 더 많아졌다. 당신의 몸은 낙오자라는 자아를 재확인할 수 있는 신경화학 반응을 시작하라고 설득한다. 당신이 이러한 목소리에 반응하기로 결심하고 행동에 옮기면 더 익숙한 예전의 자신을 부활시키게 될 것이다. 당신은 낙오자라는 느낌을 불편하다기보다는 익숙하고 편안한 것으로 받아들인다.

순환고리의 작동

우리가 변화하고자 할 때 우리 몸에서는 다음과 같은 일이 벌어진다. 일단 예전과 같은 방식으로 생각하지 않고 대응하지 않음으로써 우리 몸이 항상성을 유지하기 어려워지면 우리 몸의 세포는 서로 모여 단결하게 된다. 어떤 마음 상태를 활성화하는 특정한 신경망에 메시지를 보내 항상성을 유지하는 화학물질을 만들도록 하는 것이다. 만약 세포의 수용체 부위에 우리에게 익숙한 감정의 펩티드가 도달하지 않으면, 세포들은 이러한 변화를 감지하여 말초신경을 통해 척수를 거쳐 뇌에 다음과 같은 메시지를 보낼 것이다.

"이봐, 거기 무슨 일이야? 낙오자처럼 느끼지 않은 지 꽤 된 것 같은데. 그런 생각을 활성화해서 화학물질 좀 만들어야지 않겠어? 그래야 모든 것이 정상으로 돌아가지." 동시에 시상하부에서는 혈액 속의 화학물질의 농도를 감지해 체내의 화학적 상태를 최적으로 유지할 수 있도록 펩티드를 생산한다. 이로서 낙오자라는 원래의 자아로 돌아가는 것이다. 이 모든 일이 무의식적으로 그리고 순식간에 일어난다. 그다음은 알다시피 우리가 느끼는 대로 생각하게 되는 것이다. 그림9.2를 통해 세포가 뇌에 신경화학적 신호를 보내는 과정을 확인할 수 있다.

기분이 정말로 나쁠 때(몸에는 좋은 것으로 해석되지만) 우리는 몸의 충동과 갈망에 완전히 굴복하고 만다. 감정의 분출을 멈출 수 없는 것이다. 이것은 우리가 초콜릿 케이크에 일단 입을 대면 전체를 다 먹어치우게 되는 것과 같다. 당신은 감정적으로 혼란스러울 때나 좌절을 느낄 때나 화가 났을 때 그것을 알아차린 적이 있는가? 당신은 화가 나면 누군가를 미워하게 된다. 미워하면 비난하게 되고, 비난하면 질투하게 된다. 그리고 질투하면 창피해지고, 창피해지면 자신감이 없어진다. 자신감이 없어지면 스스로 가치 없다고 여기게 되고, 가치 없다고 여기게 되면 기분이 나빠진다. 그리고 기분이 나빠지면 죄책감을 느끼게 된다.

케이크를 전부 먹어버리는 것과 같은 것이다. 중독의 속성이 그렇듯이 당신은 더 큰 쾌감을 위해 화학물질의 농도를 높이도록 몸을 완전히 자극할 때까지 이 과정을 멈출 수 없다. 뇌가 어떤 감정의 펩티드를 통해 체내의 화학적 상태를 바꾸게 되면 그 감정과 관련된 기억의 신경망도 활성화된다. 그리고 화학물질에 의해 만들어진 느낌에 일치하는 마음들이 생겨난다. 이제 몸은 통제가 불능한 고삐 풀린 망아지처럼 되는 것이다.

이 시점에서 우리의 의지와 자기통제가 힘을 발휘해야 한다. 우리는 자신에 대한 통제력을 가질 필요가 있다. 하지만 할 수 있을까? 자신을 정의하고 재확인시켜주는 오래된 기억의 홍수에 당할 것인가, 아니면 낙오자라는 생각을 극복하려는 노력을 굽히지 않을 것인가? 즉각적인 편안함에 안주할 것인가, 아니면 불편함에도 불구하고 자신의 더 큰 비전을 위해 의지를 굳건히 할 것인가? 어떠한 경우이든 자신을 통제한다는 것은 의식이 몸에 대한 통제권을 되찾는 것이다. 판세가 뒤바뀌는 것이다.

예를 하나 더 들어보겠다. 우리는 영화 속 등장인물을 보고 우리가 알던 사람을 떠올리곤 한다. 이때 과거의 경험에 의해 형성된 신경망이 활성화되고, 그 신경망은 화학물질 형태의 어떤 느낌을 동반한다. 이제 이 신경망을 통해 화학물질이 분비되면 우리는 현실에서 그 사람을 그리워하고 있다는 것을 알게 된다. 그리고 기분이 안 좋아진다. 이를 통해 우리가 현실에서 갖지 못한 것에 대해 생각나게 하는 신경망 전체가 활성화된다. 결국 이 모든 생각은 우리가 가지지 못한 것을 더 상기시킨다.

또한 예를 들어 나쁜 남자에게 끌리는 문제를 가지고 있는 사람이 있다고 가정해보자. 그녀는 전에 만났던 남자들과 마찬가지로 또다시 나쁜 남자와 엮이게 되어 힘든 시간을 보내고 있다. 그녀는 언제나 나쁜 남자들을 찾아냈다. 유부남이거나 너무 가난하거나 권위적이거나 질투심이 많거나 등등. 종류는 상관없었다. 주변에 좋은 남자들도 많았지만 그녀는 항상 자신의 행복을 깨뜨릴 남자를 찾아냈다.

중요한 것은 그녀가 자신의 느낌 말고는 그 누구도 비난할 수 없다는 점이다. 남자들이 떠난다고 하더라도 그들과의 관계에서 형성된 신경망은 그녀에게 그대로 남아 있을 것이기 때문이다. 즉, 그녀는 평생 같은 종류의 남자에게 끌리게 될 것이다. 그녀와 전 남자 친구와의 관계가 형편없이 끝나버렸다고 해서 남자친구를 비난할 수는 없다. 전 남자친구가 무슨 짓을 했던 그녀는 변하지 않는 신경망을 가진 사람으로 남아 있을 것이다. 전 남자친구와 똑같은 사람들을 끌어들이면서 말이다.

해결책은 간단하다. 자기 자신을 근본적으로 바꿔야 하는 것이다. 그녀는 삶에서 자신을 희생자로 만드는 사람들에게 의존하도록 신경화학적으로 짜여져 있다. 그녀를 슬프게 하고 거부당하는 것처럼 느끼게 만드는 것은 다른 사람이 아니다. 그녀 스스로가 그렇게 느끼는 것이다. 그것이 그녀의 마음 상태다. 그녀는 그 사람들을 자신의 삶으로 끌어들인다. 그리고 그들을 자신이 중독되어 있는 화학물질을 생산하는 방식으로 행동하게 만든다. 그래야 익숙하고 편안하게 짜여진 신경망으로 자신의 행동과 선택을 결정할 수 있기 때문이다.

이 같은 현상이 지속되면 우리는 익숙하고 일상적이며 예측 가능한 일만 갈구하게 된다. 우리는 환경과의 상호작용을 통해 익숙한 것의 신경망을 갖고 있기 때문이다. 일상적인 현실에 반복적으로 노출되는 것은 우리를 더 습관적이고 예측 가능한 사람으로 만들 뿐이다. 과거 기억의 습관 속에서 살아가게 되는 것이다.

우리는 스스로를 반복적인 생각과 행동, 반응이라는 상자에 가둔다. 우리의 생각이 제한되어 있다는 것은 곧 우리가 제한된 마음의 틀을 갖고 있다는 것이다. 결국 우리는 환경에 대한 반응의 종속물이 된다. 이는 우리의 '습관적인 신경'을 더 건고히 만든다. 우리가 자아의 습관을 깰 수 없다면 우리는 그 습관 안에서만 맴돌 것이다. 나만의 독특한 개성은 예측할 수 있는 뻔한 것이 된다. 그동안 우리는 '나'를 만드는 신경망을 지속적으로 다져왔고, 뇌는 그저 그것에 따랐다.

 외상 후 스트레스 장애

약 19,007만 명의 미국인들이 외상 후 스트레스 장애로 고통받고 있다. 외상 후 스트레스 장애는 감정적으로 끔찍했던 과거의 상황을 회상하는 것이다. 강간이나 전쟁의 참상, 심각한 사고 같은 것 말이다. 외상 후 스트레스 장애는 그 사건 당시와 똑같은 공포의 반응을 이끌어낼 수 있다. 이러한 과거의 경험은 우리의 신경계에 강하고 오래 지속되는 영향을 미친다. 장애를 겪는 사람의 외상이 클수록 그 사건의 기억은 어떤 화학적 상태를 더 즉각적으로 유발한다. 즉, 그 사건의 기억이 만들어낸 마음의 틀 안에서만 행동하고, 사고하고, 말하도록 하는 상태를 말이다.[12]

그럼 외상 후 스트레스 장애는 어떻게 발전할까? 외상이나 극도의 스트레스를 받는 상황을 경험하면 그 사건은 시상하부가 편도체와 함께 스트레스 호르몬을 분비하도록 만든다. 이를 통해 기억의 형성이 강화된다. 이 원시적인 신경계를 통해 분비된 화학물질은 우리의 감각을 예민하게 유지함으로써 위험상황에서 살아남도록 돕는 중요한 역할을 한다. 우리의 예민한 마음 상태는 그 사건을 뇌 속에 기억으로 각인한다. 그래서 이 경험과 관련된 소리나 냄새, 사물을 접할 때마다 쉽게 기억을 떠올릴 수 있는 것이다. 이러한 화학물질이 기억 형성을 촉진하는 덕분에 우리가 경험으로부터 배울 수 있는 것이다.

외상의 기억은 처음에는 해마에 저장된다. 시상하부와 편도체에서 생산된 화학물질은 해마가 기억을 저장할 수 있도록 여러 시냅스를 활성화한다. 그러면 이러한 화학 반응은 기억을 대뇌피질의 여러 신경망에 저장한다. 장기기억으로 특정한 마음 상태를 굳히는 것이다.

한 사람이 외상이나 감정적으로 격렬한 경험을 회상하면 그 기억은 해마로 옮겨가 시상하부와 편도체에서 더 많은 스트레스 호르몬이 방출되도록 만든다. 이렇게 되면 고통스러운 경험의 회상은 그 경험 당시와 같은 화학적 신호를 만들어 몸이 그 사건을 실제로 경험하는 것처럼 느끼게 만든다. 그 결과 싸움-도주 신경계가 일련의 생리적 반응을 시작한다. 많은 경우 몸은 과거의 상처에 대한 갑작스러운 생각에 반응해 급격히 변한다. 몸의 항상성이 교란되었기 때문이다. 예를 들어, 혈압이 증가하고 호흡이 빨라지며 몸이 심하게 떨릴 수도 있다. 특별한 이유 없이 갑작스럽게 공황 상태에 빠지거나 몸이 무기력해지는 것이다.

외상 후 스트레스 장애의 원리를 이해하면 별것 아닌 생각에도 몸이 자동적으로 활성화된다는 것을 확실히 알 수 있다. 어떻게 보면 우리는 고통스러운 기억을 반복적으로 떠올림으로써 몸을 활성화하는 익숙한 느낌을 얻기 위해 대뇌신피질이 자율신경계를 활성화하도록 훈련하는 것일지도 모른다. 파블로프Pavlov의 조건반사(특정한 자극에 무의식적으로 반응하는 것을 말함. 먹이를 먹을 때마다 종소리를 들었던 개가 나중에는 종소리만 듣고도 침을 흘렸다는 실험에서 정의되었다 – 옮긴이)처럼 말이다. 이 과정에서 우리의 몸과 마음은 화학적으로 연결된다. 외상 후 스트레스 장애로 인해 과거의 사건을 반복적으로 회상하면, 우리 몸의 항상성은 회상으로 생산되는 화학물질로 인해 깨지게 된다. 그리고 이제 몇 가지 생각만으로도 좀 더 즉각적으로 불균형 상태에 이르게 된다.

그렇다면 우리가 어떤 감정과 연결되어 있는 과거의 사건을 기억할 때도 이와 똑같은 일이 발생하지 않을까? 이제 자신의 몸이 마음으로부터 매일 어떤 메시지를 받는지 생각해보기 바란다. 당신은 자신의 몸이 어떤 것을 느끼도록 훈련하길 원하는가?

변화는 불편하다

그동안의 내 연구와 경험을 돌아보면 변화의 한가운데에 있는 사람들에게서 나타나는 공통점은 그들이 좋은 기분이 아니라 불편함을 느낀다는 것이다. 당신이 변화에 관해 한 가지 기억해야 할 것이 있다면, 변화란 '자아'와 몸을 완전한 혼란으로 몰아넣는다는 것이다. 우리의 자아가 자신을 정의해주던 느낌을 더 이상 가질 수 없기 때문이다. 늘 반복하던 어떤 생각과 느낌, 반응을 멈추면 이로 인한 화학물질의 생산이 중단되어 우리 몸의 항상성이 깨지게 된다.

생물학적으로 우리 몸의 '정상적인' 화학적 상태(항상성)는 처음에는 타고난 유전자에 의해 통제된다. 그러다 점점 우리의 생각과 반응이 이러한 화학적 상태를 감독하여, 우리가 육체적으로나 지적으로 늘 같은 사람으로 머물게 한다. 만약 우리가 생각을 바꿈으로써 체내의 질서가 변하면 우리는 더 이상 스스로를 예전의 자신과 똑같은 존재로 느낄 수가 없다.

결과적으로 우리의 정체성은 과거의 익숙한 느낌으로 돌아가길 원하고, 우리 몸 역시 익숙한 상태로 돌아가기 위해 뇌에 영향을 미치려들 것이다. 과거의 느낌으로 스스로를 조정할 수 있도록 말이다. 우리 몸은 익숙한 기억을 통해 스스로를 정의하기 원한다.

일단 몸의 통제를 받는 '마음'이 익숙한 것을 선택하면, 우리는 변화를 시도하기 전의 상황으로 돌아가 안도감을 느끼게 된다. 그리고 변화의 시도에 대해 이렇게 얘기할 것이다. "그럴 기분이 아니야. 느낌이 좋지 않아." 뇌와 몸의 순환고리로 편안한 상태에 있던 우리의 정체성이 잠시라도 화학적으로 불균형 상태에 놓이면 정말로 불편함을 느끼게 되는 것이다. 우리는 예전에 느끼던 방식이 좋다고 생각하며 익숙한 삶의 환경으로 돌아간다. 이제 모든 것이 더 낫고 올바르다는 느낌이 들 것이다.

당신이 어느 높은 산 속 깊숙한 계곡에서 살고 있다고 상상해보기 바란다. 당신은 평생 거기 살았고 한 번도 수목한계선(정상에서 약 600m 떨어진) 위로 올라가 본 적이 없다. 당신은 매일 똑같은 사람들에게 둘러싸여 살았다. 당신은 상당히 정확하게 모든 것을 예상할 수 있다. 이웃이 개와 함께 목장으로 가는 시간에는 어김없이 마을 초입의 집 굴뚝에서 연기가 피어오른다. 새로운 일은 아무것도 일어나지 않는 것처럼 보인다.

그러던 어느 날 늦은 오후에 당신은 누군가가 숲속에서 내려오는 것을 보게 된다. 그는 지팡이와 배낭을 들고 있다. 그가 가까이 오자 당신은 그의 수염이 덥수룩하다는 것을 알아차린다. 수염 때문에 나이를 가늠하기가 어렵다. 당신은 집 밖으로 나와 꽤 오랫동안 여행한 것처럼 보이는 그를 반긴다. 저녁 식사를 하는 동안 그는 당신에게 자신이 겪은 여행에 관해 들려준다. 당신은 그를 통해 집 뒤편의 산 정상을 넘어가면 한 번도 가보지 못한 광활한 대지가 펼쳐져 있다는 것을 알게 된다. 그는 산 정상에 오르면 멀리 내다볼 수 있을 뿐만 아니라 다른 도시와 마을로도 쉽게 갈 수 있다고 말한다. 그곳에서 매우 이국적인 문화와 언어를 가진 사람들을 만났다고 하면서 말이다.

다음날 그가 떠날 때 당신은 산을 넘어보기로 결심한다. 당신은 출발하기 전에 며칠 동안 준비한다. 이것을 어둠에서 벗어나 빛으로 나아갈 일생일대의 기회라고 생각하면서 말이다. 당신은 집 주변의 풀밭을 지나 익숙한 주변 환경을 돌아본다. 기울어가는 헛간은 몸을 숙이고 기도하는 사람처럼 보인다. 당신과 당신의 아버지가 평생 고쳐온 구불구불한 담도 바라본다. 담 기둥 하나하나가 지난 시간을 기억나게 한다.

변화를 경험하는 것은 친숙한 환경과 기억을 떠나는 것과 같다. 일단 집의 경계가 되는 풀밭을 떠나서 산을 오르기 시작하면, 많은 장애에 부딪히게 된다. 예를 들어, 우거진 풀과 밀집해 있는 나무들, 추위, 사나운 짐승들 같은 것 말이다. 더 높이 올라가면 눈 때문에 돌들이 미끄러워지기 시작한다. 이성적으로 당신은 자신이 새로운 경험으로 전진해나가고 있다는 것을 잘 안다. 그리고 이것이야말로 자신이 원하던 것이라는 사실을 확신하면서 출발한다. 반쯤 올라갔을 때 당신은 이것이 현명한 선택이었는지 확신이 서지 않는다. 위험과 추위, 습기를 느끼며 자신이 혼자라는 사실을 절감한다. 안정감을 느끼고 익숙하며 편안한 곳을 벗어난 것이다.

이 순간 대부분의 사람들은 발길을 돌려 안전지대로 재빨리 돌아간다. 그들은 그들이 기억할 수 있고 언제나 불러올 수 있는 느낌에 안주한다. 그들은 과거의 기억을 현재 느끼는 불편함과 비교한다. 과거의 느낌이 새로운 미래에 대한 생각과 계속 경쟁하게 되면 대부분 과거의 느낌이 이긴다. 미래에는 과거의 느낌과 비교할 것이 아무것도 없기 때문이다.

미래는 아직 경험하지 않은 것이기 때문에 우리는 그에 대한 아무런 느낌도 가지고 있지 않다. 여기서 모든 일화기억은 궁극적으로는 감정으로 저장된다는 것을 기억하기 바란다. 과거는 바로 그 감정적 요소를 가지고 있다. 하지만 미래는 그렇지 않다. 미래에는 모험을 한다는 느낌만 있을 뿐이다. 이 느낌은 과거의 기억과 우리 몸이 가지고 있는 느낌에 비하면 보잘 것 없는 것이다. 자아의 신경망은 곧 향수병에 걸리고 미래를 예측할 수 있기를 간절히 원하게 된다. 보통 새로운 미래에 대한 꿈은 우리 몸의 순환고리에 연결된 느낌에 의해 희미해지기 시작한다.

과거의 기억이 만든 우리의 정체성과 몸의 순환고리가 통제권을 가지게 되면 우리는 익숙한 것으로 돌아가려고 쉽게 자기합리화를 하게 된다. 우리는 예전으로 돌아가는 것이 옳은 선택이라고 생각한다. 그 순간에는 올바른 선택을 한 것처럼 '느껴지기' 때문이다. 이것이 우리가 변화에 저항하고 익숙한 것을 반복적으로 선택하게 되는 원리다.

변화와 관련된 모든 요소들은 정체성이 갖는 화학적 지속성을 위협한다. 과거의 기억과 연결된 '내'가 도전을 받게 되는 것이다. 예전의 '자아'는 익숙하고, 일상적이며, 평범한 느낌으로 자신을 정의하기를 원한다. 이러한 충동에 빠지면 우리는 마음이 아니라 몸으로 선택하게 된다. 결국 변하지 못하는 것이다. 우리는 느낌과 과거의 신경회로를 반영하는 삶을 산다. 새로운 경험을 하려면 먼저 과거와 관련된 익숙한 기억과 생각을 뒤로 해야 한다.

중독 이후의 삶

한 가지 확실히 해둘 것은 느낌을 바탕으로 선택하는 것 자체에는 아무런 문제가 없다는 점이다. 중요한 것은 기준이 되는 그 습관적인 느낌의 종류가 무엇인가 하는 것이다. 감정 또한 그 자체가 나쁜 것은 결코 아니다. 감정은 모든 경험의 최종 결과물이기 때문이다. 하지만 매일 같은 감정을 느낀다면 우리는 새로운 경험을 하고 있지 않다는 것을 의미한다. 아직 선택하지 않았지만 새로운 감정을 만들어내는 경험은 분명히 존재한다.

당신은 생존과 관련된 익숙한 느낌이 아닌 다른 감정을 가져본 적이 있는가? 영감이나 창조의 기쁨과 같이 다소 추상적인 감정들 말이다. 우리는 짧지만 감사와 자기애, 환희, 자유, 경외감 같은 격양된 순간을 경험한다. 만약 우리가 부정적인 생각과 느낌을 만드는 화학물질을 생산할 수 있다면 반대로 긍정적인 생각과 느낌을 만드는 화학물질 역시 의도적으로 생산할 수 있지 않을까?

실제로 당신은 사랑에 빠져 마음에 기쁨이 넘치는 것을 느낀 적이 있을 것이다. 그리고 사랑의 감정에 고무되어 다른 사람들에게 너그럽게 대했던 적도 있을 것이다. 다른 사람들에게 너그러울 때 당신은 스스로를 사랑할 수 있게 된다. 당신이 스스로를 사랑하면 감사함을 느끼게 되고, 자기비하 없이 스스로를 표현하는 자유를 누릴 수 있게 된다. 이러한 생각과 감정의 홍수는 좀 더 고결한 생각과 행동을 만들어낼 것이고, 당신은 이 벅찬 경험이 계속되길 바라게 될 것이다.

감정의 생리적 반응은 부정적일 수도, 긍정적일 수도 있다. 실제로 우리의 변연계와 시상하부의 연금술 공장에서는 환희와 감사와 같은 삶의 고양된 순간들을 위한 화학적인 감정도 만들어낸다. 나는 몇 가지 새로운 화학물질의 조합으로 새로운 감정을 만들 수 있다고 확신한다. 인간의 진화에 가능성을 제시할 감정 말이다. 우리가 생존 반응에서 벗어난다면 좀 더 진화된 상태로 삶을 살아가는 것이 가능하지 않겠는가?

뇌를 바꾸는 것은 우리의 미래를 바꾸는 것이다. 이것을 과학적으로 설명하자면 이렇다. 진화된 생각과 경험은 다른 펩티드를 만들어내 세포에 전달된다. 그리고 이것은 무한한 자료의 도서관인 DNA에 새로운 신호를 보낼 수 있다. 그렇게 되면 새로운 자아의 표현을 위한 새로운 유전자를 발현할 수 있게 된다. 우리가 가지고 있는 많은 유전자들이 미래의 진화를 기다리며 잠자고 있는 것이다.

우리가 제한된 생각과 감정으로 매일 똑같은 화학적 상태를 유지한다면 그것은 우리 조상들이 이미 발현한 같은 유전자만 활성화하는 셈이다. 우리가 배우고, 성장하고, 행동을 수정하고, 더 큰 결과를 꿈꾸는 것을 멈춘다면 평생 타고난 신경망만 유지한 채 우리 몸에 같은 화학적 정보만 제공하며 살게 될 것이다. 그렇다면 우리의 운명은 생물학적으로 조상들의 것과 다를 바가 없게 된다. 학습과 새로운 경험 없이는 결코 신경구조를 발전시킬 수가 없다.

생존에 급급해 살게 되면 우리의 뇌는 더 이상 진화하지 못한다. 회백질의 좀 더 원시적인 부분만을 신경화학적으로 활성화할 뿐이다. 이것은 의식적인 대뇌신피질을 무의식적으로(똑같은 방법으로) 움직이도록 만든다. 몸에 반응하여 마음이 만들어지는 것이다.

다음 장에서는 그동안 우리가 가져온 반복적인 느낌의 고리를 끊을 수 있는 방법에 대해 자세히 살펴볼 것이다. 용기를 내기 바란다. 우리는 이번 장에서 새로운 정보를 학습했다. 이로써 일상적이고 자연스럽고 평범한 삶에서 벗어나는 첫발을 내딛게 된 것이다. 우리 모두는 폭풍우가 몰아치는 바다 한가운데 있는 고요한 섬을 가지고 있다. 그리고 언제든 이곳에 발을 디딜 수 있다. 이것은 진화의 가장 큰 선물이다.

무한한 잠재력을 가진
전두엽 활용하기

- 10 -

Evolve your Brain

이 힘이 무엇인지 나는 말할 수 없다. 단지 내가 아는 것은,
자신이 원하는 것을 정확하게 파악하고, 그것을 찾을 때까지
부단히 노력할 때에만 이 힘이 존재하며, 이를 사용할 수
있다는 점이다.

　　　　　　　　　-알렉산더 그래엄 벨*Alexander Graham Bell*

무한한 잠재력을 가진

Evolve your Brain

전두엽 활용하기

반복적인 생각과 느낌, 느낌과 생각의 순환고리를 끊기 원한다면 꼭 거쳐야 할 관문이 있으니 바로 전두엽이다. 삶을 옭아매는 정서적 중독에서 벗어나길 원한다면, 전두엽이라는 진화의 기적을 활용하는 법을 먼저 배워야 한다.

1848년 젊은 철도회사 현장주임 피니어스 게이지*Phineas Gage*는 철도공사를 위해 산허리를 폭파하는 팀을 이끌고 있었다. 그는 폭파 작업 중 발생한 치명적인 사고로 전두엽이 손상되었고, 과학자들은 이를 통해 대뇌신피질에 관한 가치 있는 정보를 얻을 수 있었다.[1] 이후 전두엽에 손상을 입은 여러 사람들을 조사한 결과, 전두엽은 뇌의 모든 부위를 책임지는 CEO이자 삶의 항법사 역할을 하는 부분이라는 사실이 드러났다.

내장 기관의 경우 건강한 상태보다 제 기능을 하지 못하는 상태를 연구하는 것이 그 기능을 알기가 더 쉬울 때가 있다. 그렇다면 만약 전두엽이 정상적으로 기능하지 않게 되면 어떤 일이 벌어질까? 전두엽은 뇌의 다른 모든 부분과 연결된 일종의 사령탑이다. 그러므로 전두엽이 사라지면 우리는 유도장치가 없는 미사일이나, 지휘자가 없는 군대처럼 되어 버린다. 결과적으로 전두엽에 의해 조정되는 뇌의 다른 부위들이 제 기능을 하지 못하게 되어 온몸에 영향을 미치는 것이다. 이런 종류의 전두엽 손상을 '실행기능부전(executive dysfunction)'이라고 한다.

버몬트Vermont의 철도회사에서 일했던 게이지는 매우 뛰어난 기술과 존경할 만한 성품을 가진 사람이었다. 그는 26세의 나이에 위험한 폭파 작업에 대한 기술과 리더십을 인정받으며 팀을 이끌었다. 게이지의 감각기능과 운동기능은 독특한 조합을 이루고 있었기 때문에 끊임없이 주의를 요하는 이 일에 가장 적합한 사람이었다. 공식적인 기록에 의하면 그는 버몬트 철도회사에서 가장 유능한 직원이었다.

하지만 게이지처럼 능력 있는 사람도 잠시 한눈을 파는 순간이 있기 마련이다. 어느 날 그는 쇠막대기로 구멍에 화약을 다지는 작업을 하고 있었다. 그러다 갑작스러운 점화가 일어났고, 다이너마이트가 일찍 터지게 되었다. 약 1m 길이의 쇠막대기가 그의 왼쪽 광대뼈 밑에서 머리 위로 관통하면서 그는 100m 이상 나가떨어졌다. 놀랍게도 게이지는 이 끔찍한 폭발에서 살아남았다. 목격자들은 그가 땅바닥에 내동댕이쳐지고 나서 잠시 혼란스러워하더니 이성을 되찾았다고 했다. 그는 재빨리 근처 호텔로 옮겨져 에드워드 윌리엄스Edward Williams 박사의 진찰을 받았다. 윌리엄스 박사는 존 할로우John Harlow 박사에게 자문을 구했고, 진료 중에도 게이지는 사고에 대한 몇 가지 질문에 대답할 정도로 완전히 의식이 있는 상태였다.

의사들은 그가 살 수 있을 것이라고 믿지 않았다. 하지만 게이지는 자신의 젊음과 건강 덕에 별다른 합병증 없이 치료되었다. 놀랍게도 그의 운동기능이나 언어기능에는 전혀 이상이 없었다. 기억력도 완전했고 육체적으로도 예전처럼 건강해지기 시작했다. 할로우 박사는 게이지를 행운아라고 생각했다. 왜냐하면 그가 당시 상대적으로 중요하지 않은 것으로 생각되었던 전두엽을 다쳤기 때문이다. 그렇게 게이지는 건강을 되찾았다. 그러나 그의 성격은 완전히 바뀌었다. 그를 아는 모든 사람이 똑같이 말했다. 게이지는 더 이상 게이지가 아니라고. 할로우 박사는 게이지가 그의 지적

능력과 동물적 성향 사이의 균형을 잃었다고 말했다.

한때 정직하고 예의바르던 게이지는 통제가 불가능한 악인으로 변했다. 그는 이기적인 행동을 보였고 자주 불경스런 언행을 했다. 그는 이제 믿을 수 없고 예측할 수 없는 사람이 되었다. 그는 사회부적격자가 된 것이다. 그는 자신에게 이롭지 못한 선택과 결정을 했고, 스스로 세운 계획을 제대로 수행하지도 못했다. 행동하기 전에 심사숙고하는 일도 하지 않았다. 할로우 박사는 게이지에게 행동을 바꾸지 않으면 직장을 잃을 것이라고 설득했다. 하지만 게이지는 이 충고를 듣지 않았고, 결국 직장에서 해고되었다. 능력이 아니라 변해버린 성격 때문이었다. 할로우 박사는 그의 가장 유명한 환자가 살아남기는 했지만 예전처럼 회복되지 못했다는 사실을 인정하기까지 수년이 걸렸다.

그 사건이 있고 20여 년이 지난 1868년에 할로우 박사는 마침내 게이지의 변해버린 성격에 숨어 있는 놀라운 사실을 알게 되었다. 전두엽이 사람의 성격과 관련되어 있다는 것을 말이다. 그 사건의 영향으로 뇌 안의 '자아'를 탐색하는 연구가 시작되었다. 우리의 행동과 충동을 조정하고, 복잡한 선택을 하며, 미래에 대한 계획을 세우는 것 같은 기능이 뇌의 어디에 존재하는지 찾아내는 일이었다. 이러한 모든 기능은 기억과 운동, 언어, 동물적인 반사능력 같은 기본적인 기능을 훨씬 뛰어넘는 것이다.

오늘날의 과학자들은 당시 게이지의 뇌에 어떤 일이 일어났는지 더 잘 알고 있다. 게이지의 사고 후 거의 160년이 지나고 나서 과학자들은 마침내 그의 성격변화에 책임이 있는 뇌 부위가 어디인지 찾아낼 수 있었다. 아이오와 대학의 신경과 교수이자 의과대학 인간신경해부 및 신경영상의학 연구소 소장인 한나 다마지오Hanna Damasio 박사는 게이지의 뇌 손상 사고와 손상 후 뇌에 어떤 일이 있어났는지를 재구성했다. 이를 통해 게이지가 양쪽 전전두피질(prefrontal cortices) 모두에 손상을 입었다는 것을 증명했다(다마지오는 1994년에 자신의 연구의 영상을 공개했다).[2]

전두엽 연구의 역사

　게이지의 사고 이후 많은 의사들은 전두엽에 손상을 입어 극단적인 성격 변화를 경험한 환자들에 대해 기록하기 시작했다. 이 과정에서 어떤 패턴이 발견되기 시작했다. 대부분의 환자들이 자신의 직업을 유지하기 힘들어했다. 그들은 주변 사람들에게 무관심했으며 냉담했고, 사회적 윤리에 전혀 관심이 없었다. 그들은 때로 위대한 계획을 세우긴 했지만 결코 실행하지 못했다. 그들의 행동과 선택은 그들의 이익에 반하는 것이었다. 즉각적인 기쁨과 충동적인 행동이 늘 장기적인 계획 위에 자리하고 있었다. 사후 부검 결과 이들의 전전두피질에 심각한 손상이 발견되었다.

　불행하게도 게이지 사건 이후 전두엽에 관한 연구에 실질적인 진전이 있기까지 70년이라는 시간이 흘러야 했다. 1930년 예일대에서 진행한 침팬지 실험에서 전전두엽이 성격변화와 관련이 있다는 증거가 나타난 것이다.[3] 연구자들은 유난히 공격적이고 반항적인 두 침팬지를 관찰했다. 두 침팬지는 쉽게 좌절하고, 다른 침팬지들을 공격하는 성향이 있었다. 과학자들은 이들 침팬지의 전두엽에 매우 큰 영향을 주는 새로운 수술을 시도했다. 수술 이후 두 침팬지 모두 쉽게 통제되었으며 협조적으로 변했다. 이것은 1935년 학회에서 발표됐다.

　연구자들은 이런 종류의 수술로 인간에게서도 비슷한 변화를 기대할 수 있을 거라고 생각했다. 결국 이러한 가정은 '전두엽 절단술(frontal lobotomy)'이라는 악명 높은 수술을 탄생시켰다. 여러 종류의 정신병을 앓고 있던 수많은 환자들이 자발적으로 또는 비자발적으로 이 수술을 받았다. 그들의 상태를 실험하고 통제하며 '치료'하기 위한 노력의 일환으로 전두엽에 의도적으로 손상을 가하는 수술이 시행된 것이다.

전두엽백질 절단술이란

1930년대 후반 반사회적 성격장애를 가지고 있는 사람들 상당수가 약물 치료를 받고 있었다. 하지만 당시 미국은 대공황의 끝 무렵에 있었고, 약물 치료에는 많은 비용이 들었다. 그래서 몇몇 의사들은 자신의 환자들을 다소 섬뜩한 외과적인 방법으로 치료하려고 했다.[4] 그들은 환자가 잠들기를 기다렸다가 마취시키고는 환자의 눈동자와 두개골 사이의 눈꺼풀을 절개해 그 부위 아래 두개골에 구멍을 뚫었다. 눈구멍(안와) 바로 위쪽 뒤에 위치한 특정 부위가 두개골 중에서 가장 약한 부분이기 때문이다. 구멍을 뚫은 후 의사들은 자동차 와이퍼를 움직이듯 전전두피질 위로 수술용 칼을 움직였다.

이 수술을 받은 환자들은 많은 공통적인 특성을 보였다. 전두엽 절단술의 부작용을 통해 전두엽의 역할이 얼마나 중요한지 알 수 있으므로 이제부터 절단술의 결과를 좀 더 자세히 설명하기로 하겠다.

수술을 받은 환자들에게 나타난 첫 번째 변화는 이들이 눈에 띄게 조용해졌고, 게을러졌으며, 무력해졌다는 것이다. 또 주변의 어떤 것에도 관심을 보이지 않았고, 진취성도 현저하게 떨어졌다. 전혀 감흥이 없는 사람이 된 것이다. 게다가 이들은 동일성에 대한 큰 욕망을 보였다. 대부분의 환자들이 일상적인 행동에 매우 집착하게 된 것이다. 예측할 수 없는 행동으로 입원했던 사람들이 이제는 완전히 예측 가능한 사람이 되었다. 예를 들어 그들은 같은 라디오 프로그램을 듣는 것을 좋아했고, 매일 같은 옷을 입었으며, 매일 같은 시간에 같은 음식을 먹었다. 익숙한 일상이 방해를 받으면 환자들은 감정적으로 심하게 동요했다.

게다가 이들의 불쌍한 영혼은 그들의 행동을 조정하는 능력도 잃었다. 그들은 같은 결과를 불러오는 같은 행동을 매일 반복적으로 했다. 습관적인 일상에 너무 고착되어 있어서 다른 결과를 불러오는 행동은 전혀 할 수 없었다. 많은 사람들이 일상적인 것을 추구하기는 하지만 이 환자들은 같은 실수조차도 계속 반복하고 있었다. 실수하지 않으려는 어떠한 의식적인 노력도 하지 않으면서 말이다. 예를 들어, 상한 우유를 마시고 복통을 경험했더라도 그들은 여기서 아무것도 배우지 못했으며, 나중에 다른 선택도 하지 못했다. 다시 우유를 마실 '때'가 오면 상했더라도 우유가 담긴 병을 집어야 했던 것이다. 이들은 자신의 구조화된 행동에 너무 중독되어 있어서, 행동의 엄격함이 통증보다 더 중요했다. 말하자면 그들은 동그란 구멍에 네모난 조각을 끼우는 일을 멈출 수가 없던 것이다.

전두엽 절단술을 받은 거의 모든 환자들은 한 가지 일에 집중하지 못했다. 그들은 어떤 일을 시작해도 곧 정신이 분산되어 시작한 것을 결코 끝내지 못했다. 이들은 그들 주변의 어떤 사소한 사건에도 정신이 산만해졌다.

또한 그들은 어떤 상황의 의미를 파악하지 못했다. 새로운 정보를 기억하거나 학습할 수 없었다는 뜻이다. 그들은 복잡한 행동이나 개념을 이해하지 못했고, 복잡한 행동패턴을 단순하고 예측 가능한 것으로 바꾸었다. 그들에게 미래를 상상한다는 것은 능력 밖의 일이었다. 그들에게는 미래의 목표, 심지어 단기적인 목표조차도 없었다. 계획을 만들고 수행할 수 없었기 때문이다. 이들이 새로운 상황에 적응하는 것은 불가능했다. 예를 들어, 신발 끈이 끊어지면 이 환자는 새로운 끈을 구하지 않고 계속 끊어진 끈으로 신발을 묶을 것이다.

절단술을 받은 환자들은 유아적으로 변했다. 사회적 규제나 책임감을 알지 못했다. 즉각적인 충동을 통제할 수 없었던 것이다. 많은 환자들이 사소한 일에 심하게 성질을 냈다. 유아적인 화나 삐침은 이들에게 나타난 가장 큰 공통점이었다. 이들은 같은 문구를 반복해서 말하기도 했다. 의사소통 기술은 시간이 지날수록 점점 더 퇴화하고, 그르렁거리는 소리나 이상한 소리를 냈다. 결국 절단술을 받은 환자들은 스스로를 돌보는 능력과 언어 능력, 사물을 인지하는 능력을 잃었다. 그리고 어떠한 중요한 판단도 할 수 없었다. 그들의 지적능력은 '자아'가 무너질 때까지 계속해서 감퇴했다. 결국 그들은 협소하고 원시적인 세계에 사는 동물과 같은 행동을 하게 된 것이다.

오늘날에는 이러한 극단적이고 실험적인 시술이 더 이상 허용되지 않는다. 전두엽 절단술은 정신의학의 암흑기를 보여주기도 하지만 한편으로는 전두엽 기능을 새롭게 조명하는 역할도 했다. 물론 우리가 다른 경로를 통해 이러한 지식을 얻었다면 더 좋았겠지만 말이다. 이제 과학자들은 동물 실험과 뇌 손상을 입은 환자 연구, 영상의학의 발달을 통해 전두엽을 훨씬 더 잘 이해하게 되었다. 피니어스 게이지 시대 이후 뇌의 가장 성스러운 부위의 손상과 기능장애에 대해 알게 된 것이다.

절단술에 관한 설명을 마치기 전에 나는 다양한 감정적 중독으로 고통받는 사람들(어쩌면 우리 모두)의 특징에 대해 지적하고 싶다. 무기력과 일상에 대한 집착, 새로운 경험의 기피, 긴장된 상태로 삶을 살아가면서 고통을 겪는 사람들 말이다.

그러면 전두엽에 손상을 입을 때 나타나는 증상을 다시 한 번 살펴보자.

• 게으르고 무기력하며 감흥이 없는 경향이 있다.
• 단조롭고 일상적인 것을 좋아한다.
• 한 가지 일에 집중하는 데 어려움을 겪는다. 운동이나 다이어트를 시작하지만 결코 끝내지 못한다.
• 어떤 상황의 의미를 파악하기 어려워한다. 즉, 어떤 새로운 사태에 대한 학습이 어렵다. 그 결과 행동을 수정해서 다른 성과를 낼 수 없다.
• 일상적인 세계가 방해를 받으면 감정적으로 동요하는 경향이 있다.
• 계획을 세워 미래를 준비하는 일을 하지 않는다.

혹시 이런 증상을 갖고 있는 사람을 알고 있는가?

전두엽의 손상이 감각기능이나 운동기능, 기억력 또는 뇌의 다른 부분을 통해 수행되는 감정중추의 기본적인 기능에 영향을 미치는 것으로 보이지는 않는다. 대신 전두엽이 손상되면 다른 뇌 부위를 이끌고 종합하고 조정하는 능력을 상실한다. 즉, 자아에 영향을 미친다는 얘기다.

대부분의 사람들이 전두엽을 활용하지 못하는 가장 큰 이유는 몸의 감정과 느낌에 중독되어 있기 때문이다. 어쩌면 우리는 자주 반복되고, 활성화하여 굳어진 신경망(활성화하는 데 어떠한 생각도 필요 없는)에만 의존함으로써 우리 뇌의 기능을 스스로 제한하는 것인지도 모른다. 헨리 데이비드 소로(Henry David Thoreau,《월든》《시민불복종》등을 저술한 작가이자 사상가. 사회적 순응에서 벗어나 자기실현에 힘써야 한다고 주장했다 – 옮긴이)가 말한 '조용한 절망의 삶(lives of quiet desperation)'은 전두엽을 충분히 활용하지 못한 채 살아가는 우리의 삶에도 적용되는 이야기일지 모른다.

뇌 영상의학 분야의 최근 연구를 보면 전두엽의 활동이 적을수록 충동적이고 지나치게 감정적으로 행동하는 경향이 커진다고 한다.[5] 실제로 위스콘신 대학의 리처드 데이비슨Richard Davidson 박사의 연구에 따르면, 뇌 활동영상에서 전두엽이 활발한 활동을 보인 사람들은 스트레스 호르몬인 코르티솔의 수치가 낮았다.[6] 즉, 전두엽의 활동이 활발할수록 의식적으로 충동적인 행동과 반응을 통제할 수 있는 능력이 커지는 것이다.

전두엽이 완전히 활성화되면 내가 원하는 '나'를 만드는 과정에서 스스로를 더 잘 통제할 수 있는 능력이 생긴다. 감정적인 중독에서 벗어나려면 우리는 왕(전두엽)을 복위시켜야 한다. 몸의 충동에 통제받는 것은 마음이 아닌 몸으로 사는 것과 같다. 생존모드로 사는 동안 강력하고 오래된 화학물질들은 우리 뇌에 영향을 미쳐 우리의 모든 의식을 환경과 몸, 시간으로 옮겨놓는다. 그러므로 어떤 의미에서 우리는 몸에서 마음을 꺼내 그것을 다시 뇌에 집어넣어야 한다. 그렇게 하기 위해서 먼저 전두엽의 역할이 무엇인지 알 필요가 있다. 더불어 진화를 통해 우리가 지휘와 조정, 고차원적 사고라는 축복을 받았다는 사실 역시 이해해야 한다.

인간의 가장 큰 축복

진화를 통해 우리는 놀라운 선물을 받았다. 바로 우리 뇌의 앞쪽에 자리 잡고 있는 전두엽이다. 가장 최근에 발달한 뇌인 전두엽은 우리의 가장 자랑스러운 성취이며, 인간의 신경계에서 가장 진화한 부위다. 앞이마 뒤쪽에 자리한 전두엽은 대뇌신피질을 이루는 4개의 엽 중 가장 크며, 우리의 중앙통제기관으로 기능한다. 즉, 간섭을 걸러내고 주의를 집중하여 마음의 폭풍을 잠재워서 우리의 지각중추가 우리 내·외부세계와 연결을 유지하도록 돕는 것이다.

우리는 인간의 뇌가 매우 시끄러운 장소라는 이미지를 갖고 있다. 앞서 시냅스의 기능을 설명하기 위해 사용했던 표현들만 생각해봐도 이해가 될 것이다. 우리는 수백만 개의 뉴런이 활성화되는 것에 대해 이야기했고, 뇌를 번개가 몰아치는 중서부의 폭풍에 비유하기도 했다. 그래서인지 우리는 뇌가 항상 떠들썩한 상태를 유지한다고 믿는 경향이 있다. 어쩌면 이것은 우리가 종종 뇌에 대해 느끼는 바를 가장 잘 포착한 것일지도 모른다.

잠시 당신이 지금 이 책을 읽는 상태에 대해 생각해보자. 나는 당신이 '마음이 평온하다'라는 개념에 푹 빠져 있기를 바란다. 이것은 지금 앉아 있는 의자를 의식하지 못하거나 어깨와 목의 결림을 느껴지지 않는 것이며, 책 너머의 세계가 희미하게 여겨지는 것이다. 또한 주변의 소리가 아니라 오로지 이 책을 읽는 마음의 목소리만 들린다. 전두엽이 당신의 집중을 한데 모으고 있는 것이다.

이외에도 전두엽은 방금 당신이 내린 결정도 책임진다. 자세를 바꾸거나,

한 손을 책에서 떼어 머리를 긁거나, 벽에 걸린 시계를 보는 등 당신이 한 시간 동안 할 수 있는 수천 가지의 가능한 행동들 말이다.

무엇보다도 전두엽은 우리가 매일 의식, 의지, 목적을 가지고 하는 수많은 의도적인 선택과 행동의 중추다. '진정한 자아'의 집인 것이다. 전두엽을 거대한 오케스트라의 지휘자라고 생각해보기 바란다. 전두엽은 뇌의 다른 부위와 직접적으로 연결되어 다른 뇌의 작동을 통제한다.

고차원적인 일을 하는 데 필요한 고차원적인 기능은 오직 전두엽만이 수행할 수 있다. 그러므로 우리가 습관적인 마음 상태를 극복하거나 생각보다 느낌대로 살려는 성향을 극복하려면, 전두엽과 그 기능에 더 익숙해질 필요가 있다.

전두엽을 사용해 의지를 의도적으로 드러낼 때 우리는 신경화학적 반응의 고리를 끊는 데 필요한 통제와 평화를 얻을 수 있다. 우리의 성격과 선택, 어떤 일련의 반응을 나타내고 지배하는 고리를 끊을 수 있는 것이다. 그렇게 하지 않는다면 우리는 환경과 몸의 필요와 반응, 과거의 기억에 휘둘리게 된다. 만약 감정적인 느낌을 넘어 생각할 수 없다면 우리는 환경이 우리 몸에 지시하는 대로 살게 될 것이다. 생각하고, 혁신하고, 창조하기보다 단순히 과거의 경험과 유전으로 형성된 시냅스를 활성화하며 말이다. 이것은 우리를 생존모드로 살게 하는 반복적인 화학 반응을 부추기는 것이다. 간단히 말해서 우리는 어떤 일을 시작하는 존재가 아니라 주변의 영향에 휩쓸리는 존재가 된다.

전두엽은 모든 '정상적인 인간의 특성'을 변화시키는 부위다. 우리가 느낌이 아닌 생각으로 살려면 전두엽에만 나타나는 의지가 필요하다. 이 의지와 주의집중을 돕는 전두엽의 능력이야말로 인간을 다른 종과 구분하는 가장 큰 특징이다.

인간만의 독특함

수세기 동안 과학자들과 철학자들은 인간을 다른 생명체와 구분하는 특징에 대해 고민해왔다. 사실 다른 생명체와 비교하여 인간을 독특하게 만드는 것은 마주보는 엄지를 가졌다거나, 직립보행을 한다거나, 앞을 볼 수 있는 두 눈을 가졌다는 데 있지 않다. 또는 몸에 털이 거의 없다거나, 정교한 언어를 사용한다거나, 커다란 뇌를 가졌다는 데도 있지 않다. 실제로 인간보다 큰 뇌를 가진 동물들은 얼마든지 있다. 코끼리의 뇌는 성인의 뇌보다 훨씬 크다.

인간을 다른 동물들과 구분하는 결정적인 특징은 전두엽의 상대적인 크기다. 고양이의 뇌에서 전두엽이 차지하는 비율은 3.5%다. 개의 경우는 7%이며, 침팬지나 긴팔원숭이, 짧은꼬리원숭이 같은 작은 영장목의 경우에는 약 17%를 차지한다. 하지만 인간의 경우 전체 대뇌신피질에서 전두엽이 차지하는 비율은 30~40%다.[7]

최근까지 과학자들은 전두엽에 대해서 많이 알지 못했다. 그들은 전두엽을 '침묵의 영역'이라고 생각했다. 왜냐하면 전두엽을 EEG로 측정했을 때 뇌의 다른 부위와 비교하여 별다른 활동의 징후가 나타나지 않았기 때문이다. 여러분도 알다시피 감각자극과 일상적인 사고를 처리하는 대뇌피질의 다른 부위는 늘 활발하다. 하지만 전자기장의 변화를 통해 뇌파의 활동을 감지하는 EEG는 전두엽에서 일어나는 일에 대한 정보를 거의 제공하지 못한다.

다양한 뇌 연구와 영상의학의 발달로 우리는 전두엽에 관한 가치를 간파할 수 있게 되었고, 예전의 가설을 버릴 수 있게 되었다. 이제 우리는 전두엽이 거의 모든 뇌 활동을 관장한다는 사실을 알고 있다. 전두엽은 영감(靈感)의 중추로 오랫동안 신비주의자들은 그것을 '왕관(crown)'이라 부르기도 했다.

비록 그들은 지금의 우리처럼 전두엽에 대해 잘 알지는 못했지만 고대의 위대한 왕에게는 전두엽 부분을 보석과 금으로 장식한 왕관을 수여했다. 왕이 나라를 이끌어갈 정신을 가지고 있다는 사실을 상징한 것이다. 또한 먼 옛날 평화를 지키는 중재자들은 그들의 문제해결력과 혼란을 꿰뚫어보는 능력에 대한 상징으로 머리에 월계관을 썼다. 이와 비슷하게 경기에서 승리한 운동선수들 역시 월계관을 썼다. 이것은 그 선수가 환경과 몸을 완전히 지배했다는 것을 의미한다.

고대의 진보된 문명과 위대한 선구자들은 이마의 한가운데를 보석으로 장식하는 것이 얼굴을 돋보이게 하기 위함이 아니라 뇌의 힘을 보여주기 위한 것이라는 사실을 알았던 것이다. 수세기 동안 전두엽은 인간의 뇌 중에서도 가장 고차원적인 부위로 인식되어 왔다.[8] 하지만 수천 명이 전두엽 절단술을 받은 지난 과거에서 알 수 있듯이 전두엽은 실험하기에 가장 적당한 부위로 인식되기도 했다.

진정한 자아의 왕좌

과학적인 관점에서 전두엽(또는 전전두피질)은 인간이 가진 힘의 중추로 간주될 수 있다. 무엇보다 전두엽은 놀랍도록 많은 과제를 처리하는 능력을 가지고 있다. 뇌의 다른 부위와 가장 많은 연결을 이루고 있는 부분이기 때문이다.[9] 전두엽은 소뇌와 대뇌신피질의 다른 부위, 중뇌, 기저핵, 시상, 시상하부, 해마, 편도체, 심지어 뇌간의 핵단(brain stem nuclei)과도 직접적으로 연결되어 있다(뇌의 여러 부위에 대해 자세히 알고 싶다면 4장 참고). 게다가 전두엽은 가장 정교한 형태의 신경망을 이루고 있어 다른 모든 뇌 부위의 활동을 운영하고, 조정하며, 통합할 수 있다. 감각피질과 운동피질의 소인상(homunculuc, 4장 참고)처럼 전두엽도 비슷한 종류의 지도를 갖고 있다. 전두엽 안에는 대뇌신피질 전체의 신경연결 지도가 존재한다. 대뇌신피질이 뇌의 본체기판(motherboard)이라면 전두엽은 중앙처리장치(CPU)인 셈이다.

전두엽이 활동 중일 때, 우리는 가장 높은 차원의 의식과 자기인식, 현실을 관찰하는 능력을 갖게 된다. 이 부위에 모든 신경연결이 집결되어 있다는 것을 생각해보면 전두엽을 통해 자신에 대한 자신의 생각을 관찰하고 이해할 수 있는 것은 당연하다. 의식적으로 지배할 수 있는 가장 고차원적인 개념인 '자아'가 인간의 우수성을 가장 잘 드러내는 부위인 전두엽에 위치하는 것이다. 그러므로 우리가 전두엽을 사용하고, 통제할 수 있다면 우리는 자신과 미래를 통제할 수 있게 된다. 우리가 꿈꿀 수 있는 능력 중 이보다 더 위대한 것이 어디 있겠는가?

두 반구와 전두엽의 분화

새로운 것을 배우는 것과 전두엽으로 혈류가 유입되는 것 사이에는 매우 큰 관련이 있다. 과학자들은 뇌 활동영상을 통해 인간이 어떤 새로운 일을 할 때 양쪽 전두엽이 가장 활발히 활동하는 것을 발견했다.[10] 연구자들은 실험 참가자들에게 명사(名詞)를 나타내는 사진을 보여주고 그에 적합한 동사(動詞)를 말해보라고 했다. 그러자 이 일을 처음 접한 참가자들의 전두엽으로 혈액이 이동하는 것이 관찰되었다. 어떤 일이 새로울 때 전두엽으로 이동하는 혈액의 양이 많아지는 것이다.

하지만 참가자들이 실험을 계속하여 이 과정에 익숙해지자 전두엽으로 가는 혈액의 이동은 완전히 멈춰버렸다. 즉, 어떤 활동에 익숙해질수록 전두엽이 필요 없어지는 것이다. 그다음 과정으로 참가자들은 처음 것과 비슷하지만 똑같지는 않은 새로운 일을 접하게 되었다. 그러자 전두엽으로 가는 혈류의 양이 다시 증가했지만 처음과 같은 수준은 아니었다. 이것은 정보의 연합을 통해 상대적으로 '친숙한' 일을 할 때는 전두엽에 필요한 혈액의 양이 줄어든다는 것을 의미한다. 본질적으로 친숙한 일 또는 일상적인 정보는 집중이 훨씬 덜 필요하기 때문에 전두엽이 이를 처리하기가 더 쉽다. 익숙한 요소가 있기 때문에 이전의 과제를 통해 형성한 신경연결을 바탕으로 뇌가 정보를 연합할 수 있기 때문이다.

따라서 과제가 새로울수록 전두엽으로 가는 혈류의 양이 많아지고 과제가 익숙할수록 적어지는 것이다. 어떠한 과제든 익숙해질수록 전두엽으로 가는 혈액의 양은 줄어든다. 대신 대뇌신피질의 다른 부위가 그 과제를 넘겨받는다. 이것은 새로운 정보를 습득하고 학습할 때 최초로 관여하는 부위가 전두엽이라는 것을 의미한다. 정보를 새기기 시작하면 전두엽은 뇌의 다른 부위에서 들어오는 자극을 줄여 우리가 외부자극에 방해받지 않도록 만든다. 일단 전두엽이 새로운 과제를 배우고, 그것에 익숙해지면 대뇌피질의 다른 엽들이 그것을 기록하여 학습한 정보 또는 익숙한 정보로 피질 전체에 암호화한다.

그렇다면 이번에는 우전두엽이 좌전두엽보다 큰 것에 대해 이야기해보자. 아무도 그 이유를 정확히 말하지는 못하지만 과학자들은 우리 몸에 상대적으로 더 발달된 구조가 있으며, 그것이 좀 더 진화된 기능을 수행한다는 데 동의한다. 말하자면 어떤 장기의 구조가 더 발달되어 있을수록 그 기능 역시 더 발달되어 있다는 것이다. 예를 들어, 손과 발의 발달 차이에 대해 생각해보자. 손가락은 발가락보다 훨씬 정교한 운동기능을 가지고 있는데, 실제로 생김새에 있어서도 그렇다.

양쪽 전두엽 역시 서로 다른 독립적인 기능을 가지고 있음이 수많은 연구에서 증명되었다. 그중 한 실험에서 연구자들은 뇌의 양 반구가 각각 '새로움'과 '익숙함'에 관련되어 있듯이 양쪽 전두엽 역시 각각 분화된 기능을 가진다는 사실을 발견했다. 대뇌로 가는 혈액의 이동을 관찰하기 위해 PET 스캔을 하는 동안 이들은 실험 참가자들에게 새로운 과제를 소개했다. 연구자들은 참가자들이 새롭고 알지 못하는 경험을 하는 동안 우전두엽이 좌전두엽보다 덜 활발해지는 것을 관찰할 수 있었다. 그러나 실험 참가자들이 그 과제를 연습하고 숙련할수록 좌전두엽이 더 활기를 띠었고 우전두엽보다 혈류의 이동도 많아졌다. 즉, 우리가 알지 못하는 것을 아는 것으로 만들기 위해 노력할 때는 우전두엽이 주로 활성화된다. 그러다가 연습을 통해 과제에 익숙해지면 좌전두엽이 활성화된다. 그다음 그 경험을 뇌 조직에 새기기 시작하면 혈류는 뇌의 뒤쪽으로 이동하게 된다.[11]

연구자들은 또한 우전두엽이 다른 우뇌 부위와 함께 장시간 집중 상태를 유지하는 역할을 한다고 결론지었다. 이는 이 부위에 뇌졸중을 일으킨 사람들의 경우 집중하는 데 어려움을 겪는다는 사실에서 알 수 있다. 우전두엽은 새로운 개념을 접수해서 그것을 익숙해지도록 만든 후 신경조직에 그 개념을 새긴다. 그 후 과제가 더 익숙해지면 좌전두엽은 그 과제를 아는 것으로 분류해 회백질에 저장한다. 예를 들어, 중국음식 만드는 법을 배운다고 생각해보자. 우전두엽은 이 새로운 정보와 경험에 집중할 것이다. 우리는 그 정보를 기억하기 위해서 조직적인 방법으로 집중한다. 그것이 익숙해지고 기억으로 저장될 때까지 말이다.

여러 면에서 전두엽은 우리가 생각하는 우리의 이기적인 면과 비슷하다. 전두엽은 새로운 것을 배우고 그것에 집중하는 것을 좋아한다. 어떤 기술이 새로울 때 전두엽은 그 새로운 '재미'에 완전히 빠져든다. 그러나 몇 번 반복하고 나서 새로움과 놀라움이 사라지고 나면 전두엽은 그 일을 뇌의 다른 부위로 넘겨준다. 부하들에게 지루하고 일상적인 일을 넘기는 상사의 특권인 셈이다. 이런 상사 밑에서 일해본 경험이 있는지 모르겠지만 전두엽이 CEO와 비슷한 역할을 하는 만큼 이러한 비유는 적절하다고 할 수 있다.

몰입 중추인 전두엽은 새로운 개념과 활동을 통해 영감을 받는 동안만큼은 매우 잘 작동한다. 사실 전두엽은 우리의 상사들처럼 일상적인 일을 부하들에게 넘기고 잠드는 곳이 아니다. 사실 일을 넘기고도 전두엽은 여러 가지 일을 활발히 한다. 그중 하나가 다른 '직원'들이 무슨 일을 하고 있는지 감시하는 것이다.

사실 전두엽은 종종 고발자의 역할을 한다. 전두엽은 우리가 지루해지거나 현재 하고 있는 일에 집중하는 대신에 외부의 활동에 관심을 갖기 시작할 때 그것을 알아차린다. 예를 들어, 지루한 강의를 듣고 있다고 생각해보자. 당신은 관심이 없더라도 그 강의에 집중해야 한다는 사실을 알고 있다. 나중에 시험을 봐야 하기 때문이다. 이때 당신을 이 새로운 정보에 집중하도록 만들어주는 것이 전두엽(특히 우전두엽)이다. 뇌의 다른 부분은 그만두라고 요구할지라도 말이다. 전두엽이 없다면 아마 우리는 어떤 것도 깊이 배우지 못할 것이다.

전두엽은 또한 특정한 시냅스의 활동을 촉진하는 능력도 있다. 우리가 전두엽을 통해 일련의 시냅스를 반복적으로 활성화하면 그 시냅스들은 하나의 집단으로 동시에 활성화된다. 이것이 우리가 새로운 기억을 만드는 방법이다. 뿐만 아니라 오케스트라 지휘자 격인 전두엽은 뇌의 다른 부위를 어떠한 배열이나 패턴으로도 작동시킬 수 있기 때문에, 다양한 신경망을 조합함으로써 새로운 마음 상태를 만들 수 있다. 마음이란 뇌 활동의 산물이며, 뇌에는 무한대의 가능성으로 연결될 수 있는 수억 개의 뉴런이 있다는 사실을 기억하자.

전두엽은 또한 이미 연결되어 있는 신경망을 약하게 할 수도 있다. 새로운 개념을 이해하기 위해 선택적으로 연합기억을 사용하는 것이다. 전두엽은 다차원적인 방법으로 다양한 정보를 불러내 새로운 개념을 조사하고, 분석하며 심지어 창조할 수도 있다. 그러는 동안에 관계없는 정보의 방해를 받지 않도록 다른 신경망들은 진정시킨다. 우리 마음속에 있는 것이 무엇이든지 간에 전두엽은 현재 마음속에 있는 것에 집중하게 만든다. 그러한 우리의 마음속에는 항상 걱정거리가 한가득 있지만 말이다.

바쁘게 움직이는 마음

과학자들은 최근의 몇몇 연구를 통해 뇌가 매초마다 4,000억 개의 정보를 처리한다는 사실을 증명했다. 하지만 일반적으로 우리가 의식할 수 있는 것은 그중 2,000 개밖에 되지 않는다고 한다.[12] 그 외에 뇌가 처리하는 정보는 몸, 환경, 시간에 대한 인식과 관련된 것이다. 다시 말해 매일 우리가 생각하고 염려하는 것은 자신의 몸을 어떻게 운영할 것이며, 현재 무엇을 느끼고 있는가다. 우리는 또한 환경과 시간이 우리 몸에 어떤 영향을 미치는지를 감시한다.

여기 당신이 한 번쯤 경험해봤을 만한 예를 하나 들어보겠다. 우리는 회사의 일이나 학교 공부에 집중해야 한다. 하지만 종종 이런 생각을 하고 있는 자신을 발견한다. '등이 아프지는 않나? 피곤하지는 않나? 배고프지는 않나? 온도는 적당한가? 사무실의 냄새는? 이 페이지를 읽는 데 얼마나 걸릴까? 아직 점심시간 안 됐나? 아직 퇴근시간 안 됐나?' 매일 생존모드에 놓여 있는 사람들에게 있어 그들의 대뇌신피질이 이러한 중요한 단서들을 인식하도록 만드는 것은 바로 변연계의 힘이다.

전두엽의 직접적인 관여 없이 우리는 매일 몸의 생존을 최우선 과제로 생각한다. 우리는 깨어 있는 시간의 대부분을 감각기관을 통해 들어온 외부자극을 예측하고, 그것에 반응하는 데 보낸다. 결과적으로 뇌의 전두엽을 제외한 모든 엽들이 생각하느라 바쁜 것이다. 여기에 뇌가 계속 몰두해 있으면 결국 뇌는 항상 다음 순간을 예측하는 데 바쁜 상태로 고정된다. 즉, 기억을 바탕으로 미래의 사건에 집중하는 데 많은 시간을 보내는 것이다. 많은 사람들이 전두엽을 직접 사용하지 않고 대부분의 시간을 보낸다. 우리는 좀 더 자주 스스로에게 물어야 할지도 모른다. 책임자가 누구인가?

전두엽은 어떤 정보를 들어오게 한 후 그것을 전면에 배치하거나 아니면 어떤 정보를 제쳐놓았다가 나중에 관심을 갖거나 아예 관심을 갖지 않게 만든다. 일종의 문지기 역할을 하는 셈이다. 우리의 의식적인 인식은 우리가 주의를 기울이기로 선택한 것을 따르고, 무엇이든 새로운 지식을 배울 수 있을 때 움직인다. 하지만 뇌가 정보를 처리하는 것과 우리가 그 정보를 인식하는 것 사이에는 큰 차이가 있다. 뇌는 1초에 4,000억 개의 정보를 처리하지만 우리는 전두엽을 통해 그중에서 어떤 것을 인식할 것인가를 선택한다.

지금 이 책을 읽고 있을 때도 우리의 뇌는 모든 감각을 동원하여 정보를 수집한다. 하지만 우리는 이것을 인식하지 못한다. 전두엽이 그것들을 걸러내고 있기 때문이다. 예를 들어, 우리는 매일 차를 타고 시동을 걸고 차를 운전한다. 이것이 반복되면 나중에는 엔진 소리조차 들리지 않게 될 것이다. 그러다 어느 날 우리는 후드 밑에서 이상한 소리를 듣게 된다. 그제야 우리는 엔진소리를 들을 수 있다. 전두엽이 감각피질로 들어오는 메시지를 감시하여 새로운 소리를 감지한 것이다. 그리고 우리를 엔진소리에 집중하도록 만든다.

우리는 우리가 자유의지로 선택한 정보와 자극을 의식적으로 인식할 때만 배울 수 있다. 인간으로서 우리는 우리의 관심을 어디에 얼마나 기울일지 선택할 수 있는 특권을 가지고 있다. 따라서 이렇게 생각할 수도 있을 것이다. '현실은 마음이 있는 곳이라면 어디든지 존재한다.' 예를 들어, 우리는 마음속 깊숙한 곳에 있는 고통스런 기억을 끄집어낼 수 있다. 그러면 그 순간 그것은 현실이 된다. 우리는 심지어 경험을 감정으로 되살릴 수 있다. 우리가 그것을 좋아하든 그렇지 않든 우리의 뇌는 몸에 화학적 신호를 쏟아내 원래 경험과 거의 같은 화학적 효과를 만들어낸다. 이것이 우리의 관심이 이동하는 방법이다. 우리는 미래에 관심을 가질 수도 있고, 과거에 관심을 고정할 수도 있다. 결국 우리가 관심을 둘 곳을 자유롭게 선택할 수 있다는 사실은 가장 큰 축복이거나 가장 위험한 저주일 수 있는 것이다.

만약 우리가 전두엽을 통해 주의집중에 성공할 수 있다면 우리의 생각은 외부 세계보다 더 진짜 같은 현실이 될 것이다. 그것이 어떻게 가능하느냐고? 지금 우리는 우리가 집중하기로 선택한 현실의 요소들을 통제하는 것에 대해 이야기하고 있다.

다시 한 번 이 책을 읽는 동안 당신의 주변과 당신 안에서 일어나고 있는 일들에 대해 생각해보기 바란다. 당신 안에서 수만 개의 세포들이 재생되고, 창문 밖 세상에서는 엄청나게 많은 활동들이 이루어지고 있다. 옆방에서 들리던 TV소리가 어느 순간 사라진다. 당신이 책 읽기에 몰두하면 이 모든 활동이 실제로 중단되는 것일까? 물론 아니다. 하지만 당신의 '현실'에는 이것들이 더 이상 존재하지 않는다.

우리가 집중하기로 선택한 것이 현실이 될 수 있을까? 우리의 선택에 따라 현실이 다양한 모습으로 나타날 수 있을까? 무엇에 관심을 집중할지 선택할 수 있도록 우리가 이 정교한 뇌 부위를 사용하는 능력을 단련할 수 있을까?

그리고 이것은 다음과 같은 질문을 이끌어낸다. '이 모든 것은 우리의 삶에 어떤 영향을 미칠까?'

2장에서 살펴본 스님과 관련된 실험을 기억해보기 바란다. 고도로 훈련된 명상 전문가들은 전두엽의 활동에 있어서 신기록을 달성했다. 스님들이 자비라는 한 가지 생각에 몰두할 수 있었던 것은 전두엽 덕분이었다. 우리가 이러한 집중과 몰입의 기술을 익힐 수 있다면 어떤 일이 일어날까? 확실히 스님들은 한 가지 생각만을 마음속에 잡아둘 수 있도록 뇌의 다른 부분을 침묵시키는 방법을 터득했다. 대체 스님들은 '집중의 근육'을 어떻게 키운 것일까?

우리가 체육관에 가서 열심히 운동을 하는 것처럼 스님들 역시 집중의 힘을 기른다. 이것은 테니스를 배우는 것과 크게 다르지 않다. 당신은 프로 테니스 선수의 팔뚝을 본 적이 있는가? 그들이 라켓을 잡는 팔은 다른 쪽 팔을 작아보이게 만들 만큼 우람하다. 이것은 유전적인 문제 때문이 아니다.

한쪽 팔을 지속적으로 사용했기 때문이다.

우리도 마음으로 이와 같은 일을 할 수 있다. 우리는 전두엽을 발달시키기 위해 반복적으로 집중하는 연습을 할 수 있다. 전두엽이 더 향상된 기능을 발휘하게 하여 뇌의 활동을 더 발전시킬 수 있는 것이다. 테니스 선수들은 보기 좋으라고 근육을 발달시키는 것이 아니라 기능을 좋게 하기 위해서 그렇게 한다. 발달된 근육을 통해 더 큰 힘을 가질 수 있으며, 공을 치는 방법 역시 더 잘 조절할 수 있다. 실제로 집중력을 높인 사람들의 경우 전두엽의 크기가 커진다기보다는 활발해지는 부위가 더 넓어지면서 그로 인한 효율성이 더 높아진다.

그렇다면 우리는 이러한 발전을 이루기 위해서 평소에 어떤 연습을 해야 할까? 다행히도 우리의 전두엽에는 연습을 위한 소프트웨어가 이미 깔려 있다.

전두엽의 가장 주된 기능, 의지

내게 전두엽을 설명할 단어를 하나만 고르라고 한다면 나는 '의지(intent)'를 꼽을 것이다. 전두엽은 행동을 결정하고 통제하며, 미래를 계획하는 뇌 부위이자 굳은 의지의 중추다. 즉, 진정으로 어떤 행동을 하기로 결심했을 때 우리는 전두엽을 활성화한다. 집중하고 몰입하는 우리의 능력 또한 전두엽의 기능이다. 전두엽은 우리의 의지를 한 가지 일이나 생각에 집중할 수 있도록 만든다. 그리고 우리의 마음이 다른 자극이나 생각에 쏠리는 것을 막는다.

스스로 원칙을 정하고 충동을 억제할 때도 우리는 전두엽을 사용한다. 우리가 새로운 기술을 발달시키고, 새로운 언어를 배우며, 집중력을 높이는 데 필요한 능력인 것 같지 않은가?

전두엽의 또 다른 놀라운 점은 '충동조절(impulse control)' 이라는 과정을 통해 마구잡이식 행동을 막는다는 것이다. 이 덕분에 우리는 결과를 생각하지 않고 마음대로 행동하는 짓을 하지 않게 된다. 사실 10대들이 충동적인 이유 중 하나는 전두엽이 아직 발달 중이기 때문이다. 1999년 〈네이처nature〉 지에 실린 기사에 따르면 미국 국립정신건강연구소(NIMH)의 제이 기드 박사와 동료 연구자들은 전두엽의 발달이 사춘기를 거쳐 20대 중반까지 계속된다는 사실을 증명했다(5장 참고). 10대들은 이 시기에 호르몬의 총공세를 받을 뿐만 아니라 성인보다 충동조절능력이 부족하다.[13]

결국 10대들이 어른들과 다르게 생각하는 이유는 간단하다. 그들에게는 복잡한 추론과정을 처리할 하드웨어가 아직 없는 것이다. 그들의 전두엽은 아직 발달 중이다. 대신 중뇌 깊숙한 곳에 있는 편도체가 10대들의 본능적인 반응(싸움-도주 반응)에 관여한다. 이 시기 편도체는 전두엽 같은 더 고차원적인 중추보다 더 활발히 활동한다. 전두엽의 활동이 저조하기 때문에 충동적인 행동과 감정의 통제가 힘들다. 동시에 편도체가 과다하게 활성화되면 감정적인 대응이 많아지고, 충동적인 의사결정을 하게 된다. 때때로 우리는 느낌을 바탕으로 의사결정을 하는 10대들을 타이르는 데 어려움을 느낀다. 그들의 전두엽이 이성적인 생각을 하기에는 아직 제 기능을 하지 못하기 때문이다. 이것이 10대들이 그렇게 충동적인 이유다. 그들의 전두엽은 감정적인 자아의 고삐를 잡아당길 수 없다. 결과는 뻔하다. 생각하기 전에 반응하는 것이다.

앞에서 말했듯이 전두엽은 CEO와 같은 역할을 한다. 뇌의 서로 다른 신경중추를 관리하는 임원들의 모든 행동을 감독한다. 좋은 CEO들이 그렇듯이 전두엽은 사장실에 그저 앉아만 있지 않는다. 모든 직원들의 일을 감시하고, 뇌의 각 부위에 할 일을 지시한다.

전두엽은 비판적인 사고와 발명의 중추이기도 하다. 전두엽은 다른 대뇌피질에 저장되어 있는 기억의 자료실에서 정보를 끌어내어 그것을 원료로 새로운 생각의 구조를 만들어낸다. 또한 우리의 꿈과 열망도 만들어낸다. 우리가 현재 상황을 다른 상황에 견주어 분석하고, 대안을 찾을 수 있는 것도 전두엽 덕분이다. 전두엽은 새로운 개념을 체계화함으로써 가능성과 전략을 궁리하고 미래의 결과를 예측한다. 전두엽은 임시변통에 능하다. 다양한 가능성을 비교해본 후 어떤 결과가 나올지 결정할 수 있다. 전두엽 덕분에 우리는 경험에서 배워 다음번에 다른 행동을 할 수 있다. 전두엽 덕분에 인간이 무한한 가능성과 잠재력을 갖는 것이다. 간단히 말해서 전두엽은 창조에 활발히 관여한다.

과학의 발전 덕분에 우리는 인간이 자유의지에 따른 행동을 최우선으로 수행하는 데 전두엽이 핵심적인 역할을 한다는 사실을 알아냈다. 발달된 전두엽 덕분에 우리는 복잡한 선택을 할 수 있고, 상상할 수 있는 자유를 얻게 되었다. 모든 생물 종들이 공유하는 고정된 경로와 예측 가능한 반응이 진화를 막을 때, 전두엽은 인류에게 의식적인 선택과 자유의지라는 축복을 선사한다. 전두엽이 없다면 인간을 인간답게 하는 대부분의 요소가 사라질 것이다.

나를 나이게 하는 것, 우리가 원하는 것, 우리가 미래에 되길 원하는 것, 우리가 살고 싶은 세계, 이 모든 것이 전두엽을 어떻게 사용하느냐에 따라 결정된다. 그럼 이제 이 놀라운 선물에 대해 좀 더 자세히 살펴보자.

영웅을 만드는 의지

전두엽은 어떤 특정한 결과를 간절히 바라는 우리의 욕구를 지원한다. 전두엽의 이러한 능력을 사용할 때, 우리의 행동은 우리의 목적과 일치하게 되고, 우리의 활동은 우리의 의지와 일치하게 된다. 몸과 마음이 하나가 되는 것이다. 당신은 행동과 목적이 완전히 일치하는 경험을 얼마나 많이 해보았는가? 자신의 의도와 행동이 부조화를 이루는 경우는 또 얼마나 많이 경험했는가? "나는 몸매를 유지하기 위해 매일 3km씩 달리기를 하려고 한다. 나는 탄산음료뿐만 아니라 다른 달콤한 음료수를 끊으려고 한다. 나는 내 아이들과 배우자, 동료들에게 더 인내심을 발휘하려 한다. 나는 이타적인 행동에 나 자신을 바치려고 한다."

다음과 같은 표현이 있다. '우리의 자아(ego)는 때로 몸이 갚지 못하는 수표를 남발하곤 한다.' 자아란 뇌에서 나온 명령을 따를 뿐이다. 실패의 책임은 다른 곳에 있다. 바로 행동하고자 하는 우리의 의지다. 우리는 종종 단지 '그런 기분이 아니기' 때문에 어떤 일을 완수하지 못한다. 우리가 느낌이 끼어들도록 놔두면 전두엽은 잠에 빠지고, 정해진 프로그램에 따라 로봇처럼 움직이게 된다. 매일 마음속에서 들리는 끊임없는 목소리에 반응하면서 말이다. 우리는 전두엽을 통해 우리의 열망과 위대함을 몰아내는 내부의 독백을 침묵시킬 수 있다. 그 능력을 적절히 사용하면 우리는 수표를 결제하는 데 필요한 힘을 한곳으로 모을 수 있을 것이다.

전두엽은 우리가 우리의 의지를 바탕으로 상황을 객관적으로 보고, 생각을 조직하며, 행동계획을 세우고, 그 계획을 완수하며, 행동의 성공여부를 평가할 수 있는 능력을 준다. 이를 테면 전두엽은 엄격한 교사나 건물에 상주해 있는 관리자로 볼 수 있다. 노스캐롤라이나*North Carolina* 주의 신경정신과 의사인 토마스 구엘티에리*Thomas Gualtieri*는 전두엽에 대해 아주 잘 묘사하고 있다. "외부의 어떤 지시나 조작 없이 목표를 체계화하고, 실행을 위한 계획을 세우며, 그것을 효율적인 방법으로 실행하고, 장애나 실패에 직면했을 때 계획을 수정하는 순발력을 발휘하여 일을 성공적으로 수행하는 능력."[14]

이것은 전두엽의 고유한 특질인 데다가 뇌의 다른 모든 부위와 직접적으로 연결되어 있기 때문에 가능한 것이다. 우리가 아는 다른 어떤 생물종도 이러한 능력을 가지고 있지 않다. 음식을 가지고 부엌 구석으로 도망쳐서 게걸스럽게 먹던 개가 중간에 멈추는 것을 본 적이 있는가? 자신의 행동이 불러올 파장을 걱정하면서 말이다. 우리는 얼마나 자주 스스로의 행동을 규제하고 반성하는가? 그게 아니라면 우리는 얼마나 자주 생존모드 상태로 자동 조종되는 신경망을 활성화하는가? 그리고 얼마나 자주 정서적 중독의 화학물질을 생각 없이 즐기고 있는가?

전두엽의 힘에 대한 또 다른 증거는 선택의 확고함과 명확함이다. 우리가 현재의 상황에 상관없이 어떤 일에 대해 결심할 때 전두엽에서는 가장 위대한 일이 일어난다. 우리가 확고하게 무언가가 되거나 아니면 무언가를 하거나 가지기로 결심할 때, 그 일이 얼마나 오래 걸리는지 또는 무슨 일이 벌어질지, 우리 몸이 어떤 느낌일지에 상관없이, 전두엽은 활성화하여 우리가 그것을 행동에 옮기도록 돕는다. 그 순간 우리는 더 이상 외부세계나 몸의 느낌에 신경 쓰지 않게 된다. 우리는 우리의 이상(理想)이나 의지와 하나가 되는 것이다. 어떤 결과를 불러올지 상관없이 우리가 확고한 선택을 할 때, 전두엽은 완전히 활성화된다.

뇌와 전두엽의 정말 놀라운 점은 우리의 생각을 실재(實在)하는 것으로 만들 수 있다는 것이다. 전두엽의 크기 덕분에 인류는 생각을 다른 어떤 것보다 중요하고 사실적인 것으로 만들 수 있는 특권을 갖게 되었다. 생각을 실재로 만들고, 그것에 주의를 집중할 때, 우리는 전두엽의 가장 중요한 기능을 세상 그 어떤 것보다 강력한 힘으로 만들 수 있다. 당신은 살아가면서 한 가지 목적을 위해 의지와 주의집중을 총동원해 본 적이 있는가? 나는 당신이 그러한 순간을 경험해보았기를 바란다. 나에게는 마라톤을 하는 친구가 있다. 그는 내게 이렇게 말했다. "우리는 다리로 뛰는 게 아니야. 마음으로 뛰는 거지." 철인 3종 경기를 해 본 사람으로서 나는 이 말에 공감한다. 마지막 1km를 남겨놓고 나타나는 모든 증거(더 많은 에너지를 달라고 애원하는 다리, 발톱이 떨어질 지경이라고 호소하는 발, 굶주린 다리를 위한 연료를 공급할 수 없다고 알려오는 췌장)와는 반대로 우리의 뇌는 여전히 결승선을 지나겠다는 의지를 온몸에 전달한다.

위인들에게서 가장 본받아야 할 점이 이러한 의지의 힘이다. 이들을 통해서 우리는 즉각적인 욕구를 억제하고, 장기적으로 목표를 추구할 수 있도록 하는 전두엽의 활동을 눈으로 확인할 수 있다. 윌리엄 월레스(William Wallace, 잉글랜드의 강압 통치에 맞서 싸운 스코틀랜드의 영웅-옮긴이), 마틴 루터 킹Martin Luther King, 아시시의 성 프란체스코(saint Francis of Assisi, 이탈리아의 수도사로서 프란체스코 수도회의 창시자-옮긴이), 마하트마 간디 Mahatma Gandhi, 엘리자베스 1세(ElizabethI)는 모두 전두엽의 지배자였다. 그들은 자유나 명예, 사랑 같은, 자신이 의도한 결과에 모든 관심을 쏟아부었다. 그리고 어떤 어려운 일에 직면해도 자신의 이상을 포기하지 않았다.

이들은 특정한 개념에 지속적으로 집중함으로써 이상을 현실로 만드는 의지와 능력을 가지고 있었다. 이들에게 이상은 몸의 필요와 환경조건, 심지어 시간의 개념보다 더 중요한 것이었다. 즉, 몸이 위험하거나, 험난한 장애가 있거나, 적대적인 상황을 극복하는 데 얼마나 많은 시간이 걸리는가 하는 것은 전혀 문제가 되지 않았다. 이상만이 중요했다. 그들을 방해할 수 있는 것은 아무것도 없었다. 그들의 명백한 의지는 다른 어떤 것보다도 중요했다. 역사적인 위인들은 일관된 행동이 동반된 생각과 이상에 집중하여 총력을 다함으로써 그들의 의지를 증명해보였다. 실제로 그들은 이상을 현실로 만들었다. 그것이 인간의 진정한 힘이고, 전두엽은 그러한 능력을 줄 수 있는 구조물이다. 우리는 이 때문에 위인들을 존경하며, 그들을 통해 인간의 잠재력에 대해 알게 된다.

그렇다면 2장으로 돌아가 자연치유를 경험한 사람들에 대해 다시 생각해보자. 뇌의 다양한 능력과 그들이 할 수 있었던 일을 함께 생각해보면 어떤 결과에 대한 신념이 갖는 새로운 의미를 파악할 수 있을지 모른다. 외부 세계가 우리에게 말하는 것을 믿기보다 우리 스스로 어떤 결과를 믿고, 신뢰할 때 신념은 작동한다. 그렇다면 신념(faith)이란 '외부 상황에 상관없이 진실한 것은 자신의 생각뿐이라는 것을 믿는 것'으로 정의될 수 있다.

절대자에게 우리의 삶을 바꾸어 달라고 기도할 때, 우리는 그저 믿고, 우리의 생각을 현실보다 더 강력한 것으로 만들려고 하지 않는가? 전두엽은 그것을 실현시킨다.

그것이 바로 백혈병에 걸린 딘(2장 참고)이 실제로 백혈병의 영향을 전혀 받지 않았던 이유다. 그는 치료를 받지 않았지만 의사가 예상했던 것보다 훨씬 오래 살 수 있었다. 그는 단지 결심했다. 몸의 피드백(거울에 비치는 자신의 모습)에 상관없이 살기로, 환경의 피드백(의사가 말한 것)에 상관없이 살기로, 시간의 제한(6개월 남았다는 시한부 선고)에 상관없이 살기로 말이다.

사람들은 '결심하다(make up my mind, 마음을 만들다)' 라는 표현을 항상 사용한다. 하지만 나는 우리가 이 말을 다른 방법으로 이해하기를 바란다. 우리는 딘이 그랬던 것처럼 시간이나 환경에 구속받지 않는, 새로운 마음을 만들 능력이 있다. 우리는 현재 우리가 살고 있는 현실과는 매우 다른 현실을 만들 수 있고, 이해할 수 있다. 이 과정의 첫 번째 단계는 전두엽에 통제권을 돌려주는 것이다.

위인들의 수준으로 이상을 실현한 사람들의 수가 그토록 적은 이유는 무엇일까? 위인들은 다른 사람들과는 다른 뇌구조를 타고난 것일까? 물론 아니다. 이들은 단지 다른 사람보다 좀 더 자주 전두엽을 사용하며 살아가는 법을 배웠을 뿐이다.

집중과 충동조절

대학 친구 중에 내가 '까치' 라는 별명을 붙여준 친구가 있다. 까치는 똑똑하고 호기심이 많은 새로 도둑으로도 명성이 높다. 까치는 시야에 어떤 반짝이는 사물이 들어오면 그것을 조사해야만 직성이 풀린다. 까치의 호기심 많은 본성 덕분에 그들의 둥지는 폐품 처리장을 방불케 한다. 물론 이 친구가 도둑이란 뜻은 아니다. 그는 까치처럼 매우 산만했다. 우리는 같은 스터디 그룹에 속해 있었는데, 그를 프로젝트에 집중하도록 만드는 것은 거의 불가능에 가까웠다. 기숙사, 도서관, 학교 밖, 커피숍 어디서든 간에 그는 현재 하고 있는 일보다 다른 모든 사물과 움직임에 더 관심을 갖는 것처럼 보였다. 그의 시선은 산만하게 방 여기저기를 옮겨다녔다. 심지어 남들에게 말로 해서는 안 되는 내용을 걸러낼 머리조차 없는 것처럼 보였다. 그의 의식은 서로 관계없는 생각의 연속이었다.

나는 당시에 주의력결핍과잉행동장애(ADHD)라는 것이 있다는 것은 알고 있었지만, 그가 가장 전형적인 환자라는 사실은 몰랐다. 생각해보면 그가 가만히 앉아 집중하지 못했던 이유는 자신의 과잉 활성화된 마음과 몸이 나르는 모든 충동에 반응했기 때문인 것으로 보인다. 분명 그에게도 전두엽이 있었겠지만 그는 몸의 작용이 부르는 맹공격에 지속적으로 굴복한 것이다.

원하는 것이 명백할 때, 우리의 전두엽은 그 목적과 의지를 방해하는 것이라면 무엇이든 차단한다. 당신은 얼마나 자주 전두엽의 기능과 하나가 되는가? 다음과 같은 상황에 당신이 어떻게 반응할지 한번 생각해보기 바란다. 어느 토요일 아침 10시, 당신은 어머니의 생신 선물을 소포로 부치기 위해 집을 나섰다. 어머니는 1,000km나 멀리 떨어진 곳에 살고 계시고 생신은 5일 후다. 우체국은 월요일에 문을 닫기 때문에 오늘 선물을 부쳐야 제시간에 도착할 수 있다. 선물을 부치고 나서 당신은 남편과 점심식사를 할 예정이다. 당신의 전두엽은 앞으로 할 일을 완수하기 위해서 무엇이 필요한지 정확히 알고 있다.

우체국으로 가는 길에 당신은 당신이 좋아하는 옷가게가 세일하는 것을 보게 된다. 가게의 커다란 세일 현수막은 충동을 일으키는 외부자극이다. 당신은 어떻게 할 것인가?

• **행동 A** : 당신은 너무 흥분한 나머지 처음의 의도를 잊게 된다. 당신의 느

낌은 최초의 목적을 뛰어넘었다. 당신은 곧장 그 가게의 주차장에 차를 대고 정신없이 쇼핑을 한다. 다시 시계를 봤을 때는 이미 2시다. 우체국은 문을 닫았고 남편과의 점심 약속도 놓쳤다.

A를 선택할 때 당신의 뇌 속에는 다음과 같은 일이 벌어졌다. 당신이 좋아하는 가게가 세일한다는 것을 발견했을 때, 이 외부자극은 굉장히 엄청나서 뇌의 엄격한 교사인 전두엽은 당신의 마음이 다른 자극에 기웃거리지 못하게 억누르는 일을 멈추었다. 그러자 충동을 자제하지 못하고, 원래 계획에 대한 집중력 또한 잃어버렸다. 이제 우선순위가 바뀌고 쇼핑이 전두엽의 새로운 의도적인 행동이 되었다. 결과적으로 당신의 행동은 처음의 목적과 더 이상 일치하지 않는다. 단기적인 만족과 필요라는 즉각적인 느낌이 우위를 차지했다. 장기적인 의지와 관련한 느낌이 부족했기 때문이다. 당신은 남편과의 점심 약속을 바꿀 결심도, 어머니의 선물과 관련된 앞으로의 결과도 분석하지 않았다. 무엇보다도 당신은 자신의 아무 생각 없는 행동이 다른 사람들에게 어떤 영향을 줄지 생각하지 않았다.

• **행동 B** : 세일하는 가게에 들러야 한다는 조급한 느낌에 전두엽을 통하여 가능성을 살핀다. 당신이 해야 할 일이 얼마나 시간에 민감한 일인지가 떠오른다. 당신은 우선순위를 저울질하고 원래 계획을 따르기로 결심한다. 하지만 전두엽은 당신의 갈등을 해결해줄 대안으로 새로운 의도를 하나 더 추가한다. 남편과 점심 식사를 한 후 오후에 쇼핑을 하는 것이다.

B를 선택할 때 당신의 전두엽은 원래 목적을 유지한 채 당신의 행동이 그 의지와 일치하도록 만들었다. 이러한 방법으로 전두엽은 뇌가 목표를 완수하는 데 방해가 되는 외부자극에 당신이 한눈파는 것을 막는다. 또한 전두엽은 우리에게 즉각적인 만족을 주는 자극에 반응하지 않을 수 있는

내적인 힘을 준다. 순간의 만족을 추구하는 대신에 장기적인 꿈과 이상, 목표와 목적을 유지할 수 있는 능력을 주는 것이다. 한마디로 전두엽은 우리의 충동적이고 반사적인 반응을 억제한다.

상황 A는 외부자극에 쉽게 산만해지는 사람의 전형적인 행동이다. 이것은 우리가 전두엽을 사용하지 않는다면 하루하루를 살아가는 방법이 될 것이다. 본래 우리는 우리의 내적 의지에 반하는 외부 세계의 익숙한 기회나 환경에 정신이 팔리기 쉽다. 우리는 즉각적인 기쁨을 느끼기 위해 한눈을 판다. 우리 몸에 익숙한 느낌을 주는 외부자극을 극복하기로 선택하는 능력을 갖는 대신에 말이다.

뇌의 한 부분은 우리가 매일 접하는 수많은 자극을 걸러내고, 우리의 자유의지와 선택, 가장 중요한 목표에 집중할 수 있어야 한다. 다시 말해 수많은 정보를 처리할 수 있는 분류소 역할을 해야 하는 것이다. 예를 들어, 지금도 주위에는 당신이 주의를 기울이지 않는 소리가 존재할 것이다. 당신이 가만히 멈춰서 그것들을 듣고자 한다면 방금 전만 해도 관심 갖지 않던 소리를 들을 수 있다. 실제로 당신의 뇌는 주변의 소리를 듣고, 계속해서 그 정보를 처리하고 있었다. 하지만 당신이 그 소리를 들으려 의식적인 인식을 옮기기 전까지는 아무 소리도 들리지 않는다. 이처럼 전두엽은 다양한 외부 신호를 감시함으로써 우리가 집중하고 싶은 자극을 선택할 수 있게 한다.

전두엽과 집중력

그렇다면 전두엽을 활성화할 때 우리의 집중력은 어떻게 달라질까? 우리가 굳은 의지를 가지고 무언가에 완전히 집중할 때 전두엽은 그 활동에서 벗어나지 않도록 해준다. 마음이 산만해지는 것을 막기 위해서 전두엽은 감정이나 감각자극과 관련된 몸의 신호를 무시한다. 동시에 감각정보나 운동정보를 처리하는 뇌 부위를 조용하게 만든다.

또한 전두엽은 운동피질을 진정시켜 우리가 무언가에 집중할 때 몸이 차분해지도록 만든다. 실제로 우리는 일종의 최면 상태에 빠지며, 몸이 이를 따른다. 몸의 운동중추나 운동피질에는 더 이상 어떤 마음도 존재하지 않게 된다. 감각회로가 진정되면 우리는 몸이나 주변 환경을 전혀 느낄 수 없다. 감각피질에서 활동하고 있는 마음이 없기 때문이다.

만약 우리가 시각피질의 회로를 켜지 않는다면 우리는 외부세계를 보는 일을 멈출 것이고, 마음 한가운데에 생각이 자리하게 될 것이다. 만약 우리가 청각피질 속 신경망을 더 이상 활성화하지 않는다면 우리는 차가 지나가는 소리를 의식하지 못할 것이다. 더불어 변연계의 감정중추까지도 진정된다. 결과적으로 우리가 의지를 갖고 생각하고 집중하는 모든 것은 외부 세계보다 더 현실 같은 실재가 된다. 전두엽에 의해 이러한 신경망들이 꺼지면 뇌는 어떤 수준의 마음이나 인식도 처리하지 않는다. 몸과 환경 심지어 시간까지도 인식하지 못하는 것이다.

전두엽은 또한 뇌의 다른 부위의 고삐를 당긴다. 마음이 연합기억이나 다른 생각에 빠지는 것을 막거나, 현재 집중하는 것과 관련되지 않은 외부 자극을 억제하기 위해서다. 예를 들어, 전두엽은 현재 집중하고 있는 것과 관련이 없는 감정이나 이미지가 떠다니지 않도록 측두엽의 연합기능을 억제할 것이다.

그러면 이제 당신이 끊임없이 불평만 늘어놓은 여동생에 대한 자신의 생각과 행동을 바꾸기로 결심했다고 가정해보자. 전두엽은 당신의 생각을 처음의 목표와 하나가 되도록 만들어 그 길에서 헤매지 않도록 도와줄 것이다. 그다음 전두엽은 정보를 모으면서 과거의 경험과 의미지식을 바탕으로 앞으로 당신이 어떻게 행동할지를 생각하게 만든다. 집중하기만 한다면 당신의 의지가 곧 삶이 되는 것이다.

하지만 만약 당신이 동생에 대해 새로운 방식으로 생각하기 시작할 때, 당신의 의지와는 상관없이 동생과 관련된 과거의 기억들이 마음속에 떠오른다면 어떻게 될까? 그 순간 당신의 마음은 동생에 대한 새로운 생각과 행동방식에서 멀어질 것이다. 그리고 동생이 잘못한 것을 당신 탓으로 돌리던, 또는 당신과 자전거를 두고 싸우던 때로 돌아갈 것이다. 이어서 당신은 자전거가 분홍색이었는지 빨간색이었는지 궁금해하다가, 자전거에서 떨어져 병원 신세를 졌던 12살 때와 병원에서 삼촌이 사다줬던 아이스크림을 먹던 때를 기억할 것이다. 그리고 다시 삼촌은 요즘 뭐하고 계실까라는 생각으로 넘어갈 것이다. 이쯤 되면 내 의도를 이해했을 것이다. 당신의 원래 생각은 동생과 관련된 행동으로 옮겨가더니 어느 새 삼촌과 아이스크림을 먹고 있던 때로 바뀌었다.

딴 생각에 빠지게 하는 연합기억과 신경회로로부터 거리를 유지하게 해주는 것이 바로 전두엽이다. 우리가 어떤 이미지를 마음속에 새길 만큼 강한 의지를 갖게 되면 전두엽은 그 이미지가 희미해지는 것을 막아준다. 몸과 환경, 시간에 의해 받는 신호를 차단함으로써 말이다. 과학자들은 이를 '신호 대 잡음비를 낮추는 것'이라고 표현하지만, 우리는 이해를 쉽게 하기 위해 '외부자극의 볼륨을 낮추는 것'이라고 표현할 것이다.

작은 일에도 극도의 감정적인 반응을 보이는 사람의 경우, 몸이 그에게 보내는 신호가 너무 크고 집요해서 전두엽은 집중을 유지할 수가 없다. 화학물질들이 몸과 뇌에서 미친 듯이 날뛰면 몸의 요구를 들어주기 위해 전두엽 대신 자율신경계가 통제권을 갖게 되는 것이다.

하지만 우리가 이야기했던 것처럼 전두엽은 의식적인 생각을 매우 중요한 것으로 만들어 다른 것은 아무것도 존재하지 않게 할 수 있다. 이러한 내부의 이미지를 유지하는 데는 외부 세계가 사라진 것처럼 느껴질 정도로 많은 의식적인 집중이 필요하다. 우리가 전두엽을 잘 활용할 수 있다면 가족들의 잘못된 행동이나 산만함에 주의를 기울이지 않고, 해야 하는 일을 모두 완수할 수 있을 것이다. 어떻게 보면 최근에 일어난 사건들이나 가족들에 대한 생각들 같은 것이 더 이상 존재하지 않게 되는 것이다.

종교와 뇌

오랫동안 영적인 세계, 좀 더 구체적으로 말하자면 영적인 무아의 경지에서 이루어지는 초자연적인 경험은 생물학이나 자연현상, 현실과는 거리가 먼 것으로 생각돼왔다.

그러는 가운데 지난 몇 년간 신경신학(neurotheology)이라는 새로운 학문분야는 엄청난 발전을 거듭했다. 신경신학자들 중에서도 가장 영향력 있는 펜실베니아 대학의 앤드류 뉴버그*Andrew Newberg* 박사는 영적인 경험을 측정하려고 시도했다. 예를 들어, 명상 중인 티베트 수도승들이나 기도 중인 수녀들의 뇌 활동을 관찰한 것이다. 소위 초자연적인 경험을 하고 있는 참가자들의 뇌를 관찰하기 위해 방사성 물질을 사용하는 SPECT 스캔을 비롯한 최신 기술이 사용되었다. 뉴버그 박사와 동료들은 이들이 영적인 경험을 하는 동안 활성화되는 뇌 부위를 발견했다. 깊이 명상하거나 기도하는 참가자들을 조사한 결과, 그들이 고도로 주의집중하는 동안 상위 두정엽(지남력연합 영역)에 있는 뉴런 집단이 잠잠해진다고 확신했다. 물론 전두엽은 매우 활성화된 상태였다.

지남력연합 중추는 시간과 공간의 인지에 관여한다(우리 몸이 신체적으로 공간에 어떻게 위치해 있는지와 우리 몸의 자세를 인식하게 해준다). 그러므로 이 부위의 활동이 잠잠해진 사람들이 우주와 하나됨을 경험하는 것은 놀라운 일이 아니다. 뇌의 지휘자는 주의집중을 활발하게 하는 동시에, 마치 오케스트라에서 흐른 소리를 잠재우듯이 몸의 위치와 자세를 규정하는 중추를 잠재운다. 또한 전두엽은 우리가 어떤 특정한 시간과 공간에 놓여 있다는 것을 느끼는 것도 중단시킨다. 그래서 나와 세계 사이의 경계가 없어지고 시간과 공간, 자신에 대한 감각이 없어지는 것이다. 뉴버그 박사의 표현을 빌자면 "자아를

모든 사람과 사물이 무한하게 뒤얽혀 있는 것으로 인지하는 것"이다.[15]

놀라운 집중력과 관찰 능력, 고도의 자의식을 가진 사람들과 작업하면서 이 연구자들은 영적인 명상과 뇌 활동의 변화 사이에는 직접적인 상관관계가 있다는 것을 증명했다. 이들 수행자들이 깊은 명상 중에 마음으로 하는 경험은 창문 밖의 풍경처럼 현실적이다. 영적인 경험을 신경의 기능과 관련해서 생각해볼 때, 그 경험이 단지 마음에만 존재한다거나 신경의 변화가 그 경험을 불러왔다고만 생각할 일은 아니다. 뇌가 영적인 현실을 인지하고 있는지도 모르는 것이다.

우리는 어떤 것을 경험하여 그것을 기억으로 저장한다. 그리고 그것이 무엇이든 간에 외부의 적당한 자극을 통해 과거의 느낌과 기억을 다시 경험할 수 있다. 만약에 치킨 냄새를 맡고 집으로 들어가 부엌에서 김이 모락모락 나는 치킨을 본다면, 그리고 한 조각을 맛본다면 우리의 모든 연합피질들이 활성화되고 과거의 치킨은 마음속에 자콥 말리(Jacob Marley, 찰스 디킨스의 소설 《크리스마스 캐롤》에서 주인공 스크루지의 깨달음을 돕는 인물 –옮긴이)의 유령처럼 나타날 것이다. 특정한 신경의 변화가 일어나고 맛의 황홀함에 빠진 순간, 과학자들이 우리 몸에 방사성 물질을 주입한 후 PET 스캔 촬영을 한다면 치킨의 영향을 받고 있는 뇌 사진을 얻을 수 있을 것이다. 이때 우리 마음속의 치킨이 실재하지 않는다고 말하기란 어렵다. 영적인 경험과 영적인 신경 반응도 이와 같지 않을까?

사라지는 세계

운전을 하면서 중요한 어떤 것에 대해 생각할 때, 우리는 외부 세계를 의식하지 않고도 50~60km 정도 갈 수 있다. 이것은 전두엽이 다른 뇌 부위를 침묵시킴으로써 우리 안의 내부 이미지가 실제 외부 세계보다 좀 더 현실로 다가오기 때문이다. 이러한 일이 발생할 때 뇌는 말 그대로 시간과 환경을 인식하지 못하게 된다(시간을 느끼는 감각과 시각피질이 차단되기 때문이다). 그리고 뇌는 우리 몸도 전혀 인식하지 못해서 마치 우리가 더 이상 몸속에 있지 않은 것처럼 느끼게 된다.

우리가 보는 것은 마음속에 담고 있는 중요한 생각뿐이다. 이러한 과정을 '해리(disassociation)'라고 부른다. 이것은 우리가 외부 세계와 우리 몸을 구분 짓는 감각에서 자연스럽게 벗어날 때 일어난다. 더 이상 주변 환경과 관련한 자신을 느낄 수 없는 것이다. 놀라운 것은 우리가 삶의 모든 시간과 분리된다는 점이다. 이때 조종자(전두엽)는 모든 전화선을 차단해 우리가 방해받지 않고, 가장 중요한 생각에 몰두할 수 있도록 돕는다.

전두엽이 주도권을 잡으면 우리는 많은 신경망과 신경회로를 전두엽에 넘겨준다. 시냅스적인 자아(뇌의 다른 부위에 새겨진 정체성)와 연결이 끊기는 것이다. 실제로 우리는 사람, 사물, 시간, 장소, 사건에 얽힌 연합기억 및 그와 관련된 느낌과 함께 자아의 영역에서 벗어난다. 개인의 정체성을 구성하는 기억 전체를 포기하는 것이다.[16] 따라서 우리는 몸이나 외부세계, 시간으로부터 분리될 뿐만 아니라, 역사를 지닌 한 사람의 영역을 떠나게 된다. 우리는 '자아'와 관련된 기억을 잃고, 정체성을 지닌 '누군가'가 아닌 '무(無)의 존재'가 되는 것이다. 우리는 '자신'을 잊고 '자신'이 되는 법을 잊는다. 대신 우리는 지금 하고 있는 생각 그 자체가 된다. 마치 차를 운전하면서 생각에 빠질 때 정체성이 사라지는 것처럼 말이다. 이 같은 자연스러운 능력은 우리가 뇌를 재편할 때 사용하는 섬세한 행위다.

최근에 나는 차 엔진이 고장 나 집 근처의 정비공에게 갔다. 그는 그 지역에서 정비 분야의 권위자로 이름난 사람이었다. 겉으로 보기에 그에게 어떤 특별한 것이 존재할 것 같지는 않았다. 그러나 그와 대화를 나누면서 나는 그의 강렬한 시선에 큰 인상을 받았다. 내가 차의 상태를 설명하자, 강렬함은 일종의 먼 곳을 바라보는 듯한 눈빛으로 바뀌었다. 나는 그와 내가 더 이상 같은 시간과 공간에 존재하지 않는다는 독특한 인상을 받았다.

그가 시동을 거는 동안 나는 그의 옆에 서 있었다. 한쪽으로 귀를 기울이고 있는 그의 모습은 RCA 레코드 로고에 등장하는 강아지와 매우 비슷해 보였다. 나는 그에게 내가 들었던 '핑'하는 소리가 들리는지 물었지만 그는 대답하지 않았다. 그리고 그는 다시 한 번 먼 곳을 바라보는 듯한 눈빛을 보였다. 나는 그 순간에 그가 자료를 분석하고, 소음의 원인을 추측하고, 해결방법을 찾고 있다는 것을 알 수 있었다. 그는 내 차에서 나는 소리를 지난 30년 동안 일하면서 들었던 소리들과 비교하고 있었다. 그 모든 경험이 신경세포들을 함께 활성화했고 이 신경세포들은 결국 서로 연결되었다. 그는 의식의 흐름을 처리하는 신경망을 갖고 있었고, 내 차의 문제를 진단할 준비가 되어 있었다.

나는 예전에 차를 구입할 때 기술자가 차를 진단기계에 접속하던 일을 떠올렸다. 내 눈앞의 정비공은 그때 봤던 것보다 더 많은 기억을 가진, 더 정교한 진단 기계와 다름 없었다. 두 기계 사이에는 공통점이 있었다. 바로 다른 정보들을 차단해 가장 급한 문제를 해결하는 것이다. 정비공은 그것을 했고, 내 차의 엔진은 그 이후로 고장 나지 않았다.

 Tip 내 귀에는 음악, 강아지 귀에는?

나는 내 강아지 스카쿠스*Skakus*와 한겨울 저녁 불가에 앉아 있었다. 제임스 테일러*James Taylor*의 'Sweet Baby James'를 틀어놓고 나는 다시 한 번 내가 만든 이탈리안 소스가 얼마나 맛있었는지 감탄하고 있었다. 스카쿠스를 쳐다보는 동안 나는 강아지가 테일러의 노래를 들을 수 있는지 궁금해졌다. 음악을 즐길 줄 아는지 말이다. 분명 강아지도 소리를 들을 수는 있겠지만 과연 이 소리를 이해하고 거기서 의미를 찾을 수 있는 능력을 가지고 있을까? 우리는 모든 생물들이 진화를 통해 환경에 반응한다는 사실을 알고 있다.

생존을 위해 외부 환경의 자극에 적응하면서 여러 세대를 거쳐 특화된 생리 기능과 신체구조를 갖게 되는 것이다. 수만 년에 걸친 느린 진화의 과정을 통해 인간보다 소리를 더 잘 들을 수 있는 현재의 스카쿠스 즉, 개가 존재하게 되었다. 그것이 진화 아니겠는가? 하지만 개가 들을 수 있는 소리의 범위가 인간에 비해 넓다고 할지라도(확실히 귀의 크기는 크다), 여전히 음악은 전혀 '듣지' 못할지 모른다. 스카쿠스는 락앤롤을 원한 적이 없다. 아마 없을 것이다. 스카쿠스에게 필요한 것은 작은 소리에도 민감해지는 것뿐이다. 이는 보호와 사냥을 위해 환경을 평가하고 포식자를 감지하기 위한 필수적인 유전요소다. 그것이 개의 삶인 것이다. 그렇다면 스카쿠스는 음악을 듣고 있을까? 어쩌면 스카쿠스의 뇌에는 제임스 테일러에 관한 회로가 없을지도 모른다. 또한 음악은 너무 조화로워서 개가 들을 수 없는 것일 수도 있다.

스카쿠스의 뇌는 외부 세계의 변화 또는 혼란에 좌우된다. 그는 음악이 켜지거나 꺼질 때는 그것을 들을지도 모른다. 혹은 음악소리의 크기가 달라질 때 주의를 기울일지 모른다. 하지만 그의 뇌는 내가 듣고 있는 것과 같은 음악을 듣고 있지는 않을 것이다. 그것이 그에게는 관심을 가질 만큼 중요한 것이 아니기 때문이다. 그의 뇌에서 그것은 소리가 아니다. 개의 뇌가 의식적으로 들어야 할 것이 아니라는 말이다.

아마 당신 역시 컴퓨터 작업에 집중해 있는 동안에는 옆자리의 전화벨 소리에 전혀 주의를 기울이지 않을 것이다. 자신의 전화가 울리면 들을 수 있겠지만 말이다. 당신의 전화는 당신의 주의를 끌기에 충분히 중요하고, 당신의 전화벨이 울리는 것은 어떤 일이 벌어지고 있다는 것을 의미한다. 즉, '당신'의 전화벨 소리만이 당신의 주의, 인식 또는 관심을 유발하는 것이다.

스카쿠스의 귀는 안테나처럼 음악을 포함한 다양한 종류의 소리를 포착하여 그것을 뇌로 옮긴다. 하지만 스카쿠스의 의식은 음악이 주는 자극에 머물러 있지 않기 때문에 그의 뇌는 음악을 꺼버린다. 그는 음악을 듣지 않는다. 그의 전두엽이 이 새로운 소리를 어떤 의미로 통합할 수 있을 정도로 발달하지 않았기 때문이다. 개의 뇌는 통합이 아니라 반응을 하도록 구조화되어 있다.

스카쿠스에게 음악은 존재하지 않는 것이다.

인간도 마찬가지일지 모른다. 오랜 시간 동안 진화해오면서 우리가 관심을 가질 정도로 중요하지 않다고 생각했기 때문에 꺼버린 수많은 정보들이 있을 수도 있다. 만약 그렇다면 우리는 우리의 지식을 넘어설 수 있는 어떤 위대한 기회를 놓치고 있을지도 모른다. 만약 이 모든 정보가 우리 뇌 속에 이미 존재하여 처리되기만을 기다리고 있다면 어떨까? 그리고 관심을 어디에 둘지 결정하는 것만으로도 이러한 정보를 간단히 처리할 수 있다면? 천재성은 이미 우리 손 안에 있는 것일지도 모른다.

무아지경

당신은 운동선수들이 무아지경에 빠져 경기했던 일에 대해 이야기하는 것을 들은 적이 있을 것이다. 상승세를 타고 있는 야구선수들은 날아오는 공이 자몽 크기 정도로 보인다고 말하곤 한다. 또 마이클 조던은 농구 골대가 쓰레기통처럼 커보여서 절대 슛을 실패할 수 없었다고 말하기도 했다. 이들은 모두 어떤 소음이나 다른 선수들, 심지어 경기장조차 사라진 것처럼 느꼈다고 한다. 공과 방망이, 골대 말고는 아무것도 존재하지 않았던 것이다.

우리도 비슷한 경험을 한 적이 있다. 한 가지에만 집중해서 쳐다보다 보면 다른 모든 시각과 청각이 사라지는 것을 느낄 수 있다. 말하자면 무아지경에 빠지는 것이다. 보통 우리는 아주 잠깐 무아지경에 빠진다. 하지만 집중하는 법을 배우고, 현재에 머무르는 능력을 키우면 무아지경에 빠지는 횟수와 시간을 늘릴 수 있다.

고도로 집중하여 아주 중요한 몇 가지 외에는 외부자극을 전혀 알아차리지 못하는 상태가 되면 우리는 시간이 느려지고 그 공간에 있는 사물에 대한 지각이 희미해지는 것을 느낄 수 있다. 한 가지 행동이나 의지에 집중하여 뇌에 그 어떤 것도 남기지 않으면 과거나 미래, 성공이나 실패, 옳고 그름은 이 세상에 존재하지 않는 것처럼 느껴진다. 현재라는 순간만이 존재할 뿐이다. 이때 우리는 자아와 비자아의 경계가 무너지는 것을 경험하게 된다.

어떤 사람이 한곳에만 집중해 모든 관심을 자신의 정체성이 아닌 하나의 생각이나 행동, 사물로 옮길 때, 그의 전두엽은 환경의 쓸데없는 감각자극을 모두 걸러낼 것이다. 그의 뇌는 생각과 사실(deed) 사이의 관계에 100% 집중한다. 본질적으로 그의 정체성은 더 이상 역사를 가진 자아가 아니다. 대신 그의 새로운 정체성은 그가 현재 하고 있는 생각 또는 의지가 된다. 그의 마음이 집중하고 있는 것과 하나가 되는 것이다. 뇌와 마음은 더 이상 그 사람의 기본적인 정체성을 구성하는 신경망을 활성화하지 않는다. 그는 과거를 반복하지 않는다. 이제 마음은 의지를 가진 채 학습하고, 창조하고, 기술을 수행할 수 있는 최상의 상태가 된다. 전두엽이 그를 완전히 현재에 머무를 수 있도록 만든 것이다.

주의력결핍장애의 극복 가능성

오래된 농담 중에 이런 것이 있다. "나는 어렸을 때 너무 가난해서, 관심조차 가질 수 없었다." 하지만 주의력의 부족은 더 이상 농담거리가 아니다. 전두엽에 어떤 문제가 있을 경우 '주의력결핍장애(ADD)'라는 문제가 발생한다.[17] 대니얼 G. 에이먼Daniel G. Amen이 실시한 6가지 주의력결핍장애에 관한 연구에 따르면, 어떤 사람이 집중하려고 할 때 전두엽이 제 기능을 하지 않으면 주의력결핍장애가 발생한다고 한다. 대부분의 연구에서 주의력결핍장애의 원인은 대체로 유전에 의한 것이라고 밝혀졌다.

물론 그 밖에 두개골의 직접적인 충격을 포함한 머리 손상 때문인 경우도 있다. 주의력결핍장애를 앓고 있는 몇몇 사람들은 예전에 마약이나 술을 과다복용했거나 알코올중독자의 자녀였다. 몇몇 전문가들은 어린 시절 발달과정에서 적절한 사회화가 이루어지지 못하면 주의력결핍장애를 일으킬 수 있다고 말하기도 한다.

최신 영상의학을 통해 우리는 주의력결핍장애 환자들이 집중을 하려고 할 때 얼마나 힘들게 노력해야 하는지를 알게 되었다. 주의력결핍장애 환자들의 경우 새로운 어떤 것에 집중할 때 전두엽의 활동이 활발해지는 대신 정반대의 일이 벌어진다. 주의력결핍장애 환자들을 대상으로 한 임상 실험 결과 집중할 때 그들의 전두엽으로 가는 혈류의 양이 감소하는 것이 나타났다. 그들이 집중하는 것을 어려워할수록, 집중이 중단될 때까지 전두엽으로 가는 혈액의 흐름은 더 나빠졌다.

주의력결핍장애의 증상은 사고나 수술로 전두엽에 손상을 입은 사람들에게서 나타나는 증상과 매우 비슷하다. 그들은 주의력 부족, 경험을 통한 학습의 어려움, 조직력 부족, 쉽게 산만해지는 경향, 계획성 부족, 습관적인 행동에 대한 집착(그 행동이 불편한 것일지라도)을 보인다.

주의력결핍장애 환자들은 뇌의 다른 피질에 연결되어 있는 일상적인 일은 수행하는 데 문제가 없기 때문에 겉으로는 정상적으로 보인다. 하지만 그들은 내적 의지를 그들의 행동과 일치시키는 일, 새로운 과제에 집중하는 일, 삶을 조직하는 일에 있어서는 심각한 문제를 겪는다. 예를 들어, 주의력결핍장애 치료를 받지 못한다면 과잉행동 아동들의 절반 가까이가 중죄를 저질러 체포될지도 모른다. 실제로 모든 감옥 수감자의 반 이상이 주의력결핍장애를 가지고 있다. 또한 주의력결핍장애 환자의 약 1/3은 학교를 마치지 못한다. 알코올 및 마약 중독자의 반 이상이 주의력결핍장애를 가지고 있으며, 주의력결핍장애를 가진 아동을 가진 부모의 이혼율은 그렇지 않은 경우보다 3배나 더 높다.

영상의학의 발달과 함께 몇몇 과학자들과 의사들은 전두엽이 제 기능을 하지 못할 때 여러 가지 주의력결핍장애 증상이 나타난다는 사실을 발견했다. 만약 뇌의 지휘자가 제 기능을 하지 못하면 뇌 전체가 조화롭게 작동하지 못할 것이다. 즉, 뇌의 다른 여러 중추가 과잉활성화되거나 비활성화된다. 전두엽이 뇌의 모든 다른 부위와 연결되어 있다는 사실을 기억하기 바란다. 전두엽이 제대로 작동하지 않으면 여러 가지 종류의 주의력결핍장애가 일어난다. 주의력결핍장애의 권위자인 임상 신경과학자 에이먼 박사에 따르면 주의력결핍장애 증상은 뇌의 다양한 이미지 패턴과 연결되고 있다고 한다.

예를 들어, 주의력결핍과잉행동장애(ADHD)라고 불리는 주의력결핍장애는 미국에서 수천 명의 사람들에게 고통을 주고 있다. 이것의 가장 대표적인 특징은 행동을 통제할 수 없고, 사회적으로 적합한 행동유지가 불가능하다는 것이다. ADHD 환자들은 교실에서 통제불능의 행동을 보이거나, 집 안의 규칙에 반항하거나, 다른 사람의 허락을 구하는 것에 구애받지 않기도 한다. 전두엽의 기능을 바탕으로 생각해보면 ADHD 환자들이 충동적인 생각에 대한 반응을 억제할 수 없는 것은 당연하다.

이들은 쉽게 문제를 일으킨다. 스트레스 상황에서 그들이 경험하는 감정적인 흥분은 아드레날린을 폭주시키기에 충분하다. 아드레날린의 폭주는 그들의 뇌를 잠시 동안 각성시키지만, 일단 아드레날린이 다 떨어지고 나면 분명 문제가 발생할 것이다. 그들에게 더 많은 아드레날린을 공급할 더 큰 자극이 필요하기 때문이다. 다행인 것은 개개인의 뇌 패턴에 맞춘 다양한 약물을 통한 치료법이 현재 개발 중이라는 것이다. 희망은 있다. 최근 몇 년 동안 우리는 주의력결핍장애의 진단과 치료에 놀라운 발전을 보아왔으니 말이다.

전두엽과 자유의지

자유의지는 인간을 다른 생명체와 구분하는 특징 중 하나다. 그것은 생물학적 충동의 구속에서 벗어나 자유롭게 행동을 결정하는 능력이다. 우리가 얼마나 자유로운가에 관한 논쟁은 이 장의 주제에서 벗어난 얘기다. 하지만 자유의지에 의한 선택과 전두엽 사이에 밀접한 관계가 있는 것은 사실이다. 전두엽은 우리의 '기억'이 아니라 우리가 '원하는 것'에 근거해서 의식적인 선택을 하도록 한다.

만약 우리가 기억에 근거한 선택을 한다면 전두엽을 많이 사용하지 않을 것이다. 하지만 우리가 기억의 범위 밖(상자 밖)에서 생각하고 선택하게 되면 전두엽은 고조된 상태가 된다. 연구자들은 자유의지를 사용해 의사결정을 할 때 전두엽이 가장 활발히 활동한다는 것을 보여주는 실험을 진행했다. 그들은 실험 참가자들에게 '맞고 틀림'과 같은 분명한 선택이 아니라 다소 모호한 상황에서 그들의 선호를 근거로 선택하게 했다.[18]

뉴욕대 의과대학의 엘코논 골드버그Elkhonon Goldberg 교수가 진행한 실험은 전두엽이 우리의 자유의지에 의한 의사결정에 핵심적인 역할을 한다는 것을 보여준다. 그는 실험 참가자들에게 기하학적인 무늬를 보여주고 두 개 중 하나를 선택하라고 했다. 참가자들에게는 미리 맞고 틀린 답은 없다는 사실을 충분히 숙지시켰다. 그는 그들의 선택과 반응은 단순히 개인의 선호의 문제로, 마음에 드는 것을 고르면 된다고 이야기했다. 그리고 그들에게 여러 번의 실험을 할 것이며, 두 실험이 똑같지는 않을 것이라고 일러주었다.

여기에 이 실험의 흥미로운 부분이 있다. 골드버그 박사는 다음과 같은 두 종류의 사람들을 실험에 참가시켰다. 한 집단은 신경계질환의 병력이 없는 건강한 사람들이고, 다른 한 집단은 다양한 종류의 뇌 손상을 경험한 사람들이었다. 박사는 전두엽에 손상을 입은 사람들이 그들의 반응을 체계화하는 데 매우 큰 어려움을 겪는 것을 발견했다. 그에 반해 뇌의 다른 부분에 손상을 입은 사람들은 자유의지에 의해 의사결정을 하는 데 문제가 전혀 없거나 거의 없었다. 즉, 뇌 손상을 입은 적이 없는 참가자들이나 전두엽이 아닌 뇌의 다른 부위에 손상을 입은 환자들과 달리 전두엽에 손상을 입은 사람들은 그들이 좋아하는 것을 자유롭게 선택하는 데 어려움을 겪었던 것이다.

골드버그 박사는 이 실험을 좀 더 발전시켰다. 그는 전두엽이 손상된 환자들에게 '보기와 가장 비슷한 것'과 '보기와 가장 다른 것'을 선택하라고 했다. 그는 건강한 사람들로 이루어진 대조군에게도 같은 것을 요구했다. 이것은 '익숙함(아는 것)'에 관한 가장 단순한 실험으로 애매모호한 점은 아무것도 없었다. 결과는 대조군과 마찬가지로 전두엽에 손상을 입은 사람들 역시 과제를 완수했다.

이 실험은 두 가지 결론을 이끌어낸다. 하나는 전두엽이 자유의지로 의사결정하는 데 탁월한 기능을 한다는 것이다. 특히 개인이 하나 이상의 결과가 예상되는 상황에서 결정할 때 더욱 그렇다. 두 번째로 전두엽은 단순히 맞고 틀림을 가리는 상황에서는 더 이상 핵심적인 역할을 하지 않는다는 것이다. 아마도 '맞는' 선택을 하는 것은 자유의지에 의한 선택을 할 때만큼 고도의 사고력이 필요하지 않은 모양이다.

이 연구는 또한 우리가 대뇌신피질에 신경망을 형성하고 있는 기존의 정보를 바탕으로 결정을 내릴 때 전두엽이 더 이상 활성화되지 않을 뿐만 아니라, 자유의지도 나타나지 않는다는 것을 보여준다. 즉, 전두엽을 활성화하지 않는다면 우리가 자유롭게 선택하고 있다고 생각하더라도 실제로는 익숙한 정보를 바탕으로 제한된 선택을 하는 셈이다. 우리는 전두엽을 통해 새롭게 배울 수 있는 새로운 정보 대신에, 활성화될 준비가 되어 있는 기억과 이미 알고 있는 것을 선택하는 능력에 의지한다. 익숙하고 일상적이고 일반적인 것을 선택하는 데는 전두엽의 활동이 거의 필요 없다. 따라서 우리가 자유의지에 따라 선택하고 있다고 생각할지라도, 어쩌면 이미 알고 있는 것을 선택하고 있는지도 모른다. 이것은 자유의지에 의한 선택이 전혀 아니다. 단지 패턴의 인식과 반응일 뿐이다.

현실에서 우리는 얼마나 자주 이러한 일을 할까? 옳고 그름, 좋고 나쁨, 공화당과 민주당, 성공과 실패 중 하나를 선택하는 것은 전두엽이 손상된 사람처럼 행동하는 것과 같다. 만약 우리가 삶에서 어떤 익숙한 상황을 인지할 때 그것과 관련된 신경망을 활성화한다면 결국 고정된 신경회로대로 똑같이 행동하고 생각하게 되지 않을까? 그렇다면 이것은 우리가 자유의지를 가지고 선택하지 않았다는 것을 의미하는 게 아닐까? 자유의지 대신 우리는 자동적인 프로그램과 연결된 반응을 시작하지는 않을까? 뇌가 무의식적이고 자동적인 상태로 정보를 처리하도록 말이다.

만약 그렇다면 광고는 상품에 대한 기억을 우리 뇌에 영구적으로 각인시키는 반복적인 방법일지도 모른다. 그래서 물건을 사야 할 상황이 발생하면 우리는 필요에 맞는 가장 떠올리기 쉬운 신경패턴을 기억하게 되는 것이다. 이러한 경우 여기에 자유의지란 없다. 대신 이미 프로그램된 패턴의 정해진 자극에 단순히 반응하는 것이다. 옳고 그름, 알고 모름의 선택을 뛰어넘는 새로운 가능성에 대해 생각하고 고찰하는 데는 노력이 필요하다. 그것은 우리가 우리의 뇌에 회로로 짜여 있는 프로그램을 차단해야 한다는 것을 의미한다.

전두엽이 활성화되지 않을 때 우리는 오직 아는 것과 이미 뇌에 저장되어 있는 것에만 반응할 수 있다. 그러면 우리는 항상 아는 것을 선택할 것이다. 우리는 자유의지로 선택하고 있다고 생각하지만 실제로 그저 순간의 만족과 안도감을 위해 설계된 자동적인 반응을 사용하고 있을 뿐이다. 그 경우 우리의 정서적 반응(반복적이고 일상적이며 예측 가능한 것들)은 전두엽이 활동하지 않기 때문에 나타난 것이다.

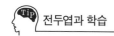

우리는 현대 교육체계에서 시행되는 시험의 의미에 대해서 다시 생각해봐야 한다. 대부분의 학생들이 옳은 답을 찾기 위해 많은 것을 암기한다. 시험을 볼 때 그들이 하는 일은 그 정보를 토해내는 것이다. 본래 어떤 것을 공부하고 기억하는 데는 전두엽을 사용해야 한다. 하지만 시험에서 올바른 답을 선택하는 데는 전두엽이 거의 사용되지 않는다.

대신 작문시험 같은 평가에는 전두엽의 활동이 더 많이 요구된다. 정해진 답이 없는 개방형 질문을 받았을 때 학생들은 배운 것을 바탕으로 답변을 체계화해야 한다. 그동안 배운 정보를 바탕으로 다양한 가능성을 생각해보고, 그것을 발전시키는 과정이 필요한 것이다. 이러한 과정에서 학생들은 전두엽을 최대한으로 사용한다. 질문을 통해 답을 얻는 소크라테스식 학습법은 우리를 상자 밖으로 끌어내고 그동안 사실이라고 생각해왔던 것에 도전하게 만든다. 이것은 전두엽을 사용하지 않는 암기식 교육을 피하는 좋은 방법이다.

전두엽과 진화

자, 이번에는 새로운 일을 한다고 생각해보자. 당신은 물건을 지하 창고로 옮기고 있다. 처음 계단을 내려갈 때 당신은 전등에 머리를 부딪히고 통증을 느낀다. 지하에서 나오면서 짜증스러운 눈길로 전등을 보며, 그것이 천장에 얼마나 낮게 달려 있는지를 확인한다. 다시 위층으로 올라가 옮겨야 할 물건들을 챙긴다. 이번에는 계단을 내려오면서 당신은 동료와 지난 밤의 축구경기에 대해 이야기한다. 전구에 대해서 깜박하고 또 머리를 부딪히고 만다. 부딪힌 데를 또 부딪혀 더 아프다. 이번에 멈춰 서서 그 전구를 기억하고 다음번에는 주의하겠다고 마음속으로 다짐한다. 그리고 당신은 하고 있는 일에 좀 더 집중할 수 있도록 전두엽에 지시한다. 세 번째로 계단을 내려올 때는 뇌의 CEO가 몸을 숙이라고 당신을 상기시킬 것이다.

전두엽은 우리에게 실수를 통해 배우는 능력을 줌으로써 인간의 생존과 진화에 중요한 역할을 했다. 전두엽이 활성화되면 우리는 반복적이고 일상적인 결과에서 자유로워지고, 다른 결과를 경험할 수 있도록 우리의 의식이 확대된다.

어떠한 생물종이 외부 환경의 자극을 여러 세대에 걸쳐 반복적으로 경험하다보면 결국 시간이 흐르면서 그 자극에 적응하게 될 것이다. 체내의 새로운 균형에 맞춰 변할 것이고 그 다음 그 종의 유전자가 변할 것이다. 그리고 그것은 다음 세대가 동일한 외부자극에서 살아남도록 도울 것이다. 이것이 '종의 적자생존(survival of the species)' 이며, 모든 종들에게 나타나는 선형적이고 느린 진화의 과정이다.

전두엽은 인간으로 하여금 느린 진화의 과정과 대부분의 종에 적용되는 적응과정을 뛰어넘도록 만들고, 우리에게 비선형적인 방법으로 학습하고, 적응할 수 있는 능력을 부여한다. 이 덕분에 우리가 생각과 행동을 통해 즉각적으로 변화할 수 있는 것이다. 비선형적인 진화를 통해 우리는 행동을 수정할 수 있고 한 세대 안에서도 완전히 새로운 경지의 경험을 할 수 있다.

전두엽이 켜졌을 때, 꺼졌을 때

다음은 우리의 전두엽이 활성화될 때 할 수 있는 것 또는 될 수 있는 것을 단순화한 목록이다.

- 의도적으로 의식하기, 오랫동안 집중하기
- 여러 가능성을 고려해본 후 행동하기

- 결단력, 명료함, 기쁨, 기술 습득, 적응력, 집중력
- 실수에서 배우고 다음번에는 더 잘하는 능력
- 미래를 계획하고 그것을 지켜나가는 능력
- 매일 상황에 따라 계획 수정하기
- 자의식의 강화
- 목표를 향한 강한 추진력
- 통제가 잘된 행동
- 과거의 경험을 통해 더 나은 계획을 세우는 능력
- 외부 환경과는 별개로 이상을 유지하는 능력
- 외부 세계나 몸의 필요에 상관없이 꿈과 목표, 의지를 현실로 만드는 능력
- 어떤 것이든 실행할 수 있는 집중력
- 과거가 아닌 현재를 바탕으로 생각할 수 있는 능력
- 앞을 내다보고 행동하기
- 자신만의 개성

다음은 전두엽이 완전히 기능하지 않을 때 되거나 할 수 있는 일이다.

- 무관심과 게으름
- 감흥 없음, 동기 저하, 진취성 부족
- 같은 것, 일상적인 것, 예측 가능한 것에 대한 열망
- 배우고자 하는 의지 없음
- 쉽게 산만해짐
- 미래를 계획할 수 없음
- 원하는 것과 일치하지 않는 방식으로 행동하기
- 어떤 행동과 과제의 완수 불능
- 반발적임

- 정신이 경직되고 변화를 싫어함
- 어떤 부정적인 생각에 붙잡혀 있음
- 주의 깊게 들을 수 없음
- 비조직적임
- 충동적임
- 매우 감정적임
- 부주의함
- 다른 선택을 고려하지 않음
- 다른 사람을 따라하는 경향

우리는 아마 양쪽 목록의 특징들을 모두 갖고 있을 것이다. 그러나 우리는 어쩌면 통제할 수 없는 부정적인 특질이라는 속단 아래 너무 오랫동안 오해하고 있었는지도 모른다. 우리는 자기반성의 시간을 갖고, 자신을 돌아보면서 이렇게 말하곤 한다. "나는 너무 무계획이야. 나는 충동적이야. 나는 게을러." 'ㅇㅇ되기(to be)' 라는 표현에는 변화하는 우리의 능력에 대한 우리의 믿음이 담겨 있다. '나는 ㅇㅇ이다' 라고 말하는 것은 '나의 상태는 ㅇㅇ이다, ㅇㅇ였다, 항상 ㅇㅇ일 것이다' 라는 표현의 줄임말이다. 우리는 이제 마음의 작동을 장악해야 한다는 것을 알고 있다. 우리는 너무 오랫동안 우리의 정체성과 미래를 스스로 자유의지를 가지고 결정해왔다고 믿었다. 하지만 이제는 대부분의 경우 우리가 자유의지를 전혀 사용하지 않는다는 사실을 깨달았기를 바란다. 우리는 그저 과거의 경험을 바탕으로 한 선택사항 중 하나를 선택해왔을 뿐이다. 우리는 여전히 자유의지를 사용하지 않고 있으며, 전두엽이라는 축복을 충분히 활용하지 않고 있다.

다음 장에서는 전두엽을 누구도 상상하지 못할 만큼 활용하는 일이 어떻게 가능한지 살펴볼 것이다. 자신이 선택한 삶을 살기 위해 마음의 능력을 완전히 사용하는 방법 말이다.

마음속으로 그리면
반드시 이루어진다

- 11 -

Evolve your Brain

상상이 현실이 되는 것, 이것이야말로 상상으로 성취할 수 있는
가장 감탄할 일이다.

- 션 오파오레인*Sean O'faolain*

마음속으로 그리면

Evolve your Brain

반드시 이루어진다

최근에 내 친구 존John이 나에게 전화를 했다. 그는 가족들을 만나러 뉴욕에 갔다가 북서부로 돌아가는 길이었다. 존은 독신이었고 6남매 중 막내였으며 철학교수였다. 간단히 말하자면 그는 정신적인 삶을 살고 있었다. 그에게는 TV가 없었으며 공영 라디오만 들었고 책을 읽거나 친구들과 등산을 하며 대부분의 시간을 보냈다. 그의 집을 방문하는 것은 은둔처에 들어가는 것과 비슷했다. 그의 가장 가까운 이웃도 400m는 가야 만날 수 있었으며, 그의 집에는 필요한 가구들만 갖춰져 있었다. 처음에는 집에 시계가 없다는 사실이 나를 당황하게 했지만, 얼마 후 시간의 흐름에 익숙해지게 되었다.

존이 전화했을 때 나는 그의 목소리에서 평소의 차분함이 아닌 흥분을 느낄 수 있었다. 가족들을 만나기 위한 여행을 준비하던 중 한 잡지사에서 그의 글을 싣겠다는 연락을 받은 것이다. 글을 수정하는 데는 열흘의 시간이 주어졌다. 하지만 여행계획을 취소하기에는 너무 늦은 상태였다. 그래서 그는 가족들을 방문하는 동안 수정작업을 하고 잡지사에 원고를 보내기 전 내게 의견을 묻기로 결심했다. 가족들과 함께 지내면서 수정작업을 하는 것은 성공하기 힘든 계획이지만, 존은 자신의 의도와 행동이 일치하는 사람들 중 하나였다. 그런데 그런 존이 지금 나에게 원고를 보내려던 날짜에 맞출 수 없게 되었다고 전화를 한 것이다. 처음에 그는 일하는 데 방해되는 일이 좀 있었다고 얼버무렸다.

나는 그 방해라는 것이 어떤 것인지 상상할 수 있었다. 그의 가족들이 존과 아주 딴판이라는 사실을 알고 있었기 때문이다. 그의 다섯 형제들은 정적인 그와 달리 매우 활동적이었다. 존이 차분하고 동요 없는 성질의 사람이라면, 그의 형제들은 감정적으로 욱하는 성향이 있었다. 또한 그들은 모두 자녀를 두었다. 그는 식사를 위해 식구들을 모으는 간단한 일조차도 고양이를 한데 모으는 것만큼이나 어려웠다고 말했다. 아이들의 일정(축구와 야구 시즌)과 식단(채식주의에서 육식주의까지)을 조정하는 것만으로도 버거웠다. 또한 26명의 다양한 감정 상태에 대응하기란 거의 불가능했다.

6일간의 방문 일정 중 4일이 지났을 때 그는 집으로 돌아가기 위해 공항으로 향하고 있었다. 그는 끊임없는 소음과 서로 상처 주는 대화들, 그리고 아이들의 돌발행동에 질릴 대로 질렸다. 그는 내게 한때는 자신이 어떤 소란 속에서도 평온을 유지할 수 있는 능력이 있다고 생각했다고 말했다. 하지만 그는 물에 젖고 바람에 시달린 뒤 배 안으로 후퇴해야 했다. 원래 누나 한 명이 공항까지 차로 데려다주기로 했지만 그는 거절했다. 그가 편안해지기 위해서는 렌트카를 이용하는 방법밖에 없었다. 그렇지 않았다면 아마 비행기에서 뛰어내리겠다며 소란 피우는 자신의 모습을 뉴스에서 보게 됐을 것이라고 존은 말했다.

존이나 나나 그가 그런 일을 할 수 있는 사람이 아니라는 것을 알기에 서로 웃었다. 그리고 그는 지난 두 달간 내가 그를 도와준 덕분에 가족방문에서 살아남을 수 있었다고 말했다. 적어도 4일은 말이다.

존은 람타학교의 가르침과 내 무술실력에 호기심을 가졌다. 그는 운동을 좋아하지는 않았지만 유도나 가라테 등의 무도 정신에는 매료되었다. 그는 자신이 닌자(ninja, 일본의 특수 전투 집단) 무술인이 아닌 닌자 저술가가 되고 싶다는 농담을 하기도 했다. 그래서 나는 그에게 내가 몇 년 전에 사용했던 방법에 대해 알려줬다. 당시에 나는 검은 띠 승급 시험을 치르고 있었다. 나는 같은 교실의 동료들과 대련을 했는데, 때로는 동시에 2~3명과 함께하기도 했다.

나는 동료들과 함께 실제 연습을 하기도 했지만, 소파에 앉아 머릿속으로 그들과 대련하는 생각을 하며 많은 시간을 보냈다. 나는 전에 동료들과 대련한 경험이 있었기 때문에 그들의 성향이나 실력을 알고 있었다. 그래서 그들이 어떤 행동을 할지 꽤 잘 예상할 수 있었다. 검은 띠 시험을 준비하기 위해서 나는 마음으로 반복해서 그들과 대련하는 상상을 했다. 나는 마음속으로 내 방어술과 발차기를 볼 수 있었고 그들과 내가 사용할 기술의 조합과 순서를 확인할 수 있었다. 나는 또한 마음으로 모든 자세와 기술을 연습했다. 기본기를 정확하고 한 치의 허점도 없이 단련하기 위해서였다. 마치 집이 아닌 체육관에서 연습하는 것처럼 느껴졌다. 마음속으로 연습하는 일이 끝났을 때 나는 준비된 느낌이었다. 잠깐이라고 생각했던 그 시간은 어느덧 한 시간이 훌쩍 넘었다.

존은 글을 쓸 때 이와 비슷한 마음 상태를 유지하기를 원했다. 그래서 여행을 떠나기 두 달 전부터 이 기술을 연습해왔다. 그는 계획대로 작업할 원고를 가져갔고, 매일 1~2시간 정도 수정작업을 하겠다고 내게 말했다. 처음에는 그의 형제들과 조카들이 만드는 혼란과 불협화음이 그의 주변을 소용돌이처럼 맴돌았다. 의자에 앉아 있는 그에게 조카들이 와서 관심을 끌려고 시도하는 모습이 눈에 선했다. 계획대로 하루의 일과를 실천하려던 그의 시도는 조카들의 소란과 무질서로 인해 산산조각 났다. 하지만 결국 그는 이른 아침에 일을 하기 위한 시간을 찾아냈다. 그의 형제들이 아이들에게 아침을 먹이기 위해 졸린 눈으로 침대 밖으로 나온 후의 아주 짧은 시간 동안이지만 말이다.

그의 부모는 아직 그가 자란 집에서 살고 있었다. 빅토리아 풍의 거대한 집이었는데, 세 칸으로 나뉘어 있는 둥근 현관이 인상적이었다. 그는 어린 시절 조용한 시간을 갖기 위해 집에서 멀리 떨어진 버드나무에 올라가곤 했다고 한다. 거기서 몇 시간씩 책을 읽고 호수에 비치는 구름의 모습을 바라보며 저녁때까지 거기에 있곤 했다. 부모님이 그가 없어진 것을 알고 그를 찾기 위해 사람들을 보낼 때까지 말이다.

어린 시절의 기억에 자극받아 존은 매일 아침 해가 뜨기 직전 아무도 일어나지 않은 시간에 베란다로 나갔다. 그리고 부엌에서 가장 멀리 떨어진 곳에 의자 하나를 놓고 앉았다.

이른 아침 작업시간 동안 그의 가족과 모든 훼방꾼들은 그에게 보이지 않았다. 가족들에게도 그가 보이지 않기는 마찬가지였다. 그는 자신이 다시 그 혼란 속으로 들어갔을 때 3시간이나 지난 것을 알고는 매우 놀랐다고 말했다. 이른 아침, 근처 숲에서 들리는 새들의 소리가 잠잠해지고 나면 팬케이크 반죽 치는 소리와 엘모(Elmo, 어린이용 TV 프로그램 캐릭터 – 옮긴이)의 웃음소리, 기관차 토마스의 칙칙폭폭 소리도 더 이상 들리지 않았다. 집 안의 온갖 소음들이 잦아들면서 그 앞에 존재하는 것은 노트북 화면의 희미한 빛뿐이었다.

존은 그 순간이 축복이나 선물처럼 느껴졌다고 말했다. 하지만 그는 온종일 그런 고요함을 유지할 수 없었다. 나는 존에게 그 정도 시간을 찾은 것도 대단한 것이라고 말했다. 그는 자신이 자란 집이 어떤 마법에 걸려 사람들을 모두 애들로 만들어버리는 것 같았다고 말했다. 가족들의 사소한 말다툼이 귀에 들리기 시작하자, 그는 고요한 아침시간이 끝나가고 있으며 떠나야 할 때가 됐음을 알았다고 했다.

존의 경험은 우리의 몸과 뇌가 어떻게 협동하고, 때로는 어떻게 불협을 이루는지를 알려주는 예다. 앞에서 살펴봤듯이 감정적 중독(9장 참고)의 상태일 때 우리 몸은 뇌와 때로는 건강에 좋지 않은 방법으로 의사소통한다. 그럴 때 우리 몸의 많은 부분은 우리에게 '지금 몸이 제대로 기능하는 것이 맞는지'에 주의를 기울이라고 아우성친다. 우리는 환경뿐만 아니라 체내에서도 매우 많은 정보를 받는다. 우리를 둘러싼 자극들은 모두 우리의 관심을 끌려고 아우성일 뿐 서로는 안중에도 없다.

다행스럽게도 우리는 이러한 소란스러운 환경의 속에서도 은총의 시간을 누릴 수 있다. 베란다에서 존이 경험한 순간과 그가 혼란을 막아낸 방법에서 우리는 정서적 소란을 진정시키는 방법에 대한 교훈을 배울 수 있다. 일을 하기 위해 찾았던 조용한 피난처에서 시공을 초월했던 존의 경험을 통해 우리는 과거의 기억에 의한 감정적 중독과 습관적인 일상을 깨는 열쇠를 발견할 수 있다. 그는 우리 모두가 자신을 바꿔, 행동을 변화시키고, 특정한 성향의 영향을 받지 않고, 유전적 성향의 고리를 끊어버릴 수 있는 능력을 가지고 있다는 것을 잘 보여주고 있다.

놀라운 것은 존과 같이 우리 모두에게 주변 환경에 신경을 안 쓰는 능력이 있다는 점이다. 예를 들어, 당신은 다른 사람이 당신에게 말을 거는 줄도 모르고 TV에 정신이 팔린 적이 있을 것이다. 심지어 그 사람이 당신 옆에 있었는지도 모른 채 말이다. 아내가 당신에게 잔소리할 때도 마찬가지다. 당신은 아마 잔소리를 전혀 귀담아 듣지 않을 것이다.

당신은 언제 이 같은 선택적인 듣기와 행동의 달인이 되고 싶은가? 우리가 이러한 기술을 좀 더 좋은 목적으로 사용한다면 어떻게 될까? 아직 다듬어지지 않은 우리의 집중력을 길들여서 사용한다면 어떤 일이 벌어질까? 여기서 짚고 넘어가야 할 것은 우리가 훈련되지 않은 상태라면 도대체 어떻게 이러한 '외부로부터의 차단'을 시행할 수 있는가이다.

여행 전에 존이 나와 함께한 훈련에 답이 있을지도 모른다. 그는 당시 전두엽을 사용해 뇌의 다른 중추의 활동을 줄이는 훈련을 했다. 집필하고 있을 때 존은 감각피질과 운동피질을 조용하게 하는 법을 배웠고, 뇌의 감정 중추를 진정시켰다. 최면 상태와 비슷한 상태가 된 것이다.

존의 말에 따르면 집필을 위해 앉았을 때 그는 '오묘한 순간'을 경험했다고 한다. 처음으로 그가 한 일은 음악을 켜는 것이었다. 아무 음악이나 켠 것은 아니다. 그는 음악에 가사가 있으면 집중하기가 더 어렵다는 것을 알았다. 그래서 그는 클래식에서 영화음악, 뉴에이지에 이르기까지 다양한 종류의 경음악을 골랐다. 재즈는 그에게 너무 빠른 것 같았다. 초고를 쓰는 과정에서 다른 책을 참고할 필요가 없을 때, 그는 부드러운 촛불의 조명을 사용했다. 음악과 밝기의 조화는 고요함을 찾는 데 도움을 주었다. 그리고 그는 언제나 작업을 늦은 밤에 시작했다. 그의 표현에 따르면 '뇌의 다른 부분이 피곤해서 쉽게 잠들기 때문'이었다.

존은 전두엽의 힘과 효과에 대해서는 알지 못한 상태에서 이러한 전략을 사용했다. 그는 직관적으로 주의집중의 힘에 대해 알았고, 집중하기 위한 자신만의 방법을 고안했다. 최근 몇 달 동안 나는 그에게 우리가 집중할 때 전두엽이 하는 역할에 대해 좀 더 자세히 설명해주었다. 존에게는 이 정보를 이용해 이루고자 하는 매우 명확한 목표가 있었다. 글을 더 잘 쓰고 더 쉽게 집필모드로 들어가는 것이었다.

예전에 한 작품을 끝내고 슬럼프를 경험한 이후 그는 다시는 슬럼프에 빠지지 않기로 결심했다. 그는 순풍에 돛을 단 듯 글이 잘 써지는 날과 험한 폭풍우 속에서 항해를 하고 있는 것 같이 느껴지던 날의 마음 상태와 주변 환경에 관심을 가지기 시작했다. 결국 그는 무엇이 효과적이고 무엇이 그러지 않은지에 관한 몇 가지 결론에 도달했다. 그는 오랜 시간에 걸쳐 효과적인 방법을 다듬어나갔고 그것을 수시로 반복했다. 결국 음악이나 조명, 늦은 밤이라는 조건 없이도 일에 몰두할 수 있었다.

내게 전화를 하는 동안 그는 자기 집 '실험실' 밖에서는 이런 결과를 재현할 수 없었다는 사실에 매우 안타까워했다. 부모님의 집에 갔을 때 그는 모든 것이 잘못된 것처럼 보였다고 했다. 나는 부모님의 집에서 이른 아침에 일했던 순간을 떠올리고 그것을 큰 성공으로 생각하라고 말했다. 배울 것이 있었으니까 말이다. 그가 집에 돌아와 방해를 더 적게 받는 환경일 때 그는 좋은 날과 나쁜 날을 더 객관적으로 볼 수 있게 되었다. 그리고 어떤 때 더 효과적으로 글을 쓸 수 있는지에 대한 더 명확한 결론을 얻을 수 있었다. 중요한 것은 첫 단계부터 밟아나가는 것이다. 여기서 첫 단계란 바로 '관찰'의 기술이다.

관찰의 기술

진부한 표현이기는 하지만 자신을 치유하기 위한 첫 단계는 자신에게 문제가 있다는 사실을 자각하는 것이다. 그렇다면 자신에게 문제가 있을 때 그것을 어떻게 알 수 있을까? 이것은 스스로를 관찰하는 능력에 달려 있다. 말하자면 자신을 알게 되는 것이다. 나는 존에게 자신의 행동의 특징과 성격의 세세한 부분을 스스로 인식해야 한다고 말했다. 그리고 여러 다른 상황에서 집필하는 데 영향을 미치는 요소가 무엇인지 분석하라고 했다.

대부분의 사람들에게는 존과 같은 잘 발달된 자기인식(self-awareness) 능력이 결여되어 있다. 또한 여유를 내서 자신의 생활과 성격을 진정으로 검토하고 분석하는 데 필요한 인내심도 결여되어 있다. 그러나 이러한 자질이 현재 나타나지 않는다고 해서 우리가 그 기술을 가지고 있지 않다거나 단련할 수 없다는 뜻은 아니다. 우리는 주의집중을 방해하는 소음을 줄이기만 하면 된다. 이를 통해 자신이 가지고 있는 어떤 특정한 기술이나 태도를 관찰하거나, 자신을 보다 큰 틀에서 바라볼 수 있다. 우리가 스스로의 행동을 비판적으로 관찰할 수 있는 능력이 있다는 증거는, 바로 우리가 다른 사람들과 그들의 행동을 관찰할 수 있다는 것에 있다.

아마 여러분 모두 다른 누군가에 대해 '저 사람은 자신을 제대로 볼 줄 모르는 군' 하고 생각했던 적이 있을 것이다. 우리는 이런 생각을 한다. '저 사람은 저런 옷을 입으면 어떻게 보이는지 알고는 있는 걸까?' 그리고 어떤 사람이 사소한 일에도 심한 감정적 반응을 보이는 것을 알아보기도 한다. 이럴 때 우리는 스스로에게 이렇게 묻는다. '이 사람은 자신을 제대로 볼 수 있는 걸까?' 정답은 많은 사람들이 그럴 수 없다는 것이다. 그들에게는 자신 주변의 세계를 관찰할 수 있는 기술이 결여되어 있을 뿐 아니라, 자기 스스로를 분명하게 평가하는 기술도 결여되어 있다. 이들은 자기성찰의 시간을 가져본 적이 없거나, 특정한 상황에서 그들이 어떤 방식으로 행동하는지 인지할 수 있는 능력이 없다. 그들은 자신에게 중요한 다음과 같은 질문조차 하지 않는다. '나는 왜 계속 자기 파괴적인 느낌을 떨쳐버리지 못하는 걸까? 내가 기대한 것과 정반대의 결과를 얻고 있으면서도 왜 난 계속 나의 행동과 생각이 원하는 반응을 이끌어낼 거라고 기대하는 걸까?' 자신의 가장 진솔한 모습에 대해 이 같은 중요한 질문을 하지 않는 이상 우리는 진정으로 자신이 누구인지 알 수 없다.

하지만 전두엽을 활성화한다면 우리는 스스로를 아주 명백하게 바라볼 수 있을 것이다. 우리는 외부의 것들에 너무 정신이 팔려 있기 때문에, 우리가 해야 할 일은 그저 카메라로 어떤 장면을 찍듯이 관찰하고 싶은 것을 선택적으로 고르기만 하면 된다. 외부에 지나친 관심을 갖거나 환경에 의해 좌지우지 되는 것, 그리고 몸이나 감정적 반응의 노예가 되지 않기 위해서는 자기 자신을 좀 더 잘 관찰할 줄 알아야 한다. 이것은 마치 존이 그랬던 것처럼 환경과의 관계를 끊는 것을 의미한다. 우리를 감정적으로 중독되게 만드는 모든 프로그램을 포기하는 것이다.

내가 여러분에게 내 친구 존이 괴짜 같다는 인상을 심어준 것이 아니었으면 좋겠다. 그는 은둔자와는 거리가 멀다. 그는 사회활동을 활발히 하며 대학과 지역공동체에서 공식적인 직책을 맡고 있다. 그에게 TV가 없는 것은 사실이다. 하지만 그것도 예전에 그가 TV에 너무 빠져들었기 때문에 없앤 것이다. 그는 자신이 약하다는 사실을 잘 알았다. 그런 그가 TV를 끊을 수 있는 유일한 방법은 집에서 완전히 몰아내는 것뿐이었다. 그가 다른 사람과 한 가지 다른 점이 있다면 그것은 명상을 즐긴다는 것이다. 그것이 아마 그를 요즘 사람들과 다르게 만들었을 것이다. TV를 없애고서 남은 시간을 그는 자연에 푹 빠지거나 책을 읽으면서 보냈다. 그는 등산을 하면서 관찰의 기술을 연마하기도 했다. 야생동물들의 습성을 관찰하고, 야생식물들을 분류하면서 말이다. 그리고 그 기술을 자신을 관찰하는 데 적용했다.

존은 집필 능률을 높이기 위해 과학자들이나 사용할 법한 몇 가지 기술을 사용했다. 그는 한 번에 하나씩 집필 습관을 바꿔나갔다. 그러한 변화가 자신의 집필에 어떤 영향을 주는지 관찰해가면서 말이다. 그는 또한 자신의 마음이 어떻게 움직이고 있는지에 대해서도 의식하려 했다. 실패와 재도전으로 점철된 몇 달간의 실험 끝에 그는 좀 더 생산적인 작가가 되기 위해서 무엇을 해야 하는지 알아냈다. 물론 그에게는 더 나아지고자 하는 분명한 동기가 있었다. 집필은 교수로서의 경력에 매우 중요한 것 중의 하나였기 때문이다. 이 같은 강렬한 열망은 우리가 다음에 살펴볼 주제다.

변화에 몰두하기

대부분의 사람들은 자신의 행동과 건강, 기분 사이의 관계를 제대로 보지 못하는 형편없는 관찰자이기 때문에 자신이나 자신의 성향과 기호에 관심을 갖는 것만으로 삶에 큰 변화를 줄 수 있다. 다행인 것은 당신이 이 책을 읽고 있다는 사실이야말로 당신이 변화하고자 하는 열망을 가지고 있다는 증거라는 점이다. 적절한 동기를 갖는 것은 우리 자신과 삶의 변화를 만드는 데 매우 도움이 되는 것들 중 하나다.

이상적인 세계에서라면 우리는 아마 감정적 중독에 의한 폐해가 현실로 드러나기 훨씬 전에 자신이 중독되었다는 사실을 깨달았어야 할 것이다. 9장과 10장에서 살펴봤듯이 사람들은 주로 스트레스에 대한 육체적 반응이 나타나고 나서야 자신이 감정적 중독 상태라는 것을 깨닫는다. 예를 들어, 중요한 마감을 앞두고 있을 때마다 재발하는 등의 통증, 어떤 프로젝트를 마치기 위해 몇 주간 밤늦게까지 일하고 난 뒤 걸리는 감기는 모두 스트레스의 결과다. 또한 사소한 일에도 폭발하는 자신을 발견한다면 이것 역시 스트레스가 증가하고, 전두엽의 활동은 감소한 때문이다. 이외에도 스트레스는 매우 심각하고 중대한 장애나 질병을 초래한다. 10장의 건강한 전두엽의 활동을 촉진하는 태도 목록을 다시 한 번 살펴보기 바란다.

우리는 변화를 시작하고 주도하는 데 전두엽이 얼마나 중요한 역할을 하는지 잘 안다. 하지만 전두엽이 우리가 의지를 한곳으로 모으는 일을 도와준다고 할지라도 우리는 여전히 전두엽이 그 소임, 즉 의지와 행동을 하나로 묶는 일을 할 수 있도록 의지를 굳건히 다질 필요가 있다. 변화하는 것은 언제나 껄끄러운 일이다. 우리는 일상적으로 고정된 신경망 덕분에 삶을 쉽고, 자연스럽고, 편안하게 살 수 있다. 우리는 편안함을 추구하지만 변화는 불편해한다. 우리는 매번 다이어트나 운동을 하겠다고, TV 보는 시간을 줄이고 아이들과 더 많은 시간을 보내겠다고 결심하지만 우리 삶의 많은 상황들이 그 결심을 흔들리게 만든다.

변화에는 매우 많은 노력과 의지, 헌신이 필요하다. 내가 처음 철인 3종 경기를 시작했을 때도 마찬가지였다. 달리기와 자전거 타기는 나에게 꽤 쉽고 자연스럽고 일상적인 것이었다. 나는 이것을 해왔기 때문에 그것에 대해 의식할 필요도 없었다. 수영 또한 어릴 때부터 오랫동안 해왔기 때문에 물속에 있을 때 내가 무엇을 하는지 전혀 의식할 필요가 없었다. 그냥 할 수 있었다. 하지만 처음 3종 경기에 참가한 이후 나는 수영을 할 수 있기는 하지만 제대로 할 수 없다는 사실을 깨달았다. 다른 사람의 발에 머리를 걸어차이고 만 것이다.

그래서 나는 수영을 가르쳐줄 코치를 찾았다. 물에 빠지지 않는 법을 알려주는 사람이 아니라 속도와 기술을 향상해줄 사람 말이다. 첫 번째 수업에서 나는 내가 한 번도 효과적으로 또는 빨리 수영하는 방법을 배운 적이 없다는 사실을 깨달았다. 나는 물에 빠지지 않게 해주는 아주 기본적인 방법으로만 수영을 배웠던 것이다. 어디서 들어본 것 같지 않는가? 우리들 대부분은 생존하는 법을 배워왔다. 실제로 이것이 삶의 대부분의 시간 동안 우리가 하는 일이다. 그럭저럭 살아나가는 것이다.

하지만 나는 경쟁의식이 강한 사람이었기 때문에 그럭저럭하는 것보다 잘하기를 원했다. 나는 더 빨라지고 싶었다. 그래서 나는 나보다 경험과 지식이 많아서 나를 가르쳐줄 수 있는 사람을 찾았다. 그것은 여러 면에서 도움이 되는 유익한 경험이었다. 나는 지금까지 사용해온 영법을 완전히 버리고 새로운 영법을 배워야 했다. 처음에는 점점 더 느려지고 있는 것 같아서 좌절했다. 내가 하고 있는 동작을 굉장히 의식하며 해야 했기 때문이다. 하지만 시간이 지나자 새로운 방법이 더 자연스럽게 느껴졌다. 어느 날 100m 기록을 재봤을 때 나는 예전보다 실력이 향상되었다는 것을 느낄 수 있었다. 이 덕분에 불편함을 참아내고자 하는 의지가 더 많이 생겼다.

반드시 맥주병만이 수영을 잘하고자 하는 동기를 가져야 하는 것은 아니다. 나는 변화를 위한 명분을 찾아냈다. 나는 현상유지에 만족하지 않았다. 나는 그럭저럭해내는 것에 만족하지 않았다. 또한 내가 새로운 지식을 배우고, 그것을 '수영'이라고 이름 붙인 새로운 신경망에 연결했을 때, 나는 비로소 나의 기술을 좀 더 잘 관찰할 수 있었다. 말하자면 스스로를 바꿀 수 있었던 것이다.

다음 장에서 이러한 개념에 대해 다시 살펴보겠지만 여기서는 먼저 동기를 찾는 것이 중요하다는 사실을 마음에 새겨두기 바란다. 일단 동기를 찾으면 관찰의 힘이 어떻게 향상되는지를 보고 놀라게 될 것이다. 당신은 더 이상 삶을 그럭저럭 살아나가는 것에 만족하지 않을 것이며, 불편함 때문에 단념하는 일은 없을 것이다. 오히려 불편함은 당신이 그것에서 벗어나 새롭게 향상된 안전지대로 이동하기 위한 동기부여가 될 것이다.

이쯤해서 한 가지 의문이 남는다. '전두엽을 최대한으로 활용하려면 무엇을 하는 것이 좋을까?' 오래된 농담 중 이런 것이 있다. 한 남자가 복잡한 뉴욕의 거리를 걷고 있었다. 그는 지나가는 사람에게 물었다. "실례합니다. 카네기 홀에 가는 가장 좋은 길을 알려줄 수 있습니까?" 그 사람은 고개조차 돌리지 않은 채 대답했다. "스스로 찾아보세요!(Practice!)"

생각만으로 신경망 만들기

나는 전두엽을 가장 잘 사용하는 방법을 설명하기 위해 '심적 시연(mental rehearsal)'라는 말을 사용했다. 이것은 전두엽이 가진 고등능력으로, 우리 삶에 중요한 변화를 일으킬 수 있는 것이다. 어떤 것을 마음속으로 그리며 이것을 반복적으로 연습할 때 우리는 명확한 목적을 가지고 그것에 좀 더 집중하게 된다. 이것은 그냥 하는 일상적인 연습이 아니라 실제 콘서트인 것처럼 가정하는 것이다. 이것은 마음으로 막연히 떠올리는 것과는 다르다. 리허설이란 실제로 어떤 것을 행하는 경험을 반복하는 것이다. 이 경우 '심적 시연'과 경험은 동일하다. 우리는 어떤 동작이나 행동, 기술, 감정의 표현, 태도의 변화를 시작할 때마다 더 나아질 것이다. 이것이 우리가 연습하는 이유다. 연습을 통해 더 나아지고, 다음에 그 경험을 할 때 그것을 더 쉽게 할 수 있는 것이다.

나는 '심적 시연'을 간단히 이렇게 정의한다. '내가 하고 싶은 것을 기억하는 것, 그리고 그 행동을 실제처럼 체계적·의식적으로 경험하는 것.' 이것은 육체적으로 어떤 행위나 기술을 연습하는 '자기 자신'을 정신적으로 보는 것이다. 자신을 변화시키려고 하는 '심적 시연'은 과거에 행동하던 방식(과거의 나)과는 다른 방식으로 행동(다른 사람이 되는 것)하는 자신을 상상하는 것이다. 생존이나 분노, 우울, 희생, 피해의식, 질병 등 감정적 중독에 의해 강요된 삶을 사는 대신, 우리는 완전히 의식이 깨어 있는 상태에서 건강해지거나 차분해지는 것뿐만 아니라 우리가 되고 싶었던 긍정적인 것들을 마음으로 시연할 수 있다.

'심적 시연'에 관한 흥미로운 것 중 하나는 몸을 사용할 필요가 전혀 없다는 것이다. 또는 적게 사용해도 생각했던 것만큼의 효과를 볼 수 있다는 점이다. 2장에서 소개한 피아노 연주 실험에서 실제로 건반을 두드려 연습했던 사람들과 단순히 마음속으로 연습했던 사람들이 같은 수준으로 실력을 향상시켰다(뇌 스캔을 통해 측정된 신경회로의 양이 같았음)는 사실을 기억할 것이다. 한 집단은 실제 건반을 가지고 하루에 2시간 씩 5일간 연습했다. 다른 집단은 피아노 연주하는 것을 보고 기억한 다음 마음속으로만 같은 시간 동안 연습했다. 그들은 생각으로 전두엽을 활성화하여 뇌의 물리적 구성을 바꾸었다. 전두엽은 '심적 시연'을 뇌가 3차원의 현실로 받아들이도록 만들었다. 뇌는 건반이 실제로 사용되는지 아닌지를 상관하지 않았다. 실제 건반의 사용 여부와 상관없이 회로가 형성된 것이다. '심적 시연'을 한 사람들이 생각을 현실로 만든 것이다. 우리가 '심적 시연'에 집중하기만 한다면 뇌는 물리적으로 실제 행위를 하는 것과 그 행위를 생각하는 것 사이의 차이를 알지 못한다.

이처럼 생각만으로 뇌를 바꿀 수 있다는 사실은 우리가 삶을 원하는 대로 변화시킬 수 있다는 것을 의미한다. '심적 시연'을 통해 우리는 단지 생각만으로도 새로운 차원의 마음을 만들어내는 능력을 가질 수 있다.

흥미로운 것은 10장에서 살펴본 것처럼 우리가 이미 외부 환경의 다른 신호들을 안 들리게 할 수 있는 능력을 어느 정도 갖추고 있다는 점이다. 우리는 원하기만 하면 듣고 싶은 것만 선택적으로 들을 수 있다(가족들이 잔소리를 할 때 당신은 자신이 이 능력을 꽤 능숙하게 사용한다는 사실을 알 수 있을 것이다). 우리는 외부 세계에 대한 주의를 거둬들임으로써 사실상 외부 세계와 떼어서 생각할 수 있다. 실제로 피아노 연주를 '마음속으로 연습한'

사람들이 했던 일도 관련 없는 다른 생각들을 차단한 채 연주에 주의를 집중하는 것이었다. 이러한 능력이 바로 인간의 정신활동이 갖는 큰 특징이다. 뇌의 다른 중추들을 잠재우고 현재 하고 있는 일에 집중하는 것은, 익숙한 느낌을 따라 생각하고 감정에 의존하는 것을 끝내는 첫 단계다.

다음 단계는 쉽다. 우리는 머릿속으로 시연하고자 하는 것에 대한 이상을 머릿속에 만들어야 한다. 그러기 위해 자신을 되돌아볼 수 있는 진솔한 질문을 해야 한다. '나는 어떤 사람이 되고 싶은가? 그렇게 되기 위해서 나는 무엇을 바꿔야 하는가? '심적 시연'을 더 잘하려면 어떤 정보를 접하고 어떤 사람의 도움을 받아야 하는가?'

오케스트라의 지휘자가 연단으로 올라서 지휘봉을 한 번 휘두르면 모든 악기가 소리를 그친다. 이와 마찬가지로 전두엽이 뇌의 다른 중추들에게 조용하라고 지시하면 실제로 조용해진다. 또한 우리의 의식은 마치 그 중추의 회로에서 완전히 떠나버린 것처럼 된다. 집중할 때 뇌의 활동과 우리의 지각에는 엄청난 변화가 일어난다. 시간과 공간을 인식할 수 없으며, 우리 몸은 일종의 최면 상태에 들어가게 된다. 조용해진 그 순간 우리는 뇌의 일상적인 활동을 바꿀 수 있으며, 결국 마음을 변화시킬 수 있게 된다.

그러면 '심적 시연'의 방법을 구체적으로 배우기 전에 먼저 '심적 시연'을 최대한 활용할 수 있는 방안에 대해 살펴보겠다.

선택의 문제

우리가 전두엽의 능력을 충분히 사용하지 않거나 전혀 사용하지 않으면 생존과 관련된 질문들이 우리 머릿속을 점령한다. '언제 먹을까? 언제 잠자리에 들까? 왜 이렇게 입술이 건조한 거지? 내가 마지막으로 물을 마신 게 언제지? 나는 어떻게 보일까? 이 사람이 나를 받아들일까?'

생존에 관련된 질문을 하는 것과 마찬가지로 이런 질문에 대해 답하는 데에는 전두엽의 활동이 거의 필요 없다. 하지만 전두엽의 뛰어난 점 중 하나는 정신의 경호원처럼 행동할 수 있다는 것이다. 전두엽은 우리를 위해 정신적인 방(room)을 말끔히 정리해주는 일을 한다. 이 덕분에 우리는 시끄럽고 연기가 자욱한, 정신의 방에 있더라도 '만약'으로 시작하는 질문에 더 집중할 수 있다. 이를 테면 정해진 답이 없고 심사숙고가 필요한 더 고차원적인 질문에 말이다. 이러한 질문들은 뇌의 다른 중추가 잠들었을 때 스스로에게 묻는 질문으로, 우리의 미래나 장래의 가능성과 관련이 있다. '나는 어떻게 더 발전할 것인가? 나의 행동을 어떻게 수정할 것인가? 나를 어떻게 바꿀 것인가? 무엇을 해야 내 삶이 달라질 것인가? 어떤 목표를 성취하기 위해 나는 어떻게 변해야 하는가? 나는 어떻게 현재의 나와 달라질 수 있는가? 내가 상상할 수 있는 가장 큰 이상은 무엇인가? 내가 진짜로 원하는 것은 무엇인가?'

전두엽은 우리의 상상력과 창조력이 위치해 있는 곳이다. 전두엽은 우리가 이미 경험해서 알고 있는 것을 가지고 모든 옛 기억회로를 소재로 삼아 새로운 결과를 궁리해낸다. 또한 우리에게 과거의 실패를 떠올리게 하려는 내부의 비판을 잠재울 수도 있다. 전두엽은 과거에 실패했던 기억을 잠재우고, 새로운 마음 상태를 만들기 위해 우리의 마음을 백지 상태로 만든다.

우리가 매일 몇 시간씩 과거의 기억을 잠재우고 새로운 것에 집중할 수 있다면, 피아노 연주를 '마음속으로 연습'했던 사람들처럼 새로운 것을 잘하게 될 것이고, 원하면 언제나 새로운 마음 상태를 만들 수 있을 것이다. '마음속으로 연습'을 하면 여기에 사용되는 회로들이 '반복의 법칙'에 의해 활성화되고, '헵의 학습모델'에 따라 함께 활성화되는 신경세포는 서로 연결된다. 즉, 새로운 마음을 만들어내는 것이다. 시냅스는 무한대로 새로운 연결을 만들 수 있기 때문에 뇌 역시 헤아릴 수 없이 많은 새로운 마음을 만들 수 있다.

대학에서 야구를 했던 내 친구가 언젠가 자신의 코치 얘기를 들려준 적이 있다. 당시 그는 투수였고, 그의 코치는 마이너리그에서 투수로 활동했던 사람이었다. 코치는 그에게 리그에서 활동할 당시 어떤 한 팀과 경기할 때 유독 고전했던 일에 대해 이야기해줬다. 한마디로 코치는 그 팀의 '밥'이었다. 그 팀과 경기를 치를 때마다 그 팀의 선수들은 신이 났다. 홈런, 1루타, 2루타, 담장을 넘는 공에 이르기까지 그의 실책은 다양했다. 그는 다른 팀들과 경기할 때는 그렇게 고생하지 않았다. 다른 경기에서도 똑같이 던졌는데 왜 그 팀하고 경기할 때만 그렇게 극적인 차이가 나는 것일까? 그 팀과의 경기에서 서너 번 정도 선발로 뛴 뒤, 그는 더 이상 참을 수 없어서 뭔가 변화를 주기로 결심했다.

대부분의 투수들처럼 그도 상대팀 타자들이 어떻게 공을 치는지 기록해왔다. 어느 쪽으로 공이 들어갈 때 타격을 하는지, 그 경우 결과는 어떤지 같은 것 말이다. 그 팀과 경기하기 전날 밤, 코치는 호텔방에 앉아 그 기록을 살펴보고 모든 타자들에게 먹힐 만한 계획을 짰다. 그는 그들의 약점과 강점, 성향을 알고 있었다. 그는 공책에다 다음 게임에서 어떤 공을 던질지 하나하나 적어 내려갔다. 그는 무슨 일이 있어도 그 목록에서 큰 변화를 주지 않을 예정이었다. 그는 앉아서 몇 시간 동안 자신이 던질 공의 순서를 기억했다. 그리고 눈을 감고 마음속으로 투구를 했다. 구석으로 낮게 미끄러지는 공, 위로 뜨는 빠른 공, 변화구, 첫 번째 타자에게는 손 쪽으로 가는 빠른 공으로 땅볼 유도하기 등. 그는 9회 동안 총 27번의 투구를 모두 연습했다. 그리고 그것을 계속 반복했다. 호텔방에 앉아 마음으로 투구를 하는 동안 그는 마치 시간과 공간이 사라지는 듯한 경험을 했다.

다음날 그는 계획대로 경기에 임했다. 물론 그는 마음속으로 연습했던 것과 같은 결과를 만들어낼 수는 없었다. 하지만 그는 4안타에 무실점을 거뒀다. 그 팀과의 경기 중에서 최고의 성적이었다. 그는 다른 팀에도 그 방법을 사용하기 시작했다. 그리고 더 많이 이기기 시작했다. 그는 다른 선수들을 예리하게 관찰했고 그것은 확실히 그에게 도움이 되었다. 하지만 이렇게 큰 차이를 만든 것은 무엇보다도 그의 집중력이었다. 그는 일단 게임이 시작되면 집중하기가 더 쉬워진다는 것을 발견했다. 이미 머릿속으로 게임을 치르고 승리했기 때문이다. 이제 그가 해야 할 일은 같은 결과를 다시 만들어내는 것뿐이었다. 미래의 모든 행동을 '심적 시연' 함으로써 그는 모든 경기 전에 그 경기와 관련된 신경망을 준비시킬 수 있었다. 그리고 그 결과 그는 경기 전에 이미 승리의 마음 상태를 가질 수 있었다. 만약 우리가 그처럼 투구 대신 기쁨을 연습한다면 우리의 삶이 얼마나 달라질지 상상해보기 바란다.

일상 중단하기

전두엽으로 뇌의 다른 중추를 잠재우고 '심적 시연'에 집중함으로써 얻어지는 이익 중 하나는 우리가 항상 일상적으로 작동되고 있는 프로그램을 중지할 수 있다는 것이다. 말하자면 완전히 꺼버리는 것이다. 명상을 통해 한 가지 생각에 완전히 집중했을 때, 뇌의 다른 부분으로는 혈액이 전혀 이동하지 않는다. 혈액의 이동이 없다는 것은 그 부위가 활동하지 않는다는 의미이고, 신경활동이 없다는 것은 평소에 만들어지던 마음이 꺼졌다는 뜻이다. 손바닥을 오랫동안 누르고 있으면 혈액순환이 잘되지 않아 손이 저린 것처럼 뇌에서도 같은 일이 일어나는 것이다.

우리가 몸의 어떤 부위로 가는 혈액을 오랫동안 차단하면 그 부분은 죽고 만다. 물론 뇌가 그렇게 된다는 것은 아니다. 다만 우리가 반복적으로 혈액의 이동을 차단하면 뇌의 특정부위에 전기적 활동이 있을 때, 뉴런들이 활성화되지 않게 된다. 헵의 법칙에 의하면 뉴런은 함께 활성화되지 않으면 더이상 서로 연결되지 않는다. 즉, 우리가 원래의 자아를 진정시키고 우리가 되고자 하는 인물이나 특성들에 마음을 집중한다면, 그리고 의식적으로 그 새로운 자아의 심상을 전두엽에 맡겨놓기 시작하면(새로운 본성을 마음으로 연습), 우리는 이중의 효과를 얻을 수 있다. 새로운 회로를 연결할 수 있을 뿐만 아니라 이전에 고정된 연결을 끊어버릴 수 있는 것이다.

뇌의 뛰어난 적응력을 보여줬던 점자 사용자들에 대해 기억하는가? 이들은 시력을 잃고 촉각으로 읽는 방법을 배웠다. 중요한 것은 일반인의 경우 보통 시각중추로 사용되는 부분이 앞을 못 보는 사람의 경우에는 감각 회로로 바뀐다는 것이다. 말하자면 그 사람이 한때 보기 위해 사용했던 회로가 끊어진 것이다. 시각회로를 서로 고정시켰던 신경성장인자는 이제 새롭게 발달된 회로를 굳히는 시멘트로 사용된다. 이것은 '함께 활성화되면 서로 연결된다' 라는 원칙을 증명하는 것이다. 우리가 어떤 사고과정을 반복적으로 중단하면 함께 활성화되지 않는 신경세포는 더 이상 서로 연결되지 않을 것이다.

더 잘된 일은 이러한 신경세포들은 비활성화된 상태로는 남아 있기를 원하지 않는다는 점이다. 대신에 이들은 새로운 연결을 추구하고 신경성장인자를 재활용해 새로운 연결을 이룬다. 신경이 재편성되는 셈이다. 신경성장인자는 예전의 회로에서 새로운 회로로 옮겨간다. 우리는 신경성장인자를 재사용해 일상적으로 활성화해오던 예전의 신경패턴을 새롭고 향상된 패턴으로 바꿀 수 있다.

예를 들어, 인내심을 갖고 자녀를 대하는 것에 대해 '심적 시연'을 하기로 결심했다고 가정해보자. 우리는 '만약'으로 시작되는 자기 반성적인 질문들을 통해 자신이 되길 원하는 사람의 모델을 만들어내기 시작할 것이다. 그리고 '심적 시연'에 집중하고 그것을 반복하면 새로운 패턴의 신경망이 활성화되고 뉴런들이 새로운 조합으로 서로 연결되어 '인내'라는 새로운 마음 상태가 만들어질 수 있다. 신경세포들이 서로 모여 새로운 연결을 이루면 사소한 도발에도 폭발하던 이전의 오래된 회로는 함께 활성화되기를 멈출 것이고, 시간이 지나면 연결마저도 끊어질 것이다. 우리가 그 회로를 더 이상 사용하지 않기 때문이다.

뇌가 동일한 소재를 가지고 반복과 연합의 법칙을 통해 어떤 상황에서 새로운 방법으로 반응하는 것을 '심적 시연'이라 한다. 이를 통해 '발끈 하기'라는 오래된 신경망이 있던 자리에 '인내'라는 새로운 신경망이 형성되는 것이다. 우리는 '성급함'이라는 예전의 마음을 버리고 '인내'라는 새로운 마음을 만들어낸다. 하나의 신경망이 새로운 것으로 대체된 것이다. 놀라운 것은 예전의 신경망을 지우고 새로운 것을 만듦으로써 뇌에 우리의 자유의지가 깃든다는 것이다. 이것이 진정한 '변화의 생물학'이다.

여기 그 변화의 과정을 살펴보자. 당신은 3주간 아이들이 학교에 간 후 매일 1시간씩 조용한 장소를 찾는다. 전화기를 꺼놓고 의자에 앉아 인내심 있는 새로운 사람이 어떤 모습일지를 '심적 시연'한다. 육아잡지에서 본 '화내기 전에 열까지 세기'라는 방법에 대해 생각하기도 하고(의미기억), 우리가 잘못했을 때 어머니가 보여주셨던 동요하지 않는 태도를 회상하기도 하고(일화기억), 여기에 몇 가지 다른 예와 정보를 덧붙이기도 한다. 이를 통해 인내에 대한 새로운 모델을 만드는 것이다.

당신은 '의미지식'과 이미 뇌 속에 회로를 형성하고 있는 '경험'을 기존과는 다른 방식으로 조합해 새로운 자신의 모습을 만들어낸다. 당신은 전두엽의 도움을 받아 의도적으로 머릿속에 여러 시나리오를 상상해본다. 가장 인내심 없었던 순간을 회상하는 것을 차단하는 법을 배우고, 인내심 있는 자아에 대한 매우 구체적인 초상을 발달시킨다. 자신이 되길 원하는 사람에 대해 '심적 시연'할 때, 당신은 지금까지 저장한 기억을 바탕으로 가장 진화된 자신을 떠올릴 수 있다. 신경망을 새로운 조합과 배열로 활성화하여 새로운 마음을 만드는 것이다. 마음은 뇌의 산물임을 다시 한 번 기억하기 바란다. 당신의 뇌는 이제 '심적 시연'을 하기 전과는 다른 방식으로 활동하게 된다.

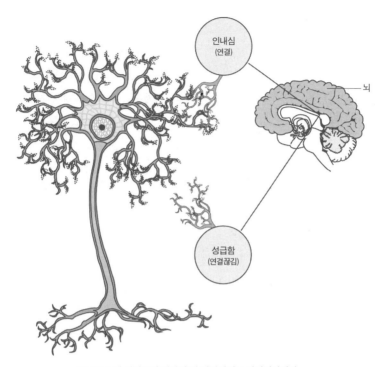

인내심
(연결)

뇌

성급함
(연결끊김)

그림11.1 새 신경망이 형성될 때 재편성되는 신경성장인자

이제 새로운 신경망을 반복적으로 활성화하고 연결하면 당신은 더 강하고 오래 지속되는 시냅스 연결을 형성할 수 있다. 이를 통해 활성화하기로 마음먹을 때마다 인내라는 새로운 마음이 만들어진다. 실제로 당신은 '심적 시연'을 할 때마다 인내의 상태에 완전히 도달하기 전까지는 이것을 그만두지 않겠다고 결심한다. 당신이 연습을 하면 할수록 인내의 마음은 더 자연스러워진다. 새로운 마음이 새로운 뇌를 만들어낸 것이다.

우리는 전에 사용하던 신경회로가 병적인 것이고, 환경에 의해 강요된 것이며, 감정을 폭발시키는 화학적 중독이며, 비극을 즐기는 자아의 일부라는 것을 알게 되었다. 이 신경회로들은 분노와 화로 계속 살쪄왔던 것이다. 양심의 가책이라는 애피타이저와 자기 채찍질이라는 후식도 곁들여서 말이다. '심적 시연'을 시작하고 몇 주가 지나면 과거의 회로들은 할 일이 없어진다. 이 회로들은 무시당하는 것을 싫어하고 다시 활동하고 싶어 한다. 이들은 뇌의 다른 부위가 활동하는 것을 보고서는 황폐한 '성급함'의 마을에서 벗어나 활발한 '인내심'의 마을로 합류하기로 한다. 기존의 신경망에 있는 다른 신경세포와의 연결을 끊고 새롭게 형성된 인내심의 신경망으로 들어가는 것이다. 이 신경회로들은 불청객으로 보이고 싶지 않기 때문에 신경성장인자라는 집들이 선물을 들고 간다. 그림11.1을 통해 기존의 신경망이 해체되고 새로운 신경망이 형성될 때 신경성장인자가 재편성되는 것을 확인할 수 있다.

이제 당신이 인내심의 마을에서 '심적 시연'을 한 지 3주가 지났다. 어느 날 6살과 7살짜리 자녀들이 방과 후 집으로 왔다. 비가 오자 정원 가꾸기가 끝나지 않은 뒤뜰은 진흙탕이 되었다. 당신은 두 아이가 새 운동화를 신고 진흙탕 한가운데 있는 그네로 달려가는 것을 본다. 당신은 미친 여자처럼 달려나가 소리를 지르는 대신에 아이들의 낡은 부츠를 찾는다. 그리고 문밖으로 머리를 내밀고 잠깐 와서 신발을 갈아 신으라고 아이들에게 말한다. 만약 아이들이 '우리 엄마 맞아?'라는 표정을 짓는다면 당신의 '심적 시연'은 첫 성공을 거둔 것이다.

내친 김에 이 과정의 한 부분을 자세히 살펴보자. 우리는 2장에서 피아노 연주를 '심적 시연'한 사람들에 대해 살펴봤다. 원래 이 실험에는 4개의 집단이 있었다. 실제 피아노를 연주한 집단과 피아노 연주를 '심적 시연'한 집단, 대조군, 아무런 지식 없이 피아노를 연주한 집단이 그것이다. 5일간 매일 2시간씩 마음대로 피아노를 친 사람들은 어떠한 정보나 지시도 받지 않았기 때문에, 같은 회로를 매일 활성화할 수가 없었다. 그러므로 우리는 정확하고 일관된 자아를 '심적 시연'해야 한다.

예전의 신경패턴이 끊어지고 새로운 신경패턴이 좀 더 정교하게 발달하면, 우리는 몸의 세포에 새로운 신호를 보낸다. 우리가 새로운 회로를 발달시키고 예전의 자아와 관련된 시냅스 연결을 끊으면 우리 몸은 세포

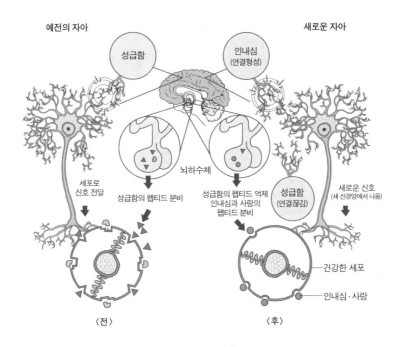

그림11.2 변화의 과정

하나하나까지 달라진다. 말하자면 세포 역시 우리의 생각을 알 수 있다는 것이다. 회백질의 회로가 조금이라도 바뀌면 세포는 다른 신경신호를 받고, 스스로를 수정하게 될 것이다.

예를 들어, 새로운 자아에 의해 예전 자아가 가지고 있던 죄책감의 신경망이 끊어지기 시작하면, 세포로 가던 죄책감과 관련된 신경신호 역시 달라질 것이다. 한마디로 죄책감의 회로가 줄어들면 그에 대한 신호가 세포로 전달될 가능성도 낮아진다. 뇌에 죄책감의 회로가 없어지면 세포들도 죄책감을 위한 수용체 부위를 수정하게 된다. 신경망이 없어지면 세포에 더 이상 그것을 위한 수용체 부위가 필요하지 않기 때문이다. 그리고 죄책감의 수용체 부위는 다른 감정의 수용체 부위로 변하게 된다. 결국 죄책감의 신경망이 없어지면 죄책감을 느끼지도 않게 되고, 세포로 밀려들던 죄책감의 펩티드도 생산하지 않게 된다. 이것이 바로 우리가 감정적 중독을 극복했을 때 몸이 치유되는 과정이다. 우리는 기억을 새로 만들고, 마음의 일상적인 세력권에서 벗어남으로써 원하지 않는 감정에서 벗어날 수 있다.

그림11.2는 이러한 변화의 과정을 보여준다. 우리가 새로운 신경망(인내)을 만들고 예전 것(성급함)을 버릴 때, 우리는 새로운 신경화학적 정보를 세포에 보내게 될 것이고 수용체 부위 역시 바뀌게 된다.

그럼 이제 변화를 위해 주의집중력과 정신적 도전을 좋아하는 전두엽의 특성을 어떻게 활용할 수 있는지 자세히 살펴보자.

'심적 시연'과 명상의 기술

당신은 도대체 '심적 시연'을 할 만한 시간이 있는 사람이 있는지 궁금할 것이다. '정말로 아무것도 하지 않고 다른 사람이 되는 것을 생각하기만 하면서 보낼 수 있는 하루 1시간이 내게 있나?'

우리가 모르는 사실이 한 가지 있다. 제대로 '심적 시연'을 하게 되면 시간과 공간에 대한 기억이 사라지고 한 시간이 5분처럼 느껴질 거라는 점이다. 시간을 찾고자하는 동기를 갖기 전까지는 당신은 어디서 그 시간을 만들 수 있을지 알 수 없을 것이다. 전두엽의 활동은 의사를 결정하고, 자유의지로 선택을 하고, 계획을 세우며, 미래에 대한 직감을 향상시키는 것이다.

우리는 스스로에게 몸의 어떤 특정한 느낌과 넘쳐나는 정보 그리고 그것이 만들어내는 감정을 무시하라고 요구해야 한다. 고정된 뇌 회로와 예전의 상태는 늘 우리가 변화하지 못하게 막는다. 가장 작은 것(지금 과자를 먹고 내일부터 다이어트 하자)에서부터 가장 큰 것(저 사람은 인종차별적인 발언을 하고 있지만 내가 상관할 바는 아니지)에 이르기까지 말이다. 작든 크든 간에 이러한 변화는 우리에게 더 많은 용기를 필요로 하고 편한 구역에서 더 멀리 벗어날 것을 요구한다. 우리가 편안한 것을 좋아한다면 익숙한 것을 추구할 것이다. 그런 의미에서 성공은 우리를 두렵게 하는 것일 수도 있다.

어쩌면 당신은 조용히 혼자 앉아 있는 것을 버겁게 느낄지도 모른다. 하지만 필요한 일이다. 많은 사람들이 너무 힘들고 지쳐서 잠시라도 고요와 평화의 순간을 가졌으면 좋겠다고 말한다. 하지만 그들이 동경하는 고요와 평화는 대부분 아무 생각 없이 즐기는 유희로 끝나곤 한다. 그들에게는 내가 제안하는 온 마음으로 하는 전환(mindful conversion)이 필요하다. 바로 '심적 시연' 말이다.

나는 대부분의 사람들이 '명상기(contemplator)'라고 부르는 어떤 도구를 가방에 지니고 있다고 생각한다. 비록 자주 꺼내 사용하지 않아 좀 녹슬었을지도 모르지만 우리는 그것을 닦을 수 있다. 명상기는 확대경과 비슷하다. 우리가 어렸을 때 확대경이나 현미경, 망원경 등을 가지고 싶어 했던 것을 기억해보기 바란다. 우리에게는 우주의 신비를 푸는 데 도움이 되는 어떤 과학적인 장비가 필요했던 것이다. 아이들은 천성적으로 호기심이 많다. 호기심과 명상은 서로 관련되어 있다.

무언가에 대해 정말로 알기를 원하면 우리는 그것에 대해 많이 생각한다. 비난하려는 것은 아니지만 우리의 교육체계는 아이들의 호기심을 억압한다. 나는 이것을 우리 아이에게서도 목격했다. 부모로서 아이들이 던진 '왜'라는 질문에 답하는 것은 매우 힘든 일이다. 하지만 이러한 질문은 매우 중요하다. 어른들은 이 질문에 너무 빨리 대답한다. 답을 지어내든지 사실을 알려주든지 간에 우리는 빨리 대답하고 이 상황을 넘어가려 한다.

아마 선생님들은 아이들에게 '왜'라는 질문을 더 많이 받을 것이다. 그리고 빨리 넘어가고자 하는 압박도 더 심할 것이다. 매일 나가야 할 진도가 정해져 있기 때문이다. 그렇지만 이상하게도 학창시절의 수업 중에서 아직까지 나의 기억에 남아 있는 것은 수업의 주제에서 벗어난 것들이다. 나는 선생님들이 헌법 조문을 외우도록 하는 대신 삼천포로 빠지는 것을 좋아했다. 예를 들어, 수업의 주제에서 다소 벗어난 토마스 제퍼슨(Tomas Jefferson, 미국의 제3대 대통령 – 옮긴이)의 일생 같은 것들이었다.

내 마음속에서 명상은 이처럼 다소 종잡을 수 없는 것이다. 특정한 생각이나 개념에 집중하는 전통적인 방식이 아니라 정처 없이 헤매는 것과 비슷하다. '심적 시연'을 시작할 때는 어떤 개념을 마음속에 가지고 있을지도 모른다. 하지만 그 개념에 대해 명상하는 동안 나는 스스로에게 '만약'으로 시작하는 질문을 던지기 시작한다. '만약 내가 지금부터 어떤 결심을 해야 더 진화된 삶이 될까? 내가 좀 더 열정을 갖게 되면 내 삶은 어떻게 변할까? 다음에 더 잘할 수 있도록 적용할 수 있는 지식은 무엇일까?' 이러한 주제들을 가지고 명상할 때, 사색이 시작된다. 이것은 좋은 일이다. 여기서 '심적 시연'이 시작되기 때문이다.

사색(speculation)이 좋은 이유는 절대적인 것이나 옳고 그름, 흑과 백, 예와 아니오와 같은 이원적인 대답이 아닌 열려 있는 가능성을 가지고 있기 때문이다. 전두엽의 위대한 점은 이러한 사색적인 명상에 참여하길 좋아한다는 것이다. 우리의 뇌에는 이미 수많은 이원적인 답변들이 있다. 우리는 전두엽을 사용하지 않고도 뇌 곳곳에 쌓여 있는 수많은 경험과 사실을 분류하여 거의 즉각적으로 어떤 질문에 답할 수 있다. 하지만 우리가 사색적인 질문에 빠져 다른 대안과 가능성을 고려하기 시작하면 전두엽은 흥분하게 된다. 그 이유는 그에 대한 답이 뇌의 어디에도 저장되어 있지 않기 때문이다. 답에 도달하기까지 겪어야 하는 고생을 전두엽은 좋아한다.

내가 사는 지역에는 좋은 도서관 사서들이 많다. 이들은 하루의 거의 모든 시간을 식수대나 화장실이 어디에 있는지 대답하며 보낸다. 운이 좋으면 그들은 도서관을 자주 찾는 이용객으로부터 미국 인구 통계자료를 어디서 찾을 수 있는지에 관한 질문을 받을 것이다. 사서들은 언제나 친절하고 모든 사람에게 예의바르다. 하지만 내가 그들에게 전두엽과 미국 서부 원주민들의 발 크기와의 상관관계에 관한 정보를 어디서 찾을 수 있는지 물었을 때 또는 아나사지(Anasazi, 미국 남서부의 콜로라도 고원과 리오그란데 북부에서 살았던 선사시대 농경민족 – 옮긴이)의 성쇠와 강우량의 관계에 대한 자료를 찾으면 그들의 눈은 커진다. 그들은 이러한 종류의 질문을 받기를 늘 기다려왔던 것이다. 전두엽도 마찬가지다. 전두엽은 새로운 가능성을 찾기 위해 새로운 생각의 모델을 만드는 것을 좋아한다.

사서들이 받는 대부분의 질문은 한 가지 자료만을 가지고 대답할 수 있는 것들이다. 하지만 우리가 더 깊은 사색이 필요한 질문을 하면 전두엽(사서)은 다양한 자료를 뒤져 질문에 대답할 수 있는 모델을 만든다. 우리가 스스로에게 '우리의 삶이 제한되어 있지 않다면 삶이 어떤 모습일까' 라고 묻는다면 전두엽은 다른 뇌 부위와 잘 연결되어 있는 자신의 장점을 활용해 전투기로 달려나가는 비행사들처럼 바로 행동에 뛰어들 것이다. 전두엽은 자연스럽게 과거에 우리가 더 자유로웠을 때의 기억을 파헤치고, 가족이나 동료, 친구 중에서 그러한 특징을 가지고 있는 사람을 찾을 것이다. 또한 전두엽은 이 과제를 완수하기 위해 진행 중인 다른 프로그램을 중단할 것이다. 우리에게는 '자유롭게 생각하는 천재로 사는 미래의 삶'에 관한 프로그램이 없다. 또한 이것은 하나의 자료에서 나올 수 있는 답도 아니다. 여러 자료를 한데 모아야 한다. 전두엽은 이 같은 조각그림 맞추기를 좋아한다.

조각그림 맞추기와 사색적인 명상의 차이는 전두엽이 참고할 수 있는 (조각그림 박스에 그려져 있는) 완성된 그림의 이미지를 볼 수 없다는 점에 있다. 조각그림 맞추기의 완성된 이미지는 우리의 과거와 현재의 성격이라 볼 수 있다. 우리가 스스로에게 이러한 사색적이고 명상적인 질문을 하고 대답할 때, 우리의 자아를 정의하는 전형적인 신경회로의 활성화가 중단된다. 우리는 우리의 정체성을 확인해주는 프로그램을 중단하고 이미 형성된 성격의 틀 밖으로 벗어난다. 또한 우리는 습관적으로 고정된 신경 패턴에 저장되어 있지 않은 정보의 새로운 조합을 시도한다. 실제로 우리는 몇몇 고정된 패턴을 차단함으로써 좀 더 유연하고 융통성 있는 뇌를 만들어낸다. 우리의 전두엽은 이 같은 일을 좋아한다. 뇌에 새로운 회로를 활성화하고 연결함으로써 우리는 자신을 바꾸기 시작하는 것이다. 이것이 이제부터 우리가 집중해야 할 과제다.

신경의 지도 다시 그리기

이상적인 이미지에 모든 의식을 집중하고, 그 이미지가 외부 환경보다 더 현실적으로 다가오는 순간 우리는 뇌에 새로운 연결을 형성하기 시작한다. 전전두피질은 성격이라는 익숙한 영역 밖에 새로운 회로를 만든다. 뇌가 새로운 정보를 저장하고 경험할 수 있도록 말이다. 이러한 방법으로 전두엽은 뇌에 새로운 기억의 형태로 의식적인 인지의 지도를 그릴 수 있다. 이러한 기억의 저장과 지도 그리기의 과정은 마음이 생각을 경험했다는 물리적 증거가 된다. 그러면 생각이 우리 뇌에 하나의 잘 닦인 길로 나타나는 것이다. 영상의학의 발달을 통해 우리는 신경망을 이루는 뉴런의 활동을 관찰할 수 있고, 이를 통해 마음이 생각을 경험하는 것을 관찰할 수 있다.

그렇다면 주의집중을 어떻게 해야 뇌의 연결을 수정하는 데 영향을 줄 수 있을까? 예를 들어, 새로 구입한 홈시어터의 리모컨 사용법을 배우고 있다고 가정해보자. 안내서에는 집중을 요하는 낯선 단어들이 많을 것이다. 당신이 그것을 이해하려고 노력하는 동안 강아지는 관심을 끌기 위해 당신의 얼굴을 핥고 있다. 이때 전화벨이 울리고 머리가 아파온다. 게다가 10분 후에는 학교에서 딸을 데리고 와야 한다.

확실히 여러 자극에 관심을 분산하면 현재 하고 있는 과제에 대한 집중력이 저하된다. 우리의 가장 큰 장애물은 강아지(사물)나 전화(소리), 두통(몸), 약속(시간)에 의해 활성화되는 다양하고 집요한 신경망이다. 이러한 신경망은 감각피질과 운동피질에서 뿐만 아니라 대뇌신피질의 연합 영역에서도 전기적으로 활성화된다. 하지만 이러한 익숙한 신경망이 활성화되는 동안에 우리 뇌는 어떠한 새로운 것에도 집중할 수 없다. 이미 너무 많은 익숙한 자극에 주의를 기울이고 있어서 새로운 정보와 연결할 수 없는 것이다.

이 개념을 좀 더 깊이 생각해보자. 예를 들어 우리의 관심이 이미 존재하는 신경망(강아지)으로 이동할 때, 우리의 의식은 자아의 정체성과 연관된 익숙한 과거의 경험과 지식으로 돌아온다. 우리의 의식이 우리를 규정하는 과거의 모든 연합기억을 담고 있는, 전에 만들어진 신경망을 다시 한 번 점령하는 것이다. 당신은 홈시어터를 작동하는 데 필요한 기술을 배울 수 없다는 사실을 알게 된다. 당신의 관심이 당신의 정체성과 관련된 과거의 신경회로로 이동했기 때문이다.

이것이 우리가 저녁 식사에 누가 오며, 어떤 옷을 입어야 할지를 생각하면서 동시에 수학공식을 외우지 못하는 이유다. 마찬가지로 저녁준비와 고양이에 대해 생각하면서 인터넷으로 휴가 때 이용할 비행기를 예약 하려는 짓은 현명하지 못하다. 두 생각이 주의집중을 두고 서로 경합하기 때문이다.

뇌에 새로운 장기적인 신경망을 형성하고, 우리가 배우고 있는 것과 연관시킬 수 있는 모델을 만들려면, 우리는 여러 신경망 가운데서 하나를 선택해야 한다. 이때 전두엽이 어떤 신경망을 활성화하고 어떤 것을 억제할지를 결정할 수 있도록 해준다. 이를 통해 우리는 현재 배우고 있는 것에 주의를 집중할 수 있다. 새로운 것에 발을 들여놓는 것은 문제가 되지 않는다. 문제는 우리가 새로운 생각을 통해 새로운 신경회로를 형성할 때 그것을 아무 관련 없는 과거의 회로와는 연결할 수 없다는 것이다.

우리가 한 가지 생각에 온 마음을 집중할 때, 전두엽은 뇌의 다른 부위의 신경망이 활성화되는 횟수를 줄일 수 있다. 전두엽이 뇌의 다른 부위와 연결돼 있으며, 집중하고 있는 것에 따라 다른 중추의 기능을 통제할 수 있다는 사실을 기억하기 바란다. 결과적으로 우리가 완전히 주의집중을 할 때 전두엽은 우리가 선택한 이미지라면 무엇이든 마음에 붙잡아둘 수 있다. 연합된 다른 신경망의 어떤 방해도 받지 않고 말이다. 이것이 우리가 '심적 시연'할 때 여러가지 방해 요소를 차단해야 하는 이유다. '심적 시연'은 우리가 실현하기로 선택한 개념에 완전히 집중할 수 있을 때 이루어져야 한다.

리모컨 사용법 배우기로 다시 돌아가자. 당신이 주의집중의 기술을 발달시켰고 다른 사람들보다 전두엽을 더 잘 사용하는 법을 배웠다면, 지금 하고 있는 일에 주의를 집중하느라 두통조차 느끼지 못할 것이다. 강아지가 얼굴을 핥거나 발 위에 누워 있는 것은 물론이고, 전화벨 소리도 더 이상 들리지 않는다. 아무런 방해 없이 지금 배우고 있는 것에 몰두할 수 있는 것이다.

하지만 예전의 회로를 새롭게 다시 연결하려면 집중력을 일정 수준까지 끌어올려야 한다. 이것이 집중하는 법을 처음 배울 때 조용한 장소를 찾는 것이 더 효과적인 이유다. 그렇다면 홈시어터를 작동하는 법을 배우고 싶다면 관심을 요하는 다른 방해 요소가 없는 시간을 찾아, 전화코드를 뽑아놓은 상태에서 그 일을 하는 것이 가장 확실한 방법 아닐까? 우리는 결과를 원한다. 그리고 주의와 집중만이 그 결과를 가져다 줄 것이다. 다른 방법은 없다.

마음속으로 연습하기

결국 모든 것이 '심적 시연'으로 귀결된다면 '심적 시연'은 어떻게 우리에게 도움이 될까? 지금쯤이면 당신은 생각으로 뇌를 바꿀 수 있다고 믿을지 모르겠다. 그렇다면 '심적 시연'이 몸에는 어떤 영향을 미칠까? 우리가 어떤 활동을 마음속으로 연습하면 실제로 손가락 하나 까딱하지 않고 큰 효과를 볼 수 있다. 여기 그 예가 있다.

1992년에 발간된 〈신경생리학 저널(Journal of Neurophysiology)〉은 참가

자들을 세 집단으로 나누어 진행한 실험을 소개했다.[1] 첫 번째 집단은 4주간 매주 다섯 번 왼손의 손가락 운동을 하도록 했다. 두 번째 집단은 같은 운동을 같은 시간 동안 마음으로 연습하도록 했다. 손가락의 근육을 조금도 움직이지 않고 말이다. 대조군은 아무것도 하지 않았다.

실험이 끝나고 과학자들은 연구결과를 비교했다. 먼저 첫 번째 집단과 대조군의 손가락의 힘을 비교했다. 결과는 예상한 대로였다. 역시 실제 운동을 한 집단은 대조군보다 손가락의 힘이 30% 강해졌다. 우리는 어떤 근육을 반복적으로 사용하면 그 근육의 힘이 강해진다는 것을 알고 있다. 하지만 놀라운 것은 손가락 운동을 '심적 시연' 한 사람들의 손가락 근육의 힘 역시 22% 증가했다는 사실이다. 이처럼 마음은 우리 몸에 눈으로 확인할 수 있는 영향을 미칠 수 있다.

우리가 '심적 시연'으로 손가락을 강하게 만들 수 있다면 다른 일도 가능하다. 어떤 상처나 질병을 스스로 치유하는 일 같은 것 말이다. 예를 들어, 오른쪽 발목을 삐었다고 하자. 보통 완치되기까지 4~6주가 걸릴 것이다. 여기에 얼음을 대거나 압박붕대를 감으면 회복에 도움이 될 것이다. 하지만 그 대신에 걷고 뛰고 달리는 것을 '심적 시연' 한다면, 즉 다친 발목의 움직임이 아닌 건강한 발목을 상상하는 것만으로도 우리의 마음속 이미지가 다친 발목의 회복을 도울 수 있을까?

이 과정은 손가락 강화 운동과 다를 게 없다. 다친 발목을 정상적으로 움직이는 것을 '심적 시연' 하면 발목에 상응하는 운동피질의 신경망이 활성화될 것이다. 그리고 이것을 반복하면 다친 발목에 할당된 뇌의 신경망이 더 진일보한 형태로 바뀌기 시작할 것이고, 이 회로가 반복적으로 활성화되면 신경망의 연결이 강화될 것이다. 결국 우리가 다친 발목으로 어떤 신호를 보내는 데 강력한 의지를 갖고 집중할 수 있다면 발목은 치유되고 더 강해질 것이다. 자율신경계(회복과 치유를 담당하는 중추)에서 나온 신호에 다친 발목의 치유과정을 촉진할 특정한 표식과 메시지가 담길 것이기 때문이다.

의식적으로 뇌를 활성화할 때 우리는 특정한 목적을 가진 마음 상태를 만들 수 있으며, 몸으로 전달되는 메시지를 조종할 수 있다. 이는 발목의 치유에 눈에 띄는 영향을 미치고, 뇌에 좀 더 새롭고 복잡한 신경망을 만든다. 그리고 이 모든 과정에서 우리는 손가락 하나 까딱할 필요가 없다.

사랑에 관한 단상

'심적 시연'과 삶을 바꾸는 과정에 관해 더 논의하기 전에, 사랑에 관해서 잠시 이야기하고 싶다. 주제에서 약간 벗어나지만, 다른 책의 일부가 내 책에 몇 페이지 삽입되었다고 생각해도 좋다. 그만큼 이것은 중요한 문제다. 우리가 동기에 대해 살펴볼 때, 사랑이라는 주제에 대해 잠시 언급했었다. 솔직히 나는 우리 모두가 사랑에 빠지길 원한다.

이것은 단순히 그냥 좋아하는 것이 아니라 우리 자신에 대한 어떤 개념이나 우리가 결실을 보기 원하는 세계를 완전히 그리고 깊게 사랑하는 것을 말한다. 그 이유는 간단하다. 사랑은 동기를 강하게 부여하기 때문이다. 뇌에서 이루어지는 사랑의 화학작용은 생존모드일 때의 화학작용과 완전히 다르다. 중뇌에서 분비되는 사랑의 묘약 덕분에 모든 포유류들은 유대를 형성할 수 있다. 자신의 이상과 사랑에 빠질 때 우리는 새로운 버전의 자아와 화학적인 유대를 맺는다.

누군가와 처음 사랑에 빠졌을 때 어떤 느낌이었는지 기억해보기 바란다. 그 사람을 다시 보기 위해서라면 높은 빌딩도 뛰어넘을 수 있을 것 같았을 것이다. 이 새로운 사랑을 삶에 들여놓는 데는 어떠한 방해도 있을 수 없다. 새로운 자신의 비전에 대한 '심적 시연'의 과정도 바로 이와 같아야 한다. 우리는 우리의 비전과 사랑에 빠져 이것에 결코 질리거나 싫증내지 말아야 한다. 우리 모두는 앞으로 나아가려 하고 있다. 우리는 항상 이 새로운 개념과 함께 있고 싶다고 느껴야 한다. 우리를 반복적으로 치유하고 활기차게 하며 영감을 주는 생각의 패턴과 연대를 이루어야 한다. 그러다보면 새로운 시냅스를 형성하는 일이 창의적이고 즐거운 과정이 될 것이다. 모든 야생 동물들은 새로운 신경망이 대대적으로 형성되는 초기 발달기에 재미와 즐거움을 가장 많이 느낀다.

처음 사랑에 빠졌을 때처럼, 우리는 사랑하는 사람을 순수하고 진실된, 모든 면에서 가장 이상적인 존재로 본다. 이것이 바로 우리가 만들고자하는 새로운 자아의 비전이다. 우리에게는 완벽함을 추구하지 않을 이유가 없다. 최고의 이상이 아니라면 우리가 어떻게 몇 시간을 명상을 할 수 있겠는가 말이다. 우리에게는 승리하는 데 부족한 목표를 세울 이유가 없다. 진부하게 들릴지 모르지만, 나는 할 만한 가치가 있는 것은 어떤 것이든 잘할 이유가 있다고 믿는다.

이것은 그림의 떡이거나 용기를 주기 위한 번지르르한 말이 아니다. 우리가 전두엽으로 새로운 이상을 '심적 시연'하고, 그 이상이 주변 환경의 그 어떤 것보다 더 현실이 되면, 그 이미지가 무엇이든 간에 우리는 가장 진화된 새로운 자아를 가질 수 있다.

예를 들어, 질병을 극복함으로써 자신을 바꾸는 것은 몸 전체를 바꾸도록 마음을 활성화하는 것과 같다. 나쁜 관계를 끊고 새로운 신경망을 만드는 것은 삶에 건강하고 의미 있고 사랑이 넘치는 관계를 가져온다. 이러한 관계는 자신을 가치 있다고 여기는 신경망을 바탕으로 하는 것이다. 삶의 활력을 찾는 것이든 살을 20kg 빼는 것이든 모든 것은 마음에서 시작된다. 마음이 좀 더 조직적으로 움직이면 기회의 문이 열린다. 자신감을 '심적 시연' 함으로써 우리는 삶이나 직장에서 길을 찾을 수도 있다. 몸과 마음이 하나가 될 때 우리는 우주의 힘을 갖게 되는 것이다. 의지와 행동이 하나가 됨으로써 우리는 원하는 결과를 계속해서 만들어낼 수 있다.

아인슈타인은 어떤 문제이든 간에 그 문제를 만들어낸 의식의 수준을 한 단계 높이지 않고서는 문제를 해결할 수 없다고 말했다. 자연치유를 경험한 사람들의 경우도 마찬가지다. 그들은 그들의 병을 만든 마음 상태와는 차원이 다른 새로운 마음을 만들어냈고, 그 결과 그들의 몸은 새로운 신경화학적 신호를 받을 수 있었다. 이들은 우울이나 자기불신, 공포 같은 감정에서 헤어나오지 못한 채 앉아서 '심적 시연'을 해봤자 성공하지 못한다는 것을 알았다. 그들은 깨달았다. 예전의 자아는 자신을 규정하는 감정과 우리의 삶을 늘 같은 상태로 유지하도록 세포의 유전자를 활성화하는 마음 상태로 둘러싸여 있다는 것을 말이다. 그래서 그들은 자신의 마음을 기쁨으로 가득 찬 상태로 만들었다. '심적 시연'을 하게 되면 우리는 본질적으로 다른 누군가가 되고 새로운 생각과 틀을 가진 새로운 사람이 된다.

심각한 질병을 자연치유한 사람들은 단지 종양의 크기가 몇cm 줄어 신경을 누르지 않거나, 몸이 조금 더 나아지기를 상상하지 않았다. 그들은 우울하고 아픈 존재 대신 밝고 행복한 존재가 되는 것을 연습했다. 목표에는 완전히 미치지 못했지만, 이러한 생각 덕분에 그들은 확실히 어떤 이득을 얻을 수 있었다. 기준을 높게 설정했기 때문에 그들은 강한 동기를 가질 수 있었고, 주의를 집중한 노력에 상응하는 보답을 받았다.

목표를 높게 잡아야 할 이유는 또 있다. '새로운' 과제에 전두엽을 끌어들여야 하기 때문이다. 우리는 '새로움'이 뇌에 새로운 신경망을 고정하는 데 어떠한 역할을 하는지에 대해 많이 논의했다. 우리가 새로운 자아를 상상한다고 해서 바로 새로운 회로가 형성되는 것은 아니다. 우리는 '심적 시연'을 통해 이상적인 자아를 3차원적인 이미지로 구성해야 한다. 전두엽은 복잡한 퍼즐을 푸는 것을 좋아한다. 전두엽은 뇌의 다양한 부위에서 온 과거의 지식과 경험의 조각을, 새로 배운 정보의 조각과 조합하는 도전을 즐긴다. 그러고 나서 전두엽은 이것을 새로운 패턴과 조합을 가진 모델로

만든다. 전두엽은 이러한 작업에 매우 능하기 때문에 그 능력을 발현하는
것은 이상적인 자아를 상상하는 우리 자신에게 달려 있다.

이에 대해 좀 더 살펴보자. 우리가 되고 싶은 새로운 '자아'와 사랑에 빠
지는 것은 쉽지 않다. 과거에 그것(모든 기억에는 그에 상응하는 감정이 있다
는 것을 기억하라)과 연합해서 경험한 감정적 요소가 없기 때문이다. 그러
므로 이 새로운 자아의 비전에 연결할 수 있는 감정은 우리의 내면에서 불
러온 사랑뿐이다. 다시 한 번 말해보겠다. 사랑은 우리가 새로운 자아를 받
아들일 때 연합할 수 있는 유일한 감정이다. 우리가 아직 그 새로운 자아를
경험하지 않았기 때문이다. 새로운 경험은 우리의 뇌를 가장 높은 수준으
로 진화시키는 데 중요한 역할을 한다. 그리고 이 같은 창조적 과정에서 기
쁨이 생겨난다.[2]

새로운 자아 만들기

이 책의 목적은 뇌를 진화시키는 방법을 보여주는 것이다. 우리가 논의
하고 있는 것은 더 이상 필요하지 않은 예전의 회로를 의식적으로 포기하
고 새로운 회로를 만들어, 새로운 마음을 만들 수 있도록 뇌의 생물학을 이
용하는 것이다. 특히 새로운 회로를 만드는 전두엽의 놀라운 능력을 활용
해야 한다. 전에도 했던 말이지만 중요하기에 또 한 번 반복하겠다. '우리
는 변화를 위해 새로운 마음을 만들 수 있다. 새로운 마음은 새로운 뇌를
만들고, 새로운 뇌는 새로운 마음을 낳는다.'

우리는 지금까지 이러한 뇌 진화과정('심적 시연')의 첫 단계에 대해서
이야기했다. 이제 뇌를 진화시키고 삶을 변화시키기 위해 이 과정을 어떻
게 사용하는지 더 깊이 살펴보자.

단계의 설정

맨 먼저 우리의 환경을 조종해야 한다. 내 친구 존은 작가로서의 창의력을 최대화하려고 시도하는 과정에서 환경 조정의 중요성에 대해 알게 됐다. 그가 글을 쓰기 전에 한 첫 번째 일은 자신의 집에서든 부모 집에서든 간에 주변 환경을 정돈하는 것이었다. 예를 들어 그는 집에서 촛불을 켜고 음악을 틀었다. 이 두 가지 일을 반복함으로써 그는 촛불과 음악이란 요소를 글이 잘 써지는 날과 연합시킬 수 있었다. 우리의 뇌는 항상 어떤 것을 연합시키기 위해 분주하다. 촛불과 음악의 긍정적인 연합은 효과가 있었다. 하지만 나중에 존은 이들 없이도 집필모드로 들어갈 수 있었다.

존의 예에서 우리는 효과적으로 '심적 시연'하는 데 환경을 조정하는 것이 필수적이라는 것을 알 수 있다. 바로 우리의 일상을 구성하는 생각이나 사건, 시간, 사물, 장소, 사람에게서 벗어나는 것이다. 어쩌다 이 같은 훼방꾼들 중 하나에 노출되는 것만으로도 자동적으로 불필요한 생각을 떠올릴 수 있다. 이것이 우리가 여행을 가는 이유다. 여행을 가면 우리는 종종 삶의 여러 상황에 대해 더 명확히 생각할 수 있고, 미래를 더 명확히 계획할 수 있으며, 결단력이 좋아지고, 다음 단계를 더 유동성 있게 계획할 수 있다. 일상적인 요소들과 그것과 연합된 모든 기억에서 벗어날 수 있기 때문이다. 우리가 전형적이고 예측 가능한 세계를 포기할 때, 환경은 더 이상 우리의 자동적이고 일상적이며 반사적인 신경회로를 활성화시키지 못한다. '심적 시연'은 여행하는 것과 비슷하다. 어떠한 식으로든 환경을 바꾸면 우리는 그것과 연합된 기억을 떠올리지 않을 수 있다.

주변 환경을 정리하고 나면 다음 단계로 우리 삶의 어떤 부분을 바꾸고 변화시킬 것인지를 결정해야 한다. 이와 함께 우리는 새로운 자신의 이미지를 만드는 데 필요한 지식을 학습하고, 그다음에는 이렇게 형성된 새로운 자아를 행동으로 옮겨야 한다.

새로운 지식의 학습

우리가 외부 세계에서 새로운 것을 배울 때, 전두엽은 이미 존재하는 정해진 신경망을 다른 조합과 패턴, 배열로 활성화한다. 우리 뇌에는 수십억 개의 뉴런과 수조 개의 연결을 이루고 있기 때문에 마음을 무한대에 가까운 조합으로 만들어낼 수 있다.

우리가 행동을 수정하고 새로운 경험을 받아들일 때와 마찬가지로 '심적 시연'에도 새로운 지식의 습득과 그 지식의 적용이 필요하다. 지금까지 우리는 이미 가지고 있는 지식과 연합기억을 사용해 '심적 시연'하는 것에 대해서만 살펴봤다. 그리고 조사(독서, 정보프로그램 시청 등 새로운 지식을 습득하고 새로운 경험을 할 수 있는 셀 수 없이 많은 방법)가 '심적 시연'에 얼마나 중요한지에 대해서는 간략히만 알아보았다.

우리가 새로운 사람이 되거나 새로운 행동을 하고 싶다면, 우리 뇌 속에 이미 저장되어 있는 정보만으로 스스로를 제한해서는 안 된다. 새로운 가능성을 탐험하고자 한다면 새로운 지식을 얻고 그것을 적용하는 것이 필요하다. 그래야 우리는 새로운 감정과 연합된 경험을 만들 수 있다. 이러한 개념에 대해서는 12장에서 더 논의할 것이다.

이제 우리는 새로운 지식을 우리의 도구 상자에 포함시켰다. 새로운 이상적인 자아를 건설할 준비가 된 것이다. 예를 들어 당신이 좀 더 인정 많은 사람이 되기로 선택했다면, 우리는 그 개념과 관련하여 현재 가지고 있는 모든 회로를 활용할 것이다. 예를 들어 우리는 발달장애아들의 수양부모 역할을 오랫동안 해오신 숙모를 생각할 수도 있다. 우리는 숙모가 단지 자신의 기쁨을 위해 그 많은 아이들을 돌봐온 넓은 마음의 소유자라는 것을 기억할 것이다. 또한 그녀가 불평을 하거나 도움이 필요한 사람을 거절한 적이 없다는 것을 깨달을 것이다. 또는 우리가 의기소침해 있거나 실연당했을 때 어머니와 숙모가 보여준 동정심을 생각할지도 모른다. 우리는 삶에서 인정을 경험했고 멀리서 그것을 관찰했다. 우리는 테레사 수녀와 그녀의 업적에 대해서도 읽었다. 다른 사람들에게 봉사하기 위해 자신을 헌신한 사람들에 관한 영화도 보았다.

우리는 이미 이러한 연합기억의 벽돌들을 뇌 속에 가지고 있다. 다음 단계는 이 벽돌을 사용해 새로운 이상을 만드는 것이다. 이미 알고 있는 것들을 취해서 그것들을 다르게 조합하는 것이다. 오케스트라의 지휘자처럼 우리는 뇌의 모든 연합기억 중추에 접근할 수 있다. 인정과 관련된 새로운 마음 상태를 만들기 위해 어떤 악기를 연주하게 하고 어떤 악기를 대기시킬지 말이다. 우리는 숙모의 관대함의 정신을 취하고, 우리의 정서적 요구를 이해하려는 어머니의 열정을 취하고, 테레사 수녀의 업적에 대해 읽은 것을 취하고, 불교경전에서 배운 가르침을 취한 다음, 이 모든 것을 조합해 우리가 되고 싶은 인정 있는 사람의 새로운 모델로 만들 수 있다.

우리는 '심적 시연'을 통해 전두엽에 어떤 이미지를 넣을 수 있다. 예를 들어 다음번에 자신의 쓸모없는 남편에 대해 15년이나 똑같은 불평을 하면서 사는 여동생을 만나면 인정을 갖고 대하는 것이다. 어떤 상황에 다르게 대처하는 새로운 이미지를 만들면 우리를 화나게 만드는 익숙한 회로를 활성화시키지 않을 수 있다. 나쁜 관계에 빠져 있는 여성들에게 무슨 일이 일어나는지에 대한 새로운 정보를 습득함으로써 우리는 동정심 있는 자아의 새로운 모델을 만들기 시작할 것이다. 과거의 지식과 경험, 새롭게 학습한 지식을 원료로 삼아 뇌에 고정된 모델을 만들 수 있을 것이다. 이러한 새로운 반응은 한때 감정적 중독에 관여했던 신경성장인자를 통해 고정될 것이다. 그러면 우리는 '심적 시연'으로 만든 회로 덕분에 다르게 행동할 수 있게 된다.

전두엽은 이미 존재하고 있는 회로를 수정해 우리가 새로운 사람이 되도록 만든다. 더 인정 많은 사람이 되는 데(우리가 원하는 새로운 태도를 만드는 데) 필요한 것은 주의집중과 의지, 지식과 이해다. 그리고 우리는 피아노 연주를 '심적 시연'한 사람들처럼 새로운 내가 되는 것을 연습해야 한다. 피아노가 실제 우리 앞에 있든지 전두엽에 있든지 상관없이 말이다. 다시 말하지만 이것이 바로 자연치유를 경험한 사람들이 사용한 방법이다. 이 것은 또한 말콤 X가 자신을 범죄자에서 시민운동의 지도자로 개조한 방법 이기도 하다. 우리에게는 의식적으로 자신을 새롭게 개조할 능력이 있다. 우리가 예전의 자아를 무의식적으로 만드는 데도 같은 능력을 사용했다. 이러한 능력에는 연합의 법칙과 반복의 법칙에 대한 이해, 지식과 경험을 바탕으로 신경망을 새로운 배열과 패턴으로 활성화하는 것, 외부 환경에 거의 강박적으로 주의를 끊지 못해 들리는 머릿속의 목소리를 잠재우는 법 을 배우는 것, 중독된 감정 상태에 주의를 기울이는 것이 포함된다. 이 모 든 것이 우리의 가장 큰 축복인 '전두엽'을 통해 가능하다.

아침에 시작하기

진실로 자신을 개조하고 수정하기 위해서, 우리는 매일 기회가 있을 때 마다 새로운 회로를 활성화하는 '심적 시연'을 해야 한다. 우리가 매일 시 행하면, 특히 아침에 일어나자마자 하면, 우리는 새로운 회로를 준비시킨 상태로 하루를 시작할 수 있다. 우리의 마음은 이미 새로운 사람으로 무장 했기 때문에, 도전받는 상황을 맞닥뜨렸을 때 대처하기가 더 쉬워진다.

예를 들어 우리는 아침 5시에 일어나 평온한 마음 상태로 회사에 가기로 결심할 수 있다. 우리는 전두엽을 통해 좀 더 이해심 있고 평화로운 자아 라는 이상(경험과 기억, 새로운 지식으로 만들어진)을 1시간 정도 유지한다. 그런데 '심적 시연'이 끝나고 샤워를 시작했을 때 배우자가 식기세척기를 돌린다. 그 순간 따뜻한 샤워물이 차갑게 변해버린다. 우리는 이미 '심적 시연'을 했기 때문에, 화내지 않고 우리의 결심이 얼마나 깨지기 쉬우며 시험에 들기 쉬운지에 대해 생각하며 웃을 수 있다.

하지만 반대로 우리가 알람을 끄고 일어나서 침대 밖을 기어나와 늦지 않기 위해 서두를 때 같은 상황이 발생하면 어떨까? 우리는 아마 과거의 회로를 활성화시켜 욕실 밖으로 머리를 내밀고 배우자의 무신경함과 어리석음에 대해 소리 지를 것이다. 화를 내지 않는 것이 우리의 목표라면, 둘 중 어떠한 방법으로 하루를 시작하는 것이 좋을까?

미래로 향하는 길

강한 의지를 갖고 뇌의 다른 중추를 잠재움으로써 우리는 좀 더 예리하게 자신을 관찰하여 자신의 성향과 약점을 더 잘 가려낼 수 있다. 일단 우리가 자기관찰에 좀 더 정통해지면 우리는 더 고차원적인 질문을 할 수 있다. 또한 뇌의 CEO를 더 고차원적이고 미래지향적인 문제를 해결하는 데 사용할 수 있다. 우리 몸과 감정적 중독의 즉각적인 요구를 만족시키는 데 집중하는 대신에 말이다.

우리는 '심적 시연'을 통해 앞으로 다가올 더 힘든 과제를 해결할 수 있도록 스스로를 준비시킬 수 있다. 우리는 건축가처럼 우리가 상상하는 새로운 자아라는 꿈의 모델을 만들 수 있다. 하지만 진짜 시험은 이 모델을 실제 세계에 적용할 때 시작된다. 뇌는 항상 마음이 설계해놓은 새로운 버팀목과 기반에 따라 움직일 것이다. 이 같은 좀 더 진화된 마음 상태에 대해서는 12장에서 논할 것이다. 일단 지금은 우리가 '심적 시연'을 시작했다고 해서 모든 일이 끝난 것은 아니라는 사실을 깨달을 필요가 있다.

생존모드의 일상적인 삶을 깨기로 작정하고 새로운 자아를 만드는 것은 쉬운 일이 아니다. 앞을 내다보며 살기보다 환경에 반사적으로 대응하며 사는 것이 훨씬 더 쉽다. 우리는 유전과 경험으로 형성된 고정된 습관에 너무 익숙해져 있다. 오랫동안 우리는 새로운 경험을 피하고 새로운 지식은 거의 습득하지 않았다. 삶의 기반이 어떤 것에 의해 흔들리거나 우리가 반복적인 본성과 익숙한 것에 대한 추구를 그만두고 안개 밖으로 나올 때, 우리는 자신에 대해 새로운 것을 발견하고, 내가 누구인지, 어떤 사람이 되고 싶은지, 지금 어디에 있으며 앞으로 어디에 있고 싶은지를 찾아 떠나는 여정을 시작할 수 있다.

변화는 자아의 습관을 깰 때 일어난다. 당신은 하루에 적어도 한 시간은 조용한 장소에서 이상적인 자아의 이미지를 마음속에 그리고 있어야 한다. 당신은 주변 환경과 연합된 것, 즉 중독된 화학물질의 폭주와 연합된 모든 것을 끊어야 한다. 당신은 지나치게 흥분하거나 자극받은 상태, 스트레스 받는 상태에서 벗어나 자신을 진정시켜야 한다. 궁극적으로는 영혼을 죽이고 몸을 파괴하는 통제력을 잃은 삶에서 스스로를 해방시켜야 하는 것이다. 새로운 자아가 어떤 모습일지를 '심적 시연' 함으로써 자신의 의지를 세상에 분명히 보여줄 필요가 있다.

당신이 스스로 만든 이상적인 자아의 모습을 현실로 불러올 때, 당신은 희생을 초월한 보답을 받을 것이다. 이상적인 자아의 모습이 명확하고 그에 대한 헌신의 깊이가 깊을수록 당신이 상상한 그대로의 결과를 얻을 수 있다. 생각을 바꾸는 것만으로 생존을 위한 삶에서 창조를 위한 삶으로 옮겨갈 수 있는 것이다.

12장에서 우리는 신경과학이 생각과 행동, 존재에 어떤 역할을 하는지에 관한 우리의 연구를 마무리 지을 것이다. 우리가 어떤 상태에 이르는 법을 배울 때, 우리의 몸과 마음은 진정 하나가 된다. 그리고 그 몸과 마음의 상태를 영구적으로 만들기 위해 우리의 모든 것이 함께 맞물린다. 이것이 진화다.

당신의 뇌를
진화시켜라

- 12 -

Evolve your Brain

내가 반복적으로 하는 일이 곧 나를 만든다.
그렇다면 뛰어난 미덕은 하나의 행동이 아니라 하나의 습관이다.
　　　　　　　　　　　　　　　　　　　－아리스토텔레스*Aristotle*

당신의 뇌를

Evolve your Brain

진화시켜라

11장에서 나는 투구하는 모습을 '심적 시연' 함으로써 성공을 이뤘던 야구코치에 대해 얘기했다. 그는 매회, 매 타자마다 전날 밤 마음속으로 생각했던 것을 그대로 떠올리며 공을 던졌다. 그는 전에는 맥을 못 추던 팀과의 경기에서 큰 성공을 거두는 기쁨을 누렸다. '심적 시연'이 우리의 발전을 위한 얼마나 강력한 도구인지 상상해보기 바란다. 이것은 야구에만 해당하는 것이 아니다. 하지만 일단은 야구에 대해 좀 더 살펴보기로 하자.

이번 장에서 우리는 '심적 시연'의 가장 중요한 요소를 개략적으로 살펴볼 것이다. 만약 그가 실제로 경기장에 나가 불펜(bull pen, 야구에서 시합 중 구원투수가 경기에 나가기 전에 경기장 한쪽에서 몸을 푸는 곳 – 옮긴이)에서 준비운동을 한 후 타자와 마주치지 않았다면 그가 아무리 정신적 준비를 많이 했더라도 아무 소용이 없었을 것이다. 그는 자신이 상상했던 것처럼 경기장에 나가 그의 기술을 보여줬다. 스트라이크 존을 자유자재로 넘나드는 투구 같은 것 말이다. 그는 마음만을 사용하는 데서 시작해 몸과 마음을 함께 사용하는 것으로 나아갔다.

'실연(實演, 실제로 행하는 것 – 옮긴이)'은 '심적 시연'이 개인의 진화로 이어지는 데 가장 중요한 마지막 단계다. 투수로 활동하는 한 친구는 어떤 타자들을 다음과 같이 표현한다. "그는 정각 6시 타자야." 정각 6시란 게임 전에 그가 투구 연습을 하는 시간을 말한다. 이 시간에 타자들은 빈 공간을 가르는 예리한 직선 타구나 홈런 같은 놀랄 만한 타구력을 보여준다. 문제는 실제 경기가 시작되면 연습 때의 실력에 훨씬 못 미치는 모습을 보여준다는 사실이다.

우리는 '심적 시연'에 그치지 않고, 실제로 마음속으로 상상한 이상적인 모습을 현실에 적용해야 한다. 연습에서는 최고의 기량을 발휘하지만 실제 콘서트에서는 그렇지 못한 피아니스트를 생각해보자. 또는 전날 밤 마음속으로 완벽한 수업을 했지만 실제 강단에서는 긴장 때문에 무너지는 교수는 퇴근 후 집으로 돌아오는 길에는 이해심이 넘쳤지만 현관에 들어서자마자 초조한 심술쟁이가 되는 남편은 또 어떤가? '심적 시연'한 것을 실제 삶의 현장에 적용하지 않는다면 우리는 결코 진정한 경험을 할 수 없다. 또한 몸이 느끼는 경험의 감각기억도 가질 수 없을 것이다.

생각하는 것을 행동으로 옮기거나 어떤 상태에 도달하는 진화의 단계를 우리는 어떻게 밟아나갈 수 있을까? 이에 도달하기 위해 나는 우리의 지식 기반에 몇 가지 개념을 덧붙이고 싶다. 우리는 이미 '존재되기'(being-it, 무엇이든 우리가 받아들이고자 하는 행동을 드러내는 것)에 대해 올바로 이해하기 시작했다. '존재되기'란 우리의 진화된 지력과 경험이 뇌에 단단히 구축되어 새로운 지식을 실제 적용하는 데 그것을 의식할 필요조차 없는 상태를 말한다. 나이키 광고는 '그저 하라(just do it)'고 우리를 일깨운다. 나의 목표는 우리의 모든 지식과 기술을 통합해 이 진부한 광고 문구를 현실로 만들 수 있다는 사실을 증명하는 것이다. 우리는 배운 것을 실제 적용함으로써 뇌를 진화시킬 수 있으며, 오래된 신경화학적 자아의 습관을 깰 수 있다. 우리가 새로운 마음과 더 진화된 정체성을 형성할 때 우리는 '그저 될 것(just be it)'이다.

먼저 우리가 기억을 형성하고 사용하는 방법에 대해 구체적으로 살펴보자. 앞에서 우리는 기억을 뇌에 머무르는 생각으로 묘사했다. 우리는 우리가 배운 것을 회상하고, 인식하며, 선언함으로써 의식적인 생각을 뇌에 등록한다. 의식적인 생각에는 단기기억과 장기기억, 의미기억과 일화기억이 포함된다. 지식-단기기억-의미기억(이해를 돕기 위해 이 셋을 서로 유사한 의미로 보겠다)은 지력에 의해 뇌에 정리 보존된다. 반면 경험-장기기억-일화기억(마찬가지로 같은 뜻으로 보겠다)은 몸과 감각에 의해 뇌에 구성된다. 이를 통해 우리는 훨씬 더 잘 기억할 수 있다. 후자는 뇌에 더 오래 머무르는 경향이 있다. 왜냐하면 몸이 중요한 전기화학 신호를 뇌에 보내 느낌을 만들어내기 때문이다.

외현기억 vs 내현기억

대부분의 기억은 외현기억(explicit memory) 또는 선언(진술·서술)기억(declarative memory)이라는 범주에 들어간다. 이것은 우리가 의식적으로 불러들일 수 있는 기억이다. 이렇게 생각하면 이해하는 데 도움이 될 것이다. 우리는 '아는 것'을 안다고 서술한다. 선언기억은 다음과 같이 표현할 수 있다. '나는 마늘과 함께 으깬 감자가 좋아. 내 생일은 3월이야. 우리 어머니 이름은 ○○야. 나는 미국인이야. 심장은 혈액을 펌프질해. 나는 4월 15일에 세금을 내. 나는 척추 생체역학에 관해 알고 있어. 나는 내 주소와 전화번호를 알아. 나는 겨울 정원을 꾸미는 법을 알아.'

외현기억(선언기억)은 주로 우리의 의식적인 마음과 관련되어 있다. 나는 의식적으로 위의 생각들을 선언할 수 있다. 나는 이것들을 의식적으로 기억하기 위해 지식(의미적으로)이나 경험(일화적으로)을 통해서 이것들에 대해 배웠다. 즉, 우리는 지식과 경험이라는 두 가지 방법으로 선언기억을 형성하는 것이다.

대뇌신피질은 의식적인 인식의 중추로 외현기억의 저장고다. 여러 종류의 외현기억이 다양한 방법으로 뇌에서 처리되고, 저장된다. 예를 들어, 대뇌신피질은 장기기억과 단기기억을 서로 다른 방법으로 처리한다.

단기기억은 대부분 전두엽에 머물러 있다. 이를 통해 우리는 가장 효율적인 방법으로 발전해나갈 수 있다. 전화번호부에 있는 번호를 외울 때, 우리는 번호를 마음속으로 되뇌면서 전화기로 걸어간다. 완벽하게 외워지기만을 바라면서 말이다. 우리가 즉각적인 행동을 취하기 위해 노력하는 동안 전두엽이 그 번호를 머릿속에 붙잡고 있는 것이다. 이러한 기능은 새로운 기억을 저장할 때뿐만 아니라 기억을 불러오는 데도 관여한다.

장기기억 또한 대뇌신피질에 저장된다. 하지만 새로운 정보를 장기적으로 저장하는 과정은 좀 더 복잡하다. 감각기관이 새로운 경험을 통해 정보를 감지하면, 해마(모르는 것을 아는 것으로 만들 때 가장 활발한 중뇌의 한 부분)는 일종의 중계소 역할을 한다. 해마가 감각기관으로 들어온 정보를 측두엽과 그 연합 영역을 통해 대뇌신피질로 전달하면 정보는 여러 신경망의 한 행렬로 분산된다. 말하자면 장기기억의 형성에는 대뇌신피질과 중뇌가 모두 관여하는 것이다.

장기기억을 떠올리기 위해 기억과 관련된 생각을 활성화하는 것은 근본적으로 특정한 배열을 가진 신경의 패턴을 활성화하는 것과 같다. 이것은 특정한 의식의 흐름을 만들어 우리가 그것을 인식하게 한다. 대뇌신피질이 컴퓨터 하드드라이브라면, 해마는 저장 버튼과 같다. 마음의 스크린 위에 여러 가지 기억을 띄우고 저장 버튼(save the file)을 누르면 컴퓨터에 저장되는 것이다. 또한 우리는 대뇌신피질에 저장된 이 기억들을 되살리기 위해 '파일 열기(file open)'를 할 수도 있다.

우리는 우리의 학습을 돕는, 일종의 도움말 역할을 하는 단기기억을 가지고 있다. 1960년대에 과학자들은 이 단기기억에 '작업기억(working memory)' 이라는 이름을 붙였다. 작업기억과 단기기억은 거의 같은 것이지만 미묘한 차이가 있다.

작업기억은 현재 진행 중인 어떤 일을 수행하기 위해 사용되는 기억이다. 우리는 복잡한 지적능력이 필요한 일을 수행할 때 작업기억을 사용한다. 전형적인 예가 암산이다. 암산을 하려면 다음 계산을 하는 동안 그 전까지 계산한 답을 작업기억으로 유지하고 있어야 한다. 예를 들어, 누군가 우리에게 6 곱하기 4를 하고 나서 10을 빼고 3을 더하라고 한다면, 우리는 계산할 때 전 단계의 답을 작업기억으로 저장한다. 위의 경우 첫 번째 곱셈을 하면 24가 나온다. 우리는 24를 작업기억으로 유지한 채 거기서 10을 뺀다. 그래서 14가 나오면 그것에 3을 더할 때까지 14를 작업기억으로 보존한다. 이때 전두엽은 우리가 어떤 일을 확실히 수행할 수 있을 때까지 생각을 단기기억이나 작업기억으로 저장하는 역할을 한다.

두 번째 기억체계는 내현기억(implicit memory) 또는 절차기억(proce-dural memory)이라고 불리는 것이다. 내현기억은 습관과 기술, 정서 반응, 반사 반응, 조건반사, 자극-반응 메커니즘 연합에 의해 학습된 기억, 무의식적으로 나타내는 고정된 행동과 관련되어 있다. 또한 내현기억은 비선언기억(nondeclarative memory)이라고도 불리는데, 이는 밖으로 선언되지는 않지만 거의 의식하지 않은 채 반복해서 나타나기 때문이다. 내현기억은 전의식 차원(subconscious level)과 밀접한 관련이 있다. 우리는 내현기억을 항상 사용하지만 그것을 의식하지 못한다. 내현기억은 뇌에 머무르는 생각일 뿐만 아니라, 몸에 머무르는 생각이기도 하다. 즉, 몸이 마음이 되는

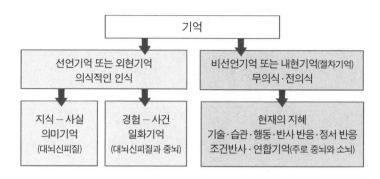

```
                    ┌──────────────────────┐
                    │         기억          │
                    └──────────────────────┘
            ┌────────────────┐      ┌──────────────────────┐
            ▼                ▼      ▼
┌────────────────────────────────┐  ┌──────────────────────────┐
│   선언기억 또는 외현기억        │  │  비선언기억 또는 내현기억(절차기억) │
│      의식적인 인식              │  │       무의식·전의식         │
└────────────────────────────────┘  └──────────────────────────┘
      ▼              ▼                          ▼
┌───────────┐  ┌───────────┐      ┌──────────────────────────────────┐
│ 지식 – 사실 │  │ 경험 – 사건 │      │           현재의 지혜              │
│  의미기억   │  │  일화기억   │      │  기술·습관·행동·반사 반응·정서 반응   │
│ (대뇌신피질) │  │(대뇌신피질과 중뇌)│      │ 조건반사·연합기억(주로 중뇌와 소뇌)  │
└───────────┘  └───────────┘      └──────────────────────────────────┘
```

그림12.1 뇌의 기억체계

것이다. 그림12.1은 외현기억과 내현기억이 각각 뇌의 어느 부위에 저장되는지 보여준다.

쉽게 표현하면 내현기억이란 배운 것을 밖으로 드러내기 위해 몸을 훈련시키는 인간 고유의 능력이다. 우리의 마음은 원할 때마다 어떤 경험을 반복할 수 있는 능력을 가지고 있다. 마음은 '심적 시연'과 계획을 통해 몸이 어떤 일을 수행하도록 훈련시킨다. 그러면 몸은 그 일을 하는 방법에 대한 내현기억을 갖게 되고, 특별한 의식 없이도 그 일을 해낼 수 있다. 마음의 지시로 몸이 어떤 일을 반복하여 경험하게 되면, 그 일을 자연스럽게 할 수 있을 정도로 몸과 마음이 하나가 된다. 즉, 몸은 내현기억을 통해 마음이 기억하는 것과 똑같이 기억할 수 있다.

우리는 몸으로 기억하는 예를 운동선수들에게서 많이 찾아볼 수 있다. 어떻게 다이빙선수는 10m 높이의 플랫폼에서 떨어져 두 바퀴 반 공중제비를 돈 후, 자세를 바로 바꿔 연속 비틀기를 한 다음, 수면과 직각을 이루며 입수할 수 있는 것일까? 몇 초 안에 끝나는 매우 정교하고 기술적인 육체적 움직임에는 의식적인 생각이 얼마나 많이 관여할까? 운동선수들은 마음이 아니라 몸이 그 일을 하게 놔둔다고 말한다. 우리가 수동 기어로 차를 운전하는 법을 배울 때도 마찬가지다. 일단 의식적으로 운전법을 터득하고 나면, 나중에는 의식하지 않고도 기어를 바꾸며 운전을 할 수 있다.

우리 뇌는 내현기억으로 가득하다. 내현기억은 육체적 반복만으로 발달시킨 자동적인 신경망이다. 이를 닦거나 면도를 하거나 자전거를 타거나 운동화 끈을 묶거나 악기를 연주하거나 살사 댄스를 추는 것 모두가 내현기억 또는 절차기억의 예다. 우리는 이러한 습관적인 행동을 할 때 그것을 거의 의식하지 못한다.

물론 내현기억이 처음부터 자동적이거나 암묵적인 것은 아니다. 우리는 어떤 기술을 습득할 때 처음에는 의식을 가지고 반복적으로 연습한다. 그리고 이를 고정된 회로로 만들기 위해서 집중과 강한 의지를 사용한다. 마음이 행동의 수행을 반복적으로 지시하면, 몸은 어느새 뇌보다 그 행동을 더 잘 기억하게 된다. 한마디로 마음과 몸이 그 행동에 신경화학적으로 익숙한 상태가 되는 것이다. 결국 우리는 생각만으로 신경화학적으로 같은 마음 상태를 재생산할 수 있고, 우리 몸을 그 행동의 화학적 상태로 만들 수 있다. 궁극적으로 내현기억은 우리의 전의식에 머무르는 프로그램이 된다.

일단 내현기억이 완성되면 몸은 신경을 통해 뇌의 의도를 기억하게 된다. 또한 반복된 경험이 몸에 기록되면서 세포로 가는 신경화학적 신호가 자동적으로 같은 마음 상태를 만들 수 있도록 완성된다. 지식적인 기억만으로는 결코 몸을 이러한 상태로 만들지 못한다. 지식에는 경험이 결여되어 있기 때문이다.

어떠한 생물 종이든 적응과정에서 특정한 경험을 지속적으로 반복하면 그것은 유전자에 기록된다. 따라서 내현기억은 유전자에 의해 전수된 가장 강한 신호이자 새로운 세대의 출발점이다. 마음이 몸과 반복적으로 하나가 될 때, 몸은 환경으로부터 배운 것을 유전자로 기록한다.

일화기억을 통해 배운 지식은 경험으로 바뀌는 전 단계다. 우리는 지식을 가지고 새로운 경험을 만들어내기 위해 행동을 수정한다. 새로운 경험을 위해서 우리는 의식적으로 지식을 떠올리는 동시에 몸이 그것에 관여하도록 해야 한다. 그리고 한 번만 경험하는 것으로는 충분하지 않기 때문에 새로운 경험을 계속 반복해야 한다.

우리는 항상 외현기억을 내현기억으로 바꾸곤 한다. 이것은 마치 의식적인 생각을 전의식적인 생각으로 바꾸는 것과 같다. 우리가 의식적인 노력 없이 어떤 행위를 할 수 있게 되면 내현기억이 형성된 것이다. 일단 기억이 암묵적이 되면, 어떤 행동에 대한 생각이 자동적으로 몸을 활성화해 그 과제를 수행하도록 한다. 그 일을 하는 것을 의식하지 못한 채 말이다.

외국어에 통달하는 것도 외현기억을 내현기억으로 바꾸는 좋은 예다. 새로운 언어를 배울 때 우리는 명사와 동사, 형용사, 전치사를 연합을 통해 저장한다. 예를 들어, 우리는 스페인어 '옴브레hombre'를 남자라는 뜻으로 기억한다. 누군가가 남자를 뜻하는 스페인어가 무엇인지 물을 때마다 '옴브레'라고 의식적으로 선언할 수 있으면, '옴브레'라는 의미기억은 외현기억으로서 대뇌신피질의 데이터베이스에 저장된 것이다. 이후 많은 단어를 배우면서 우리의 대뇌신피질 주름 속에 각 단어의 의미가 저장된다.

이제 우리는 스페인어 강사가 '옴브레'에 관한 노래를 부르는 것을 듣는다. 그러면 감각경험과 반복의 법칙을 통해 '옴브레'의 의미가 뇌에 장기기억으로 저장된다. 공부를 계속 한다면, 아마 우리가 알고 있는 사물과 행동, 의미에 해당하는 거의 모든 스페인어를 배울 수 있을 것이다.

하지만 이 모든 단어들을 활용해 실제로 말을 해보지 않는다면 아무 소용이 없다. 여러 사람들과 다양한 상황에서 스페인어를 듣고 말할 때, 그 체계는 암묵적으로 바뀌기 시작할 것이다. 일단 우리가 언어를 유창하게 말하게 되면, 암묵적으로 신경회로가 형성된다. 말하고 싶은 것을 생각하기만 하면 저절로 혀와 치아, 얼굴의 근육이 특정한 방법으로 움직여 올바른 소리를 낼 것이다. 우리가 말하고 있는 언어에 대해 더이상 의식하지 않게 되면 비로소 뇌에 전의식적이고 고정된 체계가 완성된다고 할 수 있다.

우리는 어떤 것을 잘하는 사람들에게 이렇게 묻는다. "어쩜 그렇게 쉽게 할 수 있죠?" 대부분이 이렇게 답할 것이다. "나도 몰라요(내가 하는 것을 의식할 수 없기 때문에 서술할 수 없어요). 어떻게 하는지에 대해 더 이상 의식할 필요가 없을 때까지 계속해서 연습했을 뿐이에요." 이것이 바로 비선언적이고 암묵적인 상태다. 이 사람은 그 행동을 너무 많이 해서 '의식함 없이' 할 수 있는 것이다. 그 능력은 너무나 자동적인 것이 되어서 몸은 마음만큼 그것에 대해 잘 알게 된다.

외현기억과는 반대로 내현기억은 소뇌에 의해 처리된다. 4장에서 살펴봤듯이 소뇌는 우리 몸의 움직임을 통제하고, 행동을 조정하고, 다양한 전의식적 심리과정을 통제한다.

소뇌에는 의식적인 중추가 존재하지 않는다. 하지만 그곳에는 많은 기억이 저장된다. 소뇌의 가장 근본적인 목적은 뇌가 생각하고 있는 것을 밖으로 드러내는 것이다. 즉, 대뇌신피질이 체계화한 계획을 기억하여 대뇌신피질의 별다른 관여 없이 그 계획을 행동에 옮기는 것이다. 우리가 지식을 습득하여 그것을 자동적으로 기억할 수 있을 때까지 연습하고, 암기하고, 조정하여 몸과 하나로 통합하면 소뇌가 그 기억을 담당하게 된다. 이 시점에 대뇌신피질은 생각만으로 신호를 보내 소뇌가 이미 알고 기억하고 있는 활동을 시작할 수 있도록 만든다.

당신은 전화를 걸기 위해 전화기를 들었는데 전화번호를 기억할 수 없었던 경험이 있는가? 당신은 다이얼을 멍하니 바라보고 있는 자신을 발견했을 것이다. 그 순간 전화를 걸고자 하는 사람이 생각난다. 그러면 마치 마법처럼 당신의 손가락이 올바른 숫자를 누르기 시작한다. 당신의 전의식적인 마음이 그 정보를 절차기억의 형태로 저장하고 있는 것이다. 당신의 몸은 어떤 번호를 눌러야 하는지 알고 있다. 전화를 걸려고 한 사람을 생각할 때, 그것은 대뇌신피질에 있는 신경망을 활성화해서 소뇌에 신호를 보낸다. 그러면 몸의 절차적이고 전의식적인 기억이 번호를 누르는 일을 담당하게 된다. 누군가에게 어떤 단어의 스펠링을 물어볼 때도 비슷한 현상을 볼 수 있다. 질문을 받은 사람들은 그 단어를 허공이나 종이에 직접

써보면서 기억을 떠올린다. 몸이 마음보다 더 잘 기억하기 때문이다. 즉, 몸이 마음이 되는 것이다.

고등학교 시절 학교 사물함을 열 때도 아무 생각 없이 능숙하게 자물쇠를 풀던 것을 기억하는가? 처음에 비밀번호를 기억할 때는 대뇌신피질이 관여하지만 시간이 지나면 몸이 그 역할을 넘겨받는다. 소뇌가 조정하는 것이다. 원시적인 소뇌에는 의식이 전혀 머무르지 않기 때문에 누군가 당신에게 자물쇠를 어떻게 여는지 설명해달라고 한다면 당신은 잠시 멈춰 대뇌신피질에 신호를 보내 그의 지시를 받아야 할 것이다. 이처럼 생각과 행동이 하나되는 상태는 소뇌 활동의 특징 중 하나다.

연구에 따르면 양궁선수들은 과녁의 중심을 바라볼 때, 대뇌신피질의 활동이 중단되면서 아무런 사고 작용도 일어나지 않는다고 한다. 그 순간에는 소뇌가 모든 일을 담당하는 것이다.[1]

소뇌가 대뇌신피질의 개입 없이 어떤 행동을 기억하기 위해 시간과 공간을 장악할 때, 우리는 일종의 황홀경의 상태가 된다. 이것이 어떤 행위든지 우리가 능숙해지는 방법이다. 우리는 소뇌의 풍부한 신경돌기들의 연결에 의지한다. 소뇌가 이러한 역할을 하는 이유는 몸의 움직임을 조정하는 중추이기 때문이다. 이제 행동을 수행하는 것은 소뇌의 중추에 자리하는 전의식적인 마음이다.[2]

일단 내현기억이 형성되어 어떤 행위가 쉽고 일상적이며 자연스러운 제2의 본능이 되면, 대뇌신피질은 다른 의식적인 생각을 맡게 되고, 소뇌가 그 행동을 지속하게 된다. 대뇌신피질에 있는 의식적인 마음은 소뇌에 있는 전의식적인 과정을 일으키는 하나의 체계다. 의식적인 마음은 엔진을 켜는 열쇠와 같다. 예를 들어, 피겨 스케이트 선수가 3회전을 하기 위해 준비할 때 의식적인 마음은 '시작해'라고 말하는 책임자가 되고, 그 후에는 의식적인 마음이 떠나고 몸이 그 일을 맡는다. 이제 소뇌는 스케이트 선수가 몸을 움직여 균형을 맞추거나 점프 같은 동작을 하게 하느라 바쁘다. 수년

간의 연습 후에 이러한 체계는 몸과 뇌에 내장된다.

여기서 '내장된다(hardwired)'는 것은 소뇌에 있는 전의식적인 마음에 형성된 자동적인 신경망을 말하는 것이다. 마음을 통해 배운 것을 몸이 유지하도록 만드는 것이 소뇌의 기능이라면, 대뇌신피질은 그 마음의 기억을 저장한다.

기억상실증이나 알츠하이머 또는 해마에 손상을 입은 사람은 특정한 사건과 친구들, 가족들은 의식적으로 기억하지 못하면서 피아노를 치거나 뜨개질을 할 줄은 안다. 오래된 외현기억을 되살리거나 새로운 기억을 만드는 능력은 손상되었지만, 내현기억은 여전히 남아 있기 때문이다. 그들의 몸은 대뇌신피질에 있는 의식적인 마음이 잊은 것을 여전히 기억한다. 의식적인 마음 아래에 있는(소뇌가 대뇌 아래에 있다는 뜻-옮긴이) 뇌의 체계가 이러한 일을 수행하고 있다.

생각하는 것, 행동하는 것, 그렇게 되는 것

기억에 관한 이러한 전문적인 용어나 개념은 이해하기가 쉽지 않다. 따라서 여러분의 이해를 돕기 위해 이 중 몇 가지를 단순화하고자 한다. 그림 12.2를 보면 앞으로 살펴볼 내용을 이해하는 데 도움이 될 것이다.

우선 의미기억의 형태로 지식을 학습하는 것을, 배운 정보를 의식적으로 선언하는 방법이라고 생각해보기 바란다. 의식적인 인식이 대뇌신피질에 새롭게 형성된 회로를 활성화할 때, 우리는 배운 것을 기억하고 그 정보에 대해 아는 것을 선언할 수 있다. 우리가 그것을 기억의 형태로 받아들였기 때문이다. 지식에는 '생각하는 것(thinking)' 또는 이해력이 포함된다.

또한 지식은 새로운 경험을 위한 길을 뚫는다. 지식을 적용하기 위해 우리는 습관적인 행동을 바꾸어 새로운 경험을 해야 한다. 그러고 나면

그림12.2 지식이 지혜로 바뀌는 과정

경험은 지식에 이어 선언기억의 두 번째 종류가 된다. 지식을 배우는 것이 '생각하는 것'이라면 경험을 하는 것은 '행동하는 것(doing)'이다.

우리가 기억하고 싶은 것이 무엇이든 확고한 장기기억이 되기 위해서는 격렬한 감정이 동반되거나 의식적으로 어떤 경험을 반복해야 한다. 또는 어떤 개념을 소리내어 낭독한 경우에도 가능하다. 대부분의 새로운 경험에는 새로운 감각정보가 풍부해서 새로운 화학물질을 분비시키고, 새로운 신경회로를 활성화하기에 충분하다. 특히 오감을 통해 들어온 새로운 감각정보들로 이루어진 자극은 거의 장기기억을 형성하기에 충분한 자극이 된다. 몸이 관여하기 때문이다. '행동하는 것'은 경험을 장기기억으로 바꾼다.

처음으로 '파도타기(서핑)'를 배울 때 우리는 '그것을 한다(doing it)'라고 말할 수 있다. 그러면 그 경험은 장기기억이 될 가능성이 높아진다. 우리가 마음대로 이것을 반복할 수 있다면 이제 우리는 '파도를 타는 사람(서퍼)'이 '되는 것(being)'이다. 비선언기억을 만들기 위해서 우리는 그것이 암묵체계로 전환될 때까지 같은 경험을 반복해야 한다.

어떠한 분야에서든 달인(그 분야에 관해 많은 지식을 갖고 있고 훈련을 받았으며 피드백을 제공하는 수많은 경험을 갖고 있을 때)이 되려면, '생각하는 것'에서 '행동하는 것' 그리고 '그렇게 되는 것'으로 옮겨가야 한다. 우리는 충분한 지식과 경험을 가지고 있을 때, 즉 수많은 장기기억과 단기기억을 무의식적으로 회상할 수 있을 때, 비로소 '되는 것'의 상태로 나아갈 수 있다. 이때 우리는 이렇게 말할 수 있다. "나는 예술사 전문가야." "나는 인내심이 많은 사람이야." "나는 부유해." "나는 서퍼야."

우리가 지식으로 배운 것을 신경망으로 고정시켜 쉽게 증명해보일 수 있거나 성실하게 연습한 것을 행동으로 옮길 수 있게 되면 우리는 아는 것을 절차적으로 증명해 보이고 있는 상태가 된다. 기억이 암묵적인 형태가 될 때 우리는 그 지식의 주인이 되어 가는 것이다. 우리는 배운 것을 자동적으로 '되는' 상태로 만들 때 지식을 진정으로 나타낼 수 있다. 성공이나 실패를 통해 무엇인가 배우려면 그 결과를 만들어내기 위해 우리가 무엇을 했는지 의식적으로 마음에 기록해놓을 수 있어야 한다. 그러면 더 잘하기 위해 다음번에는 어떻게 해야 하는지 온 마음으로 알 수 있게 된다. 이처럼 배운 것을 적용하는 것은 스스로 새로운 경험을 드러내는 것이다.

우리는 행동을 바꿈으로써 새로운 감정을 가진 새로운 경험을 만들 것이고, 결국에는 진화하게 될 것이다. 이러한 노력을 하는 동안 우리 뇌도 진화한다. 우리는 진실을 경험하기 위해 철학을 사용하는 것을 넘어 철학의 살아 있는 예가 될 수 있다. 전의식 깊은 곳에 영구적으로 신경망이 연결돼 어떠한 의식적인 노력도 하지 않고 말이다.

'생각하는 것'이란 대뇌신피질을 사용하여 무언가를 배울 때 하는 것이다. 그리고 '행동하는 것'이란 새로운 경험을 하기 위해서 어떤 행동이나 기술을 해보이거나 적용하는 행위다. 이 둘은 모두 외현기억의 일부다. 반면 '되는 것'은 우리가 어떤 행동이나 습관이나 기술을 매우 많이 경험하고 연습해서 그것을 어떠한 의식적인 노력 없이 할 수 있는 상태를 의미한다. 이것이야말로 우리가 모든 행위에서 달성하고자 하는 것이다.

이론과 경험을 통해 배운 것을 우리 자신이 무의식적으로 해낼 수 있도록 만드는 것이 학습의 마지막 단계다. 지식을 '가지고', 행동을 '할' 수 있다면 우리는 우리가 배운 것은 무엇이든지 '될' 수 있다. '되는 것'이란 어떤 기술이 쉽고 간단해져 의식적인 노력 없이 우리가 배운 것을 지속적으로 나타낼 수 있을 정도로 자연스러워질 때 달성된다.

인지적 연습

온 마음으로 '심적 시연'을 시작할 때, 우리는 우리가 되고 싶은 사람이 어떤 사람인지 서술하고, 우리의 새로운 정체성을 의식적으로 기억하려고 노력한다. '심적 시연'은 마음이 항상 자아를 의식하도록 훈련시키는 동시에 그동안 반복해온 무의식적인 프로그램에 우리가 더 이상 뛰어들지 않도록 막는 것이다. 처음에 우리는 외현적인 현실에서 살아야 한다. 하지만 새로운 회로를 형성하기 시작하고 반복적으로 새로운 마음 상태를 만들다보면 우리는 전두엽을 통해 의지를 실행할 수 있다.

정신적 연습은 필수적인 것이다. 우리는 이를 통해 자아를 잃어버리거나 환경의 익숙한 자극에 의해 산만해지지 않을 수 있다. 또한 과거의 관점에서 현재의 자신을 보도록 만드는 기억이 떠오르는 것을 막을 수 있다. 어떻게 보면 이것은 몸이 마음을 따를 수 있도록 길을 만드는 셈이다. '심적 시연'이 잘 수행될 때 우리는 새로운 마음을 마음대로 불러낼 수 있다. 우리는 이것을 계속해서 반복해야 한다. 그러면 우리는 새로운 마음을 반복적으로 사용해 우리의 행동을 수정하고 새로운 행동과 태도를 드러내보일 수 있다. 심지어 한 번을 경험하더라도 지식이 더 깊은 의미로 굳어지기 시작할 것이다.

바람직한 경험을 반복하기 위해 같은 마음 상태를 활성화할 수 있다면 우리는 변화의 마지막 단계에 와 있는 것이다. 계속 하고 또 함으로써 우리가 새로운 마음이 된 몸을 갖게 되면 그 몸은 모든 일을 수행할 수 있다. 단하나의 생각만으로 우리가 보여주고자 하는 누군가가 되는 것 또는 하고자 하는 무엇을 시작하는 것, 즉 몸을 마음의 신하로 만드는 것이야말로 우리가 새로운 자아로 옮겨가는 방법이다.

변화와 비선언기억의 역할

내현기억이란 외현기억을 지속적으로 드러내보이는 것이다. 이러한 상태가 되면 우리는 생각하지 않고도 어떤 것을 알고 있다는 것을 깨닫게 된다. 어떤 것이 내현기억이 되면 일상적이고 익숙하며 습관적이고 쉬운 일이 된다. 간단히 말해서 우리는 우리가 하고 있는 일을 알고 있으며, 그것을 어떻게 하는지도 아는 것이다. 우리 모두 과거에 이러한 앎의 감각을 경험한 적이 있다. 이러한 감각의 특징은 생각이 부재한다는 것이다. 어떻게 보면 이것은 우리가 비선언체계를 갖고 있다는 것을 선언하는 것이다. 우리는 몸이 마음과 하나가 되도록 훈련해왔고 이제 그 기억을 마음대로 불러낼 수 있다.

우리의 행동을 항상 우리의 의도와 일치시킨다는 것은 우리가 무엇을 하든 보통을 넘어선다는 뜻이다. 우리가 어떤 행동의 주인이라고 자처할 수 있기 위해서는 그 행동이 암묵적이 되어야 한다. 일단 암묵체계가 만들어지면 우리는 마음대로 어떤 행동을 자동으로 반복할 수 있고, 후에 그것을 더 정교하게 만들 수 있다. 뇌의 진화는 우리가 외현체계를 암묵체계로 반복해서 옮기는 과정에서 일어난다는 것을 명심하기 바란다. 우리는 항상 의식과 무의식 사이를 오고 간다.

우리는 자신의 원하지 않는 태도에 대해 의식적으로 자기반성함으로써 매일 무의식적으로 드러내는 비선언적인 습관과 행동을 관찰할 수 있다. 이 과정에서는 비선언적인 것을 선언적으로 만드는 일이 필요하다. 이제 우리는 자신이 어떤 존재였는지를 알고 정의할 수 있다. 우리는 이렇게 말할 수 있다. "나는 희생자야." "나는 불평쟁이야." "나는 분노에 차 있는 사람이야." "나는 가치 없는 일에 중독되어 있어." 일단 우리가 이것을 의식적으로 깨닫게 되면(선언하게 되면), 우리는 존재의 방식을 새롭게 형성할 수 있다. 우리가 되고 싶은 모습에 관한 질문을 스스로에게 던짐으로써 말이다.

되고 싶은 모습을 의식적으로 기억함으로써 새로운 자아의 모델을 만들 때, 우리는 '심적 시연'을 통해 새로운 마음 상태를 촉진하는 신경회로를 만들 수 있다. '심적 시연'은 우리가 되기로 의식적으로 선택한 사람이 누구인가를 선언하는 것이다. 이것은 우리가 우리의 의지에 따라 행동할 수 있도록 우리를 의식적으로 준비시킨다. 우리의 행동을 바꾸기 시작할 때, 우리는 새로운 존재 방식을 증명해보일 수 있다. 이것은 새로운 의식적인 경험을 만들어낼 것이다. 우리가 그 경험을 마음대로 반복해서 증명해 보일 수 있을 때, 그것은 하나의 굳어진 비선언기억이 된다. 우리가 이 전의식적인 존재의 상태에 도달하고 나면 주변 환경의 어떤 자극도 과거의 태도를 이끌어내지 못한다. 진실로 우리가 변하는 것이다.

물론 변화는 결코 쉽지 않을 것이다. 우리가 증오와 분노, 질투, 비난의 내현기억을 가진 존재였을 때, 우리는 매일 그것을 '심적 시연'하여 몸으로 실증해보였다. 매 순간 자연스럽고 자동적이며 노력이 필요 없는 것으로 만들어 우리의 몸과 마음이 그러한 태도와 하나가 되도록 한 것이다. 이런 식으로 우리는 몸과 마음이 함께 작동하도록 훈련해왔다. 따라서 우리가 새로운 존재로 변화하기를 원할 때, 우리는 의식적으로 그것이 우리의 진심이고 굳건한 의지라고 생각하더라도, 결정적인 순간에는 대부분 몸이 마음의 일을 지시한다. 이 때문에 우리가 쉽게 변화할 수 없는 것이다. 의식적인 마음과 몸이 조화를 이루지 못하기 때문이다.

반대로 우리가 매일 마음으로 기쁨을 연습하고, 몸으로 기쁨을 드러내보일 때도 같은 원리가 적용된다. 삶에서 어떤 어려운 상황에 부딪히든 우리가 기쁨의 신경망을 갖고 있다면 환경의 어떤 어려움도 우리의 상태를 바꿀 수 없다.

우리는 항상 자신과 자신의 행동을 진화시켜야 한다. 자신을 반성하고 관찰하고, 스스로에게 자신의 행동과 기술과 태도를 더 잘 다듬기 위해서 어떻게 해야 할지 물을 때, 우리는 진화할 수 있다. 정기적으로 자신을 바로 잡는 행위는 자신의 자동적인 생각과 무의식적인 행동, 일상적인 습관을 관찰하는 것과 같다. 일단 그런 것들이 관찰되면 우리는 '심적 시연'을 통해 자신의 이상과 일치하는 상태가 되도록 새로운 존재 방식을 덧붙일 수 있다. 우리 삶을 변화시키는 것은 자연치유를 경험했던 사람들의 능력과 전혀 다르지 않다. 모든 사람의 전두엽은 기능이 같다. 우리 모두는 '만약'으로 시작하는 질문을 스스로에게 던질 수 있으며, 자신의 이상적인 모델을 만들 수 있다. 또한 우리가 결심한 것을 성취할 수 있다는 사실을 자신에게 증명해보일 수 있다.

암묵적인 습관 바꾸기

변화는 왜 그렇게 어려운 것일까? 그것은 몸이 마음보다 반복된 행동을 더 잘 기억하기 때문이다. 내현기억은 의식적인 노력이 거의 필요 없는 고정된 프로그램이다. 몸은 마음의 고삐를 쥐고 우리의 모든 무의식적 행동과 고정된 행동을 결정한다. 누구나 습관을 바꾸고자하는 의식적인 의지를 갖고 있다. 하지만 우리는 일종의 기억상실증에 걸린 듯 무의식으로 돌아가 익숙한 현실을 살고 있는 자신을 발견한다. 마음의 휠체어에 주저앉아 다시는 하지 않겠다고 다짐하는 일을 반복하고 있는 것이다. 이제 우울과 분노, 비판, 좌절, 자기비하가 만들어지는 과정을 감시함으로써 과거의 습관을 깨는 데 필요한 것이 무엇인지 생각해보자. 우리는 항상 좋은 의도와 진심어린 결의로 시작한다. 하지만 무의식적인 마음은 곧 의식적인 생각을 무효화하고, 그 순간 우리는 예전의 자아에 다시 한 번 젖어들게 된다.

익숙한 것은 매우 유혹적이다. 몸의 화학적 필요나 주위의 어떤 사물 또는 사람의 우연한 자극에 의해 무의식적인 프로그램으로 빨려 들어간다.

과거의 기억을 바탕으로 미래의 순간을 예상하여 정해진 행동을 하는 것도 마찬가지다. 어느 것이든 우리는 과거의 정체성과 반복된 프로그램이 주는 편리함으로 돌아가라는 마음의 꼬드김에 굴복할 수 있다.

간단한 실험을 한번 해보자. 왼쪽 다리를 오른쪽 다리 위로 교차한 채 앉거나 누워보자. 왼쪽 발로 무한대 기호(∞)를 그려보자. 동시에 오른손으로 숫자 6을 써보자.

어렵지 않은가? 당신에게 이 두 동작을 하고자하는 확실한 의도와 의식적인 생각이 있다고 하더라도 당신은 아마 이 두 신경적 습관을 깨지 못할 것이다. 어떠한 행동을 바꾸거나 고정된 행위를 수정하는 데는 의식적인 의지와 지속적인 정신적·육체적 연습이 필요하다. 몸의 기억을 제압하기 위해 일상적인 동작을 방해하고 새로운 행동을 형성하는 능력도 마찬가지다. 대부분의 사람들은 위의 실험에 성공하기 위해 한두 번의 시도를 해볼 것이다. 그중 지속적으로 노력하고 연습하는 사람은 이 동작에 능숙해질 것이다. 무엇이든 지속적으로 반복하고 집중하면 우리는 뇌를 신경학적으로 바꿀 수 있다. 일단 뇌가 변하면 이 동작은 자전거를 타는 일처럼 간단해 보일 것이다.

변화의 3단계 : 지식 - 훈 련 - 피드백

앞에서 언급했듯이 '심적 시연'의 단계에서 멈추지 않는 것이 중요하다. 우리는 생각하는 것에서 행동하는 것, 되는 것으로 옮겨가야 한다. 편리하게도 이 세 단계에는 각 단계의 진행에 필요한 상응 방법이 있다.

상대팀 선수들에 대항해 '심적 시연'을 했던 내 친구의 야구 코치는 실제로 투구를 할 때마다 무언가를 배웠다. 그는 아무 생각 없이 모두 타자에게 같은 동작의 조합으로 투구하지 않았다. 팀별로도 마찬가지다. 실제로 다음번에 숙적 팀과 경기를 할 때는 이전에 그들을 이긴 경험에서 배운 것을 새로운 공격 계획을 짜는 데 사용했다.

그는 또한 포수, 그의 투구 코치, 팀내 다른 투수에게 피드백과 훈련을 부탁했다. 이러한 자기관찰과 자기인식의 과정은 우리 뇌의 전두엽이 담당한다. 전두엽은 다른 중추들을 잠재움으로써 이를 예리하게 관찰한다. 잘못을 고치고, 실수에서 배우는 과정을 통해 우리는 다음번에는 더 자연스럽게 수행할 수 있게 될 것이다. 이것이 우리가 생각과 행동, 기술을 진화시키는 방법이다. 우리는 기술을 적용하거나 자아의 새로운 면을 나타낼 때 즉시 피드백을 받게 될 것이다. 또한 운이 좋다면 추가적인 훈련도 받게 될 것이다. 피드백과 훈련을 받는 것은 자신을 진화시키는 과정에서 필수적이다.

언제든 우리가 삶의 변화와 새로운 기술의 학습, 새로운 태도의 적응, 믿음의 강화, 행동의 변화 등을 결심하게 되면, 우리는 의식적인 선택을 하게 된다. 그 선택이 가장 선한 사람이 되고자 하는 이타적인 바람을 완전히 반영하는 것이든, 부정적인 상황에 의해 어쩔 수 없이 한 것이든 상관없다. 중요한 것은 우리가 자신을 위해 더 좋은 어떤 것을 열망한다는 사실을 아는 것이다.

가장 중요한 것은 우리가 만든 이상적인 자아다. 이 자아의 모델을 구성하는 소재는 다양한 출처를 통해 우리가 모은 정보들이다. 이 모델은 우리가 되고 싶은 누군가이거나 자신에게서 바꾸고 싶은 어떤 특성일 수도 있다. 학습의 기반이 되는 지식 없이는 어떤 것도 배울 수 없다는 것을 생각해보기 바란다. 기본적으로 개인의 발달은 우리가 지식을 학습하는 능력에 달렸다. 하루를 헤쳐나가기 위해서 사용하는 정보와 기술의 광범위한 종류를 생각해보기 바란다. 그리고 좀 더 장기적인 관점을 가지고 지식의 습득에 관해 생각해보기 바란다.

춤을 배우든, 살을 빼든, 더 활발한 사람이 되든, 불안을 극복하든, 마라톤

기록을 단축하든 간에 우리는 자신의 목표를 달성하기 위해 다음 세 가지 방법을 사용해야 한다.

1. 지식(Knowledge)
2. 훈련(Instruction)
3. 피드백(Feedback)

 지식과 경험의 상호작용

지식은 어떻게 개인화되고 어떤 식으로 경험을 바꾸는 것일까? 이를 이해하기 위해 내가 여러분에게 모네의 수선화 그림을 보여주었다고 가정해보자. 그림을 감상한 후 당신은 이렇게 말할지도 모른다. "아름다운 그림이군요." 당신은 모네의 작품에 대한 하나의 경험을 갖게 된 것이다. 이제 내가 그림을 치우고 당신에게 모네의 삶이나 경력, 기술 같은 것에 대해 설명한다면 어떨까? 모네는 다양한 종류의 빛을 그림으로 담아냈다. 그는 아침과 저녁의 빛에 특히 관심이 많았고 그것이 실제로 어떻게 보이는지에 관심이 많았다. 그는 사람들이 그의 작품에서 영감을 받아 세상과 자연을 새로운 방식으로 바라볼 수 있기를 원했다. 그는 다른 사람들과는 다르게 사물을 보기 위해 노력했다. 모네는 전 생애에 걸쳐 어떻게 모든 것이 연결되어 있는지를 연구했다. 그는 이렇게 말했다. "등나무와 다리는 서로 같은 것이며 하나다."

나는 여러분에게 모네가 나이가 들어 백내장 때문에 시야가 흐려졌다고 말할 수 있다. 모네는 그에게 보이는 대로만 그렸기 때문에, 그의 작품의 전형적인 특징인 은은한 점묘법은 실제로 그가 감각정보를 처리하는 방법과 같았던 것이다.

이제 내가 같은 모네의 그림을 다시 보여준다고 가정해보자. 당신은 방금 모네에 대해 배운 지식을 바탕으로 아까 본 그림을 다르게 볼지도 모른다. 그림은 아무것도 달라지지 않았다. 단지 당신은 새로운 의미지식을 습득했고 그 지식이 모네의 그림에 대한 경험을 바꾸어 놓았을 뿐이다. 몇 개의 중요한 시냅스를 형성해 개인적인 인식을 수정한 것이다. 지식과 경험의 상호작용 덕분에 당신은 모네의 그림을 의미기억과 일화기억으로 기억하여, 그것을 장기기억으로 저장할 가능성이 높아진다.

이 단순한 예를 통해 현실에 대한 인식이 얼마나 중요한지 알 수 있다. 새로운 정보에 노출되었을 때, 새로운 경험 역시 쌓이게 되는 것이다. 이러한 경험이 뇌의 신경망을 확장하면 우리는 현실을 다르게 보고, 인식하고, 경험하기 시작한다. 뇌에 존재하는 하드웨어에 새로운 마음 상태가 만들어졌기 때문이다. 여기 뇌의 진화에 관여하는 인식의 역할에 관한 또 다른 관점이 있다. 우리가 실제로 존재하는 것을 놓치고 있을지도 모른다는 것이다. 우리가 앞서 와인 평론가에 대해 이야기했던 것을 기억할 것이다. 예를 들어, 귀한 와인 한 병을 전문가와 초보에게 똑같이 나눠줬다고 하자. 평론가의 풍부한 신경회로에 위치한 진화된 마음은 와인을 좀 더 높은 수준으로 즐길 수 있게 할 것이다.

우리가 경험의 수준을 높이고, 현실과 삶에 대한 우리의 인식을 한 차원 끌어올리면 뇌의 수준 역시 높일 수 있다. 지식과 그것의 적용은 우리를 내면에서부터 바꾸어 마침내 우리의 세계를 뒤집어 놓는다.

자신에 대한 지식 모으기

지금 우리가 중점을 둬야 할 점은 목적과 의지를 가지고 새로운 지식을 습득하는 것이다. 뇌와 삶의 진화를 위한 수단으로 말이다. 우리는 이에 대해 11장에서 길게 살펴봤다. 우리는 우리가 확장해나갈 수 있는 지식의 기반을 확보하는 것이 중요한 일임을 알고 있다. 예를 들어, 우리가 좀 더 인내심 있는 사람이 되기 위해서는 인내를 보여준 사람들에 대해 생각할 필요가 있다. 수용과 관용의 기술에 관한 책을 읽고, 고난을 이겨낸 위인들에 관한 이야기를 읽는 등의 노력도 필요하다. 또한 우리는 자신에 관한 지식도 모아야 한다. 그리고 우리가 다양한 상황에서 어떻게 반응하는지 관찰해야 한다. 이를 통해 우리는 스스로를, 우리가 만드는 모델과 비교할 수 있다.

이것을 좀 더 구체적으로 살펴보자. 우리가 갖는 가장 흔한 변화의 열망 중 하나는 바로 체중감량을 위해 자신을 절제하는 것이다. 대부분 체중감량 프로그램의 첫 단계는 이미 알려져 있는 정보를 습득하는 것이다. 다양한 식품의 영양정보와 열량, 혈당지수, 비만도 지수, 음식을 먹는 시간과 방법, 해야 할 일과 하지 말아야 할 일, 식사량의 분배 등 수없이 많다. 또한 많은 다이어트 프로그램에서 일기쓰기가 권장된다. 우리가 하루에 먹은 모든 것을 기록해 스스로 얼마나 많이 먹었는지를 확인하는 것이다. 이를 통해 우리는 자신에 대한 지식을 얻을 수 있다. 우리는 이 지식을 통해 자신이 어떤 존재이고, 무엇을 하며, 어떻게 생각하는지 알 수 있다. 그리고 지식을 바탕으로 자신이 되고자 하는 사람과 현재 자신과의 차이가 무엇인지 알 수 있다.

훈련받기

여러 가지 개념을 배우고 나면 다음 단계는 전문가로부터 훈련을 받는 것이다. 체중감량을 예로 들자면 식사준비나 다양한 식품군 섭취의 균형, 운동일정 등이 훈련의 대상이 될 수 있다. 이러한 훈련이 없다면 대부분의 다이어트는 실패할 것이다. 물론 우리는 스스로 지식과 정보를 찾을 수도 있다. 하지만 스스로 하는 데에는 한계가 있다. 다음 단계로 가기 위해서 우리는 보다 많은 전문 지식을 가지고 있는 누군가의 도움이 필요하다. 훈련(보통 우리가 배우고자 하는 것을 경험한 적이 있는 사람이 가르치는)을 통해 우리는 지식을 적용하는 법을 배울 수 있다. 훈련을 통해 이론에서 실습으로 넘어갈 수 있는 것이다.

예를 들어, 혼자서 기타 연주법을 익히고 있다고 가정해보자. 레슨을 한 번도 받지 않은 사람치고는 당신의 운지법이나 기본 코드의 활용은 훌륭하다. 그러나 처음에는 빨랐던 학습속도가 날이 갈수록 느려진다. 당신은 좌절을 경험하고 약간 지루함을 느끼기도 한다. 그래서 당신은 혼자 할 때보다 더 빨리 실력을 늘릴 수 있도록 도와줄 선생님을 찾는다. 이처럼 훈련의 핵심요소 중 하나는 기술을 어느 정도 숙달한 사람에게서 우리가 원하는 목표에 도달하는 법에 대한 안내를 받는 것이다. 훈련은 실습의 단계인 것이다.

뇌의 진화와 피드백의 역할

지식을 습득하고 훈련을 받을 때, 우리는 피드백을 통해 자신이 어떻게 하고 있는지 알 수 있다. 그런데 기타 연주법을 혼자서 익히게 되면 뭔가 잘못하고 있다는 사실은 알 수 있지만, 자신의 약점을 정확히 집어내고 그것을 극복하는 방법을 찾기 위해서는 전문가의 눈과 귀가 필요하다.

직설적으로 말하면 피드백이란 입력에 대한 반응이라 할 수 있다. 일반적으로 피드백은 긍정적인 것일 수도, 부정적인 것일 수도 있다. 피드백은 "내가 잘하고 있나?"라는 질문에 대한 대답이다. 때로 우리는 다른 사람과 스스로에게 이 같이 질문함으로써 명확한 피드백을 찾는다. 또 때로는 주위에 있는 누군가가 당신이 요청하지 않았는데도 피드백을 준다. 예를 들어 당신이 운전을 이상하게 하면 다른 운전자가 경적을 울리거나 경찰차가 따라와 운전을 어떻게 하고 있는지 알려줄 것이다.

이상적으로 말하면 우리에게는 자기감시 능력이 있다. 하지만 항상 그 능력을 쓸 수 있는 것은 아니다. 한 가지 확실한 것은 피드백에 대한 반응은 사람마다 다르다는 것이다. 어떤 사람들은 긍정적인 피드백보다 부정적인 피드백을 더 선호한다. 나 역시 그런 사람들과 일한 적이 있다. 긍정적인 피드백을 받으면 그들은 이렇게 말한다. "칭찬해주셔서 감사하지만 잘못된 점을 지적해주시면 제가 더 많이 배울 수 있겠습니다." 반대로 비판을 받으면 얼굴에 금방 나타나는 사람도 있다. 이런 사람들에게는 부정적인 평가를 할 때 말을 매우 조심스럽게 해야 한다. 또한 사람들마다 피드백에 반응하는 시간이 다 다르다. 어떤 사람들은 피드백을 받으면 즉시 감사를 표현다. 하지만 어떤 사람들은 발끈하지 않으려 반응을 미루곤 한다.

주변의 어떠한 피드백이든 개인적으로 받아들여서는 안 된다. 이것은 단순히 우리가 어떤 일을 제대로 하고 있는지 아닌지를 구분하는 데 도움을 주는 것뿐이다. 대부분의 사람들이 다이어트에 실패하는 가장 큰 원인 중의 하나가 즉각적인 피드백 받기를 좋아하기 때문이다. 야구 투수의 경우 경기를 통해 즉각적인 피드백을 받는다. 투수에게는 공이 윙 소리를 내며 자신의 머리 위를 지나 내야로 가는 것(안타) 자체가 큰 메시지가 된다. '저 타자에게는 그 지역에 던지지 말라.'

반면 다이어트에 대한 피드백은 즉각적이지 않다. 대부분의 체중감량 프로그램에는 체중을 재고 몸의 각 부위의 변화를 모니터 하는 것이 포함된다. 하지만 아마 다이어트를 하는 사람들에게 이보다 더 중요한 것은 친구나 가족, 동료들의 인정을 받은 것일지도 모른다. "보기 좋아졌어." "요즘 운동해?" "너 뭔가 달라졌는데?" 이것은 일주일 사이에 1kg이 빠진 것보다 훨씬 더 큰 영향을 미친다.

변화를 간절히 원하는 사람에게 피드백은 그 사람의 노력을 의미하는 것일 수도 있다. 예를 들어, 자신의 생활방식을 바꾸고자 하는 사람은 매일 식사량과 운동량을 기록한다. 그는 기록을 반복해서 봄으로써 규칙적인 노력이 맺는 결실을 보게 될 것이다. 그날의 성공기록이 적힌 노트를 보는 시각적 피드백은 중요한 자기인식으로 작용한다. 자신의 의지와 행동을 일치시킴으로써 올바른 목표를 향해 나아가는 것이다.

우리는 또한 몸을 통해 스스로 피드백을 받기도 한다. 변화에 대한 육체적·감정적 반응을 바탕으로 말이다. 체중감량을 시도하다 우리는 문득 사무실로 가는 계단을 오르면서 더 이상 숨이 가쁘지 않다는 것을 알아차리게 될 것이다. '기분이 좋아'라고 느끼는 우리 몸의 피드백은 다이어트를 지속할 강한 동기로 작용한다.

피드백으로 마비도 극복할 수 있다

뉴욕의 벨뷰 병원 신경과에서 진행된 실험에서 연구자들은 뇌졸중 환자들의 마비된 팔다리를 다시 움직이게 하는 피드백 프로그램과 검사를 개발했다.[3] 학습하고 변화하는 뇌의 능력에 관해 우리가 알고 있는 모델을 바탕으로 이것을 설명해보자.

뇌졸중 환자들은 우선 그들의 회복 가능성에 관한 중요한 지식을 습득했다. 그러고 나서 특별한 훈련을 받았다. 새로운 계획을 '심적 시연'한 후, 그들은 새로운 경험을 할 준비가 되었다. 전두엽을 통해 새로운 정보의 신경회로가 형성되기 시작한 것이다.

그런 다음, 지식을 경험으로 바꾸는 연습을 할 시간이 주어졌다. 환자들은 그들의 뇌파를 실시간으로 보여주는 모니터의 즉각적인 피드백에 집중하기 시작했다. 실험 초반에 환자들은 그들의 건강한 팔다리를 움직일 때, 모니터에 어떠한 뇌 활동패턴이 나타나는지 관찰했다. 그들은 곧 반복을 통해 마음대로 이 패턴을 만들어낼 수 있게 되었다. 얼마 안 가 환자들은 생각만으로도 쉽게 이 패턴을 모니터에 나타낼 수 있었다. 이제 환자들은 그들이 건강한 팔다리를 움직일 때 어떤 자동적이고 무의식적인 마음이 작용하는지 알게 되었다.

실험이 진척되면서 환자들은 그들의 건강한 뇌 패턴에 주의를 집중했고, 그 패턴을 마비된 팔다리에 적용하는 법을 배웠다. 결과는 놀라웠다. 마비된 팔다리를 다시 움직일 수 있게 된 것이다.

피드백을 통해 환자들은 같은 순서와 배열을 가진 신경망을 활성화하는 마음 상태를 반복적으로 만드는 법을 배웠다. 그리고 이것을 반복함으로써 이 새로운 마음 상태는 익숙하고 일상적인 활동이 되었다. 그들이 모니터에 그 뇌 패턴을 반복해서 나타낼 때마다 그것은 더 쉬워졌다. 피드백을 통해 언제 제대로 하고 언제 잘못하고 있는지 알 수 있었기 때문이다.

피드백은 우리가 언제 올바른 마음 상태를 만들어내고 언제 그렇지 않은 지를 구분할 수 있도록 돕는다. 이를 통해 우리는 어떤 결과에 도달하는 방법을 찾을 수 있다. 뇌졸중 환자들은 반복된 피드백을 통해 정상적인 마음 상태와 건강한 몸을 만들게 되었고, 곧 마비된 팔다리를 건강하게 움직이도록 자유자재로 그 마음 상태를 적용할 수 있었다. 뇌졸중 환자들이 그들의 마비된 팔다리를 움직이는 데는 건강한 팔다리를 움직일 때와 같은 마음 상태가 필요한 것이다. 몸은 항상 마음을 따르기 때문이다.

이 실험은 적당한 피드백과 훈련을 통해서 마음이 몸에 영향을 줄 수 있다는 것을 증명한 초기의 실험들 중 하나였다.

태도의 조정이 필요한가?

새로운 기술과 신념, 태도를 세상에 적용할 때, 우리는 진화하는 데 필요한 단계를 밟는다. 중요한 것은 우리가 자신의 기술을 드러내고 피드백을 받을 때, 그 피드백이 우리에게 유용한 더 많은 지식과 훈련을 제공하고, 스스로를 개선하여 우리가 정한 목표에 도달할 수 있게 만든다는 점이다. 많은 지식을 습득하고 전문적인 훈련을 받아 그 정보를 적절히 실제 상황에 적용할 수 있다면, 우리는 마음속으로 달성하겠다고 정했던 것을 그대로 달성할 수 있다. 이렇게 우리가 원할 때마다 그 목표를 계속적으로 달성하기 위해서는 피드백을 통해 우리의 행동을 연마해야 한다. 즉, 궁극적으로 우리의 목표를 달성하는 것은 경험에서 받는 피드백이다.

당신이 화를 줄이기로 결심했다고 가정해보자. 당신은 오랫동안 사소한 일에도 화를 내왔고, 이제는 쉽게 폭발하지 않는 좀 더 이해심 많은 사람이 되고자 한다. 그래서 당신은 평온해지기로 결심하고 '심적 시연'을 시작했다. 매일 당신이 되고자 하는 사람을 기억하고 재확인함으로써 회백질에는 새로운 회로가 함께 활성화돼 서로 연결된다. 당신은 전두엽이 뇌의 다른 부분을 잠재우는 것을 느낀다. 당신이 계획을 세우고 목표에 집중할 수 있도록 말이다. 당신의 뇌는 새로운 존재의 모델을 만들기 위해 새로운 경험과 지식의 신경망들을 조합하고 조정한다. 새로운 존재의 모델에 대한 정신적 복습이 끝나고 나면 당신은 원하던 마음의 틀을 갖게 될 것이다.

한 달간 이러한 요법을 시행한 후, 당신은 새로운 태도를 시험해볼 때가 왔다고 생각하고, 어머니를 찾아간다. 지난 몇 달간 당신은 어머니와 사이가 좋지 않았다. 어머니는 별로 심각하지 않은 병을 가지고 자신이 엄청난 고통 속에서 살고 있으며, 마치 살날이 한 달밖에 안 남은 사람처럼 말씀하시는 분이다. 모든 대화는 어머니의 고통과 불안으로 귀결되었다. 당신은 어머니를 이해하려고 노력했지만 서서히 한계를 느끼기 시작했다.

한 달 만에 당신은 어머니를 찾아간다. 그리고 같은 상황이 반복된다. 어머니는 당신에 대해 관심이 없다. 최근에 승진한 일과 가족들과 손자들 이야기 같은 것 말이다. 옛날 같았으면 당신은 어머니의 태도를 지적했겠지만 이번에 당신은 그저 앉아서 고개를 끄덕이고 그녀에게 공감하며 듣기만 한다. 그리고 좋은 관계를 유지한 채 한 시간 후 어머니의 집을 떠난다. 당신은 스스로 일을 제대로 했다고 느끼게 된다. 하지만 집에 오는 길에 당신은 이를 악물고 운전대를 꽉 잡고 있는 자신을 발견한다. 집에 왔을 때는 머리가 쪼개지는 듯한 두통 때문에 침대로 직행한다. 당신은 실제로 잘한 것일까?

새로운 기술이나 능력을 시험해볼 때 우리는 자신이 잘하고 있는지에 대한 단서를 찾기 위해 어쩔 수 없이 환경에 의존한다. 원하든 원하지 않든 간에 환경이 주는 피드백은 우리의 상황을 알려주는 일종의 보고서다. 특히 육체적인 기술을 향상시키는 것일 경우에는 피드백이 분명하다. 예컨대 스노보드를 배울 때 우리는 넘어진 횟수나 회전의 깔끔함 등을 통해 자신이 잘하는지 못하는지 알 수 있다. 타이핑을 배울 때도 마찬가지다. 1분당 몇 타를 치는지에 따라 자신이 향상되고 있는지 아닌지를 알 수 있다. 하지만 화를 잘 내는 성향을 고치려고 할 때는 어떤 피드백을 통해 자신의 변화를 확인해야 할까?

우리의 목표가 원하지 않는 신경계의 습관을 바꾸고, 그것을 새로운 마음 상태로 대체하여 새로운 태도를 자연스럽게 나타내는 것이라면, 외부의 피드백이 몸의 상태와 일치하는지 확인해야 한다. 만약 그렇지 않다면 아직 목표에 도달하지 못한 것이다.

위의 예에서 당신은 인내를 갖고 어머니와 함께 있을 때의 태도를 조절하기는 했지만 여전히 좌절과 분노의 상태를 억압한 채 그곳을 떠나왔다. 당신은 마음속으로 화내지 않고 동정심을 갖는 상태를 연습했다. 충동을 조절하고, 어머니를 방문함으로써 당신은 자신의 일에 대한 긍정적인 피드백을 받았다. 하지만 여전히 의도한 목표를 완성하지는 못했다. 당신이 드러낸 태도와 당신의 몸 상태가 일치하지 않았기 때문이다. 결국 당신은 인정 많은 '존재가 되지'는 못했다. 결국 몸과 마음을 신경학적으로 완전히 통제한다는 것은 우리의 수정된 태도가 만드는 외부 피드백이 몸 안의 상태와 일치하는 것을 말한다.

그러면 어떻게 해야 자신의 새로운 마음 상태를 정확하게 평가할 수 있을까? 먼저 자기반성을 통해 자신의 행동이 느낌과 일치하는지 살펴봐야 한다. 일치하지 않는다면 '심적 시연'에 새로운 계획을 추가해야 한다. 그래야 다음번에는 행동과 느낌을 모두 발전시킬 수 있다.

점화, 행동, 그리고 내현기억

우리가 무엇인가를 암묵적으로 만들 때(수동 운전, 뜨개질, 바느질, 희생양 되기 등), 우리는 의식적인 마음의 개입 없이 이러한 일들을 한다. 암묵적인 행동의 신경회로는 소뇌에 형성된다. 우리 뇌와 몸은 눈 깜박이기나 숨쉬기, 세포 복구하기, 소화효소 분비하기(소뇌에서 관장하는 것들)처럼 이 행동을 자연스러운 것으로 기억한다.

일단 우리가 대뇌신피질을 통해 어떤 의식적인 생각을 하게 되면 무의식적인 생각, 연합기억, 내현기억이 환경에 반응하여 활성화돼 우리를 환경이 주는 자극대로 생각하게 만든다. 이러한 과정을 '점화(priming)'라고 부른다. 우리는 특정한 방식으로 우리를 행동하고 생각하게 만드는 외부의 자극에 무의식적으로 반응하여 그것을 왜 하고 있는지 전혀 의식하지 못한다. 이처럼 점화는 비선언기억 체계에 그 바탕을 두고 있다.

당신은 혹시 꽃에 대해 생각하고 장미의 이미지를 떠올릴 때 뇌에 저장된 다른 꽃들에 대한 기억이 동시에 떠올랐던 적이 있는가? 이것이 점화의 예다. 심리학자들이 점화라는 단어를 사용하는 것은 펌프로 물을 끌어올리는 것과 관련이 있다. 펌프를 통해 물을 끌어올릴 때 펌프에 먼저 약간의 물을 넣기 때문이다(priming에는 물을 끌어올리기 위해 펌프 안에 넣는 물인 '마중물'이라는 뜻도 있다 – 옮긴이).

신경학적인 관점에서 점화는 서로 연결되어 있거나 가까이에 있는 신경망의 집단이 활성화되는 것과 관련이 있다. 하나의 집단이 활성화되면 이 집단에 연결되어 있는 다른 신경망들도 활성화될 가능성이 높아지는 것이다. 점화는 우리 모두가 한 번쯤은 경험해본 현상이기도 하다. 예를 들어, 새 차를 사면 같은 기종의 차가 전보다 눈에 많이 띄게 된다. 하나의 사건이나 경험에 노출되면, 그것과 관련된 자극을 더 정확하게 인지할 수 있게 되기 때문이다.

정리하자면, 우리는 점화를 통해 아주 약한 자극으로도 어떤 스키마(schema, 사물을 바라보는 정신적 구조, 도식)가 펼쳐질 수 있을 정도로 신경망의 집단을 활성화할 수 있다. 그리고 스키마를 통해 우리는 의식적인 생각 없이도 사물이나 사건을 이해할 수 있다. 예를 들어, 우리는 문에 대한 스키마를 가지고 있기 때문에 어떤 종류의 문을 만나든 상관없이 그것을 열거나 닫을 수 있다.

불행하게도 우리는 고정관념이나 필체, 심지어 세상을 이해하는 관점에 관한 스키마도 가지고 있다. 이 때문에 우리가 주변에서 일어나는 일에 무의식적이고 반사적으로 반응하는 것일지도 모른다. 예를 들어, 아프리카계 미국 남성과 엘리베이터를 함께 탄 백인 여성은 지갑을 더 꽉 쥐며, 백인 남녀 모두 그에게서 가급적 멀리 떨어지려고 한다.[4] 우리가 백인들에게 왜 그렇게 행동하느냐고 묻는다면 그들은 그렇게 행동한 것을 기억하지 못하거나 그것은 아무 의미도 없는 습관이라고 말할 것이다. 점화는 이처럼 우리의 의식 밖에서 일어나는 암묵적인 반응이다.

고정관념에 의한 반응 말고도, 암묵적이고 고정된 몸의 기억에 의한 행동 역시 많이 있다. 이러한 행동들은 유전적으로 물려받은 것이거나 반복을 통해 몸에 자동적으로 밴 것이다. 예를 들어, 우리의 환경은 끊임없이 암묵적인 반응을 유발한다. 우리는 기분이 좋았다가도 어느 순간 이상하게도 하나의 자극(이웃집 아들 녀석이 차에 음악을 크게 틀어놓고 지나가는)에 의해 기분이 완전히 나빠지곤 한다. 왜 그럴까? 당신은 차를 타고 가는 이웃집 아들을 본 순간 그의 아버지가 자신만 빼고 파티를 열었을 때 느꼈던 작은 분노를 떠올린 것이다. 그리고 분노는 커져서 예전에 그가 야구 방망이로 당신의 우편함을 쳤던 이미지가 눈앞에 떠오른다. 그러고는 갑자기 머릿속으로 사람들이 자신을 얼마나 무시하는지를 말해주는 모든 프로그램이 가동된다. 그러나 이것들은 무의식적이고, 반사적인 반응이기 때문에 좋았던 기분이 왜 엉망으로 바뀌었는지 제대로 설명할 수가 없다.

우리의 '기분'을 만드는 이러한 과정들은 일종의 전의식적 자동온도 조절기의 역할을 하는 변연계의 몫이다. 이러한 과정들은 전의식적인 체계에서 일어나는데다 우리가 그동안 그렇게 하도록 훈련시켜왔기 때문에 몸은 뇌의 명령을 따르게 된다. 변연계는 이런 질문 따위는 하지 않는다. '이렇게 하는 게 정말 맞는 건가요, 사장님?' 변연계는 그저 지시를 받고 마음의 명령을 따를 뿐이다. 우리의 생각이 무의식적이 될수록 몸은 더 많은 통제권을 갖게 된다. 이 때문에 우리가 의식적인 인지로 그 과정을 멈춰야 하는 것이다.

우리는 얼마나 많은 시간 동안 환경의 자극에 반응하여 생각 없이 살아왔는가? 이것이 바로 점화다. 환경이 우리의 생각을 통제하도록 허락하게 되면, 고정되어 있는 모든 암묵적인 연합기억이 활성화된다. 그리고 우리는 무의식적으로 그 프로그램(의식의 무의식적 흐름)을 돌리는 것이다. 이것은 깨어 있는 대부분의 시간 동안 우리가 무의식적 상태라는 것을 의미한다. 우리는 수많은 무의식적인 습관에 의해 회로를 형성한 익숙한 기억의 '존재'인 것이다. 우리 몸이 익숙한 화학물질을 얻지 못하면 과거의 목소리가 뇌에서 활성화되기 시작한다. 일단 우리가 무의식적으로 그 목소리를 따르면(화학적으로 중독된 몸이 필요한 것을 달라며 뇌에 소리친 결과) 이에 상응하는 신경망이 활성화될 것이다. 그다음은 알다시피 생각 없이 행동하고, 화를 내거나 우울 또는 불안해질 것이다.

여러 연구에서 학교에서 일어난 총기난사 사건과 폭력적인 비디오 게임에 지속적으로 노출되는 것 사이의 상관관계를 점화의 예로 들고 있다. 물론 여러 가지 요소가 있기 때문에 이것을 증명하는 게 쉽진 않지만 게임이 공격성의 무의식적인 발현이라는 점에서 청소년들에게 폭력적인 행동을 점화하는 데 기여할 가능성이 있다. [5]

광고는 점화의 대표적인 예다. 특정 광고를 반복적으로 많이 보게 되면 우리는 무의식적으로 그 광고에 대한 회로를 활성화할 수 있다. 불쾌함이나 상실감, 자아상실을 고조시키는 정신적 프로그램을 따르게 되는 것이다. 너무 많은 광고를 보고 이러한 느낌을 '심적 시연' 하게 되면 우리의 몸은 그러한 느낌을 느끼도록 훈련받게 된다. 그다음은 알다시피, 어떤 병에 걸린 게 확실하므로 약이 필요하다고 생각하거나 지금 갖고 있는 차가 적합하지 않기 때문에 교체해야 한다고 생각하게 되는 것이다. 이 모든 일이 의식적인 생각의 개입 없이 이루어진다. 우리는 모두 무의식적으로 주변의 자극을 자신의 사회적·개인적 한계와 일치시켜 반응한다. 그렇다면 진정으로 우리에게 자유의지가 있다고 할 수 있을까?

놀라운 것은 우리 스스로 현재의 상태(아마도 슬픔)를 만드는 무의식적인 조건반사의 과정을 허락한다는 것이다. 우리가 과거의 무의식적인 기억을 바탕으로 살아가는 것은 우리에게 익숙해진 것을 점화하는 것과 같다. 실제로 우리가 더 규칙적으로 살아갈수록 환경과 연합기억, 무의식적인 사회적 신념에 더 많은 통제를 받는다. 점화된다는 것은 외부 세계에 의해 무의식적으로 조종당하여 그에 따라 행동하는 것이다.

점화 반대로 활용하기

우리의 일상을 깨는 것(2주간의 여행처럼 일상에서 벗어나는 어떤 것)은 때로 이런 종류의 관점을 바꾸도록 촉진할 수 있다. 휴가를 가는 대부분의 사람들은 환경을 벗어남으로써 의식을 확장할 수 있다고 말한다. 그러나 '심적 시연' 역시 환경에 의한 점화의 노예가 되는 것에서 탈출하는 또 다른 방법이 될 수 있다. '심적 시연' 은 관점을 바꾸는 것이기 때문에 우리의 뇌와 행동을 진화시키는 데 꼭 필요한 과정이다. 우리가 이것을 충분히 연습할 때 우리는 깊은 의식의 수준에서 일어나는 더 깊은 변화를 만들어낼 수 있다.

점화를 통해 최근에 구매한 차와 같은 기종의 차가 눈에 더 많이 띄는 것처럼, 우리가 '심적 시연'을 통해 좀 더 감사할 줄 아는 사람이 되는 것에 집중한다면 주변에 감사해야 할 일들이 많다는 것을 깨닫게 될 것이다. 또한 우리의 이상과 일치하는 감사의 행동 역시 더 많이 목격하게 될 것이다. 우리가 암묵적 인식을 부정적인 것(세상은 불공평하다)에서 더 나은 것(나는 좋은 대우를 받을 자격이 있으며 내 주변에는 좋은 것으로 가득하다)으로 바꿀 때, 우리는 과거의 경험과 기억을 바탕으로 사물을 무의식적으로 보는 것에서 의식적으로 보는 것으로 옮겨갈 것이다. 우리가 좀 더 진화된 가치와 미덕을 탐험하는 데 집중하는 것을 의식적으로 선택할 때, 우리는 암묵적이고 무의식적인 관점으로 세상을 바라보는 대신에 세상을 있는 그대로 인식하게 된다. 또한 이 새로운 태도를 지속적으로 연습함으로써 새로운 마음 상태를 또 다른 내현기억으로 바꿀 수 있다.

우리는 무의식적인 암묵체계를 우리에게 득이 되는 방향으로 활용할 수 있다. 이때 '심적 시연'은 자가 점화 반응으로 작용한다. 예를 들어, 우리가 차분하고 인내심 많은 사람이라는 자신의 모델을 만들면, 이것은 어떤 것보다 더 현실적이 된다. 따라서 화가 가득하고 참을성 없는 사람이라는 과거의 정체성과 경험이 희미해진다. 그러다 새로운 자아에 대한 생각이 더 현실적으로 다가오면, 우리는 좀 더 긍정적인 연쇄반응을 일으키도록 자신을 점화하게 된다. 무의식적인 습관으로 생각하고 행동하는 대신 관용 있는 사람이 되도록 스스로를 점화하는 것이다. 점화를 통해 우리는 이상적인 방식으로 행동하게 만드는 회로를 활성화할 수 있다. 나락으로 떨어지는 대신에 승화하는 것이다.

이러한 방법으로 우리는 변화할 수 있고 자신을 환경과 분리할 수 있으며, 스스로를 형성하는 데 미치는 영향을 선택할 수 있다. '심적 시연'은 우리의 뇌를 점화해 우리가 환경의 영향을 느끼는 대신 환경을 만들 수 있도록 돕는다. 자가 점화는 우리가 환경을 뛰어넘어 더 위대해지도록 만든다.

만일 우리가 환경보다 더 위대해진다면 그것이 곧 진화다.

자동차에서 나오는 시끄러운 음악이 이웃에 대한 분노를 유발했던 예로 돌아가보자. 당신이 평온해지는 것에 관해 '심적 시연'해왔다면, 그리고 전두엽을 이용해 뇌에서 소란을 피우는 감정중추를 잠재우도록 훈련해왔다면, 그 사건에 대한 당신의 인식은 달라졌을 수 있다. "이 망할 자식이 나를 열 받게 하려고 왔다갔다하는구나"라고 생각하는 대신, 그 감각자극을 완전히 무시하거나 "직장에 가는 길인가 보군"이라고 바꿔 생각할 수도 있다. 또한 "저들이 내 우편함을 망가뜨렸어. 다들 나를 괴롭히려 해"라고 생각하는 대신에 이렇게 생각할 수도 있다. "목적 없는 멍청함과 폭력은 어디에나 있는 법이야. 더 나쁜 일이 없었던 것에 감사해야 해." 이렇게 인식을 바꾸는 일은 처음에는 외현적이겠지만 궁극적으로는 암묵적으로 바뀔 것이다.

우리는 살면서 그동안 이러한 부정적인 상태를 '심적 시연'해왔고 전 생애에 걸쳐 그것을 밖으로 드러내왔다. 우리의 무의식적인 생각과 행동은 우리의 신념과 행동방식을 결정한다. 그렇다면 하나의 사소한 자극이 우리에게 불행과 좌절, 불안이라는 어마어마한 감정을 안겨주는 과정을 살펴보자. 어느 날 당신은 마트에 갔다. 계산을 위해 가장 줄이 짧은 계산대에서 기다리다 마침내 당신의 차례가 되었다. 그러자 점원이 당신 바로 앞 사람까지만 계산할 거라고 말한다. 다른 계산대는 모두 줄이 길다. 당신은 살 물건이 15개뿐이기 때문에 소액 계산대에 줄을 섰다. 그런데 당신 앞에 있는 사람은 소액 계산자가 아님이 분명하다. 뭔가 음모가 있는 것이다. 규칙을 지키는 사람만 손해 본다. 이제 당신 앞에 있는 나쁜 놈과 15개를 셀 줄도 모르는 바보 같은 점원 때문에 당신은 다른 줄에서 기다려야 한다. 우리 머릿속에는 이와 같은 생각이 줄을 잇는다. 오래된 속담처럼 우리는 자기가 보고 싶은 것만 본다. 그리고 당신의 마음은 이러한 과정에 다소 영향을 미치는 요소다.

사실 뇌의 신경은 우리의 생각이 긍정적인 것인지 부정적인 것인지 구분하지 못한다. 부정적인 생각이든 긍정적인 생각이든 우리가 이를 형성하는 데는 똑같은 노력이 든다. 태도란 생각과 관련된 신경망의 축적일 뿐이다. 바꿔 생각하면 긍정적인 태도도 부정적인 태도만큼이나 만들기 쉽다(여기서 긍정적, 부정적이라는 말은 우리에게 도움이 되거나 혹은 도움이 되지 않는 생각, 태도, 행동, 활동을 설명하기 위한 것이다). 그럼에도 긍정적인 태도를 만드는 사람은 거의 없다. 우리가 우울과 분노와 음울, 고통, 증오라는 존재의 습관을 발달시키듯이, 행복과 만족, 충만함, 기쁨이라는 존재의 습관을 만들 수 있다는 결론에 도달한 사람들은 많지 않다. 우리는 부모나 조상으로부터 물려받은 부정적인 마음 상태를 반복한다. 그리고 여기에 자신의 경험을 통해 그 마음 상태를 더 강화한다.

컴퓨터 통신 언어가 바뀌듯이 뇌도 이와 같이 빠르게 변화할 수 있다는 것을 보여주는 과학적 증거가 있다. 아이러니한 것은 혼란에서 벗어나는 방법이 우리가 그 혼란에 빠져들 때 사용했던 방법과 같다는 점이다. 우리는 삶을 해피엔딩으로 만들기 위해 운명에 기댈 필요가 전혀 없다. 우리에게 필요한 것은 사물을 좀 더 다른 방식으로 인식하는 것이 전부다.

우리가 아는 모든 것은 우리가 인식하는 것에 기초를 둔다. 그리고 우리가 인식하는 것은 우리가 물려받아 반복해서 사용한 해석의 도구와 경험을 바탕으로 한다. 그렇다면 우리는 부정적인 것을 추구하고 궁극적으로는 부정적인 존재가 되도록 훈련받았기 때문에 세상을 부정적인 것이 가득한 곳으로 인식하는 것이 아닐까?

케임브리지 심리학 연구소의 콜린 블랙모어Colin Blakemore와 그랜트 쿠퍼Grant Cooper는 고양이를 가지고 실험을 했다. 이 실험은 우리가 무엇을, 어떻게 인식하는지 보여준다.[6] 연구자들은 고양이를 두 집단으로 나눴다. 첫 번째 집단은 수평 줄무늬가 있는 방에서, 두 번째 집단은 수직 줄무늬가 있는 방에서 사육됐다. 이 고양이들은 감각기관이 발달되는 시기에 한 가지 종류의 선에만 노출되는 환경에서 자랐기 때문에 그들의 시각 수용체가 제한되어 있었다. 소위 '수평 고양이'는 수직적인 사물을 인식할 수 없었다. 그들의 환경에 의자가 투입되었을 때, 고양이들은 의자가 존재하지 않는다는 듯이 의자 다리 사이를 지나다녔다. '수직 고양이'들은 수평적인 사물을 인식할 수 없었다. 그래서 그들의 환경에 넓적한 테이블이 들어왔을 때, 그것에 가까이 가기를 피하거나 가장자리를 맴돌기만 했다. 다양한 사물이 고양이의 환경에 놓였지만 그들은 그것을 볼 수 없었다. 우리는 이 실험을 통해 우리가 지각하는 것은 뇌가 빚어놓은 것일 뿐이라는 것을 알 수 있다.

그렇다면 우리의 뇌는 불공평함을 지각하도록 구성돼온 것일까? 만약 부모에게서 이에 대한 신경망을 물려받고, 자라면서 경험한 삶의 불공평한 사건을 통해 이러한 생각을 지속적으로 강화해왔다면 이런 일이 일어날 수 있지 않을까? 만약 그렇다면 우리는 불공평함의 반대 상황인 공평함을 절대 인식할 수 없을 것이다. 공평함의 수용체가 결여되어, 무슨 일을 하던 간에 상황을 불공평한 것이 아닌 다른 것으로는 인식할 수 없는 것이다. 확실히 우리가 환경을 인식하고 반응하는 방식은 본질적으로 존재의 습관과 가장 비선언적 마음 상태와 관련되어 있다.

치유의 가능성

모든 사람이 자신의 뇌 때문에 사물을 지각하는 편견에 굴복하는 것은 아니다. 우리는 2장에 나온 자연치유를 경험한 사람들을 통해서 이것을 확인했다. 이들에게 기대되는 예후는 그다지 좋지 않았다. 그들은 자신의 뇌에 회로로 짜여 있는 모든 프로그램을 반복적으로 돌릴 수도 있었다. 하지만 그들은 그 상황에서 대부분의 사람들이 선택하는 것과 달리 진실을 믿기로 선택했다. 예를 들어, 그들은 삶과 치유의 힘이 되는 몸의 자연회복력을 믿었다. 이와 함께 그들은 자신의 생각이 곧 현실이고, 이것이 몸에 직접적인 영향을 줄 수 있다는 신념을 확고히 했다. 또한 그들은 모든 사람에게 자신을 바꿀 힘이 있다고 믿었다. 자신에게 집중하는 과정을 통해 그들은 시간과 공간이 사라지는 강한 집중의 힘을 경험했다. 그 결과 그들은 마음을 '심적 시연'과 유사하게 사용할 수 있었다. 그들은 자신의 성격이나 질병의 치료에 영향을 미치기 위해 지식과 훈련, 피드백을 사용했다. 그들은 건강이라는 자신만의 생각의 틀을 만들었고, 집중을 통해 이 이상화된 이미지를 전두엽에 잡아두었다. 그리고 이것은 정말로 그들을 치유했다.

이러한 모델은 우리가 어떻게 변화할 수 있는지 이해하도록 돕는다. 변화란 몸과 환경의 방해에도 불구하고 새로운 마음을 갖는 것이며, 새로운 지시를 따르도록 몸을 훈련하는 것이다. 반복적인 행동과 경험을 통해 몸이 곧 어떤 마음이 되도록 훈련하는 동안, 우리는 모든 의식적인 노력을 동원해 마음과 몸의 통제를 받는 것을 멈추어야 한다. 변화하는 것은 우리 몸과 마음의 반사반응(우리가 반복적으로 생각하고 행동하는 것)을 깨는 것이다. 우리가 의식적인 마음을 사용해서 규칙적이고, 정상적이며, 무의식적인 매일의 행동을 충분히 수정할 수 있다면 우리는 우리의 몸을 자신과 현실에 대한 새로운 경험으로 인도할 수 있을 것이다. 새로운 것을 배우고 그것을 적용하려고 할 때, 우리는 의식적인 마음을 나침반처럼 사용하여 몸 안에 존재하는 마음의 습관적인 행동을 통제해야 한다. 우리는 적절한 지식과 훈련, 피드백을 통해 낡은 사고방식과 행동방식, 존재방식을 새 것으로 바꿀 수 있다. 그리고 시냅스와 신경망의 재구성을 통해 뇌를 진화시킬 수 있다. 그러면 심장을 뛰게 할 때 작용하는 것과 같은 전의식적 마음이 우리를 새로운 미래로 안내할 것이다.

비숙련에서 숙련으로

우리가 새로운 것을 배우고 그것을 숙련과 통달의 경지로 끌어올리려면 다음의 4가지 기본 단계를 따라야 한다.

1. 우리는 무의식적인 비숙련(unconsciously unskilled, 자신이 알지 못한다는 사실조차 알지 못하는 상태) 상태에서 시작해야 한다.
2. 우리가 원하는 것을 의식하고 배울 때, 우리는 의식적인 비숙련(consciously unskilled) 상태가 된다.
3. 우리가 스스로를 실증하는 과정(행동하는 것)을 시작할 때, 여기에 우리가 배운 것을 계속 적용하면 우리는 결국 의식적으로 숙련(consciously skilled)된 상태가 된다. 즉, 우리는 약간의 의식적인 노력만 있어도 어떤 일을 수행할 수 있다.
4. 더 나아가 우리가 실증해 보이는 것에 끊임없이 우리의 의식적인 인식을 쏟고, 그 행동을 수행하는 데 반복적으로 성공하면, 우리는 무의식적으로 숙련(unconsciously skilled)된 상태가 된다. 변화의 과정에서 이것은 우리의 도착점이 된다. 그림12.3의 '숙련화의 단계'를 참고하기 바란다.

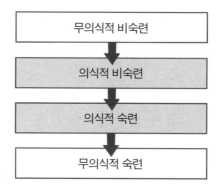

그림12.3 숙련화의 단계

앞서 새로운 기술의 학습에 대해 설명할 때 스노보드 타기에 대해 잠깐 언급한 적이 있다. 몇 년 전 나는 스노보드를 배우기로 결심했다. 처음에 나는 '무의식적인 비숙련' 상태였다. 이후 내가 스노보드 타기를 배우기 원한다고 결심하고 나자, 나는 '의식적인 비숙련' 상태로 진입했다. 내가 스노보드를 탈 줄 모른다는 사실을 알게 되었기 때문이다. 그다음 훈련을 통해 스노보드를 타는 방법에 대한 지식을 얻고, 그 지식을 실제로 적용하는 과정을 통해 나는 '의식적인 숙련' 상태가 되었다. 나는 '의식'하면서 스노보드를 탈 수 있었다. 즉, 자세와 균형을 유지하기 위해 거의 매초 내가 하고 있는 것에 대해 생각해야 했다. 나는 나의 의지로 매 순간 내가 하고 있는 것을 의식해야 했고, 잠깐 주의가 산만해졌을 때 그 결과는 꽤 고통스러웠다. 어떠한 기술을 배우든 이와 같은 숙련의 단계가 적용된다. 그것이 운동이든 태도이든 어떤 가치이든 초자연적인 묘기이든 아무 상관없다. 어떤 것에 통달한다는 것은 그것을 내현기억으로, 또 쉬워 보이게 만드는 것이다.

좀 더 연습하고 나자 나는 스노보드 타는 방법에 관한 지시사항 하나하나를 기억할 필요 없이 언덕을 내려올 수 있었다. 그 후 내 몸은 스노보드 타기가 제2의 본능이 될 수 있을 정도로 편안해졌다. 나는 생각을 줄이고 몸이 자신이 할 일을 기억하도록 놔뒀다. 일단 핵심기술을 터득하고나자 더 이상 내가 하고 있는 일에 대해 생각할 필요가 없었다. 그리고 그저 할 수 있게 됐을 때, 나는 '무의식적인 숙련' 상태가 되었다.

생각대로 하면 되고

이 책의 집필을 위해 자료조사를 할 무렵, 나는 어떤 사람을 인터뷰했다. 그는 자신이 청소년기부터 20대 후반까지 우울한 사건들 때문에 고통받았다고 말했다. 이것은 나를 매우 놀라게 했는데, 왜냐하면 낙천적이고, 열정적이며, 자발적인, 래리*Larry*야말로 우울하고는 가장 거리가 먼 사람으로 보였기 때문이다.

만성적으로 우울한 사람들이 대부분 그렇듯 래리도 훌륭한 연기자였다. 디자인 회사의 동료들은 래리가 비밀을 숨기고 있다는 것은 상상도 하지 못했다. 그는 종종 그럴듯한 핑계로 회사에 늦게까지 남아 있었지만 사실은 빈집에 가는 것이 두려워서였다.

주말 동안 래리는 일부러 인간관계를 피했다. 일상적인 사회관계는 자신이 의미 있고 감정적으로 친밀한 관계를 갖지 못한다는 사실을 상기시켜주기 때문이었다. 일요일 아침에 그는 장을 보기 위해 새벽 6시가 되기도 전에 일어났다. 그는 고통스러웠던 이혼 후에 이 습관이 익숙해졌다. 아내와 함께 장을 보던 기억 때문에 장을 보고 있노라면 눈물이 났다. 이혼 후 그는 공황상태에 빠졌다. 결국 직장에도 나가지 않고 침대에만 누워 있었다. 아파트는 쓰레기로 가득했다. 그 후 정신과 의사는 그의 문제를 진단했고, 항우울제를 권했다. 래리는 거절했다.

진단을 받고 몇 개월 후, 래리는 그의 생애 어느 때보다 기분이 좋았다. 문득 자신이 그렇게 침울하게 행동했던 원인을 깨달았기 때문이다. 그것은 부모에게 물려받은 저주가 아니라 사실은 생화학적인 것이었다. 그는 이 사실에 큰 안도감을 느꼈다. 일단 그가 그의 삶의 장애가 무엇인지 알게 되자, 그것을 극복할 계획을 세울 수 있었다.

래리는 그의 성격 변화를 위해서 몇 가지 마음의 원칙을 적용했다. 그는 우울증의 원인과 치료법에 관한 글을 읽었다. 그는 몇몇 자기계발서에 손을 대기도 했다. 하지만 그는 세로토닌이 분비되는 것(세로토닌이 부족하면 우울증이 생긴다 – 옮긴이)을 상상하는 대신에, 그가 되고 싶은 사람에 대해 생각하기 시작했다. 그는 행복했다고 여겼던 과거의 사건과 상황의 목록과 그가 삶에서 원하는 것과 원하는 성격에 관한 목록을 만들었다.

마치 프랑켄슈타인처럼 다양한 재료로 만든 그의 '창조물'을 만든 다음 그곳에 불어넣을 영감을 찾았다. 그는 사회적으로 활발히 활동하는 사람들을 지켜보는 데 많은 시간을 보냈다. 그는 어떤 사람에게서 유머감각을 훔쳤고, 다른 사람에게서는 언제나 적절한 말을 할 줄 아는 사회적 능숙함을, 또 다른 사람에게서는 건방지지 않은 자신감을 훔쳤다. 그가 이들에게서 받은 것과 자신이 상상한 것(그는 TV나 영화를 보고 새로운 자신이 어떻게 행동할까를 상상하는 데 많은 노력을 했다)을 조합하면서, 이 서로 다른 특징들의 조합이 어떻게 새로운 인격을 구성할 수 있는지에 대해 고민했다.

래리는 자신이 바꾸어야 하는 행동을 연습하기 위해 마음속으로 실제상황과 가상의 상황을 만들었다. 그는 이미 강력한 일련의 기술을 가지고 있었다. 그가 가진 전문성은 변화의 좋은 기반이었다. 그는 우울증 때문에 이러한 기술을 사회생활에 적용하지 못했었다. 그는 두 명의 서로 다른 래리가 존재하는 것을 보았다. 오랫동안 그는 어떤 사회적 상황에서 자신에게 이렇게 물어야 했다. "래리라면 어떻게 할까?"

래리는 자신이 습득한 의미지식을 모두 조합한 후, 그가 배우고 '마음속으로 연습'한 것을 나타낼 때를 맞았다. 직관적으로 래리는 몇몇 습관적인 행동을 바꾸어야 한다는 것을 알았다. 변화의 여정에서 래리가 한 첫 번째 일은 퇴근하고 나서나 토요일 낮에 장을 보러 가는 것이었다. 그는 또한 주말에 행복해지는 연습을 했다. 얼마 안 가 그는 그가 원할 때나 그가 예전의 일상에 너무 젖어들 때면 언제든 아파트를 떠날 수 있었다. 나중에 그는 장을 보러가거나 근처에 자전거를 타러 갈 때, 사람들이 그에게 미소를 보내고 그도 사람들에게 미소를 보내고 있는 것을 알아챘다.

그는 가라테 수업을 받는 데 이어, 지역의 공연장에서 수업을 받는 것에 도전했다. 그는 공연을 할 의도는 전혀 없었지만(수업의 마지막 과제가 공연에 참가하는 것이기는 했지만), 발로 더 빠르게 생각할 수 있게 되길 원했다. 처음에 그는 수업과 연습시간에 소리 내어 반응하기보다는 머릿속으로만 반응했다. 점점 자신감이 커지면서, 그는 놀라운 방법으로 자신의 껍데기를 깨고 나왔다. 래리는 그가 무대에 선다는 것 자체가 무엇을 의미하는지 이해했다.

시간이 지나자 래리는 자신에게 '래리라면 어떻게 할까?'라고 묻는 것을 그만둘 수 있었다. 그가 이러한 사회적 기술을 자신의 삶에 적용하자 사람들은 그에게 반응했다. 새로운 회로가 더 견고해지고, 그가 세상으로 나와 새로운 경험에 자신을 노출시키는 것을 더 연습하자, 그는 결국 직장에서의 래리나 집에서의 래리 모두 똑같은 래리라는 것을 이해하게 되었다. 이제 새롭게 수정된 자아가 되는 일이 쉬워지고 있었다.

결국 래리는 레베카와 데이트를 시작할 정도가 되었다. 레베카는 가라테 학원의 동료로 어떠한 남자라도 끌릴 만한 매우 활발한 여성이었다. 그녀의 존재는 래리에게 완전히 새로운 감정적 경험이 되었고, 그는 그것을 사랑하고 즐기게 되었다.

물론 어디에나 장애는 있기 마련이다. 가끔 래리는 그가 예전의 일상으로 다시 빠져 들어간다고 느꼈다. 하지만 결국에는 자신을 다른 사람과 비교하지 않는 법을 배웠다. 그는 아직 가야할 길이 멀다는 것을 알고 있었다. 하지만 래리는 자신이 느끼는 편안함을 통해 자신이 제대로 된 길을 가고 있다는 것 하나는 확실히 알 수 있었다.

그는 새로운 래리가 되는 것에 익숙해졌다. 다른 래리는 오래 전에 본 영화 속의 어떤 희미한 캐릭터처럼 느껴졌다. 마지막으로 래리는 다른 래리에 대해서 완전히 잊고 싶지는 않다고 말했다. "내가 우울증이라는 걸 알았을 때와 비슷해요. 내 불행의 정체를 안다는 사실은 큰 안도감이었죠. 나는 과거에 내가 어떤 사람이었는지를 계속 기억할 필요가 있어요. 과거에 대해 자주 생각하는 것은 아니에요. 가끔씩이죠. 사진을 꺼내보면서 과거를 회상하는 것과 같아요. 중요한 것은 내가 사진을 보고 있지만 그때로 돌아갈 수 없다는 거예요." 래리는 확실히 그의 삶을 변화시켰다. 그가 과거의 자신을 완전히 묻어두지 않고 다시 돌아볼 수 있다는 사실은 매우 건강한 일처럼 보였다.

래리는 의사에게 진단을 받았을 때 그의 뇌에 하드웨어적 문제가 있다는 사실을 이론적으로 이해했다. 그의 신경전달물질과 신경회로, 뇌의 화학작용의 균형이 깨져 우울증이 생겼다는 것을 말이다. 그는 또한 소프트웨어적 문제가 그의 우울증에 기여했다는 것을 깨달았다. 고통스러운 이혼과 그에 대한 기억이 그의 행동을 바꾸어 놓은 것이다. 그는 자신이 하드웨어와 소프트웨어적 문제를 둘 다 가지고 있다는 사실을 알았다. 하지만 아는 것만으로는 그가 느끼는 것을 바꾸지 못했다. 약물과 상담이 그를 어느 정도 도왔을지도 모르지만, 약물에 의존한다는 것은 약을 끊는 순간 우울증이 재발한다는 것을 의미했다. 이런 이유로 그는 스스로 그의 뇌의 하드웨어와 소프트웨어적 문제를 바꾸기로 결심했다. 생각하는 것과 행동하는 것, 되는 것의 과정을 통해서 말이다.

래리의 치유를 좀 더 신경학적인 관점에서 살펴보자. 그가 삶을 변화시키기로 결심했을 때, 가장 먼저 했던 일 중 하나는 자아의 새로운 모델을 만드는 것이었다. 의미기억과 일화기억을 바탕으로 말이다. 그는 과거와 직장에서의 자신의 행동을 참고하여 이미 저장되어 고정된 개념 위에 새로운 회로를 덧붙였다. 그는 그가 도전을 통해 궁극적으로는 자신의 것으로 만들 새로운 정보를 추가했다. 래리는 전두엽에서 새로운 자아의 이미지를 발달시키기 위해 '마음속으로 연습' 했다. 이 새로운 조합과 패턴 그리고 최근에 습득하고 저장한 정보가 새로운 마음 상태로 뇌에 회로를 만들 때까지 그는 새로운 이상을 계획하면서 많은 시간을 보냈다.

하지만 래리는 생각뿐만 아니라 그의 행동도 수정해야 했다. 그 과정에서 오래된 습관적 행동을 몇 가지 바꿀 때, 그는 아는 것을 적용했다. 그는 사람들과 마주쳤을 때 시도해볼 수 있는 접근법들에 대해 많이 생각했다. 그는 전두엽을 이용해 다음을 상상해보았다. 아직 자신만의 것으로 만들지 못한 이런저런 가능성들을 실행한다면 삶이 어떻게 바뀔지 말이다. 그는 '심적 시연'한 것을 적용해 새로운 경험을 했다. 그가 첫 번째로 즐거운 경험을 하고 나자 경험을 반복하여 내현기억을 형성하는 과정이 시작됐다.

래리가 원했던 것은 화학적으로 우울증이 지속되는 상태에 대항하는 것뿐이었다. 그는 우울한 자아를 상기시켜 주는 더 편안하고 익숙한 일들을 이제는 정말로 하고 싶지 않았다. 그가 전에 느끼던 감정은 불행함과 비참함, 자신이 가치 없다는 것이었다. 그 밖의 다른 것을 느끼기 위해서는 더 많은 의지가 필요했다. 평소에 느끼던 것과 반대되는 것을 시도할 때, 그는 불안을 느꼈다.

래리도 처음에는 불편함을 느꼈다. 왜냐하면 그는 더 이상 같은 방식으로 생각하고, 같은 방식으로 느끼고, 같은 방식으로 화학물질을 만들고, 같은 방식으로 존재하지 않기 때문이다. 처음에 그는 자신의 성격이 공격을 받는다고 느꼈다. 우울증의 화학적 중독 역시 공격을 받고 있었다. 몸이 우리를 통제할 때 들리는 머릿속의 목소리가 들렸다.

래리는 이 모든 것을 경험했다. 그가 변화를 결심하기 전에 그는 우울해지는 그의 습관이 건강하지 못하다는 것을 이성적으로 이해할 수 있었다. 하지만 자신이 느끼는 방식이 아닌 다른 것이 있다는 것을 생각하는 것은 힘들었다. 그의 어머니는 매일 전화를 했고 그는 그의 저주받은 결혼에 대해 어머니에게 불평했다. 그의 여동생은 일주일에 한 번씩 그에게 저녁을 가져다줬다. 그의 가정부는 그의 비탄과 불면증에 대한 모든 것을 들었다. 이 모든 것이 그가 되어버린 존재였다. 그렇다면 그가 변하면 어떤 일이 벌어질까? 동생이 가져다주는 저녁도 없을 것이고, 어머니의 위로도 없을 것이며, 가정부에게 할 이야기도 아무것도 없을 것이다. 하지만 그의 정체성은 우울해지는 상태에 싸여 있었다.

새로운 경험을 하고 지식을 자신의 것으로 만드는 데 그의 노력이 어떤 영향을 미쳤는지 알기 위해서는 통찰력이 필요했다. 래리는 실수를 통해서 배웠고, 다음번에 어떻게 다르게 행동할지를 마음속으로 연습했다. 그는 자기인식과 자아성찰로 매일 저녁 자신의 행동을 돌아봤다. 그는 의식적으로 그의 행동을 변화시켰고, 그것은 다른 결과를 만들어냈다. 그는 매일 이 과정을 반복하면서 그의 생각과 행동, 태도를 진화시켰다.

시간이 지나자 그의 행동은 곧 그의 생각과 일치하게 되었다. 그는 새로운 기억을, 좀 더 사회적이고 행복한 래리에 관한 진화된 신경망의 일부로 저장했다. 예전의 기억과 과거의 고통스러운 기억들을 없애는 가장 좋은 방법은 새로운 기억을 만드는 것이다. 우리는 과거의 고통스런 기억을 옭아매고 있던 신경성장인자를 가져다 새로운 신경회로를 만드는 데 재투입할 수 있다.

중요한 것은 래리가 이 새로운 패턴을 마음대로 활성화할 수 있었다는 것이다. 그는 저장된 패턴을 그저 무작위로 활성화하지 않았다. 그는 여러 행동들 가운데서 자신이 처한 사회적 상황에 적합하다고 생각되는 행동을 의식적으로 선택했다. 얼마 안 가 새롭게 형성되고 발전 중인 패턴을 활성화하는 데 필요한 의식의 수준도 줄어들었다.

사회적으로 좀 더 균형 잡힌 새로운 래리는 자동적이고 무의식적인 것이 되었다. 그는 오래된 자아의 습관을 깨고 새로운 존재의 습관을 형성했다.

소뇌는 이처럼 고도로 의식적인 기억을 무의식적 기억으로 전환하는 데 중요한 역할을 한다. 래리가 과거의 지식과 경험을 재편하고, 그것을 새로운 지식 및 경험과 함께 수정된 신경망으로 통합하면 그것은 대뇌신피질에 저장된다. 래리가 이 신경회로에 더 익숙해지면, 이 정보는 몸과 조화를 이루는 기억의 기능을 관장하는 소뇌에 신경회로로 내장된다. 우리가 어떤 특질이나 행동을 암묵적회로로 굳히면 소뇌는 중앙처리장치처럼 그 기능들과 태도, 신념 등을 담고 있는 신경망에 동력을 보낸다. 이 신경망을 활성화하는 데는 매우 적은 뇌 활동만이 필요하며, 소뇌는 대뇌신피질에 저장된 신경망에 직접 연결되는 길을 가지고 있다.

이 단계가 되면 우리도 래리처럼 우리의 새로운 행복이나 인내심, 감사 등을 담당하는 체계를 의식적으로 활성화할 필요가 없다. 우리가 바꾸려고 노력해온 어떠한 태도나 신념, 기술 등도 마찬가지다. 우리는 뇌가 어떤 행동의 암묵적 체계를 갖도록 훈련시킬 수 있다. 즉, 생명유지에 필요한 심혈관계의 활동처럼 특정한 행동을 전의식적인 것으로 만드는 것이다. 뇌의 진화에 있어 우리의 목표는 더 높은 차원의 마음과 의식의 수준에 도달하는 데 그치지 않는다. 우리가 원하는 것은 새로운 이상에 완전히 주의집중하지 않아도 되는 시점까지 우리의 진화를 진행하는 것이다.

훈련된 본성

우리는 의식적인 상태가 되는 것만으로도 뇌를 진화할 수 있다. 의식이 깨어 있는 상태가 될 때, 우리는 새로운 마음을 만들 수 있다. 그러면 이 새로운 마음은 새로운 뇌체계를 만든다. 의식적인 마음의 노력이 뇌에 신경패턴의 형태로 남는 것이다. 우리가 다음 단계를 넘어갈 때마다 뇌는 경험을 통해 지속적으로 체계를 업그레이드 할 것이다.

이 새로운 신경망을 고정하여, 새로운 경험을 통해 새로운 유전자를 발현시키는 화학신호를 세포에 보낼 때, 이 새로운 체계는 우리 몸에 저장되고 발현된 유전적 유산의 일부가 될 것이다. 일단 마음이 아는 것을 몸도 알도록 훈련하면, 그 중요한 정보는 다음 세대로 전달된다. 지식과 경험의 숙달을 통해 반복된 사건을 신경화학적으로 암호화함으로써 우리가 통달한 것을 유전자로 갖게 되는 것이다. 우리에게 '자연스러워진 것'을 유전적으로 기록하면, 그것은 곧 본성이 된다. 즉, 우리가 어떤 것을 자연스럽게 수행할 수 있으면, 그것은 이제 우리의 근본적인 본성이 되는 것이다. 그러면 우리는 우리가 배우고 경험해 본성으로 만든 것을 다음 세대의 훈련을 위해 전달할 수 있다. 우리가 배운 것이 자연스러워질 때까지 우리의 본성을 훈련하는 것이 우리의 일이다. 이것이 진화다.

물론 하나의 경험만으로 이러한 일련의 영구적인 결과를 만들어내기란 역부족이다. 우리는 삶의 환경에 적응할 수 있어야 하고, 수없이 경험을 반복해 그것을 후세에 물려줘야 한다. 어떤 생물 종이 힘든 상황을 지속적으로 견딜 수 있게 됨으로써 환경을 극복했다고 생각해보자. 이 생물은 체내의 화학적 상태를 바꿈으로써 외부 환경에 적응해야 할 것이다. 그 변화가 자연스러운 존재의 방식이 될 때까지 말이다. 변화하는 환경 속에서 몸과 마음을 항상 같은 상태로 유지하고, 예전의 습관으로 돌아가지 않는 순간 진정한 진화가 시작된다. 결과적으로 한 생물 종이 힘든 상황 속에서 살아남도록 만든 적응이 무엇이든 간에 그것은 다음 세대로 전해진다. 한 세대만이 아니라 그다음 세대에까지 계속 이어진다. 그것이 그 종의 특징이 될 때까지 말이다.

가축을 선택적으로 교배하는 경우 우리는 어떤 특성을 증식하고 어떤 특성을 없앨지를 선택한다. 조심스러운 선별과 교배종들에 대한 관찰을 통해 가장 훌륭한 특성을 가진 동물을 만들어낼 수 있다. 물론 진화를 위해서 배우자를 골라야한다는 것은 아니다. 중요한 것은 우리가 다음 세대에 전해주고 싶은 특성이 무엇인지 생각해봐야 한다는 점이다. 뇌를 진화시키는 것은 한 개인의 삶을 향상시키는 것 이상의 장기적인 결과를 가져온다.

피드백에 대한 과학적 접근

여전히 의문이 남는다. 우리가 의식적인 생각을 넘어 궁극적인 목표(자신의 의지로 진화시켜 신경회로화한 암묵 체계)로 갈 때가 언제인지 어떻게 알 수 있을까?

의사소통 이론가들은 메시지가 정확하게 전달되는 것을 막는 모든 것을 '간섭(interference)'이라 칭한다.

- 외부간섭(external interference) : 의사소통을 방해할 가능성이 있는 모든 것으로, 의사소통 당사자를 제외한 요소들을 말한다. 예로, 라디오 소리가 너무 커서 상대방의 소리를 들을 수 없는 경우를 말한다.
- 내부간섭(internal interference) : 두 의사소통 당사자 중 한 사람이 메시지 전달의 방해요소가 되는 것이다. 예를 들어 둘 중 한 사람이 다른 문제로 산만해져 있는 경우를 말한다.

대화를 통한 의사소통의 성공여부가 대부분 상대방의 피드백에 달린 것과 마찬가지로 진화에 있어서도 피드백은 중요하다. 우리가 '심적 시연'하여 진화한 신경망을 현실에 나타내려고 할 때, 피드백을 받는 상황에서 외적 간섭 및 내적간섭이 일어날 수 있다. 우리는 이러한 간섭을 없애기 위해서, 인간의 신뢰할 수 없는 면들을 줄여줄 몇 가지 기술을 사용할 수 있다.

기술의 발전 덕분에 우리는 뇌 기능의 다양한 요소를 측정할 수 있고, 뇌의 활동에 관해 그 어느 때보다 정확한 영상을 얻을 수 있다. 피드백 개념은 1940년대에 사이버네틱스(cybernetics, 인공두뇌학)라고 불리는 새로운 분야에서 발생했다. 사이버네틱스는 인간의 마음을 기계와 연결하려는 시도였다. 이것의 모델에 따르면 인간은 기계와 비슷하다. 입력과 출력을 측정할 수 있고 바꿀 수 있으며 값을 매길 수 있다. 이 이론에 따르면 인간은 좀 더 효율적으로 작동하도록 기계처럼 프로그램 될 수 있다.

후에 생물학자들은 자신들의 분야에 인공두뇌학을 접목해 바이오사이버네틱스(biocybernetics)라는 새로운 분야를 만들었다. 이들은 처음에 뇌가 어떻게 몸의 많은 기능들을 통제할 수 있는지에 관심을 가졌다. 예를 들어 혈액의 산도는 매우 정확한 범위 안에 머물러야 하지만, 우리의 광범위한 식단과 환경적인 요소의 영향을 생각하면 그 범위를 유지하는 일은 매우 어려울 수 있다. 그렇기 때문에 이러한 통제기능은 무의식적인 차원에서 일어난다. 그렇다면 우리가 의지와 목적을 갖고 몸의 기능에 영향을 미칠 수도 있을까?

바이오사이버네틱 분야의 초기 실험에서 연구자들은 실험 참가자들이 자신의 혈압을 조절할 수 있도록 훈련시켰다. 요즘은 이것을 '생체자기제어(바이오피드백biofeedback)'라고 부른다. 이들 참가자들은 자신의 심장박동도 조정할 수 있었고, 결국에 가서는 심장박동과 혈압을 함께 바꾸는 법을 훈련받았다. 심장박동을 늘리면서 혈압을 낮추거나, 심장박동을 줄이면서 혈압을 높이는 것 말이다.

흥미로운 것은 대부분의 참가자들이 그들의 느낌이 어떻게 달라졌는지 알아차리지 못했다는 것이다. 그리고 그들은 자신들의 의지로 이런 것들을 조절했다고 생각하지도 않았다. 뇌는 자신이 성취한 것을 스스로 관찰할 수 없다. 하지만 결과는 분명히 있다. 참가자들은 그들이 훈련받은 대로 할 수 있었다. 뇌의 이러한 '무감각'을 이해하기 위한 한 가지 예를 들어보겠다. 누군가 발가락을 움직이는 것과 관련된 뇌 부위를 자극해 우리가 발가락을 움직일 수 있게 되었다고 가정해보자. 우리는 발가락이 움직이는 것을 느낄 수 있을 것이다. 하지만 이것은 움직임을 이끌어낸 자극이 아니라 움직임 자체를 느끼는 것이다.

그렇다면 우리 뇌가 항상성 유지의 역할을 할 수 있도록 몸 안에서 나온 정보를 어떤 신호 형태로 바꾸는 방법은 무엇일까? 뇌의 모든 활동은 전기화학적이기 때문에, 과학자들은 뇌와 같은 언어를 사용하는 생체자기제어 방식을 고안해야 했다. 얼마 안 가 과학자들은 뇌의 전기화학적 활동을 측정할 수 있는 기계를 고안했고, 그것을 시각적 이미지로 전환해 실험 참가자들에게 사용했다. 그들이 고안한 장치는 색채표현에 관한 초기 연구에 바탕을 둔 것이었다. UCLA 메디컬 센터의 바브라 브라운*Barbra Brown,*

Ph. D. 박사는 참가자들의 뇌파가 편안한 상태(EEG로 1초당 8~13개의 알파파가 감지되는 상태)를 나타낼 때, 푸른색 등이 켜지는 장치를 개발했다. 그리고 연구자들은 참가자들이 편안한 상태와 그렇지 않은 상태를 오고 갈 때마다 불빛이 켜졌다 꺼졌다 하는 것을 관찰했다.[7] 보통 우리는 자신의 뇌파 활동을 즉각적으로 측정할 수 없다. 우리는 스스로 편안하다고 생각거나 믿을지도 모른다. 하지만 우리가 실제로 편안한 상태에 있는지 아닌지 보여주는 이러한 불빛은 뇌가 제공할 수 없는 종류의 결정적인 피드백이다.

이러한 생체자기인식의 개념을 바탕으로 연구자들은 신비주의자나 요가철학신봉자들만 할 수 있었던 일들에 대해 어느 정도 배울 수 있기를 원했다. 심장박동을 스스로 늦추거나 심지어 멈추는 것 말이다. 연구자들은 이러한 훈련을 '내장학습(visceral learning, 심장 같은 불수의 기관을 제어하는 능력을 갖추는 것 – 옮긴이)'이라고 불렀고, 전형적인 조건반사와 반대되는 것이라고 생각했다. 내장학습은 자발적인 반면, 조건반사(파블로프의 개처럼)는 일반적으로 우리가 그것을 의식하든 안하든 일어난다.

의식적으로 전의식에 접근하기

요가 신봉자들은 어떻게 그들의 심장박동과 혈압을 낮출 수 있을까? 이러한 기능은 무의식적인 수준에서 통제된다. 이것은 대뇌신피질 영역 밖 피질하부의 기능이다. 우리는 보통 우리에게 전의식에 접근할 수 있는 능력이 있다고 생각하지 않는다. 하지만 실제로 우리는 전의식에 접근할 수 있고 의식적으로 그 기능을 통제할 수 있다.

당신도 알다시피 나는 최면을 연구하고 시술했다. 최면을 통해 우리는 전의식에 접근할 수 있다. 전의식의 세계에 의식적으로 들어가 암묵체계를 다시 설정할 수 있는 것이다. 이는 우리가 매일 정기적으로 4가지 상태의 뇌 활동을 거치기 때문에 가능하다. 최면 훈련을 하는 것은 이 책의 주제에서 벗어나는 일이다. 하지만 알다시피 우리는 이미 비슷한 결과를 만들기 위해서 사용할 수 있는 기술(심적 시연)을 배웠다.

대뇌신피질의 회로가 활성화되고 우리가 주변 환경을 활발히 의식할 때, 이러한 전기적 활동은 '베타 상태(Beta state)'로 간주된다. 우리는 완전히 의식이 깨어 있는 동안 가장 높은 주파수의 파동을 만들어낸다. 베타 상태는 우리가 몸과 환경과 시간을 의식하면서 생각하고 있는 상태다.

긴장을 이완하고 숨을 깊이 들이마시며 눈을 감을 때, 우리는 전기적 활동의 형태로 나타나는 몇몇 감각자극을 차단한다. 환경으로부터 들어오는 정보의 입력이 줄어들어 뇌의 전기적 활동이 느려진다. 이때 우리는 '알파 상태(Alpha state)'로 들어간다. 이것은 가벼운 명상의 상태이지만 베타 상태와 마찬가지로 아직 의식이 있는 상태다(단, 외부 세계를 덜 의식한다).

세 번째 상태는 '세타 상태(Theta state)'이다. 우리는 깨어 있는 상태와 잠들어 있는 상태의 중간일 때 이 상태가 된다. 따라서 알파와 세타 사이의 중간은 다소 의식이 있는 상태에서 반쯤 깨어 있는 것과 같다. 하지만 몸은 이완된 채 움직이지 않는 상태에 있다. 우리는 전두엽을 사용해 대뇌신피질의 다른 중추를 진정시킬 때도 이 상태에 도달할 수 있다. 전두엽이 대뇌피질의 다른 부위의 회로에 진정하라는 신호를 보내면 그곳의 뇌파 활동이 감소한다. 뇌의 그 부위에서 더 이상 마음이 처리되지 않기 때문이다. 생각은 감소하고 우리는 대뇌신피질에서 멀어져 다른 피질로 점점 더 깊이 빠져들게 된다.

마지막으로 전의식적인 상태인 델타 상태(Delta state)가 있다. 우리가 깊은 회복수면을 경험할 때 우리 뇌는 델타파를 만들어낸다. 이 상태에서 우리는 대부분 완전히 무의식적이고 움직일 수 없다. 대뇌신피질의 활동도 거의 없다.

이 4가지 상태 사이를 오고 가는 능력은 중요하다. 왜냐하면 우리가 의식을 지닌 채 뇌의 활동을 늦춰 세타파를 만들 수 있으면, 전의식의 세계에 의식적으로 접근할 수 있기 때문이다. 대부분의 연합기억, 습관, 행동, 태도, 신념, 조건반사들이 암묵체계이자 전의식적이기 때문에, 우리가 세타파 쪽으로 이동할 때 이러한 요소들이 존재하는 장소에 더 가까이 가는 것이다. 불행하게도 우리의 의지는 의식적인 세계에서만 작용한다. 우리가 이러한 습관과 연합, 우리의 불행에 책임 있는 조건반사를 바꾸기 원한다면, 우리는 어떻게든 이들에 접근해야 한다. 의식적인 마음과 의식의 베타파만으로는 더 큰 결과를 얻을 수 없기 때문이다.

따라서 우리가 막 잠들려고 할 때 의식이 있는 상태에서 몸이 마치 잠든 것처럼 최대한 이완되도록 훈련할 수 있다면 어느 정도 전의식을 통제할 수 있을지도 모른다. 비선언기억 또는 전의식적인 기억이 존재하는 뇌 부위에 들어갈 수 있는 것이다.

이때 '심적 시연'의 중요성이 다시 부각된다. 전두엽이 뇌의 다른 중추들을 진정시키고 우리가 하나의 생각에 집중할 수 있을 때, 우리는 베타 상태에서 알파 상태를 거쳐 세타 상태로 간다. 전두엽이 우리가 하나에만 주의집중할 수 있도록 다른 중추들을 침묵시켰기 때문에 의식적인 마음이 대뇌신피질의 다른 부위에서 철수하는 것이다. 우리의 마음은 더 이상 주변 환경이나 몸의 필요에 선점 당하지 않는다. 이제 창조적인 상태가 된 것이다. 외부 환경에 반응하려는 어떠한 경향도 없다. 이런 일이 벌어질 때, 생각은 느려지고 뇌파의 주파수를 바꿀 수 있다. 이제 우리가 집중하는 것에 가의식(pseudo-conscious, 의식 상태에서는 무의식으로 접근하는 것이 제한되어 있지만 가의식 상태에서는 어떠한 의식 상태로든 접근이 가능하다 – 옮긴이) 상태로 머물러 있을 수 있으면, 우리는 원하지 않는 패턴을 바꿀 수 있을 것이다. 왜냐하면 이제 우리는 원하지 않는 패턴들이 둥지를 틀고 있는 영역으로 들어와 있기 때문이다. 우리가 계속 주의를 집중하고 우리의 생각이 주변 환경의 그 어떤 것보다 실재적으로 다가올 때, 마침내 우리는 의식과 무의식적 마음을 하나로 통합할 수 있다.

이러한 마음 상태에서 새로운 존재의 방법을 연습함으로써, 우리는 우리의 행동을 바꿀 수 있다. 분석적인 대뇌기능을 따돌리고 전의식의 영역에 접근할 수 있었기 때문이다. 우리는 암묵적 체계에 접근할 수 있게 된 것이다. 우리 마음속의 새로운 이미지는 예전의 이미지를 대체하고 그것을 뇌에 새로운 암묵체계로 재편한다. 보다 깊은 뇌파 상태에 들어가 전의식에 가까워짐으로써 우리는 우리의 습관과 행동이 처음으로 형성되어 결국 깊숙이 자리 잡은 마음의 상태에 접근할 수 있다. 이제 우리는 진정한 변화가 일어나는 세계에 발을 들여놓은 것이다.

의식적 통제의 가능성

생체자기인식 연구가 계속 진행되면서, 대부분의 실험 참가자들은 이제 몸의 어떤 기능을 반영하는 시각적 또는 청각적 신호를 받을 수 있게 되었다. 예를 들어, 혈압 실험에 참가한 참가자들은 혈압이 낮아지는 것을 특정한 색깔이나 소리로 나타내는 법을 배웠다. 연합과 반복을 통해 뇌는 혈압이 낮아지도록 만드는 시각적 또는 감각적 자극을 학습했다. 연구자들은 뇌와 몸이 어떻게 이러한 일을 할 수 있는지 알아내지 못했다. 하지만 우리는 '우리가 생체자기인식 훈련을 통해 임의로 혈압을 낮출 수 있다'는 것을 안다. 어떤 면에서 이것은 방광을 통제하는 법을 배우는 것과 비슷하다. 우리는 전의식의 작용을 어느 정도 의식적으로 통제를 할 수 있는 것이다.

이 실험은 뇌 진화의 관점에서 보면 많은 의미가 있다. 그리고 이것은 자연치유를 경험한 사람들이 어떻게 그 일을 할 수 있었는지 알 수 있는 또 다른 단서가 될 수도 있다. 질병의 가장 단순한 정의는 질병이 장기나 신체기관 세포의 정상적인 기능의 조절을 방해한다는 것이다. 뇌는 이러한 조절을 책임진다. 결국 뇌는 우리의 건강을 책임지는 것이다.

마찬가지로 우리의 정신적·감정적 건강 또한 조절에 달려 있다. 이는 '조절부(disregulation)'라고 불린다. 예를 들어 우리가 자주 만성소화불량을 앓는다면, 이는 우리 몸이 위에서 생산하는 산의 양을 제대로 조절하지 못하기 때문이다. 만약 우리가 범불안장애를 갖고 있다면, 이는 우리 뇌가 스트레스 물질의 생산을 조절하지 못한 것과 관련된 기능장애이다. 뇌가 이러한 조절 불능을 해결할 수 있는 법을 배워 다시 통제권을 회복하기를 바랄 뿐이다. 우리는 뇌의 조절기능을 자동온도조절기에 비유한 적이 있다. 대뇌신피질로 하는 사고를 늦춤으로써 세타 상태에 가까워질 때, 우리는 더 깊은 전의식으로 들어갈 수 있다. 이곳에서 우리는 자율신경계에 더 잘 영향을 줄 수 있다. 이것이 생체자기인식의 희망이자 가능성이다. 바로 우리의 뇌가 자신의 기능을 조절하는 법을 스스로 배우고, 우리가 건강과 감정을 둘 다 조절할 수 있도록 하는 것이다.

변화에는 시간이 걸린다

반복의 법칙은 신경망의 연결에 매우 중요하다. 한 번 반복하는 것으로는 목표에 도달할 수 없다. 그렇게 회로를 연결하는 것은 물리적으로 불가능하다. 다른 방법이 있다고 말하고 싶지만, 사실 우리가 원하는 신경과 행동의 변화에는 시간과 노력이 필요하다. 우리는 새로운 방법으로 생각하고 뇌를 사용해야 한다. 어떤 오락거리나 매체, 또는 예상 가능한 생각을 일으키는 환경에 의존하지 않고 말이다. 예상 가능한 방식으로 생각하는 데는 의지나 노력이 필요 없다. 틀에 박힌 반응은 우리를 게으르게 만들 뿐이다.

우리는 전에 경험하지 않은 정보로 새로운 생각을 정리하기 시작해야 한다. 우리는 미래의 행동을 계획하기 위해 의식적인 노력을 해야 한다. 이러한 행동을 마음으로 시연하면 몸은 이를 따르도록 훈련될 것이다. 일단 우리가 매일 뇌 작동방식을 바꾸어나갈 수 있게 되면, 우리는 뇌가 다르게 작동하도록 만들 수 있다. 그 결과 새로운 마음을 만들도록 말이다. 일단 우리가 자기반성을 할 수 있고, 매일 자신의 행동을 예리하게 인식할 수 있으면, 우리는 내일의 행동을 위해 더 많은 정보를 가질 수 있게 된다. 이를 통해 우리가 되려고 하는 이상적인 자아를 더 풍성하게 만드는 것이다.

어떠한 새로운 존재의 상태이든 처음에는 그것을 달성하는 데 많은 의식적인 노력이 필요할 것이다. 우리는 예전 자아의 신경학적 습관을 이상적인 새로운 자아로 대체한다. 그래서 우리는 다른 누군가가 될 수 있다. 진화의 다음 단계(지혜)는 위대하고 고귀하고 행복하고 애정이 있는 상태를 전의식적인 것으로 만드는 것이다. 이것이 이를 닦는 것처럼 평범하고 쉽게 느껴지도록 말이다.

따라서 우리의 의지와 행동을 일치시키는 것, 또는 우리의 생각과 행동을 일치시키는 것은 개인의 진화를 이끈다. 진화하기 위해 우리는 외현기억을 내현기억으로 바꾸는 과정을 거쳐야 한다. 지식을 경험에서 지혜로 바꾸어야 한다. 또는 마음을 몸에서 영혼으로 바꾸어야 한다. '심적 시연'을 통해 우리는 마음을 준비시킨다. 육체적 시연은 몸을 훈련시킨다. '심적 시연'과 육체적 시연의 결합은 새로운 존재가 되는 몸과 마음의 결합이다. 몸과 마음이 하나가 될 때, 우리는 진정한 지혜를 얻는 것이다. 그리고 지혜는 항상 영혼에 기록된다.

이러한 방법론이 당신을 무의식적 비숙련의 상태에서 의식적 비숙련의 상태로, 다시 의식적 숙련의 상태를 거쳐 무의식적 숙련의 상태로 이끌 것이다. 그래서 당신은 암묵체계의 신경회로가 완성되고, 제자리를 잡은 상태로 옮겨갈 수 있다. 그러면 당신은 당신의 반응, 행동, 태도를 위해 뇌를 진화

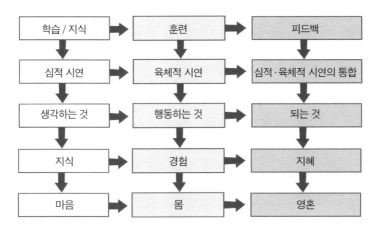

그림12.4 진화하기

할 수 있을 것이다. 이제 새로운 회로는 당신이 수정하기로 선택한 원래 회로만큼 자연스러워 더 이상의 노력이 필요 없게 된다. 이 과정의 끝에서 당신은 이 새로운 행동을 마음대로 불러낼 수 있게 될 것이다.

우리의 생각은 우리의 기억에 의해 만들어진다. 생각은 우리의 태도를 만드는 것과 관련되어 있다. 각각의 태도가 모이면 신념을 만들어낸다. 이렇게 합성된 신념은 세계에 대한 우리의 지각을 구성하고, 우리가 하는 선택과 맺는 관계, 만드는 창조물, 보이는 행동 그리고 궁극적으로 우리의 삶을 결정한다.

의지를 통해 자신을 바꾸는 것에서 마음대로 자신을 바꾸는 것으로 가는 뇌 진화의 과정에 걸림돌이 되는 것은 오직 우리의 상상력일 뿐이다.

양자의 변화

여전히 생각하는 것과 실존하는 것 사이의 관계에 대한
의문의 남는다.
우리가 조심스럽게 어떤 생각에 주의를 돌리자마자,
생각 그 자체가 마치 물질처럼 실제로 움직이는 것이다.
– 데이비드 봄*David Bohm*

양자의

Evolve your Brain

변화

지금까지 우리는 마음을 영구적으로 변화시키는 방법과 그것이 우리의 육체와 정신의 상태에 어떤 영향을 미치는지 살펴봤다. 그렇다면 우리가 새로운 사람이 되거나 새로운 태도를 만드는 것이 삶에 어떤 결과를 불러올까? 만약 우리가 우리의 생각이 미래와 어떤 관련이 있다고 믿고, 뇌를 진화시켜 이전과 다르게 생각하게 된다면 우리의 삶이 어떤 식으로든 달라져야 하지 않을까? 간단히 말해 우리의 생각을 수정한다면 현실도 변하게 되지 않을까?

이러한 의문과 관련해서 뇌 과학자들이 새롭고 흥미로운 증거를 내놓고 있는 동안 다른 과학 분야에서는 다음과 같은 문제를 탐구하고 있다. '우리의 생각이 우리의 현실에 영향을 미칠까? 만약 그렇다면 어떻게 그것이 가능할까?' 인류 진화의 관점에서 우리는 주변의 모든 것은 무한한 가능성 중 하나가 나타난 것에 불과하다것을 이제 겨우 생각하기 시작했다. 따라서 이러한 질문에 답하기 위해서는 마음과 현실의 본질에 대한 과학적 이론들, 특히 양자물리학을 살펴보는 것에서 시작해야 한다. 이것을 살펴본 후에 우리는 개개인이 확장된 마음 상태로 살아갈 수 있는 방법을 살펴볼 것이다.

수백 년 동안 과학은 우주의 본질과 질서를 주로 현실에 대한 기계론적인 관점으로 설명해왔다. 즉, 자연의 모든 것은 예측가능하고, 쉽게 설명할 수 있다는 것이다. 18세기 후반에 과학자이자 철학자, 수학자였던 르네 데카르트*Rene Descartes*는 수학적이고 양적인 방법으로 우주에 대한 합리적인 정의를 발전시켰다. 데카르트는 우주가 일종의 로봇처럼 우리가 이해할 수 있는 원리로 움직인다고 해석했다. 그리고 이를 위해 정신과 물질을 이원론적으로 구분했다.

데카르트는 어떤 공간에 있는 상대적으로 큰 사물은 반복적인 원칙을 따른다고 생각했기 때문에, 모든 물질은 객관적인 법칙의 통제를 받는다고 결론지었다. 결국 과학의 영역으로 들어가는 것이다. 반면 인간의 정신은 어떤 법칙으로 설명하기에는 변수가 너무 많았다. 정신이라는 것은 지극히 개인적이고 주관적이어서 측정할 수 없는 것이었다. 인간의 정신은 선택의 자유를 가지고 있기 때문에 데카르트는 정신의 개념을 종교의 영역으로 여겼다. 데카르트는 개인적이고, 내면적인 세계에는 신이 관여해야 하고 중립적이고, 외면적인 세계에 대해서는 과학이 관여해야 한다고 생각했다.

본질적으로 데카르트는 정신과 물질을 현실 속에 존재하는 완전히 다른 두 측면이라고 선언했다. 종교와 철학은 정신을 다뤄야 하고 과학은 물질을 다뤄야 하며, 이 둘이 섞여서는 안 된다는 것이다. 정신과 물질이 분리되어 있다는 이러한 관념(데카르트의 이원론)은 당시 유럽에서 가장 지배적인 것이었다.

백년 후 아이작 뉴턴*Isaac Newton*은 수학적 법칙을 통해 데카르트가 주창한 이원론의 기계적인 관점을 체계화했다. 뉴턴은 운동방정식을 통해 고전물리학을 정립했다. 이제 물질의 법칙은 우리가 이해할 수 있는 것이 되었다. 늘 동일하고 예측 가능한 것이 된 것이다. 자연은 일종의 기계로 인간은 그 원리를 합리적으로 설명할 수 있었다. 이러한 뉴턴 역학은 아인슈타인이 세상을 뒤흔들 때까지 절대적인 것이었다.

물질과 에너지의 본질에 대한 아인슈타인의 이론은 인간의 역사에서 가장 위대한 지적 성취다. 왜냐하면 그의 새로운 발상 덕분에 물질의 형성에 에너지가 어떻게 기여하는지를 설명할 수 있기 때문이다. 물질과 에너지의 통합은 현실의 본질에 대한 이해에 비약적인 발전을 가져왔다. 아인슈타인은 또 다른 세계의 문을 열기도 했다. 예를 들어, 그는 어떤 커다란 사물을 가속하면 빛의 속도만큼 빨라질 수 있다고 주장했다.

아인슈타인의 모델에 따르면 상대성은 같은 속도로 이동하는 모든 물질(사물과 입자)과 에너지(빛과 파동)에 똑같이 적용된다. 예를 들어, 내가 시속 90km로 차를 몰고 있는데 옆에서 기차가 나란히 같은 속도로 움직이고 있다면, 나와 기차에 있는 사람은 서로 움직이지 않는 것처럼 보이는 것이다. 왜냐하면 우리의 상대적인 속도가 우리 둘 다에게 상대적인 시간을 만들어내기 때문이다. 따라서 시간과 공간, 심지어 질량조차도 움직이는 속도와 위치해 있는 공간, 어떤 목적지에서 멀어지느냐 가까워지느냐에 따라 상대적인 것이다.

결국 물리학자들은 이 이론을 삶의 가장 근본적인 구성 요소 중 하나로 여겨졌던 '빛'의 성질에 적용하기에 이른다. 과학자들은 처음에 빛이 일종의 파동이라고 생각했지만, 나중에 빛이 때로는 파동처럼 움직이기도 하고 때로는 입자이기도 하다는 것을 관찰할 수 있었다. 예를 들어 우리는 모퉁이를 따라 굽어지는 빛의 능력을 어떻게 설명할 수 있을까? 맥스웰 플랑크 *Maxwell Planck*와 닐스 보어*Niels Bohr* 등의 여러 물리학자들은 여러 실험을 통해 빛은 파동이기도 하고 입자이기도 하다는 결론에 도달했다. 우리는 드디어 양자물리학이라고 불리는 과학의 영역에 들어온 것이다. 양자물리학에 따르면 빛은 현상을 관찰하는 사람의 영향에 따라 특정한 방식으로 움직인다.

결국 20세기 초반에 혁신적인 양자물리학자들이 소립자의 세계를 관찰할 수 있게 되었을 때 고전물리학의 완전무결했던 법칙은 무너지기 시작했다. 소립자들은 본질적으로 큰 사물들처럼 움직이지 않았기 때문이다.

예를 들어, 과학자들은 에너지가 발산될 때 전자가 나타났다 사라지는 것을 발견했다. 전자에 에너지가 가해지면 그것은 다른 원자의 원자핵 쪽으로 움직인다. 이 과정은 뉴턴 역학에 따른 끊임없는 연속적인 과정(사과가 나무에서 떨어지듯이)이 아니다. 전자들은 에너지를 얻고 잃으면서 계단을 내려오듯이 움직인다.

물리학자들이 원자를 구성하는 작은 입자가 관찰자의 마음에 반응한다는 것을 깨달았을 때 고전물리학과 양자물리학의 거리는 더 멀어졌다. 예를 들어, 파동은 그것이 측정되고 관찰될 때 입자로 바뀐다. 게다가 관찰자가 존재하느냐 아니냐에 따라 양자 실험의 결과가 달라진다. 따라서 주관적인 정신은 물질과 에너지의 움직임에 영향을 미친다. 졸지에 물질의 객관적인 세계와 정신의 주관적인 세계가 분리될 수 없는 것이 되었다. 이제 소립자의 세계에서는 정신과 물질이 서로 연관되어 있다. 마음은 직접적으로 물질에 영향을 미친다. 내가 여러분의 이해를 돕기 위해 매우 단순화하기는 했지만 이것은 분명 강력하고 영향력 있는 개념이다. 우주가 어떻게 움직이는지에 대한 인식의 급진적인 변화는 우리가 이해야할 중요한 것이 무엇인지 알려준다.

대부분의 양자물리학자들은 우리에게 관찰자가 작은 소립자의 세계에 영향을 미친 힘은 매우 미미하니 오해하지 말라고 이야기할 것이다. 그들은 또한 큰 사물과 물질의 세계에는 고전물리학이 여전히 적용될 것이라고 말할 것이다. 즉, 양자물리학자들은 관찰자가 큰 사물이나 물질의 객관적인 세계에는 영향을 미치지 않는다고 정중하게 알려줄 것이다. 양자물리학자들의 실험에 따르면 삶을 조종하기 위해 마음을 사용한다는 개념은 불가능하다.

나는 양자물리학자들과 이러한 대화를 나누면서 항상 그들의 주장에 같은 방식으로 반박했다. '만약 소립자 수준의 기본적인 입자가 에너지로 바뀌었다가 다시 입자로 돌아올 수 있다면, 그리고 기본적인 입자가 관찰자들의 영향을 받는다면, 우리 인간은 현실의 본질에 영향을 미칠 수 있는 어마어마한 잠재력을 가지고 있는 것이다.' 양자물리학자들이 나에게 주관적인 정신과 우리의 관찰이 아주 작은 것에는 영향을 미치지만, 매우 크고 '단단한' 사물들의 세계에는 영향을 미치지 않는다고 말했을 때, 나는 우리가 그저 형편없는 관찰자일지도 모른다고 주장했다. 어쩌면 우리는 마음이 더 잘 활동할 수 있도록 뇌를 훈련시킬 수 있을지도 모른다. 그리고 이를 통해 좀 더 집중하여 현실을 관찰할 수 있을지도 모른다. 뇌와 마음을 진화시킴으로서 객관적인 세계에 큰 영향을 미칠 수 있는 것이다.

이론은 간단하다. '정신과 관찰자는 현실의 본질을 이해하는 데 있어 가장 높은 위치에 있다.' 우리의 시공간 개념을 뛰어넘어 우리 모두를 연결시킬 수 있는 무한한 에너지의 장은 분명 존재한다. 현실은 하나의 의식적이고 지속적인 흐름이 아니다. 그보다는 우리가 정신을 적절히 조정한다면 큰 영향을 미칠 수 있는 무한한 가능성의 장이다. 주관적인 정신이 강력할수록 객관적인 세계에 대한 영향도 더 커진다.

우리는 이 책을 통해 우리가 마음과 뇌를 바꿀 수 있는 능력을 가졌다는 것을 배웠다. 우리는 스님이 전두엽을 사용해 정신을 집중함으로써 좀 더 조화로운 마음을 만들어내는 것을 보았다. 우리는 지식을 학습하는 것만으로 뇌에 회로를 형성할 수 있고 새로운 방법으로 현실을 바라볼 수 있다는 것을 안다. 12장에서 살펴 본 모네 그림 감상의 예를 기억해보기 바란다. 몇 가지 정보만으로도 우리가 같은 그림을 보는 통찰력이 달라졌다. 우리는 또한 경험이 뇌를 만든다는 것을 안다. 맛과 향기를 반복적으로 접해봄으로써 다른 사람들은 그 존재를 결코 알 수 없는, 품질을 감별했던 와인평론가를 생각해보기 바란다. 같은 원리가 삶을 인식하는 것과 같은 큰 규모의 일에도 적용될지도 모른다. 우리가 진실로 우리의 마음을 바꾸면 삶도 바뀐다.

우리는 삶에서 같은 것은 같은 방식으로 보려는 경향이 있다. 살면서 계속해서 같은 것을 추구하도록 훈련되어 왔기 때문이다. 뇌는 눈이 보는 것을 볼까? 만약 뇌가 본다면 우리는 뇌에 회로를 형성하고 있는 것만으로 현실을 인식할 것이다. 몇 년 전 이와 관련한 간단한 실험 하나가 진행되었다. 실험 참가자들은 양쪽 렌즈의 색깔이 다른 안경을 쓰고 2주 동안 생활했다. 한쪽은 노란색이고 다른 한쪽은 파란색이어서 참가자들이 왼쪽을 보면 파랗게 오른쪽 보면 노랗게 보였다. 그들은 이 안경을 쓴 채 평상시와 같이 생활했다. 시간이 지나자 참가자들은 더 이상 처음 안경을 꼈을 때 봤던 색으로 세상을 보지 않게 됐다. 이 실험은 눈이 아니라 뇌가 본다는 사실을 나타낸다. 또한 참가자들이 그들의 현실을 그들의 기억을 바탕으로 인식한 것에 의해 결정된다는 사실을 나타낸다. 그렇다면 우리는 매일 기억을 바탕으로 현실을 인식하는 걸까? 그리고 미래의 가능성 대신에 과거의 경험을 바탕으로 습관적으로 보는 것일까?

의지를 갖고 좀 더 잘 집중할 때, 우리의 생각은 삶에 영향을 미칠 수 있다. 역사상 자신의 의지와 행동을 일치시켰던 위대한 사람들은 극적으로 미래를 바꾸어놨다. 그들은 우리와 똑같은 뇌를 가지고 이 일을 했다. '무작위 사건 발생기(random event generators)' 컴퓨터 프로그램을 사용한 한 연구는 마음만으로 동전을 던질 때 앞뒷면이 나오는 50:50의 객관적인 확률을 바꿀 수 있다는 것을 증명했다.[2] 마음과 물질 간의 상호작용에 관한 미개척 분야의 관한 연구가 현재도 계속 진행 중에 있다.

내가 1장에서 말한 것처럼 생각은 중요하고 실제로 물질이 된다(Thoughts matter and they become matter). 생각과 물질은 데카르트처럼 분리될 수 없다. 우리의 생각은 물리적 현상에 영향을 미친다. 생각은 우주의 모든 물질과 상호작용한다. 실제로 우리 각자의 현실은 각자의 개성의 반영일 뿐이다.

뇌의 진화가 의미하는 바는 특별한 것이다. 만약 우리가 새롭고 다른 방식으로 생각한다면 우리는 우리의 미래를 바꿀 수 있다. 10장과 11장에서 내가 설명한 방법(주의력과 집중, 심적 시연의 적용, 지식·훈련·피드백의 활용)을 사용해 생각하는 것에서 행동하는 것을 거쳐 '되는 것'으로 갈 수 있다면, 그리고 우리가 우리의 의지를 나타내고 그것에 따라 행동할 수 있다면 우리는 더 이상 잠든 거인이 아니다. 우리 안에 잠든 거인이 깨어나는 것이다.

우리가 어떤 평범하지 않은 것과 불가능하다고 여겨지는 일을 할 때마다 과학의 허락을 받을 필요는 없다. 만약 그렇게 한다면 우리는 과학을 또 다른 종교로 만드는 것이다. 우리는 독립적인 지식인이 되어야 한다. 우리는 특별한 일을 하는 것을 연습해야 한다. 우리가 우리의 능력과 하나가 될 때, 우리는 말 그대로 새로운 과학을 만드는 것이다. 우리의 주관적인 정신이 객관적인 세계를 통제할 때, 우리는 현재의 과학 법칙을 앞서나갈 수 있다. 그리고 우리가 좀 더 진화된 이상적인 자아가 됨으로써 의도적인 관찰의 과정을 계속해서 반복하면, 우리는 우리의 환경보다 더 위대해지도록 신경망을 형성할 수 있다.

환경이 우리의 생각을 만드는 것이 아니라 우리의 생각이 환경을 통제하면 마침내 우리는 결과물이 아닌 원인이 될 수 있다. 또한 우리는 더 이상 스트레스 속에서 살지 않게 될 것이다. 더 이상 통제할 수 없는 것은 없으며, 과거의 기억을 바탕으로 미래에 벌어질지도 모르는 일을 예상할 때 발생하는 불안도 없을 것이다. 우리가 생각의 결과와 우리의 미래를 알게 되면 스트레스 받을 일은 없다. 자신과 자신의 마음, 그리고 양자장의 무한한 가능성을 믿을 수 있을 때, 우리는 본능적인 '생존'의 마음 상태에서 자유로워질 수 있다. 알지 못하고 예측할 수 없는 것에 대한 두려움도 사라질 것이다. 우리의 마음이 우리의 환경을 만들어내기 때문이다. 이제 환경은 우리가 만들어낸 산물이자 우리 마음의 반영이 된다. 다가올 사건을 마음이 이미 경험하여 기록했기 때문이다.

우리는 '심적 시연'을 할 때 뇌가 생각하는 것(내적인 것)과 경험하는 것(외적인 것)의 차이를 알지 못한다고 배웠다. 이 원칙을 적용하면 뇌는 환경을 앞서나갈 수 있다. 즉, 외적 경험을 하기 전에 미리 뇌를 바꾸는 것이다. 그러면 뇌는 더 이상 과거를 기록하지 않고 미래를 기록하게 된다.

우리는 또한 느낌과 감정이 과거 경험의 최종 산물에 불과하다는 것을 배웠다. 만약 생각으로 미래를 결정할 수 있다면, 익숙한 느낌과 과거의 감정으로 살아가는 것은 곧 과거의 기억으로 살아가는 것이다. 과거의 기억은 뇌에 느낌으로 저장된다. 우리의 몸이 과거 기억의 느낌으로 살아갈 때, 우리는 무의식적으로 과거에 연결된 생각만 하게 될 것이다. 결국 감정은 과거를 기준으로 생각할 때 발생한다. 이것으로 많은 사람들이 반복적으로 나쁜 관계에 빠지고 삶에서 비슷한 상황을 반복하는 이유를 설명할 수 있을지도 모른다. 우리가 매일 무의식적으로 같은 감정에 빠진다면 우리의 삶은 익숙한 것을 더 많이 만들어낼 뿐 아무것도 바뀌지 않는다.

익숙한 것과 규칙적인 것에서 벗어나 영감을 얻는 것은 진정한 창조를 이루는 에너지가 된다. 물론 과거의 감정에서 벗어나 생각하기 위해서는 큰 노력이 필요할 것이다. 그러나 자신이 감정적으로 느끼는 것보다 더 위대한 마음 상태를 만들 수 없다면, 우리는 결코 우리가 알지 못하는 것 또는 예측할 수 없는 것과 아무런 관계를 맺을 수 없을 것이다. 우리가 느낌대로 살아갈 때 마음은 몸 안에서 갇히게 된다. 그러므로 마음을 몸에서 빼내어 원래 있어야 할 곳인 뇌로 옮기는 것이야말로 진실로 인간의 의지를 보여주는 것이다. 마침내 마음 대신에 몸으로 생각하는 것을 극복하게 되면, 우리는 무한하고 새로운 경험의 세계로 떠날 수 있게 된다.

우리의 상상력과 이상적인 자아를 만드는 능력에 영향을 미치는 요소들 중 하나는 우주의 본질과 질서에 대한 우리의 제한된 인식이다. 우리가 회의주의자이든 독실한 신자이든 그것은 상관없다. 우리가 이해해야 하는 것은 우주는 우리가 알고 있고 받아들이도록 훈련받은 것보다 더 많은 가능성을 제시한다는 것이다.

우리는 우리가 생물학적으로 설명할 수 있는 것 이상의 존재라는 사실을 기억해야 한다. 우리가 자아를 인지하는 무형의 본질, 즉 의식은 물리적인 몸을 살아 있게 만든다. 동시에 우리는 모든 물질을 형성하고 생명을 부여하는 더 위대한 의식과 하나가 될 수도 있다. 이 두 의식은 분리할 수 없는 것이다. 이들은 우리 안에 있고 진실로 나를 나로 존재하게 하는 것이다. 궁극적으로 좀 더 깊은 의식의 차원(물질의 어떤 유형의 형태를 취하기 전의 차원)에서 우리는 우주의 모든 것과 연결되어 있다. 우주의 에너지와 모든 구성요소들은 모두 우리가 사는 동안 만들어내는 의식적인 상호작용의 영향을 받을 수 있다. 우리 역시 같은 에너지로 만들어졌기 때문이다. 따라서 우리는 무한한 에너지 장을 바꾸지 않고는 생각과 행동과 존재를 바꿀 수 없다. 우리가 진실로 변할 때, 우리 각자의 삶의 가능성의 장도 변하게 될 것이다. 이러한 노력의 결과로 우리는 우리가 되고 싶은 존재와 일치하는 새로운 삶을 누릴 수 있을 것이다.

양자물리학의 세계에 헤아릴 수 없이 무한한 가능성이 존재한다면, 우리는 자신의 한계를 넘어서는 새로운 경험을 할 수 있을 거라고 믿어도 좋다. 우리는 우리를 기다리고 있는 새로운 경험이 무엇인지 예상조차 할 수 없다. 분명한 것은 새로운 경험은 새로운 감정으로 우리에게 다가온다는 것이다. 이 새로운 감정(우리의 본성이 될 때까지 반복할)은 우리의 동물적인 본능을 넘어설 수 있도록 우리를 진화시킬 것이다. 우리에게 필요한 것은 우리가 적용할 수 있는 새로운 지식의 패러다임뿐이다. 이를 통해 우리는 현실을 새롭게 경험할 수 있다.

어떤 사람들은 이것이 진실인지 아닌지 여부를 떠나 아예 그와 비슷한 것을 상상하기조차 힘들다고 말할지도 모른다. 그렇다면 우리가 어떤 어려운 상황에 처했을 때 더 고차원적인 힘에 기대어 기도하는 자연스러운 성향을 가진 이유는 무엇일까? 기도한다는 것은 하나의 생각만을 마음속에 담은 채, 그것을 현실로 만드는 것이다. 이때 마음속에 담긴 생각은 더 위대한 마음과 연결되는 기회를 줄 수 있는 우리의 의지다. 우리가 우리의 바람을 실재하는 의지로 만듦으로써 우리 안에 살고 있는 타고난 생명력을 불러낼 수 있을 때, 그 생명력은 우리의 부름에 답할 것이다. 우리의 의지가 이 생명력의 의지와 일치할 때, 우리의 마음이 이 생명력의 의식과 일치할 때, 이상에 대한 우리의 사랑이 우리에 대한 생명력의 사랑과 일치할 때, 이 생명력은 언제나 그 힘을 발휘한다. 우리가 이성적으로 아는 것보다 더 큰 생각을 만들어내는 것은 의지에 가득 찬 확고한 마음이다. 우리가 우리의 생각을 외부의 환경보다 더 현실적인 것으로 만들 수 있을 때, 우리가 우리 몸과 환경 및 시간을 느낄 수 없을 때, 우리는 무한한 가능성의 장으로 들어가는 것이다. 우리의 뇌는 이미 커다란 전두엽을 통해 이것을 이룰 수 있도록 만들어졌다.

우리는 과연 이 내부의 생명력과 특별한 관계를 맺을 수 있을까? 나는 그렇다고 생각한다. 이 고차원적인 마음(내부의 생명력)이 우리의 모든 것을 알고 우리의 의식적인 마음과 공존한다면 우리의 의지에 반응하는 것은 당연하지 않을까? 물론 그렇다 해도 우리는 우리의 주관적인 자유의지를 훈련시켜야 한다. 그리고 우리의 위대한 마음과 접촉하려고 노력해야 한다. 우리가 이 마음과 상호작용을 하는 시간을 가질 때, 우리는 외부 세계에서 피드백이 올 정도로 수련해야 한다. 이제 우리는 자신의 삶의 과학자로서 행동하고 있다. 우리가 내적인 노력을 통해 우리의 숨은 생각과 의지가 어떻게 밖으로 드러나는지를 알고 평가할 수 있을 때, 우리는 삶이라는 자신만의 실험을 계속할 수 있다. 내 경험에 따르면 자신이 알지 못하는 마음이 반응하기 시작할 때, 그 결과는 익숙한 형태가 아니라 새롭고 흥분되고 예상할 수 없고 놀라운 형태로 다가온다. 그러면 기쁨과 경외의 감정이 그 과정을 반복하도록 우리에게 영감을 줄 것이다. 이제 우리는 이 위대한 힘을 진실로 우리 안에 존재하도록 만들고 그것의 축복을 받아들일 수 있도록 신경망을 형성해야 할 것이다.

우리는 자신만의 실험이 창조로 이어질 수 있도록 스스로에게 영감을 부여해야 한다. 그렇지 않으면 우리는 선언적(declarative memories)기억이라는 지적인 생각의 단계에 갇혀, 변화가 가져다주는 기쁨과 경이로움을 결코 경험하지 못할 것이다. 우리는 우리의 마음이 원하는 상태가 '되기'까지 스스로를 지식인에서 열정적인 행동가로 바꾸어야 한다. 그리고 우리가 무엇이든 될 수 있을 때, 우리는 현실을 좀 더 확장된 마음 상태로 바라볼 수 있다. 우리의 인간성을 좀 먹는 절망적인 마음 상태 대신 말이다. 우리의 생각과 행동, 의지를 일치시키면 가능성의 장이 우리 앞에 펼쳐진다. 아직 감각으로 경험하지는 않았지만 마음으로는 이미 경험한 미래에 살 때, 우리는 궁극적인 양자 법칙에 의해 살게 될 것이다.

마음을 바꾸기 위해서는 충분한 시간과 노력이 필요하다. 새로운 자아를 표현하는 것이 쉽고 자연스러워질 때까지 우리는 그 마음 상태가 되도록 노력해야 한다. 그래야 비로소 새롭고 설명할 수 없는 가능성의 문이 열리는 것이다.

뇌를 진화시키기 위해서 우리는 생각과 기억을 외현적인 것에서 내현적인 것으로 바꿔야 한다. 그래야 모든 체계가 마음의 영향을 받을 수 있다. 어떠한 개념을 지닌 존재가 됨으로써 우리는 그 개념의 마음 상태를 만드는 법을 알게 된다. 내현(암묵)기억을 생각해보면 어쩌면 깨달음이란 그저 우리가 안다는 것을 아는 것을 의미하는지도 모른다.

어쩌면 우리는 이 새로운 패러다임을 받아들일 수 없을지도 모른다. 하지만 우리의 마음과 존재를 바꿀 때 예전의 자아로 살 때는 결코 할 수 없었던 선택을 할 수 있게 될 것이라는 사실은 인정해야 할 것이다. 우리가 새로운 자아의 실체를 밖으로 드러내 보일 때, 우리는 새로운 방식으로 생각하고 행동하게 될 것이다. 자아의 어떤 면을 좀 더 진화시킴으로써 우리는 시간이 지나 새로운 상황 속에서 새로운 삶을 살고 있는 자신을 발견하게 될 것이다. 이것이 새로운 현실이며, 진정한 인간의 진화다. 이렇듯 간단한 것이다.

Chapter 1

1. 〈Ramtha : The White Book〉 (1999) JZK Publishing Inc.

Chapter 2

1. Schiefelbein S (1986) The powerful river. In R Poole (Ed) 〈The Incredible Machine〉(99-156) Washington DC : The National Geographic Society / Childre D, Martin H (1999) 〈The HeartMath Solution : The Institute of HeartMath's revolutionary program for engaging the power of the heart's intelligence〉 HarperCollins.

2. Popp F (1998 Fall) Biophotons and their regulatory role in cells. 〈Frontier perspectives〉 Philadelphia : The Center for Frontier Sciences at Temple University 7(2) : 13-22.

3. Medina J (2000) 〈The Genetic Inferno : Inside the seven deadly sins〉 Cambridge University Press.

4. A concept taught at Ramtha's School of Enlightenment. For a comprehensive list of readings and other informational materials visit JZK Publishing, a division of JZK, Inc., the publishing house for Ramtha's School of Enlightenment, at http://jzkpublishing.com/ or http://www.ramtha.com.

5. RSE (see reference 4, Chapter 2).

6. Pascual-Leone D, et al (1995) Modulation of muscle responses evoked by transcranial magnetic stimulation during the acquisition of new fine motor

skills. 〈Journal of Neurophysiology〉 74(3) : 1037-1045

7. Hebb DO (1049) 〈The Organization of Behavior : A neuropsychological theory〉 Wiley.

8. Robertson I (2000) 〈Mind Sculpture : Unlocking your brain's untapped potential. Bantam Press〉 / Begley S (2001 May 7) God and the brain: How we're wired for spirituality. 〈Newsweek〉 Pp 51-57 / Newburg A, D'Aquilla E, Rause V (2001) 〈Why God Won't Go Away : Brain science and the biology of belief〉Ballantine Books

9. LeDoux J (2001) 〈The Synaptic Self : How our brains become who we are〉 Penguin Books.

10. Yue G, Cole K J (1992) Strength increases from the motor program-comparison of training with maximal voluntary and imagined muscle contractions. 〈Journal of Neurophysiology〉 67(5) : 1114-1123.

11. Elbert T, et al (1995) Increased cortical representation of the fingers of the left hand string players. 〈Science〉 270(5234) : 305-307.

12. Ericsson PS, et al (1998) Neurogenesis in the adult hippocampus. 〈Nature Medicine〉 4(11) : 1313-1317

13. Draganski B, et al (2004 22 Jan) Chages in grey matter induced by training. 〈Nature(London)〉 427(6872) : 311-12.

14. Lazar SW, et al (2005 November 28) Meditation experience is associated with increased cortical thickness. 〈Neuroreport〉 16(17) : 1893-1897.

15. van Praag H, Kempermann G, Gage FH (1999) Running increases cell proliferation and neurogenesis in the adult mouse dentate gyrus. 〈Nature Neuroscience〉 2(3) : 266-270

Kempermann G, Gage FH (1999 May) New nerve cells for the adult brain. ⟨Scientific American⟩ 280(5) : 48-53.

16. Restak RM (1979) ⟨The Brain : The last frontier⟩ Warner Books. / Basmajian JV, Regenes EM, Baker MP (1977 Jul) Rehabilitating stroke patients with biofeedback. Geriatrics 32(7) : 85-8. / Olson RP (1988 Dec) A long-term single-group follow-up study of biofeedback therapy with chronic medical and psychiatric patients. ⟨Biofeedback and Self-Regulation⟩13(4) : 331-346 / Wolf SL, Baker MP, Kelly JL (1979) EMG biofeedback in stroke: Effect of patient characteristics. ⟨Archives of Physical Medicine and Rehabilitation⟩ 60 : 96-102.

17. Huxley J (1959) Introduction in ⟨The Phenomenon of Man⟩ by Pierre Teilhard de Chardin. Translation by Bernard Wall NY : Harper.

18. Lutz A, et al (2004 16 Nov) Long-term meditators self-induce high-amplitude gamma synchrony during mental practice. ⟨Proceedings of the National Academy of Science⟩ 101(46) : 16369-73.

19. Kaufman M (2005 03 Jan) Meditation gives brain a charge study finds. ⟨Washington Post⟩ (A05) http://www.washingtonpost.com/wp-dyn /articles/A43006-2005Jan2.html Accessed 08/09/06.

20. Ramtha (2005 Sept) ⟨A Beginner's Guide to Creating Reality⟩ Yelm, WA : JZK Publishing.

21. Ibid.

22. Stevenson R (1948) ⟨Chiropractic Text Book⟩ Davenport Iowa : The Palmer School of Chiropractic.

Chapter 3

1. Guyton A (1991)⟨Textbook of Medical Physiology 8th⟩ London : WB

saunders and Co.

2. Snell RS (1992) 〈Clinical Neuroanatomy for Medical Students〉 Little Brown.

3. Ornstein R, Thompson R (1984) 〈The Amazing Brain〉 Houghton Mifflin.

Chapter 4

1. Restak R (1979) 〈The brain : The last frontier〉 Warner Books.

2. MacLean PD (1990) 〈The Triune Brain in Evolution : Role in paleocerebral functions〉 NY : Plenum Press.

3. Glover S (2004) Separate visual representations in the planning and control of action. 〈Behavioral and Brain Sciences〉27 : 3-24 / Grafman J, et al (1992) Cognitive planning deficit in patients with cerebellar atrophy. Neurology 42(8) : 1493-1496. / Leiner HC, Leiner AL, Dow RS (1989) Reappraising the cerebellum : What does the hindbrain contribute to the forebrain? 〈Behavioral Neuroscience〉 103(5) 998-1008.

4. Heath R (1997 Nov) Modulation of emotion with a brain pacemaker : Treatment for intractable psychiatric illness. 〈Journal of Nervous and Mental Disease〉 165(5) : 300-17 / Prescott JW (1969 Sep) Early somatosensory deprivation as an ontogenetic process in abnormal development of the brain and behavior. In IE Goldsmith&J Moor-Jankowski (Eds) 〈Medical Primatology 1970 : Selected papers 2nd conference on experimental medicine and surgery in primates New York NY〉(357-375) Karger.

5. Amen D (2003 Dec) 〈Healing Anxiety, Depression and ADD : The latest information on subtyping these disorders to optimize diagnosis and treatment〉 Continuing Education Seminar, Seattle, WA.

6. Tulving E (1972) Episodic and semantic memory. In E Tulving & W Donaldson (Eds) 〈Organization of Memory〉 (381-403) NY : Academic Press. RSE (see reference 4, Chapter 2).

7. Vinogradova OS (2001) Hippocampus as comparator : Role of the two input and two output systems of the hippocampus in selection and registration of information. 〈Hippocampus〉 11 : 578-598.

8. Pegna AJ, et al (2005 Jan) Discriminating emotional faces without primary visual cortices involves the right amygdala.〈Nature Neuroscience〉 8(1) : 24-25.

9. BBC News : UK Version : Wales (2004 12 Dec) 〈Blind man 'sees' emotions〉 http://news.bbc.com/uk/1/hi/wales/4090155.stm accessed 08/09.2005.

10. Amen DG (2000) 〈Change Your Brain Change Your Life : The breakthrough Program for conquering anxiety depression obsessiveness anger and impulsiveness〉 NY : Three Rivers Press.

11. Allen JS, Bruss J, Damasio H (2004 May-June) The structure of the human brain : Precise studies of the size and shape of the brain have yielded fresh insights into neural development differences between the sexes and human evolution. 〈American Scientist〉 92(3) : 246-254.
Peters M, et al (1998) Unsolved problems in comparing brain sizes in Homo sapiens. 〈Brain and Cognition〉 37(2) : 254-285.

12. Fields, RD (2004 Apr) The Other Half of the Brain. 〈Scientific American〉 290(4) : 54-61.

13. Penfield W, Jasper H. (1954) 〈Epilepsy and the Functional Anatomy of the Human Brain〉 Boston : Little Brown.

14. Schwartz JM, Begley S (2002) 〈The Mind & the Brain : Neuroplasticity and power of mental force〉 Regan Books.

15. Weiskrantz L (1986) Blindsight: A case study and its implications. Oxford Psychology Series.

Chapter 5

1. Lipton BH (2005) The Biology of Belief : 〈Unleashing the power of consciousness matter and miracles〉 Santa Rosa CA : Mountain of Love / Elite Books. / Davis EP, Sandman CA (2006 Jul-Sep) Prenatal exposure to stress and stress hormones influences child development. 〈Infants & Young Children : An Interdisciplinary Journal of Special Care Practices〉 19(3) : 246-259. / Carsten O, et al (2003) Stressful life events in pregnancy and head circumference at birth. 〈Developmental Medicine & Child Neurology〉 45(12) : 802-806.

2. Endelman GM (1987) 〈Neural Darwinism : The theory of neuronal group selection〉 NY : Basic Books.

3. Winggert P, Brant M (2005 15 Aug) Reading your baby's mind. 〈News-week〉 CXLVI(7) : 32-39.

4. Shreve J (2005 Mar) The mind is what the brain does. 〈National Geo-graphic 207(3) : 2-31.

5. Shreve J (2005 Mar) The mind is what the brain does. 〈National Geo-graphic〉 207(3) : 2-31.

6. RSE (see reference 4, Chapter 2).

7. Agnes S, Chan Y, Mei-Chun C (1998 12 Nov) Music training improves verbal memory. 〈Nature (London)〉396(6707) : 128.

8. LeDoux J (2002) 〈The Synaptic Self : How our brains become who we are〉 Penguin Books.

9. Sadato N, et al (1996) Activation by the primary visual cortex by Braille reading in blind subjects. 〈Nature〉 380 : 526–528.

10. Pascual-Leone A, Hamilton R (2001) The metamodal organization of the brain. Chapter 27 in C Casanova & M Ptito (Eds) 〈Vision : From Neurons to Cognition : Progress in Brain Research 134〉 San Diego CA : Elsevier Science.

11. Pascual-Leone A, Hamilton R (2001) The metamodal organization of the brain. Chapter 27 in C Casanova & M Ptito (Eds) 〈Vision : From Neurons to Cognition : Progress in Brain Research 134〉 San Diego CA : Elsevier Science.

12. Pascual-Leone A, Torres F. (1993) Plasticity of the sensorimotor cortex representations of the reading finger in Braille readers. 〈Brain〉 116 : 39–52.

13. Sterr A, et al (1998 08 Jan) Changed perceptions in Braille readers. 〈Nature〉 391(6663) : 1340135.

14. Schiebel AB, et al (1990) A quantitative study of dendrite complexity in selected areas of the human cerebral cortex. 〈Brain and Cognition〉 12(116) : 85–101.

15. Jacobs B, Scheibel AB (1993 Jan) A quantitative dendritic analysis of Wernicke's area in humans. I. Lifespan changes. 〈Journal of Comparative Neurology〉 327(1) : 83–96.

16. Mogilmer A, et al (1993 April) Somatosensory cortical plasticity in adult humans revealed by magnetoencephalography. 〈Proceedings of the National Academy of Sciences〉 90 : 3593–3597.

Chapter 6

1. Krebs C, Huttman K, Steinhause C (2005 26 Jan) The forgotten brain emerges. 〈Scientific American〉 14(5) : 40-43.

2. Ullian EM, et al (2001 Jan) Control of synapse number by glia. 〈Science〉 291(5504) : 657-661.

3. Abrams M (2003 June) Can you see with your tongue? 〈Discover〉24(6) : 52-56.

4. Tulving E (1972) Episodic and semantic memory. In E Tulving & W Donaldson (Eds) 〈Organization of Memory〉 (381-403) NY : Academic Press.

5. Goleman D (1994 11 Oct) Peak performance : Why records fall. 〈New York Times (Late Edition)〉 (East Coast) C1 NY. / Chase WG, Ericsson KA (1981) Skilled memory. In J R Anderson (Ed) Cognitive Skilled and Their Acquisition : Symposium on cognition (16) 1980 Carnegie-Mellon University〉 Hillsdale NJ : Erlbaum.

6. Merzenich MM, Syka J (2005) 〈Plasticity and Signal Representation in the Auditory System〉 Springer. / Robertson 1 (2000) 〈Mind Sculpture : Unlocking Your Brain's Untapped Potential〉 / Steinmetz PN, Roy A, Fitzgerald PJ, Hsiao SS, Johnson KO, Niebur E (2002 9 Mar) Attention modulates synchronized neuronal firing in primate somatosensory cortex. 〈Nature (London)〉 404(6774) : 187-90.

7. Richards JM, Gross JJ (2000 Sept) Emotion regulation and memory : The cognitive costs of keeping one's cool. 〈Journal of Personality and Social Psychology〉 79(3) : 410-424.

8. Rosenzweig MR, Bennett EL (1996 Jun) Psychobiology of plasticity : effects of training and experience on brain and behavior. 〈Behavioural Brain Research〉 78(1) : 57-65. / Bennett EL, Diamond MC, Krech D,

Rosenzweig MR (1964) Chemical and anatomical plasticity of brain. ⟨Science⟩ 146 : 610-619.

9. Goldberg E (2001) ⟨The Executive Brain : Frontal lobes and the civilized mind⟩ NY : Oxford University Press. / Goldberg E, Costa LD (1981) Hemisphere differences in the acquisition and use of descriptive systems. ⟨Brain Language⟩14(1) : 144-173.

10. Martin A, Wiggs CL, Weisberg J (1997) Modulation of human medial temporal lobe activity by form meaning and experience. ⟨Hippocampus⟩ 7(6) : 587-593.

11. Shadmehr R, Holcomb HH (1997) Neural correlates of motor memory consolidation ⟨Science⟩227(5327) : 821-825. / Haier RJ, et al (1992) Regional glucose metabolic changes after learning a complex visuospatial/motor task : a positron emission tomographic study. ⟨Brain Research⟩ 570(1-2) : 134-143.

12. Bever TG, Chiarello RJ (1974) Cerebral dominance in musicians and nonmusicians. ⟨Science⟩ 185(4150) : 537-539.

Chapter 7
1. Lomo T (2003 3 Mar) The discovery of long-term potentiation. ⟨Philosophical Transactions of the Royal Society London⟩ 358 : 617-620. / Bliss TVP, Lomo T (1973) Long-lasting potentiation of synaptic trans-mission in the dentate area of the anesthetized rabbit following stimulation of the perforant path. ⟨Journal of Physiology⟩ 232 : 331-356.

2. LeDoux J (2001) ⟨The Synaptic Self : How our brains become who we are⟩ Penguin Books.

3. LeDoux J (2001) ⟨The Synaptic Self : How our brains become who we are⟩ Penguin Books.

4. RSE (see reference 4, Chapter 2).

Chapter 8

1. Ramtha (2005 Sept) 〈Beginners Guide to Creating Reality〉 Yelm, WA : JZK Publishing.

2. Schwartz GE, Weinberger DA, Singer JA (1981 Aug) Cardiovascular differentiation of happiness sadness anger and fear following imagery and exercise. 〈Psychosomatic Medicine〉 43(4) : 343-364.

3. Rosch P (1992 May) Job stress: America's leading adult health problem. USA 〈Today〉 Pp 42-44. / American Institute of Stress. 〈America's #1 health problem〉 http://www stress org/problem htm Accessed 11/03/06.

4. Cohen S, Herbert T (1996) Health psychology: Psychological factors and physical disease from the perspective of human psychoneuroimmunology. 〈Annual Review of Psychology〉 47 : 113-42.

5. Thakore JH, Dian TG (1994) Growth hormone secretion : The role of glucocorticoids. 〈Life Sciences〉 55(14) : 1083-1099. / Murison R (2000) Gastrointestinal effects. In G Fink (Ed) 〈Encyclopedia of Stress〉 2 : 191 San Diego : Academic Press. / Flier JS (1983 Feb) Insulin receptors and insulin resistance. 〈Annual Review of Medicine〉 34 : 145-160. / Ohman A (2001) Anxiety. In G Fink (Ed) 〈Encyclopedia of Stress〉 1 : 226 San Diego : Academic Press.

6. Ader R, Cohen N (1975 July-Aug) Behaviorally conditioned immuno-suppression. 〈Psychosomatic Medicine〉 37(4) : 333-340.

7. American Heart Association : 〈Risk Factors and Coronary Heart Disease〉 http://www.americanheart.org/presenter.jhtml?identifier=500 Accssed 11/10/06.

8. Arnsten, A.F.T. (2000) "The Biology of Being Frazzled," 〈Science〉 280 : 1711-1722. / Wooley C, Gould E, McEwen B (1990 29 Oct) Exposure to excess glucocor-ticoids alters dendritic morphology of adult hippocampal pyramidal neurons. 〈Brain Research〉 531(1-2) : 225-231.

9. Restak R (1979) 〈The Brain : The last frontier〉Warner Books. / Lupien SJ, et al (1998 30 May) Cortisol levels during human aging predict hippo-campal atrophy and memory deficits. 〈Nature Neuroscience〉 1 : 69-73.

10. Sheline Y, et al (1996 30 April) Atrophy in recurrent major depression. 〈Proceedings of the National Academy of Sciences: Medical Sciences〉 93(9) : 3908-3913.

11. Eriksson PS, et al (1998 Nov) Neurogenesis in the adult hippocampus. 〈Nature Medicine〉4(11) : 1313-1317.

12. Santarelli L, et al (2003 8 Aug) Requirement of hippocampal neurogenesis for the behavioral effects of antidepressants. 〈Science〉 301(5634) : 805-809.

13. Sapolsky RM (2004) 〈Why Zebras Don't Get Ulcers : The acclaimed guide to stress, stress-related diseases and coping〉 Henry Holt and Company LLC.

14. Pert C (1997) 〈Molecules of Emotion : Why you feel the way you feel〉 NY : Scribner.

Chapter 9
1. RSE (see reference 4, Chapter 2)

2. Pert C (1997) Molecules of Emotion : 〈Why you feel the way you feel〉 NY : Scribner.

3. Plutchik R (2002) 〈Emotions and Life : Perspectives from psychology,

biology, and evolution〉 American Psychological Association.

4. Guyton A (1991) 〈Textbook of Medical Physiology 8th〉London ： WB Saunders and Co.

5. RSE (see reference 4, Chapter 2).

6. Beck A (1976) 〈Cognitive Therapy and Emotional Disorders〉 NY ： International Universities Press.

7. Dispenza J (2000) 〈The Brain: Where science and spirit meet ： A scientific lecture(Video)〉 Yelm, WA ： Ramtha's School of Enlightenment.
RSE (see reference 4, Chapter2).

8. Dispenza J (2000) 〈The Brain ： Where science and spirit meet ： A scientific lecture(Video)〉 Yelm, WA ： Ramtha's School of Enlightenment.
RSE (see reference 4, Chapter2).

9. National Institute of Mental Health (2006) 〈The Numbers Count ： Mental disorders in America ： A fact sheet describing the prevalence of mental disorders in America〉 NIH Publication No.06−4584. http://www.nimh. nih.gov/publicat/numbers.cfm#readNow accessed 11/01/06. / Kessler RC, Chiu WT, Demler O, Walters EE (2005 Jun) Prevalence, severity, and comorbidity of twelve−month DSM−IV disorders in the National Comorbidity Survey Replication (NCS−R). 〈Archives of General Psychiatry〉 62(6) ： 617−27.

10. RSE (see reference 4, Chapter 2).

11. Ibid.

12. Rosenwald M (2006 May) The spotless mind. 〈Popular Science 268(5) ： 36−7.

Chapter 10

1. Macmillan M (2002) An Odd Kind of Fame : Stories of Phineas Gage⟩ MIT Press.

2. Damasio H, et al (1994 20 May) The return of Phineas Gage : The skull of a famous patient reveals clues about the human brain. ⟨Science⟩ 264(5162) : 1102-4.

3. Fulton JF, Jacobsen CF (1935) The functions of the frontal lobes, a comparative study in monkeys, chimpanzees and man. ⟨Advances in Modern Biology(Moscow)⟩ 4 : 113-123.

4. Tierney AJ (2000) Egas Moniz and the origins of psychosurgery : A review commemorating the 50th anniversary of Moniz's Nobel Prize. ⟨Journal of the History of the Neurosciences⟩ 9(1) : 22-36. / Kucharski A (1984 June) History of frontal lobotomy in the United States 1935-1955. ⟨Neurosurgery⟩ 14(6) : 765-72.

5. Amen DG (2001) Healing ADD : ⟨The breakthrough program that allow you to see and heal the 6 types of ADD⟩ Berkley Books.

6. Lemonick M (2005 17 Jan) The biology of joy : Scientists know plenty about depression, now they are starting to understand the roots of positive emotions. ⟨Time(US Edition)⟩ : 12-A25.

7. Fuster J (1997) ⟨The Prefrontal Cortex : Anatomy physiology and neuropsychology of the frontal lobe⟩ Philadelphia : Lippincott-Raven.

8. RSE (see reference 4, Chapter 2).

9. Nauta WJ (1972) Neural associations of the frontal cortex. ⟨Acta Neurobiologiae Experimentalis⟩(Warsaw) 32 : 125-140.

10. Raichle ME, et al (1994) Practice-related changes in human brain functional anatomy during nonmotor learning. 〈Cerebral Cortex〉 4(1) : 8-26.

11. Gold JM, et al (1996) PET validation of a novel prefrontal task : Delayed response alternation (DRA). 〈Neuropsychology〉 10 : 3-10.

12. Walker EH (2000) 〈The Physics of Consciousness : Quantum minds and the meaning of life〉 Cambridge MA : Perseus.

13. Giedd JN, et al (1999 01 Oct) Brain development during childhood and adolescence : A longitudinal MRI study. 〈Nature Neuroscience〉 2 : 861-863.

14. Amen DG (2000) 〈Change Your Brain Change Your Life : The break-through program for conquering anxiety depression obsessiveness anger and impulsiveness〉 NY : Three Rivers Press.

15. Begley S (2001 7 May) God and the Brain: How we're wired for spiri-tuality. 〈Newsweek〉 Religion and the Brain 51-57. / Newberg AM, D'Aquili EG, Rause V (2002) 〈Why God Won't Go Away : Brain science and the biology of belief〉 Ballantine Books.

16. RSE (see reference 4, Chapter 2).

17. Amen DG (2001) Healing ADD : 〈The breakthrough program that allows you to see and heal the 6 types of ADD〉 Berkley Books.

18. Goldberg E (2001) 〈The Executive Brain : Frontal lobes and the civilized mind〉NY : Oxford Press. / Goldberg E, Harner R, Lovell M, Podell K, Riggio S (1994 Summer) Cognitive bias, functional cortical geometry, and the frontal lobes; laterality, sex and handedness. 〈Journal of Cognitive Neuroscience〉 6(3) : 276-296.

Chapter 11

1. Yue G, Cole KJ (1992) Strength increases from the motor program—comparison of training with maximal voluntary and imagined muscle contractions. 〈Jounal of Neurophysiology〉 67(5) : 1114-1123.

2. RSE (see reference 4, Chapter 2).
Gupta S (2002 18 Feb) The chemistry of love : Do pheromones and smelly T shirts really have the power to trigger sexual attraction? Here's a primer. 〈Time〉 159 : 78.

Chapter 12

1. Singer RN (2000 Oct) Performance and human factors : Considerations about cognition and attention for self-paced and externally paced events. 〈Ergonomics〉 43(10) : 1661-1680. / Salazar W et al (1990) Hemispheric asymmetry, cardiac response, and performance in elite archers. 〈Research Quarterly for Exercise and Sprot〉 61 : 351-359. / Hatfield BD, Landers DL, Ray WJ (1984) Cognitive processes during self-paced motor performance : an electroencephalographic profile of skilled marksmen. 〈Jounal of Sport Psychology〉 6 : 42-59. / Landers DM et al (1991) The influence of electrocortical biofeedback on performance in pre-elite archers. 〈Medicine and Science in Sports and Exercise〉 23 : 123-129.

2. Ramtha (2005 Sept) 〈A Beginner's Guide to Creating Reality〉 Yelm, WA : JZK Publishing.

3. Restak RM (1979) 〈The Brain : The last frontier〉 Warner Books.

4. McCall N (1995) 〈Makes Me Wanna Holler : A young black man in America〉 Vintage Books. / Elder L (2001) 〈The Ten Things You Can't Say In America〉 St. Martin's Griffin.

5. Anderson CA, Bushman BJ (2001 Sept) The effects of violent video games on aggressive behavior, aggressive cognition, aggressive affect,

psychological arousal and prosocial behavior : A meta-analytic review of scientific literature. 〈Psychological Sciences〉 12(5) : 353-359. http://www.psychology.iastate.edu/faculty/caa/abstract/2000-2004/01AB.pdf Accessed 11/16/06.

6. Blakemore C, Cooper GF (1970 30 Oct) Development of the brain depends on the visual environment. 〈Nature(Letters to Editor)〉 228 : 477-478. / Ranpura A (2006) Weightlifting for the mind: Enriched environments and cortical plasticity. 〈 Brain Connection〉 http://www.brainconnection. com/topics/?main=fa/cortical-plasticity Accessed 11/16/06. / Hubel DH, Wiesel TN (1962 Jan) Receptive fields, binocular interaction and functional architecture in the cat's visual cortex. 〈Journal of Physiology〉 160 : 106-54. / Hubel DH, Wiesel TN (1963 Mar) Shape and arrangement of columns in cat's striate cortex. 〈Journal of Physiology〉 165(3) : 559-5.

7. Brown BB (1970 Jan) Recognition of aspects of consciousness through association with EEG alpha activity represented by a light signal. 〈Psychophysiology〉 6(4) : 442-52.

Epilogue

1. Kohler I (1964) The Formation and Transformation of the Perceptual World. Translated by H.Fiss. 〈Psychological Issues 3〉 International Universities. / Restak RM (1979) 〈The Brain : The last frontier〉 Warner Books.

2. Radin D (1997) 〈The Conscious Universe : The scientific truth of psychic phenomena〉 HarperSanFrancisco. / McTaggart L (2003) 〈The Field : The quest for the secret force of the universe〉 Harper Paperbacks. / Jahn RG, Dunne BJ, Nelson RD, Dobyns YH, Bradish G〉 J (1997) Correlations of random binary sequences with pre-stated operator intention : A review of a 12-year program. Reprint. 〈Journal of Scientific Exploration〉 11(3) : 345-367. http://freeweb.supereva.com/ lucideimaestri/ correlations. pdf.Accessed 11/16/06.

조 디스펜자Joe Dispenza, D.C

뉴저지New Jersey 브런즈윅Brunswick의 러트거스Rutgers 대학에서 생화학을 전공했다. 그는 조지아Georgia 아틀란타Atlanta 라이프 대학에서 우수한 성적으로 카이로프랙틱 박사 학위를 받기도 했다. 그는 라이프 대학에서 임상과정을 수련하며 의사와 환자관계에 관한 전문지식을 쌓았다. 그는 또한 국제 카이로프랙틱 영예 학생단체의 회원이기도 하다.

디스펜자 박사는 대학원에서 신경학과 신경생리학, 뇌 기능, 세포 생물학, 유전학, 기억형성, 뇌 화학, 노화, 장수 등을 연구했다. 그는 미국 인명사전〈Who's Who in America〉에 이름을 올리기도 했으며, 미국 카이로프랙틱 위원회의 심사관이기도 하다. 그는 4개 주에 걸쳐 카이로프랙틱 시술 자격증을 가지고 있다.

디스펜자 박사는 17년간 람타 깨달음 학교의 학생으로 람타의 가르침을 공부했다. 디스펜자 박사는 람타 깨달음 학교의 종신 재직 교수로 가르치면서 과학과 정신의 결합이 사람들의 삶에 영향을 미칠 수 있다는 믿음을 견고히 해왔다. 디스펜자 박사에게 과학적 이해를 넓혀갈 수 있도록 영감을 준 것 중 하나도 바로 람타의 가르침이었다.

디스펜자 박사는 1997년부터 2005년까지 람타 학교의 교수로서 전 세계 16개국의 만여 명의 사람들에게 강의하기도 했다. 그리고 때때로 북미와 유럽의 여러 단체들을 위해 강의하기도 했다. 디스펜자 박사는 집필하거나 여행을 하지 않을 때 워싱턴Washington 올림피아Olympia 근처 자신의 카이로프랙틱 진료소에서 환자들을 진료하며 바쁘게 보내고 있다.

그는 뇌 화학과 신경생리학, 생물학 간의 관계에 관한 여러 논문을 집필하기도 했다. 디스펜자 박사는 이러한 분야들을 서로 밀접하게 연구하면서 그것이 육체적 건강에 어떤 영향을 미치는지 설명하려고 했다. 디스펜자 박사는 자가치유에 관한 연구를 통해 '기적적인' 치유를 경험한 사람들 사이의 공통점을 발견했다. 그것은 그들의 뇌 신경구조가 실제로 변화하여 건강이 달라졌다는 것이었다. 과학자이자 연구자이며 교육자인 디스펜자 박사는 여러 상을 수상한 영화 〈What the Bleep Do We Know!?〉에 출연해 삶을 바꾸는 방법에 관해 논평을 함으로써 사람들에게 큰 인상을 줬다.

| 옮긴이 |

김재일

전남대학교(생물 및 심리학)와 고려대학교 대학원(생리심리학)을 졸업한 후 독일 Ruhr-University Bochum / Bielefeld University에서 각각 생물심리학과 신경심리학을 전공했다. 서울대학교 심리학과(생리심리학) 강사를 거쳐 현재 아주대학교 의과대학 신경과학교실 및 아주대학교병원 교수로 재직중이다. 주전공 외에 티베트의학의 연구와 학술활동에 주력하고 있다.

윤혜영

이화여대 광고홍보학과를 졸업한 후 출판 편집자를 거쳐 현재 전문 번역가로 일하고 있다. 번역서로《신진대사를 알면 병 없이 산다(한언)》가 있다.

한언의 사명선언문

Our Mission   - · 우리는 새로운 지식을 창출, 전파하여 전 인류가 이를 공유케 함으로써 인류문화의 발전과 행복에 이바지한다.

                - · 우리는 끊임없이 학습하는 조직으로서 자신과 조직의 발전을 위해 쉼없이 노력하며, 궁극적으로는 세계적 컨텐츠 그룹을 지향한다.

                - · 우리는 정신적, 물질적으로 최고 수준의 복지를 실현하기 위해 노력하며, 명실공히 초일류 사원들의 집합체로서 부끄럼없이 행동한다.

Our Vision   한언은 컨텐츠 기업의 선도적 성공모델이 된다.

> 저희 한언인들은 위와 같은 사명을 항상 가슴 속에 간직하고
> 좋은 책을 만들기 위해 최선을 다하고 있습니다.
> 독자 여러분의 아낌없는 충고와 격려를 부탁드립니다.
> · 한언 가족 ·

HanEon's Mission statement

Our Mission   - · We create and broadcast new knowledge for the advancement and happiness of the whole human race.

                - · We do our best to improve ourselves and the organization, with the ultimate goal of striving to be the best content group in the world.

                - · We try to realize the highest quality of welfare system in both mental and physical ways and we behave in a manner that reflects our mission as proud members of HanEon Community.

Our Vision   HanEon will be the leading Success Model of the content group.